"十二五"普通高等教育本科国家级规划教材
高等教育"双一流"工程图学类课程教材

工程图学教程

第 2 版

主　编　刘衍聪
副主编　伊　鹏　牛文杰　尹晓丽　王　珉

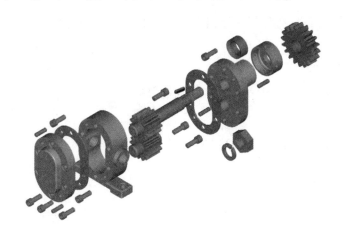

U0347940

中国教育出版传媒集团
高等教育出版社·北京

内容简介

本书是在第一版的基础上,根据教育部高等学校工程图学课程教学指导分委员会 2019 年制订的《高等学校工程图学课程教学基本要求》及最新发布的《机械制图》《技术制图》等相关国家标准,结合近年来计算机绘图技术的发展、生产实际的需要,总结多年的教学改革成果及经验修订而成的。本书是"十二五"普通高等教育本科国家级规划教材。

全书除绪论、附录外共分十二章,包括绘图基础、画法几何、工程图样三部分内容。绘图基础部分包含工程图样相关国家标准规定以及不同结构形体的各种表达方法与技巧;画法几何部分以点、线、面、体的投影理论为基础,以培养空间思维能力为目标,重点叙述了空间形体与平面图样的绘图和读图的基本原理和方法;工程图样部分除机械零部件图样的绘制与阅读内容外,还增添了具有石油、化工行业特色的专业图样内容。书中将计算机辅助图样绘制、计算机三维实体造型、形体构形设计等知识与其他章节内容进行了有机衔接。

与本书配套的刘衍聪主编《工程图学教程习题集》(第 2 版)由高等教育出版社同时出版,可供选用。为便于教师教学及学生自学,本书配有丰富的数字化资源,可通过扫描相应二维码或登录网站进行浏览。

本书可作为高等学校工科专业,特别是石油、化工类专业的工程制图课程教材,也适用于远程教育、高等职业教育、成人高等教育的相应专业使用,并可供工程技术人员参考。

图书在版编目(CIP)数据

工程图学教程 / 刘衍聪主编;伊鹏等副主编. --2版. -- 北京:高等教育出版社,2024.7

ISBN 978-7-04-060105-3

Ⅰ.①工… Ⅱ.①刘… ②伊… Ⅲ.①工程制图-高等学校-教材 Ⅳ.①TB23

中国国家版本馆 CIP 数据核字(2023)第 036762 号

Gongcheng Tuxue Jiaocheng

| 策划编辑 | 李文婷 | 责任编辑 | 李文婷 | 封面设计 | 王 琰 | 责任绘图 | 于 博 |
| 版式设计 | 王艳红 | 责任校对 | 胡美萍 | 责任印制 | 赵 振 | | |

出版发行	高等教育出版社	网 址	http://www.hep.edu.cn
社 址	北京市西城区德外大街 4 号		http://www.hep.com.cn
邮政编码	100120	网上订购	http://www.hepmall.com.cn
印 刷	河北鹏盛贤印刷有限公司		http://www.hepmall.com
开 本	787mm×1092mm 1/16		http://www.hepmall.cn
印 张	24	版 次	2011 年 6 月第 1 版
字 数	620 千字		2024 年 7 月第 2 版
购书热线	010-58581118	印 次	2024 年 7 月第 1 次印刷
咨询电话	400-810-0598	定 价	47.50 元

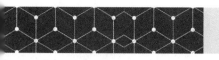

新形态教材网使用说明

工程图学教程

第2版

主　编　刘衍聪

副主编　伊　鹏　牛文杰
　　　　尹晓丽　王　珉

计算机访问:

1　计算机访问 https://abooks.hep.com.cn/60105。

2　注册并登录，进入"个人中心"，点击"绑定防伪码"，输入图书封底防伪码（20位密码，刮开涂层可见），完成课程绑定。

3　在"个人中心"→"我的学习"中选择本书，开始学习。

手机访问:

1　手机微信扫描下方二维码。

2　注册并登录后，点击"扫码"按钮，使用"扫码绑图书"功能或者输入图书封底防伪码（20位密码，刮开涂层可见），完成课程绑定。

3　在"个人中心"→"我的图书"中选择本书，开始学习。

课程绑定后一年为数字课程使用有效期。受硬件限制，部分内容无法在手机端显示，请按提示通过计算机访问学习。

如有使用问题，请直接在页面点击答疑图标进行问题咨询。

扫描二维码
访问新形态教材网

https://abooks.hep.com.cn/60105

前　言

伴随新时代工程技术及其产业的快速变革,新工科教育理念不断深入工科教育并发展延伸,形成了与社会发展需求之间的人才培养互动。工程图学类课程因其学科基础性、通用性强的特点,对于其他工科课程的学习起着不可或缺的推动作用,与工程图学相关的绘图及读图等能力也逐渐成为工程实践及创新的先导能力,本书将在学生图学能力培养等方面发挥重要的作用。

本书的基础是 2011 年出版的刘衍聪主编普通高等教育“十一五”国家级规划教材《工程图学教程》,并获评首届普通高等教育精品教材、“十二五”普通高等教育本科国家级规划教材。本次修订,将结合新时期相关课程的发展规划,依据教育部高等学校工程图学课程教学指导分委员会 2019 年制订的《高等学校工程图学课程教学基本要求》及最新发布的《机械制图》《技术制图》等相关国家标准,融入近几十年的教学实践和教材使用经验及教学研究成果,遵循“强化认知规律、注重认知实践、突出能力素养”的原则,主要体现在以下方面:

(1)构建多维度的知识图谱网络,梳理认知规律在学习中的作用。本次修订重点关注图学知识点之间的内在联系,借助知识图谱对各模块知识点进行串接,优化章节组织形式,对知识关联性强、发挥作用大的知识元适当扩充其关联资源。

(2)适应工程装备设计实践对现代图学能力的新要求。本次修订适当精炼画法几何抽象作图、几何元素尺规求解等内容,适当增大徒手绘图和现代成图技术等内容的比重。

(3)加强形象思维与创造性思维间的融合,优化工程实例的综合表达,突出图学知识及理论的应用特点,丰富零件图和装配图的工程实例,从“知识—能力—素养”三个层面,加强图样绘制和阅读能力的培养,提升学生解决复杂工程问题的能力。

(4)采用新形态教材模式,构建多维虚拟数字资源。以强化图感能力训练为目标,以智能移动终端为平台,同步配套知识点数字化资源。

本次修订通过研究性教学探索和实践成果的融入,对工程图学系列课程的知识体系和架构进行了不断优化,努力构建一个多维度的知识图谱网络,能够有效破解工程图学中学生难学、课程难教的教学矛盾,提高学生对图学知识的接受能力,促进知识、能力及素养的内化。同时,数字化教学资源的设计更具有针对性,使其成为内容丰富、技术先进、易用好用的新形态数字化配套资源。

与本书配套的《工程图学教程习题集》(第 2 版)由高等教育出版社同时出版,可供选用。

本书由刘衍聪任主编,伊鹏、牛文杰、尹晓丽、王珉任副主编。参加本书修订工作的还有袁宝民、闫成新、刘庆、任红伟等。与本书配套的新形态教学资源由伊鹏、王珉、娄晖、陈福忠、秦臻、范常峰等研制。

上海交通大学蒋丹教授认真审阅了本书,并提出了许多宝贵的建议和意见,在此表示衷心的感谢。

本书在修订过程中参考了国内众多同类教材,在此向有关作者深表谢意。

由于编者水平有限,书中难免存在错误及不当之处,敬请批评指正。编者邮箱:yipeng@upc.edu.cn。

编　者

2023 年 12 月

第一版前言

本书是根据教育部高等学校工程图学教学指导委员会2010年制订的《普通高等学校工程图学课程教学基本要求》及最新发布的《机械制图》《技术制图》等相关国家标准,结合近年来计算机制图技术的发展、生产实际的需要,总结多年的教学改革成果及经验编写而成的。本书是普通高等教育"十一五"国家级规划教材。

本书体系着力体现加强基础、注重实践、培养能力的理念,编写中力求做到:拓宽投影理论基础,增强形体分析手段,突出图物转换规律,结合专业图样特点,加强计算机制图的实践。教材内容叙述上追求言简意赅,形式上图文并茂,注重理论阐述的归纳与总结,突出空间分析、形体分析、投影规律、作图方法、表达特点、工程应用等,以加深对教材内容的理解和对空间构思与表达能力的提高。

全书除绪论、附录外共十四章,包括画法几何、绘图基础、工程图样三部分内容,其中:画法几何部分以点、线、面、体的投影理论为基础,培养空间思维能力,重点论述了空间与平面间的绘图和读图的基本原理和方法;绘图基础部分包含工程图样国家标准规定以及不同结构形体的各种表达方法与技巧;工程图样部分除机械零部件图样的绘制与阅读内容外,还增添了具有石油、石化行业特色的专业图样内容。书中也包括了计算机辅助工程图样绘制、计算机三维实体造型、形体构形设计知识。

本书可作为高等学校工科本科,特别是石油、石化类高等院校画法几何与工程制图课程的教材,也适用于远程教育、高等职业教育、成人高等教育的相应专业使用,并可供工程技术人员参考。

参加本书编写工作的有中国石油大学(华东)刘衍聪、牛文杰、闫成新、袁宝民(绪论、第八至十二章、第十四章及附录),东北石油大学关丽杰、杨蕊(第四至七章、第十三章),长江大学贾宏禹、杜镰(第一至三章)。本书由刘衍聪任主编,牛文杰、关丽杰、闫成新、贾宏禹任副主编。

北京理工大学董国耀教授认真审阅了本书,并提出了许多宝贵的修改意见,在此表示衷心的感谢。

由于作者水平有限,书中难免存在错误及不当之处,敬请批评指正。

编　者
2010年12月

目　　录

绪　　论

本章主要介绍工程设计中工程图学所研究的知识范畴、适用对象、课程特点及其学习方法等内容。

一、现代工程图学的知识范畴和属性

工程是一切与生产、制造、建设、设备相关的重大工作门类的总称。工程图学以几何学为基础，以投影理论为基本方法，主要研究空间形体的构成、表达方法和理论，以及空间形体的工程信息可视化等问题。随着科技社会的快速发展，工程图学逐渐形成了一门相对独立、专门研究工程设计表达原理和应用的工程类基础学科。生产生活中对工程图学相关知识的应用，贯穿于工程产品的概念设计到详细设计的各个阶段。

在工程领域，创新设计是人类至关重要的创造性活动，其中设计表达是这一活动中的关键组成部分，而关联这一系列创造性活动的正是"工程图样"，因此，工程图样是公认的工程界通用的技术语言。设计者用图样表达设计对象，制造者依据图样了解设计要求并制造产品，技术人员应用图样进行技术交流。所以从这个角度来说，图样又是表达设计成果、提供制造依据、实现设计信息交流的工具。人们普遍认为工程图学具有以下属性：

（1）基础性。工程图学是作为一切工程和与之相关人才培养的工程基础课，为后续的工程专业课的学习提供基础。（2）交叉性。工程图学是几何学、投影理论、工程基础知识、工程基本规范及现代绘图技术相结合的产物。（3）工程性。工程图学的研究对象是工程中的图形构成、分析及表达，需随时与工程规范、工程思想相结合。（4）实用性。工程图学具有广泛的实际应用性，它是理论与实践密切结合的学科。（5）通用性。工程图样作为工程界的通用技术语言，具有跨地域、跨行业性，无论古今、中外，尽管语言、文字不同，但工程图的表达方法是相通的。（6）方法性。工程图学中处处蕴含着工程思维及形象思维方法，可有效培养学生的空间想象能力和分析、综合能力。

二、工程技术中机械工程的学科基础性

作为工程基础课程的工程图学，是人类生产实践活动经验及智慧的结晶，亦是促进社会发展和科学技术进步的重要组成部分，是在满足工程设计需要的条件下诞生和发展起来的。伴随科技革命和产业变革，工程实际不仅要求单纯的图样，更要求具备从市场预测、概念设计、详细设计、分析到制造、装配、检验等各生产过程所需要的基本信息。因此，时代的发展要求我们必须以传统工程图学为主体，融合设计学及计算机图形学而形成具有强大生命力的现代工程图学。

现代工程技术领域包括航空航天工程、农业工程、土木建筑工程、运输工程、电气信息工程、石油工程等，几乎所有的工程领域都与机械工程息息相关。机械工程作为一类基础学科，在人类生产生活中的方方面面发挥着重要的作用，该学科所应用的理论和技术具有普遍的通用性，因

此,本书以机械工程为学科背景,重点讲解机械产品零部件中的工程图学相关知识。

三、工程图学的工程应用背景

对于机械产品,其典型的设计过程如图0-1所示,首先对机械产品的设计需求、应用对象进行详细分析,面向需求开展概念设计,确定机械结构实现预期功能所采取的工作原理和技术方案,从而建立机械产品的概念模型或原理样机;然后,在概念模型或原理样机的基础上,进行产品结构设计,提出具体的机械结构,建立初步的装配信息模型,形成装配结构草图;最后,根据装配结构草图,对该机械结构零部件开展详细设计,并对原装配结构方案进行必要的修改,建立起零件完整的信息模型,从而形成详细设计的零件图和装配图。

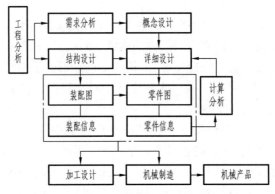

图 0-1 机械产品典型设计流程

在结构设计和详细设计阶段,还需要进行必要的工程计算和分析,如结构静力学、动力学、机构运动学分析等,根据计算和分析结果,对初始设计进行设计优化和迭代。优化迭代工作反复进行,才能形成最终的机械零部件的零件图、装配图,同时建立起机械产品完整的物理信息描述,这些信息连同图纸,将作为加工制造工艺环节的重要技术资料,进入零件加工工艺、产品装配工艺以及机械加工制造环节,从而形成最终的产品。

四、本课程的基本要求和学习方法

综上所述,工程图学课程教学的基本目标是使学生掌握机械工程设计表达的基础知识、基本理论、基本方法和技能,通过本课程的学习,能熟练掌握这一技术语言,具备基本的绘制和阅读图样的能力,培养较强的空间想象能力和形象思维能力,具备一定的立体构型和表达能力。课程培养的主要任务有:(1)培养依据投影理论应用二维图形表达三维形体的能力;(2)培养三维形体的形象思维能力;(3)培养徒手绘图和尺规绘图的基本技能;(4)培养使用软件进行二维绘图及三维形体建模的能力;(5)培养绘制和阅读本专业工程图样的基本能力;(6)培养工程意识、标准化意识和严谨认真的工作态度。

本课程的学习内容主要有:绘图基本知识部分,主要介绍工程图学课程的基本概念和作用、国家标准相关规定、徒手绘图及仪器绘图的基本方法等入门知识;几何元素的投影部分,主要研究点、线、面等基本几何元素的投影规律及其相对位置关系,及其空间投影变换的作图方法;立体的投影部分,在几何元素投影的基础上,主要研究立体的构成及其投影表达的基本作图方法,然后分析立体与平面、立体与立体的相交及叠加等组合方式及其作图方法；视图和表达方法部分，主要研究复杂形体的分析和多种表达方法，包括视图、剖视图、断面图、尺寸标注等，学习并具备综合运用各种表达方法完成复杂形体的绘图和读图能力；零件图和装配图部分，以机械零部件表达为主线，将表面结构技术要求及国家标准和规范联系起来，培养学生形成机械装备零部件的综合表达能力和解决实际工程问题的能力；专业图样和计算机绘图部分，重点介绍机械相关行业的技术背景和工程案例，进一步提升所学知识的工程实践性和拓宽工程图学知识背景，并配合徒手绘图、尺规绘图，讲解使用计算机软件进行二维绘图和三维形体建模的基本方法，使学生完成本课程学习即具备较为全面的工程图学分析和绘图能力。

在本课程的学习中，应该坚持理论联系实际的学风。在认真学习投影理论、理解基本概念的基础上，掌握正投影的基本作图方法及应用，由浅入深地通过一系列的绘图和读图实践，不断地由物画图，由图想物，分析和想象空间形体与图纸上图形之间的对应关系，逐步提高空间想象能力和空间分析能力。

要学好本课程，充分的课后训练是必不可少的，做习题和作业时，应在掌握有关基本概念的基础上，按照正确的方法和步骤作图，养成正确使用绘图工具和仪器的习惯，熟悉制图的基本知识，遵守《技术制图》《机械制图》等国家标准的有关规定，并学习查阅和使用有关手册和国家标准的方法，通过作业培养绘图和读图能力。

工程图学课程作业应该做到：投影方法正确、视图选择与配置恰当、尺寸及技术要求标注完整、字体工整、图样整洁美观，整套图纸符合《技术制图》《机械制图》等国家标准；在工艺和结构方面，应初步理解生产加工的实际需求，适当扩充加工工艺和材料方面的专业知识，熟悉常见的加工工艺措施。

需要认识到，由于图样在生产中起着极其重要的作用，在一定程度上已成为工程项目能否成功的决定性因素，因此，任何绘图和读图的差错都会给生产带来不可挽回的重大损失，所以在做习题、作业时，同学们必须培养认真、细致、负责、严谨的学习态度。通过本课程为学生的绘图和读图能力培养打下初步基础，在后继课程、生产实习、课程设计和毕业设计中仍要继续结合不同工程实际持续培养与提高这种能力。

第一章　制图的基本知识与技能

第一节　国家标准有关制图的基本规定

工程图样是用来表达设计思想和进行信息交流的重要媒介,是现代工业生产中必不可少的技术资料,规范性要求很高。因此,国家对图纸的幅面和格式、作图比例、字体、图线以及尺寸注法等均做了严格的规定。国家所制定并颁布的一系列国家标准简称为"国标",代号为"GB"。标准分为五级:国家、行业、地方、团体、企业,其中国标按执行方式的不同分为强制性(代号为"GB")、推荐性(代号为"GB/T")和指导性(代号为"GB/Z")三种。例如制图标准 GB/T 14689—2008 中"GB/T"是指该标准为推荐性国标,"14689"是该标准的顺序号,"2008"是该标准批准颁布的年份。

国家标准《技术制图》和《机械制图》是国家制定的工程界的基础技术标准,本节将着重介绍有关绘图的基本规定,绘图时必须严格遵守这些规定。

一、图纸幅面和格式（GB/T 14689—2008）

（一）图纸幅面

图纸幅面指的是由图纸宽度和长度组成的图面大小,为了使图纸幅面统一,便于装订和保管,国家标准《技术制图　图纸幅面和格式》（GB/T 14689—2008）对图纸幅面尺寸和格式及有关附加符号作了统一规定。

表 1-1 中列出了标准中规定的各种图纸幅面尺寸,绘图时应优先采用。必要时允许选用加长幅面,加长时基本幅面的长边尺寸不变,沿短边延长线增加基本幅面短边尺寸的整数倍,如图 1-1 所示。图中粗实线框为基本幅面,虚线框均为加长幅面。

（二）图框格式

图纸上限定绘图区域的线框称为图框,在图纸上必须用粗实线画出图框,其格式分为不留装订边（图 1-2）和留有装订边（图 1-3）两种,图框的尺寸见表 1-1。注意,同一产品的图样只能采用同一种格式。

表 1-1　图　纸　幅　面　　　　　　　　　　　　mm

幅面代号	A0	A1	A2	A3	A4
$B \times L$	841 × 1 189	594 × 841	420 × 594	297 × 420	210 × 297
a			25		
c		10		5	
e		20		10	

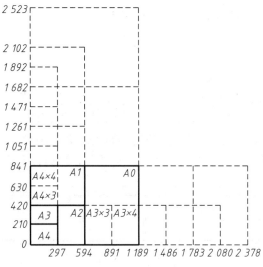

图 1-1 图纸幅面

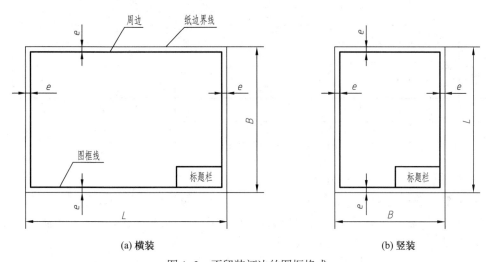

(a) 横装　　　　　　　　　　　　　(b) 竖装

图 1-2　不留装订边的图框格式

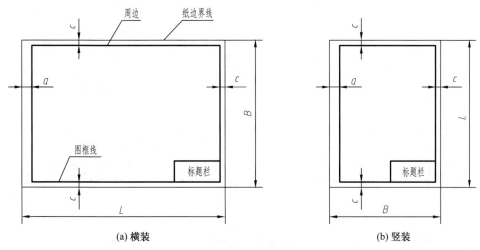

(a) 横装　　　　　　　　　　　　　(b) 竖装

图 1-3　留装订边的图框格式

绘图时,图框幅面可横装或竖装,如图1-2、图1-3所示。

(三)标题栏和明细栏

1. 标题栏（GB/T 10609.1—2008）

每张图纸都必须画出标题栏,标题栏一般由名称及代号区、签字区、更改区和其他区等组成,其基本要求、内容、尺寸和格式在国家标准《技术制图 标题栏》（GB/T 10609.1—2008）中有详细的规定,如图1-4所示。各设计单位可根据各自需求制定满足要求的标题栏格式,在这里不做介绍。标题栏应绘制在图纸的右下角,其底边与下图框线重合,右边与右图框线重合。

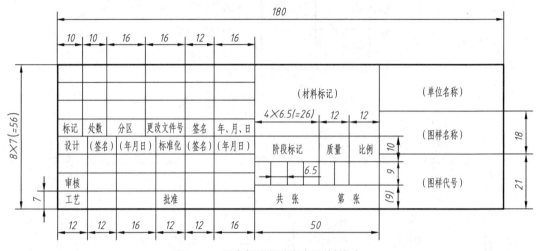

图1-4 国家标准规定的标题栏格式

2. 明细栏（GB/T 10609.2—2009）

装配图中一般应有明细栏,绘制在标题栏的上方。明细栏一般由序号、代号、名称、数量、材料、质量（单件、总计）、备注等内容组成,其具体格式和尺寸在国家标准《技术制图 明细栏》（GB/T 10609.2—2009）中有详细规定,如图1-5所示。

为简化尺规作业练习,本书对标题栏和明细栏进行了简化,推荐零件图中标题栏采用图1-6所示的简单格式,推荐装配图中标题栏和明细栏采用图1-7所示的简单格式。

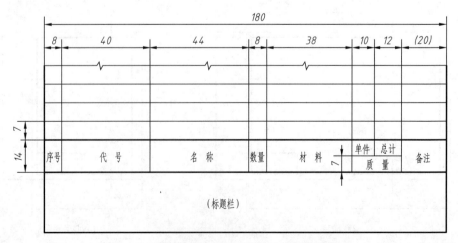

图1-5 国家标准规定的装配图中的明细栏格式

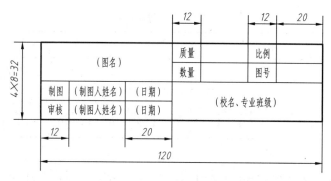

图 1-6 推荐零件图中的标题栏格式

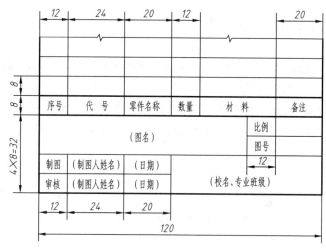

图 1-7 推荐装配图中的标题栏和明细栏格式

二、比例（GB/T 14690—1993）

比例是指图样中图形与实物相应要素的线性尺寸之比。图样比例分为 3 种：比值为 1 的比例为原值比例，即 1:1；比值大于 1 的比例为放大比例，如 2:1 等；比值小于 1 的比例为缩小比例，如 1:2 等。绘制图样时应尽量采用原值比例，以便能直接从图样上看出机件的实际大小。需要按比例绘制图样时，应优先选取表 1-2 中规定的比例，必要时也可选取表 1-3 中的比例。

表 1-2　标准比例系列

种类	比例
原值比例（比值为 1）	1:1
放大比例（比值>1）	5:1　2:1　$5 \times 10^n:1$　$2 \times 10^n:1$　$1 \times 10^n:1$
缩小比例（比值<1）	1:2　1:5　1:10　$1:2 \times 10^n$　$1:5 \times 10^n$　$1:1 \times 10^n$

注：n 为正整数。

表 1-3 比 例 系 列

种类	比例
放大比例	$4:1$ $2.5:1$ $4\times10^n:1$ $2.5\times10^n:1$
缩小比例	$1:1.5$ $1:2.5$ $1:3$ $1:4$ $1:6$ $1:1.5\times10^n$ $1:2.5\times10^n$ $1:3\times10^n$ $1:4\times10^n$ $1:6\times10^n$

注: n 为正整数。

（1）比例一般标注在标题栏中，必要时可在视图名称的下方或右侧标出。

（2）不论采用哪种比例绘制图样，尺寸数值均按零件实际尺寸标出。

三、字体（GB/T 14691—1993）

在国家标准《技术制图 字体》（GB/T 14691—1993）中，规定了汉字、数字和字母的书写形式和字体高度。

图样中字体书写必须做到字体工整、笔画清楚、间隔均匀、排列整齐。

字体高度（用 h 表示，单位为 mm）的公称尺寸系列为 1.8、2.5、3.5、5、7、10、14、20。如需书写更大的字，字体高度应按 $\sqrt{2}$ 的倍数递增。

（一）汉字

图样上的汉字应写成长仿宋体，并采用国家正式公布推行的《汉字简化方案》中规定的简化字。汉字的高度 h 应不小于 3.5 mm，字宽一般为 $h/\sqrt{2}$ 。

长仿宋体字的书写要领是横平竖直、注意起落、结构均匀、填满方格。基本笔画是横、竖、撇、捺、点、挑、钩、折等。长仿宋体字书写示例如图 1-8 所示。

h=10 mm

字体工整 笔画清楚 间隔均匀 排列整齐

h=7 mm

横平竖直 注意起落 结构均匀 填满方格

h=5 mm

技术制图机械电子汽车航空船舶土木建筑

图 1-8 长仿宋体字示例

（二）数字和字母

数字和字母分为 A 型和 B 型。A 型字体的笔画宽度 d 为字高 h 的 1/14；B 型字体的笔画宽度 d 为字高 h 的 1/10。数字和字母可写成斜体或直体，斜体字字头向右倾斜，与水平基准线成 75°，在同一张图纸上只允许选用同一种形式的字体。

斜体数字和字母的示例如图 1-9 所示。

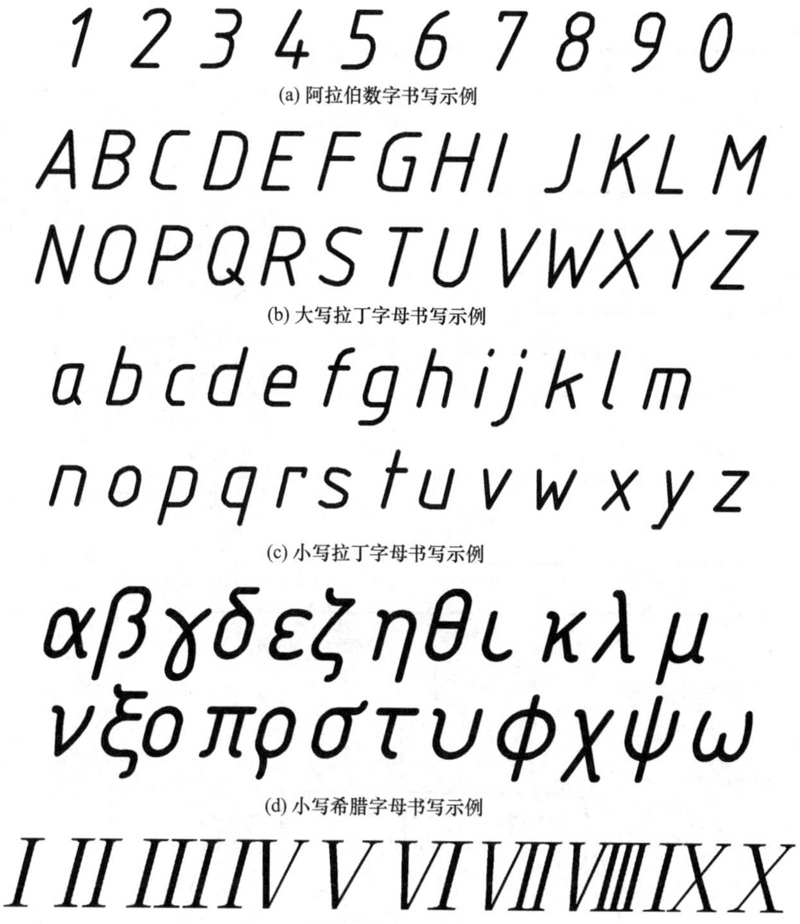

1 2 3 4 5 6 7 8 9 0

(a) 阿拉伯数字书写示例

ABCDEFGHI JKLM
NOPQRSTUVWXYZ

(b) 大写拉丁字母书写示例

abcdefghijklm
nopqrstuvwxyz

(c) 小写拉丁字母书写示例

αβγδεζηθικλμ
νξοπρστυφχψω

(d) 小写希腊字母书写示例

I II III IV V VI VII VIII IX X

(e) 罗马数字书写示例

图 1-9　数字和字母书写示例

四、图线（GB/T 17450—1998）

（一）图线型式及应用

国家标准规定了绘制各种技术图样的 15 种基本线型,以及线型的变形和相互结合。表 1-4 中列出了机械工程图样中常用的 9 种线型名称、图线型式及应用,图 1-10 所示为线型的应用举例。

表 1-4　线型名称、图线型式及应用

名称	图线型式	图线宽度	应用
细实线	——————————	$d/2$	尺寸线、尺寸界线、指引线、剖面线、螺纹牙底线、齿轮的齿根线、作图辅助线等
粗实线	——————————	d	可见轮廓线、螺纹牙顶线、齿轮齿顶线、螺纹长度终止线、相贯线等

名称	图线型式	图线宽度	应用	
细虚线	— — — — —	$d/2$	不可见轮廓线	画长 12d,短间隔长 3d
粗虚线	▬ ▬ ▬ ▬ ▬	d	允许表面处理的表示线	
细点画线	—·—·—·—·—	$d/2$	对称中心线、轴线等	画长 12d,短间隔长 3d,点长 0.5d
粗点画线	▬·▬·▬·▬·	d	有特殊要求的线或限定范围表示线	
细双点画线	—··—··—··	$d/2$	假想轮廓线、轨迹线等	
波浪线	～～～～	$d/2$	断裂处的边界线,视图与剖视图的分界线	
双折线	─/\─/\─	$d/2$	断裂处的边界线	

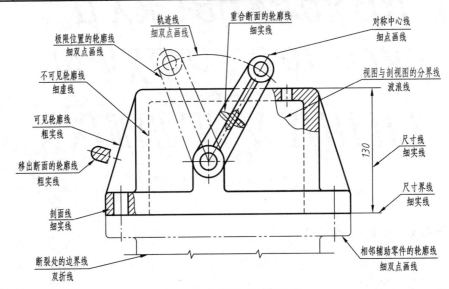

图 1-10　各种线型应用示例

（二）图线宽度

图线分粗、细两种,粗线的宽度 d 应按图的比例大小和复杂程度选定,再按表 1-5 选用适当的线宽组。绘制比较复杂的图样或比例较小时,应优先选用细的线宽组。注意,为了保证图样清晰易读、便于复制,图样上应避免出现线宽小于 0.18 mm 的图线。

表 1-5　图线线宽组

mm

线宽比	线宽组						
d	2.0	1.4	1.0	0.7	0.5	0.35	0.25
$0.5d$	1.0	0.7	0.5	0.35	0.25	0.18	0.13

（三）图线画法

（1）在同一张图样中,相同线型的宽度应一致,虚线、点画线及双点画线各自的线段画长和间隔应大致相等。

（2）绘制圆的对称中心线时,圆心应为长画的交点。点画线、双点画线的首尾应为长画,不应画成点,且应超出轮廓线 2～5 mm。

（3）点画线、双点画线中的点是一条短横线,不能画成圆点,且应点、线一起绘制。

（4）两条平行线（包括剖面线）之间的距离应不小于粗实线线宽的两倍,其最小距离不得小于 0.7 mm。

（5）在较小的图形上画点画线或双点画线有困难时,可用细实线代替。

图线画法示例如图 1-11 所示。

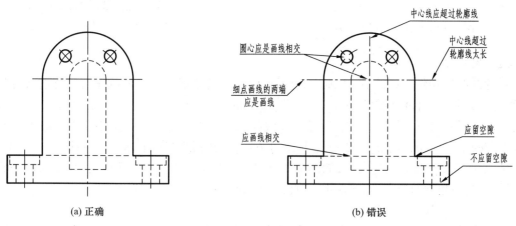

图 1-11　图线画法示例

五、尺寸标注（GB/T 4458.4—2003）

图样中的图形只能表示物体的结构和形状,其大小必须通过标注尺寸来确定。

（一）基本规则

（1）机件的真实大小应以图样上所注的尺寸数值为依据,与图形大小及绘图的准确度无关。

（2）图样中（包括技术要求和其他说明）的尺寸以 mm 为单位时,可省略单位符号,如果采用其他单位,则必须标明相应的单位符号。

（3）图样中所标注的尺寸,为该图样所示机件的最后完工尺寸,否则应另加说明。

（4）每一个结构尺寸一般只标注一次,并应标注在反映该结构最清晰的图形上。

（二）尺寸组成

一个完整的尺寸一般应包括尺寸界线、尺寸线、尺寸线终端和尺寸数字,如图 1-12 所示。

（1）尺寸界线

尺寸界线用细实线绘制,并应由图形的轮廓线、轴线或对称中心线处引出,如图 1-12 中的尺寸 12、26 等。也可利用轮廓线、轴线或对称中心线作尺寸界线,如图 1-12 中的尺寸 5、ϕ21 等。

尺寸界线一般应与尺寸线垂直,必要时才允许倾斜。在光滑过渡处标注尺寸时,必须用细实线将轮廓线延长,从它们的交点处引出尺寸界线,如图 1-13 所示。

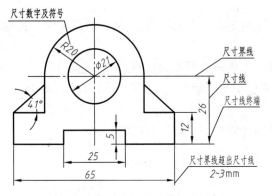

图 1-12 尺寸的组成及其标注示例

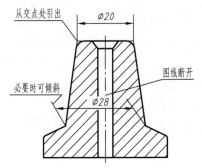

图 1-13 尺寸界线标注示例

（2）尺寸线

尺寸线必须用细实线绘制,不能用其他图线代替,也不能与其他图线重合。标注线性尺寸时,尺寸线必须与所标注的线段平行,如图 1-12 中的尺寸 25、12 等。当有几条互相平行的尺寸线时,大尺寸要注在小尺寸的外面,以免尺寸线与尺寸界线相交。尺寸线之间、尺寸线与轮廓线之间应相距 5 ~ 7 mm,如图 1-12 中尺寸 25 和 65 等。在圆或圆弧上标注直径或半径尺寸时,尺寸线或其延长线一般应通过圆心,如图 1-12 中尺寸 ϕ21、R20。标注角度时,尺寸线应画成圆弧,其圆心是该角度的顶点,如图 1-12 中标注的角度 41°。

（3）尺寸线终端

尺寸线的终端一般有箭头和斜线两种形式,如图 1-14 所示。箭头适用于各种类型的图样,一般机械图样中常采用箭头表示尺寸线的终端,而建筑图样中则主要采用斜的细实线作为尺寸线的终端。采用斜线形式标注时,尺寸线与尺寸界线必须互相垂直。同一张图样中只能采用一种尺寸线终端形式。当采用箭头时,在位置不够的情况下允许用圆点或斜线代替箭头。

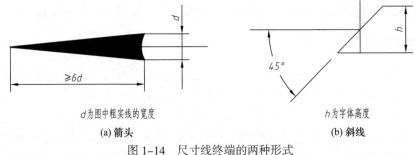

d 为图中粗实线的宽度　　　　　　　　　h 为字体高度

(a) 箭头　　　　　　　　　　　　　(b) 斜线

图 1-14 尺寸线终端的两种形式

（4）尺寸数字

线性尺寸的尺寸数字一般应注在尺寸线的上方,也允许注写在尺寸线的中断处,当空间不够时也可以引出标注。尺寸数字不能被任何图线通过,必须把图线断开标注尺寸数字,如图 1-13 所示。尺寸数字应按国标要求书写,且同一张图样上字高必须一致。

线性尺寸数字应按图 1-15a 中所示的方向注写,并尽可能避免在图示 30° 范围内进行尺寸标注。当无法避免时可按图 1–15b 所示形式标注,但同一图样中标注形式应统一。图 1–16 给出了尺寸标注的正误对比。

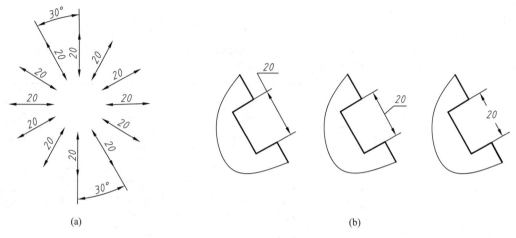

图 1–15　线性尺寸数字的标注方法

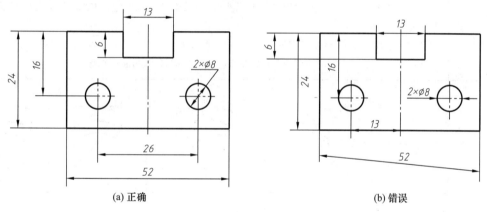

(a) 正确　　　　　　　　　　　　　　　　(b) 错误

图 1–16　尺寸标注正误对比示例

（三）尺寸注法示例

国家标准还规定了各类尺寸注法和简化注法,可参阅表 1–6。

表 1–6　各类尺寸的注法和简化注法

圆、圆弧尺寸注法	图例	不画箭头
	说明	（1）标注圆或大于半圆的圆弧尺寸时,尺寸线通过圆心,以圆周为尺寸界线,尺寸数字前加注直径符号"ϕ";

圆、圆弧尺寸注法	说明	（2）标注小于或等于半圆的圆弧尺寸时，尺寸线自圆心引向圆弧，只画一个箭头，尺寸数字前加注半径符号"*R*"； （3）标注球面半径或直径时，在"*ϕ*"或"*R*"符号之前应再加注球面符号"*S*"； （4）当圆弧的半径过大或在图纸范围内无法标注其圆心位置时，可采用折线形式标注。若圆心位置不需注明，则尺寸线可只画靠近箭头的一段
小尺寸注法	图例	
	说明	（1）在尺寸界线之间没有足够位置画箭头时，可按上图形式标注，即把箭头放在外面，指向尺寸界线； （2）尺寸数字可引出注写在外面； （3）连续尺寸无法画箭头时，可用实心圆点或斜线代替中间的两个箭头
角度、弧长、弦长尺寸注法	图例	
	说明	角度尺寸数字一律在水平方向注写，一般注在尺寸线中断处，必要时可写在尺寸线上方或外边，也可引出标注　　　　角度尺寸的尺寸界线沿径向引出，尺寸线是以该角顶点为圆心所画的圆弧　　　　弦长的注法按直线尺寸标注　　　　弧长的尺寸线为同心弧，尺寸界线垂直于其弦，弧长符号应注在弧长数值的左方
简化注法	图例	
	说明	在同一图样中，对于尺寸相同的孔、槽等成组要素，可仅在一个要素上注出其尺寸和数量。均匀分布的成组要素的尺寸按"个数×孔径""个数×宽×长""个数×槽宽×直径（或槽深）"等方法标注

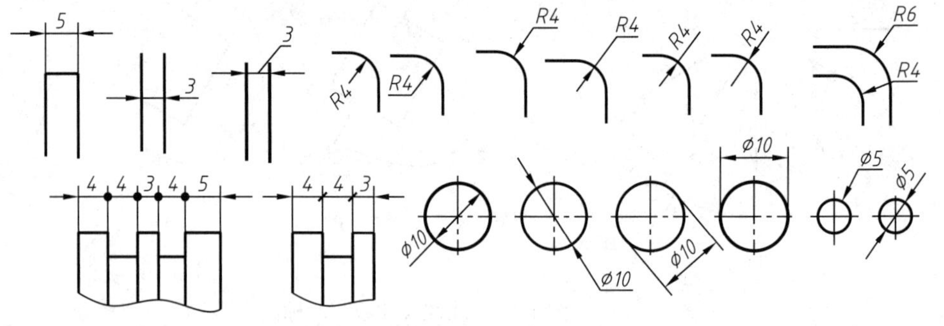

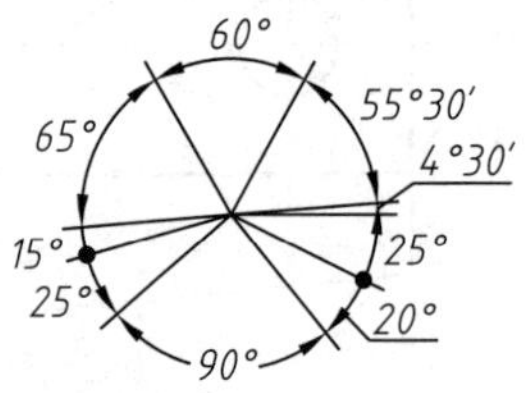

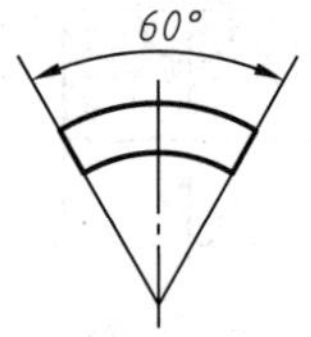

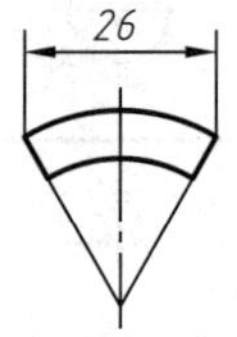

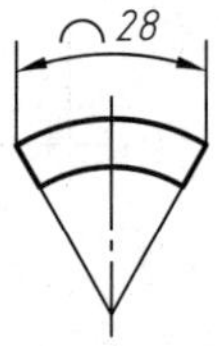

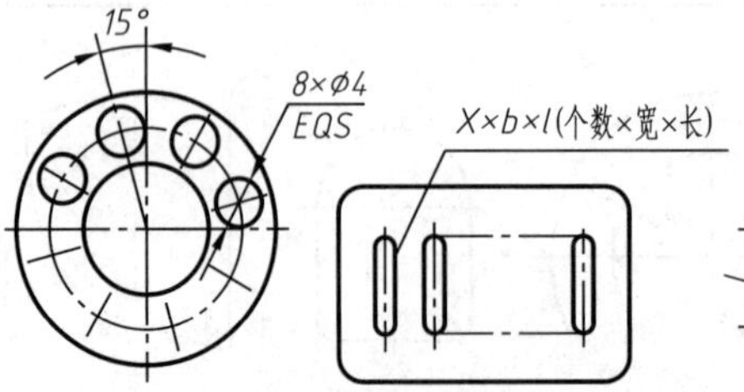

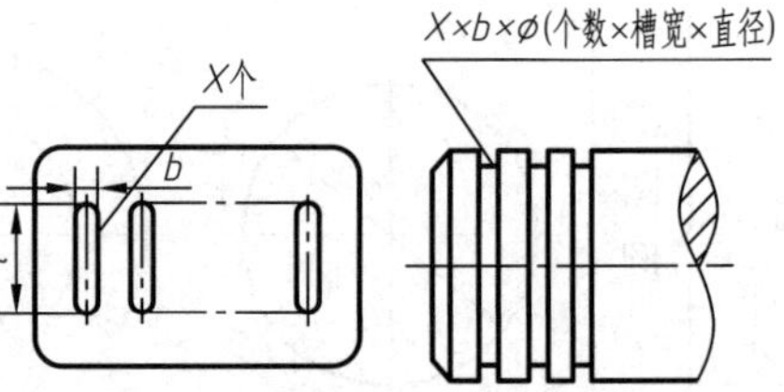

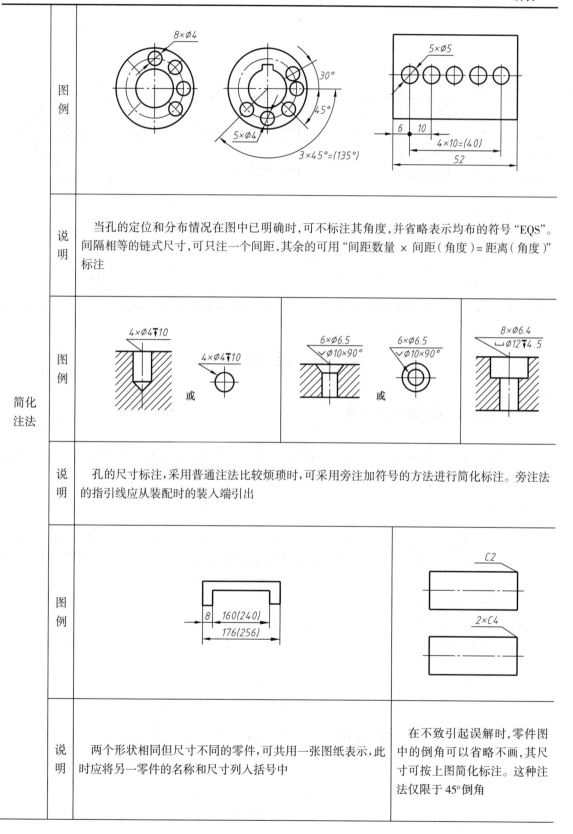

图例		
说明	当孔的定位和分布情况在图中已明确时,可不标注其角度,并省略表示均布的符号"EQS"。间隔相等的链式尺寸,可只注一个间距,其余的可用"间距数量 × 间距(角度)=距离(角度)"标注	
简化注法	图例	
	说明	孔的尺寸标注,采用普通注法比较烦琐时,可采用旁注加符号的方法进行简化标注。旁注法的指引线应从装配时的装入端引出
	图例	
	说明	两个形状相同但尺寸不同的零件,可共用一张图纸表示,此时应将另一零件的名称和尺寸列入括号中	在不致引起误解时,零件图中的倒角可以省略不画,其尺寸可按上图简化标注。这种注法仅限于45°倒角

利用符号的注法	图例	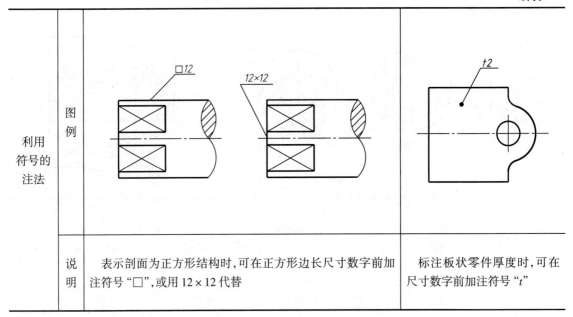
	说明	表示剖面为正方形结构时,可在正方形边长尺寸数字前加注符号"□",或用 12×12 代替	标注板状零件厚度时,可在尺寸数字前加注符号"t"

第二节　尺 规 绘 图

一、绘图工具及其使用方法

正确使用绘图工具和仪器是保证绘图质量的前提,也是提高绘图速度的重要保证,常用的绘图工具有以下几种。

(一)铅笔

铅笔有木质铅笔和活动铅笔两种,铅笔芯有软硬之分:"B"(Black)表示软铅,"H"(Hard)表示硬铅,"HB"表示中软铅。B 或 H 前的数字越大,表示铅笔芯越软或越硬。根据不同的使用要求,应准备以下几种硬度不同的铅笔,铅笔的削法如图 1-17 所示。

B 或 HB——用来画粗实线;

HB 或 H——用来画细实线、点画线、双点画线、虚线和写字;

2H——用来画底稿。

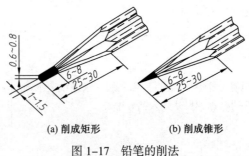

图 1-17　铅笔的削法

（二）图板、丁字尺和三角板

图板的表面必须平坦、光滑，左边用作导边，应平直，如图1-18所示。图纸可用胶带固定在图板上。

丁字尺是用来画水平线的长尺。尺头内侧边与尺身工作边必须垂直。画图时，应使尺头始终紧靠图板左侧的导边，如图1-18所示。画水平线时用左手握尺头，使其内侧边紧靠图板的左侧导边作上下移动，左手按牢尺身，右手执笔，沿尺身上部工作边自左向右画线。用铅笔沿工作边画直线时，笔杆应稍向外倾斜，尽量使笔尖贴紧工作边。

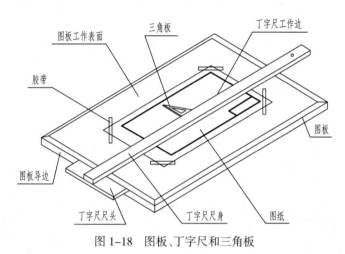

图1-18　图板、丁字尺和三角板

三角板除了可直接画直线外，还可与丁字尺配合使用画竖直线和与水平线成15°整数倍角的斜线，如图1-19所示。

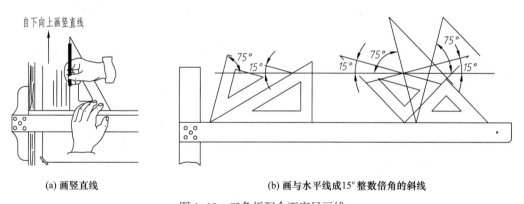

(a) 画竖直线　　　　　　　　　(b) 画与水平线成15°整数倍角的斜线

图1-19　三角板配合丁字尺画线

用两块三角板配合还能画出已知直线的平行线和垂直线，如图1-20所示。

（三）分规和圆规

分规是用于量取线段和等分线段的工具。为了准确地度量尺寸，分规的两针尖应平齐。量取线段时，先张开至大于被量尺寸的距离，再逐步缩至被量尺寸大小；等分线段时，将分规的两针尖调整到所需的距离，然后用右手拇指、食指捏住分规手柄，使分规两针尖沿线段交替作为圆心旋转前进,如图 1–21 所示。

　　圆规是画圆及圆弧的工具,如图 1–22 所示。圆规的一腿为带有两个尖端的定心钢针,一端作画圆时定心用,另一端作分规用。另一腿可装铅芯插脚或鸭嘴插脚,也可换成钢针插脚当分规用。

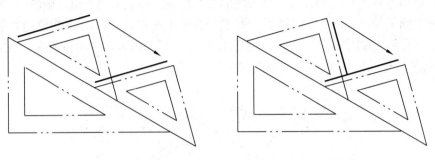

图 1–20　两块三角板配合画已知直线的平行线和垂直线

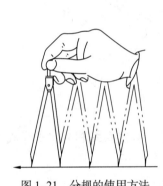

图 1–21　分规的使用方法

图 1–22　圆规及其附件

　　画图时,将钢针轻轻插入纸面,使铅芯接触纸面,并将圆规向前进方向稍微倾斜,作顺时针方向旋转,即画成一圆。画较大圆时,须使用延伸杆,并使圆规钢针的铅芯尽可能垂直于纸面,如图 1–23 所示。

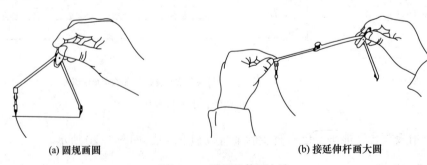

(a) 圆规画圆　　　　　　　　　　　　(b) 接延伸杆画大圆

图 1–23　圆规的使用方法

(四)曲线板

　　曲线板用来画非圆曲线,其轮廓线由多段不同曲率半径的曲线组成。如图 1–24 所示,画图

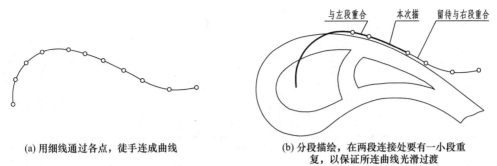

(a) 用细线通过各点，徒手连成曲线　　　(b) 分段描绘，在两段连接处要有一小段重复，以保证所连曲线光滑过渡

图 1-24　曲线板的使用方法

时，先把已求出的各点徒手轻轻勾描出来，然后选择曲线板上曲率相当的部分，分几段画出并将曲线描深。每次连接应至少通过曲线上的三个点，并注意每画一段线，都要比曲线板边与曲线贴合的部分稍短一些，保证曲线光滑过渡。

（五）其他工具

除了上述工具之外，在绘图时，还需要准备削笔刀、橡皮、固定图纸用的塑料透明胶带、测量角度的量角器、擦图片、砂纸以及清除图面上橡皮屑的纸板刷等（图 1-25）。

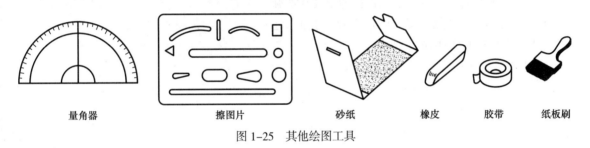

量角器　　　　擦图片　　　　砂纸　　　　橡皮　　　胶带　　　纸板刷

图 1-25　其他绘图工具

二、几何作图基础

机件的形状虽然多种多样，但都是由各种几何形体组合而成的，它们的图形也是由一些基本的几何图形所组成。因此，熟练掌握这些基本几何图形的画法，是绘制好图样的基础。几何作图的内容一般包括圆周等分（正多边形）、圆弧连接、平面曲线、斜度和锥度等的作图方法。

（一）作正多边形

1. 作正六边形

已知正六边形对角线长度，作正六边形（图 1-26）。

作图步骤：

（1）画水平、竖直对称中心线，取 1、4 两点间距离等于对角线长，如图 1-26a 所示。

（2）过点 1、O、4 分别作同方向的与水平中心线成 60° 的斜线，如图 1-26b 所示。

（3）过点 1、4 作另一方向的与水平中心线成 60° 的斜线，与前面所作的斜线交于 2、5 两点，如图 1-26c 所示。

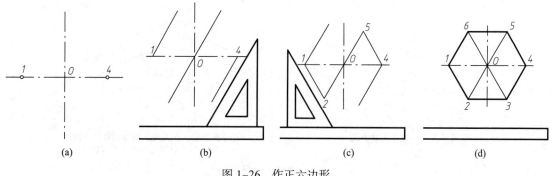

图 1-26　作正六边形

（4）过点 2、5 分别作水平线，即完成作图，如图 1-26d 所示。

2. 作圆内接正多边形

已知正五边形外接圆的直径，作正五边形（图 1-27）。

作图步骤：

（1）将直径 AB 等分成与所求的正多边形边数相同的份数（如作正五边形，则将直径 AB 分成 5 等份，如图 1-27a、b、c 所示）。

（2）分别以点 A、B 为圆心，AB 长为半径作圆弧交于 C 点。

（3）连接 C、2′ 并延长交圆周于 D 点（作任意边数的多边形都要通过点 2′）。

（4）用弦长 AD 将圆周五等分。

（5）依次连接各等分点得正五边形。

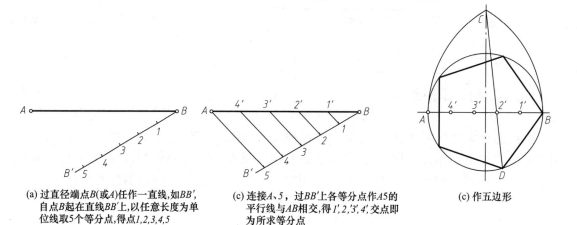

(a) 过直径端点B(或A)任作一直线,如作BB',自点B起在直线BB'上,以任意长度为单位线取5个等分点,得点1,2,3,4,5

(c) 连接A、5,过BB'上各等分点作A5的平行线与AB相交,得1′,2′,3′,4′,交点即为所求等分点

(c) 作五边形

图 1-27　作圆内接正五边形

（二）作斜度和锥度

1. 作斜度

斜度是指一直线（或平面）相对于另一直线（或平面）的倾斜程度，其大小用倾斜角的正切值表示，如图 1-28a 所示，并把比值写成 1∶n 的形式，即

$$斜度 = \tan \alpha = H/L = 1 : n$$

斜度符号按图 1-28b 所示绘制,符号的线宽为 $h/10$,其中 h 为数字的高度,应当注意,标注斜度时符号的方向应与实际倾斜方向一致,如图 1-28c 所示。

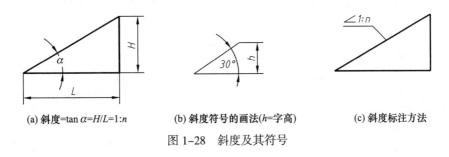

(a) 斜度=tan α=H/L=1:n   (b) 斜度符号的画法(h=字高)   (c) 斜度标注方法

图 1-28 斜度及其符号

图 1-29a 所示物体的一边斜度为 1:6,其作图步骤为:如图 1-29b 所示,自点 A 在水平线上取六个等份,得到点 F;自点 A 在竖直线 AT 上取一个相同等份,得到点 E;连接 E、F,即得 1:6 的斜度;过点 C 作 EF 的平行线,交 AT 于点 D,即得 1:6 的斜度线,完成作图,结果如图 1-29c 所示。

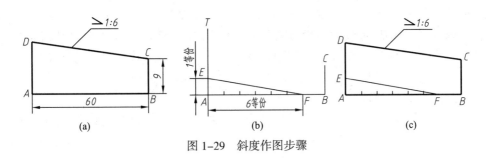

(a)   (b)   (c)

图 1-29 斜度作图步骤

2. 作锥度

锥度是正圆锥底直径与圆锥高度之比,或正圆锥台两底圆直径之差与圆锥台高度之比,如图 1-30 所示。锥度也以简化形式 1:n 表示,即

$$锥度 = D/L = (D-d):l = 2\tan \alpha$$

锥度符号按图 1-30b 绘制,其中 h 仍为数字的高度,符号的线宽为 $h/10$。标注时,该符号应配置在基准线上,锥度符号的方向应与实际锥度的方向一致,如图 1-30c 所示。

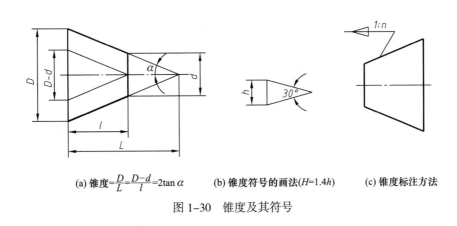

(a) 锥度=$\dfrac{D}{L}=\dfrac{D-d}{l}=2\tan \alpha$ (b) 锥度符号的画法(H=1.4h)   (c) 锥度标注方法

图 1-30 锥度及其符号

图 1-31a 所示物体是一个锥度为 1∶3 的圆台,其作图步骤为:如图 1-31b 所示,由点 O 沿轴线向右取三个等份,得点 G;由点 O 沿竖直线 AB 向上和向下分别取 1/2 等份,得到点 E 和 F;分别连接 E、G,F、G,即得 1∶3 的锥度;自点 A 和 B 分别作 EG 和 FG 的平行线,分别交 HP 于点 D 和 C,即完成作图,结果如图 1-31c 所示。

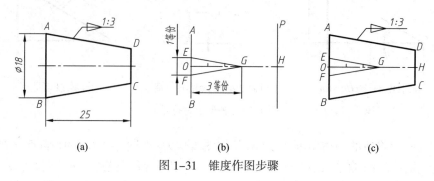

| (a) | (b) | (c) |

图 1-31　锥度作图步骤

(三)圆弧连接

在实际零件结构中,经常会遇到由一表面(平面或曲面)光滑地过渡到另一表面的情况,这种光滑过渡形成面面相切,而反映在投影图上则一般为两段线(直线与曲线,曲线与曲线)相切,在制图中将这种相切称为连接,切点称为连接点。常见的连接形式有直线与圆弧连接、两圆弧连接。

1. 圆弧连接的作图原理(轨迹法)

(1)当一圆弧(半径为 R)与一已知直线相切时,其圆心轨迹是与已知直线平行且相距为 R 的直线。自连接圆弧的圆心向已知直线作垂线,其垂足就是连接点(切点),如图 1-32a 所示。

(2)当一圆弧(半径为 R)与已知圆弧(圆心为 O_1,半径为 R_1)相切时,其圆心的轨迹为已知圆弧的同心圆,该圆半径 R_0 要根据相切形式而定。当两圆弧外切时,$R_0=R_1+R$,如图 1-32b 所示;当两圆弧内切时,$R_0=R_1-R$,如图 1-32c 所示。两圆弧圆心连线与已知圆弧的交点即为连接点(切点)。

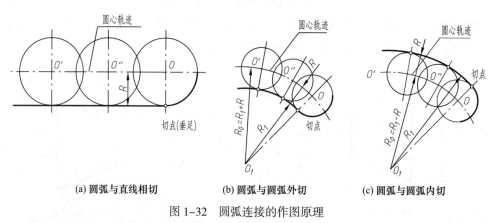

| (a) 圆弧与直线相切 | (b) 圆弧与圆弧外切 | (c) 圆弧与圆弧内切 |

图 1-32　圆弧连接的作图原理

2. 圆弧连接的作图方法

表 1-7 列举了用已知半径为 R 的圆弧连接两已知线段的 5 种典型情况。

表 1-7　典型圆弧连接作图方法

连接形式	作图步骤		
	求连接圆弧圆心 O	求切点 T_1、T_2	画连接圆弧
两直线	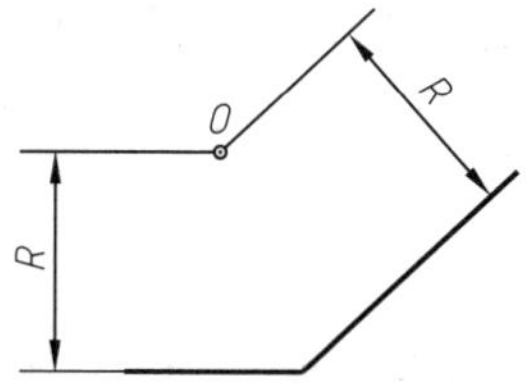	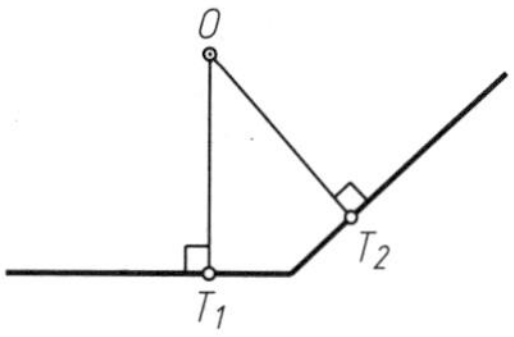	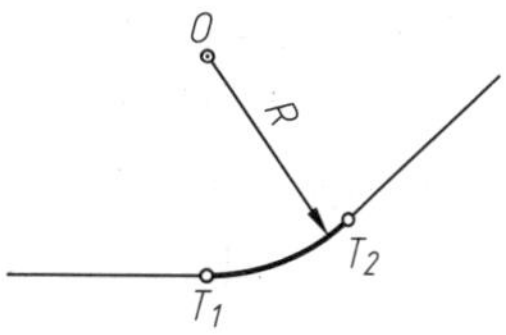
直线和圆弧	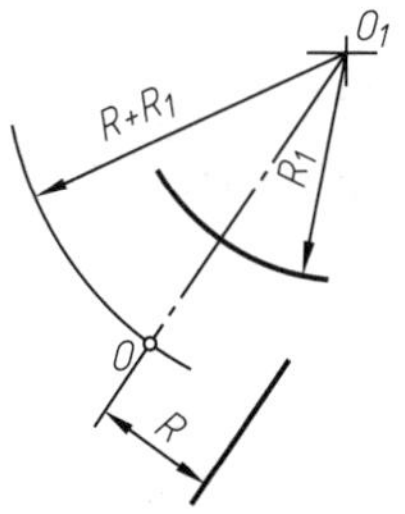	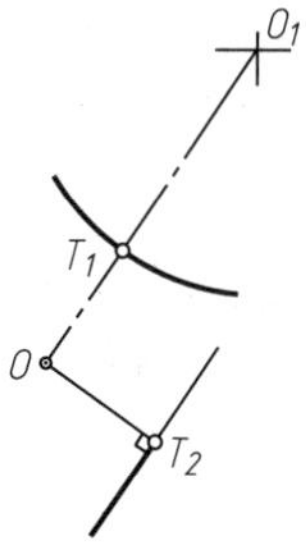	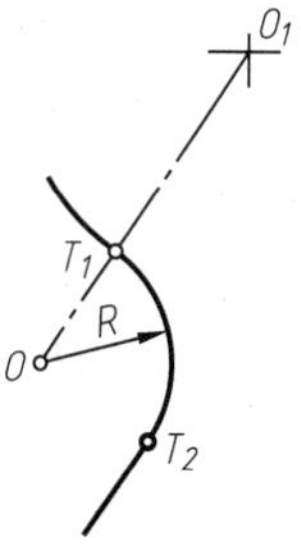
两圆弧内切	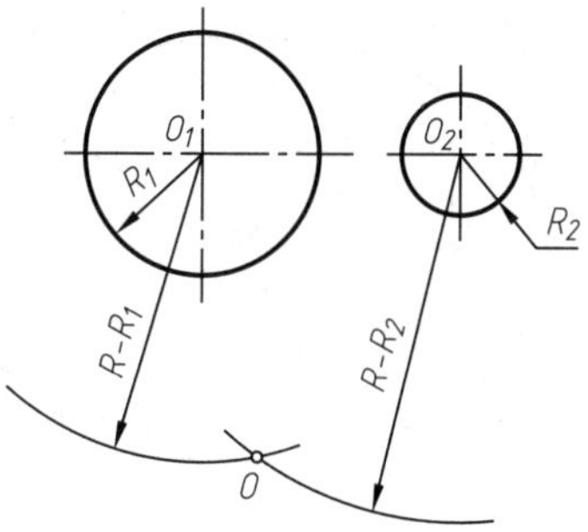	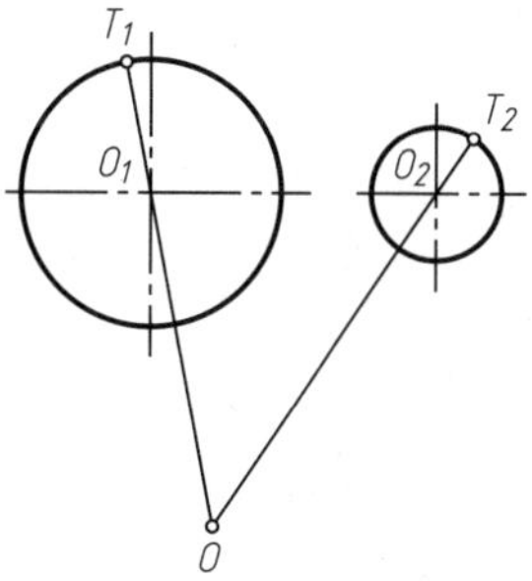	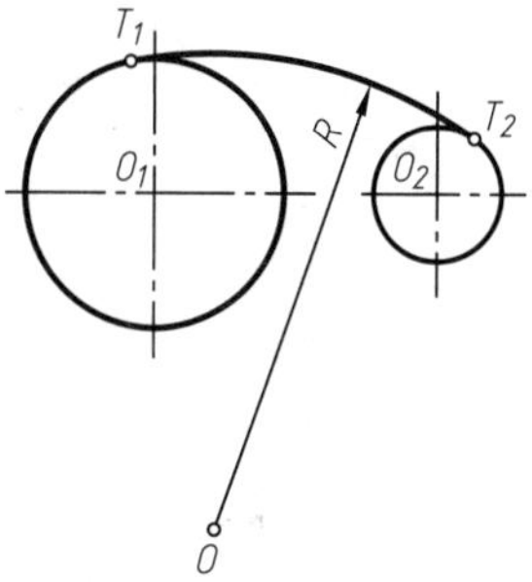
两圆弧外切	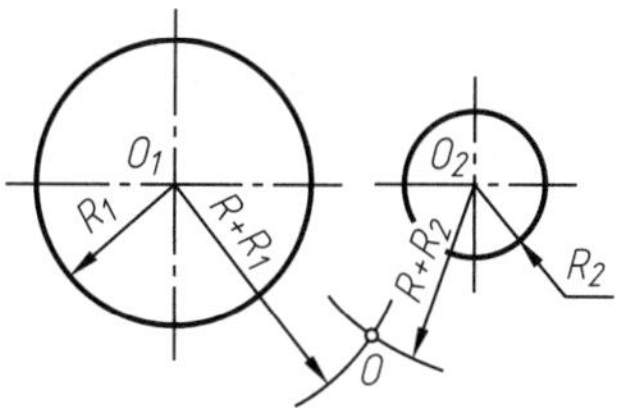	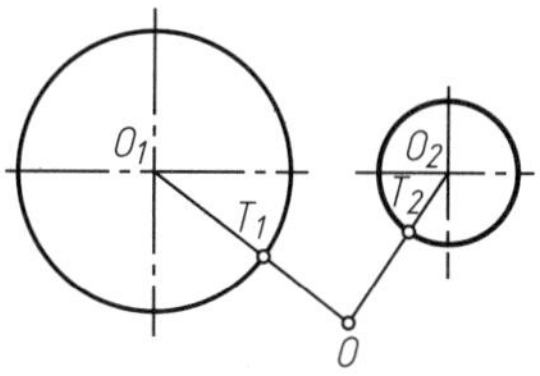	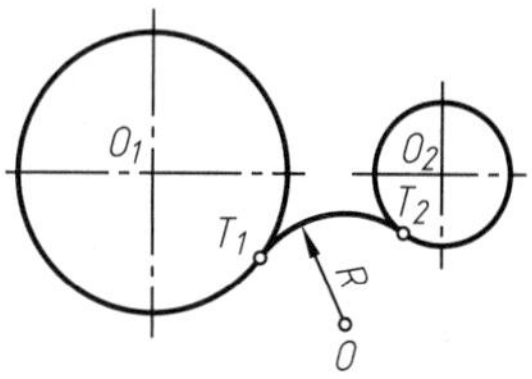
两圆弧混切	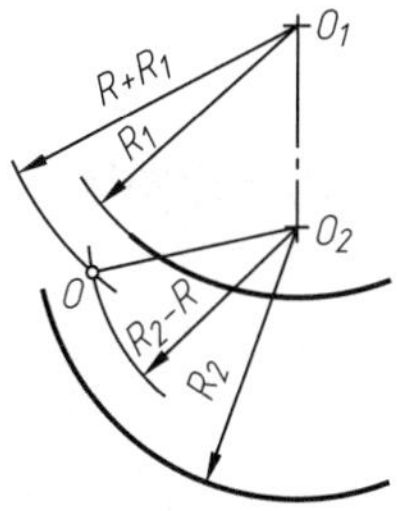	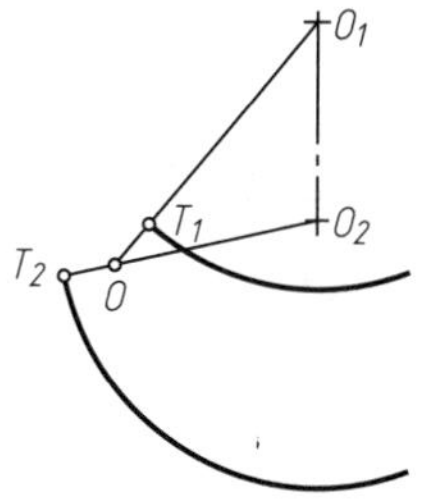	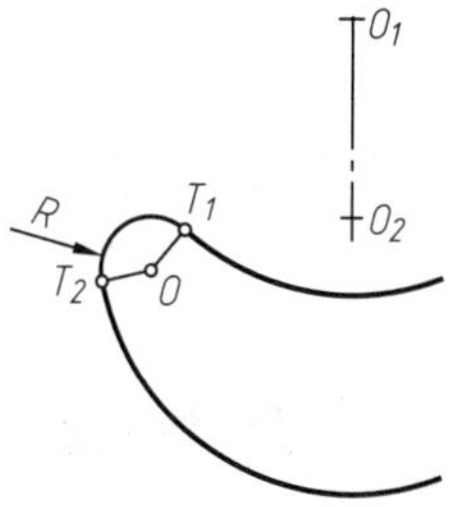

（四）椭圆画法

椭圆是工程上较常用的一种平面曲线，下面仅介绍四心圆法和同心圆法画近似椭圆。

1. 四心圆法

如图 1-33a 所示,已知椭圆长轴 AB 和短轴 CD,用四心圆法画椭圆,作图步骤如下:

(1)以 O 为圆心,OA 为半径画弧,交短轴于点 E。

(2)以 C 为圆心,CE 为半径画弧交 AC 于点 F。

(3)作线段 AF 的中垂线,交长轴于点 O_1,交短轴于点 O_2,并找出对称点 O_3、O_4。

(4)连接 O_1、O_2,O_1、O_4,O_2、O_3,O_3、O_4,分别以点 O_1、O_3、O_2、O_4 为圆心,以 O_1A 和 O_2C 长为半径画圆弧,即得椭圆。

2. 同心圆法

如图 1-33b 所示,已知椭圆长轴 AB 和短轴 CD,用同心圆法画椭圆,作图步骤如下:

(1)分别以 AB 和 CD 为直径画同心圆。

(2)过圆心 O 作一系列直径与两同心圆相交,得一系列交点。

(3)自某条直径与大圆的交点作竖直线,自同条直径与小圆的交点作水平线,得到二者交点。采用相同方法,作出一系列竖直线与水平线的交点。

(4)用曲线板光滑地连接各点,即得椭圆。

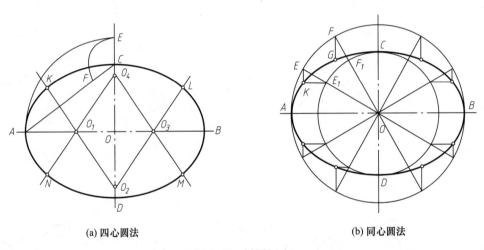

(a) 四心圆法   (b) 同心圆法

图 1-33 椭圆画法

第三节 平面图形分析

画平面图形前,首先要对图形进行尺寸分析和线段分析,以明确作图顺序,便于正确、快速地画出图形并标注尺寸。

一、尺寸分析

按尺寸在平面图形中所起的作用,尺寸可分为定形尺寸和定位尺寸两类。

1. 尺寸基准

形体上确定尺寸位置的几何元素(点、直线或平面)称为尺寸基准,标注尺寸时,必须预先选好尺寸基准。

在平面图形中,在长度和宽度方向至少各有一个主要基准。一般选择图形的对称中心线、较大圆的中心线、图形主要轮廓线等作为基准。图 1-34 所示平面图形的长度基准为左边轮廓线,宽度基准为底边轮廓线。

2. 定形尺寸

确定平面图形中各线段或线框形状大小的尺寸称为定形尺寸。如图 1-34 中的线段长度尺寸 56、圆弧半径尺寸 $R6$ 和圆的直径尺寸 $\phi10$ 等。

3. 定位尺寸

确定平面图形中线段或线框相对位置的尺寸称为定位尺寸。如图 1-34 中确定 $\phi10$ 圆心位置的尺寸 13 和尺寸 12 等。

二、线段分析

平面图形中的线段,在一般情况下可按所标注的定位尺寸数量将其分为三类:已知线段、中间线段和连接线段。

1. 已知线段

具有完整的定形和定位尺寸的线段称为已知线段。这类线段可根据图形中所标注的尺寸将其完整画出,不必考虑与其他线段的连接关系,如图 1-35 中 $\phi27$ 和 $\phi8$ 圆。

2. 中间线段

定形尺寸和定位尺寸不完全确定,需等与其一端相邻的线段作出后,依靠与该相邻线段的连接关系才能画出的线段称为中间线段。其所缺尺寸可根据与相邻线段的连接关系求出,如图 1-35 中尺寸 $R15$ 及 $R27$ 两个圆弧。

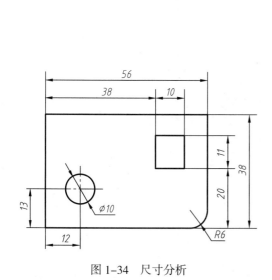

图 1-34　尺寸分析

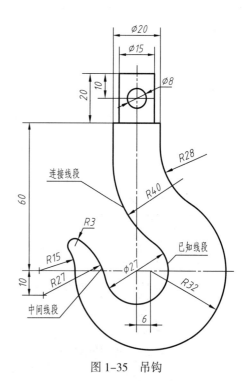

图 1-35　吊钩

25

3. 连接线段

定形尺寸和定位尺寸不完全确定,需等与其两端相邻的线段作出后,依靠与两端相邻线段的连接关系才能画出的线段称为连接线段。其所缺尺寸可根据与相邻线段的连接关系求出,如图 1–35 中 *R*3、*R*28 和 *R*40 等圆弧。

三、画图步骤

在对平面图形进行尺寸分析和线段分析之后,可进行平面图形的作图。画平面图形的步骤,以图 1–36(吊钩的作图步骤)为例,可归纳如下:

(1)画出基准线和已知线段,如图 1–36a、b 所示。

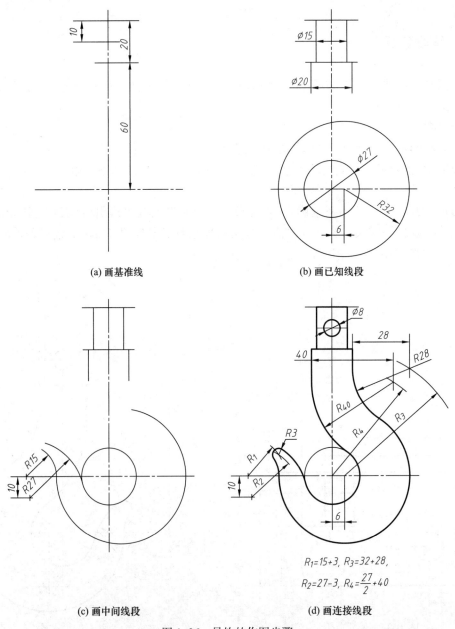

(a) 画基准线

(b) 画已知线段

(c) 画中间线段

(d) 画连接线段

$$R_1=15+3, \quad R_3=32+28,$$
$$R_2=27-3, \quad R_4=\frac{27}{2}+40$$

图 1–36　吊钩的作图步骤

（2）画出中间线段，如图 1-36c 所示。

（3）画出连接线段，如图 1-36d 所示。

（4）检查、整理，加粗并标注尺寸，完成全图，如图 1-36d 所示。

四、尺寸标注

标注平面图形尺寸，要求是正确、完整、清晰。

"正确"是指平面图形的尺寸要按照国家标准的规定标注，尺寸数值不能写错和出现矛盾。"完整"是指平面图形的尺寸要注写齐全，也就是不能遗漏各组成部分的定形尺寸和定位尺寸；在一般情况下不重复标注尺寸。这样，按照平面图形上所标注的尺寸，既能完整地画出这个图形，又没有多余的尺寸。"清晰"则是指尺寸的位置要安排在图形的明显处，标注清楚，布局整齐。图 1-37 所示为一些常见平面图形尺寸标注示例。

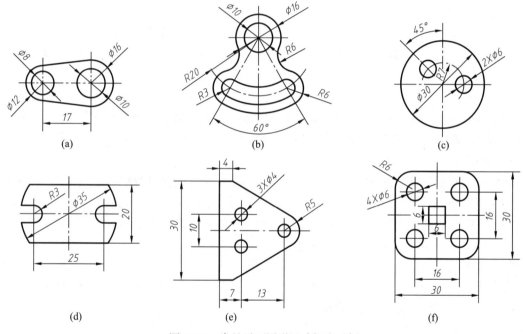

图 1-37　常见平面图形尺寸标注示例

在图 1-37e 中的水平方向上，有两个连续标注的尺寸 7、12，即有两个尺寸基准。实际上，在一个图形的同一尺寸方向上有多个基准的情况很多，因此，在同一尺寸方向上有两个或两个以上基准时，取一个作为主要基准，其余分别称为第 Ⅰ、第 Ⅱ、……辅助基准。

第四节　绘图方法及步骤

一、尺规绘图的步骤

尽管计算机绘图技术在工程界的应用已日益普及，但是尺规绘图仍是工程技术人员应掌握的重要技能之一。要使绘图工作效率高、质量好，除了必须熟悉国家制图标准、掌握几何作图方

法和正确使用绘图工具外,还需要遵循科学合理的绘图步骤。通常,在使用尺规绘制工程图时,一般按以下步骤进行:

1. 绘图前的准备工作

首先准备好图板、丁字尺、三角板、绘图仪器及其他用品,如橡皮、曲线板、胶带等,并将图板、丁字尺和三角板擦拭干净;将绘制粗、细图线的铅笔和绘制圆、圆弧的圆规准备好。各种工具应放在适当位置,不用的物品不要放在图板上。

2. 选择图幅、固定图纸

图纸的幅面和格式应符合国家标准(GB/T 14689—2008)的规定。根据所绘图形的大小和复杂程度确定绘图比例,选择合适的并且符合国标规范的比例和图纸幅面。用胶带将选好的图纸固定在图板上,当图幅小于图板幅面时,应将图纸固定在图板的左上方。

3. 画图框和标题栏

标题栏位于图纸的右下角,其格式和尺寸应符合国家标准(GB/T 10609.1—2008)的规定。

4. 布置图形的位置

图形应匀称、美观地绘制在图纸的有效区域内。图形之间应留有适当空隙,根据每个图形的大小、尺寸标注及文字说明等其他内容确定位置,画出各图的基准线,如对称中心线、轴线或主要平面的投影线等。

5. 绘制底稿

根据定好的基准线,按尺寸和比例先画各图形的主要轮廓线,然后绘制细节。绘制底稿时要使用 H 或 2H 等较硬的铅笔,轻画细线,以便于修改。

6. 加深图线

加深图线是保证图面质量的重要步骤。其要求是:线型正确、粗细分明、均匀光滑、深浅一致。加深原则是:先粗线后细线,先曲线(圆及圆弧)后直线,先上后下,先左后右。直线的加深顺序为:先水平线,再竖直线,最后斜线。通常,加深直线段要用 B 型铅笔,为了使圆弧与直线段深浅一致,加深圆弧的铅笔应采用 2B 型铅笔。

7. 标注尺寸

在完成了图线加深工作之后,接着标注尺寸。标注尺寸时,应先画尺寸界线、尺寸线和尺寸箭头,再注写尺寸数字和其他文字说明。

8. 检查全图,填写标题栏

最后要仔细检查图样,在确认没有错误之后,在标题栏中填写正确内容,并将多余的纸边裁剪整齐,完成全部绘图工作。

二、徒手绘图

徒手图也称为草图,是不借助绘图工具,目测物体的大小和形状,徒手绘制的图样。在机器测绘、设计方案讨论、技术交流、现场参观时,受现场条件或时间限制,常采用绘制草图的方式来表达工程形体,有时也可将草图直接供生产用。徒手绘图是工程技术人员必备的一种画图技能。

徒手绘图时,一般使用带方格的图纸,亦称坐标纸,以保证绘图质量。一般选用 HB 或 B、2B 铅笔,铅芯磨成圆锥形,其宽度一般与图线宽度一致。徒手绘图应基本做到:线型正确、粗细分明、比例均匀、字体工整、图面整洁、尺寸齐全。

徒手绘图要求快、准、好,即绘图速度要快,目测比例要准,图面质量要好。要画好草图,必须掌握徒手绘制各种线条的基本方法。

1. 直线的画法

徒手画直线时,手指应握在铅笔上离笔尖约 35 mm 处,利于运笔和观察目标。手腕靠着纸面,使铅笔与所画的线始终保持约 90°,沿着画线方向轻轻移动,尽量保证图线笔直,眼睛要注意终点方向,便于控制图线。画短线时常以手腕运笔,画长线时则以手臂动作,如图 1-38a、b 所示。

画斜线时也可仿照画水平线或竖直线的方法,如图 1-38c 所示。也可转动图纸,使画的线正好处于顺手方向。

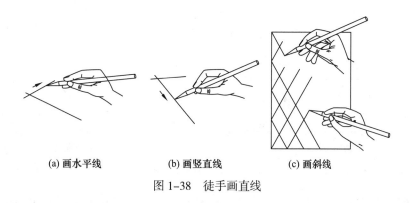

(a) 画水平线　　　　(b) 画竖直线　　　　(c) 画斜线

图 1-38　徒手画直线

特殊角度的斜线也可根据它们的斜率来画,如图 1-39 所示。

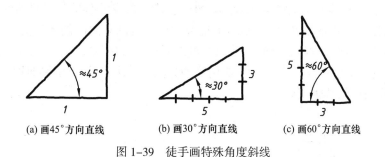

(a) 画45°方向直线　　　(b) 画30°方向直线　　　(c) 画60°方向直线

图 1-39　徒手画特殊角度斜线

2. 圆的画法

画圆时,应先徒手作两条相互垂直的中心线,定出圆心;再根据直径大小,在对称中心线上截取四点;然后徒手将各点连接成圆,如图 1-40a 所示。画较大圆时,可再增加两条过圆心的 45° 斜线,然后以半径长定出四点,以此八点近似画圆,如图 1-40b 所示。

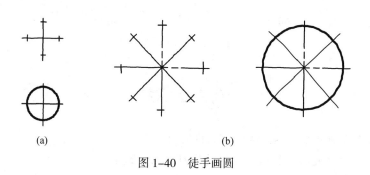

(a)　　　　　　　　　　(b)

图 1-40　徒手画圆

3. 椭圆的画法

先画出椭圆的长、短轴,并目测定出其端点位置,过这四点画一矩形,再与矩形相切画椭圆,如图 1-41a、b 所示。也可利用外接菱形画四段圆弧构成椭圆,如图 1-41c、d 所示。

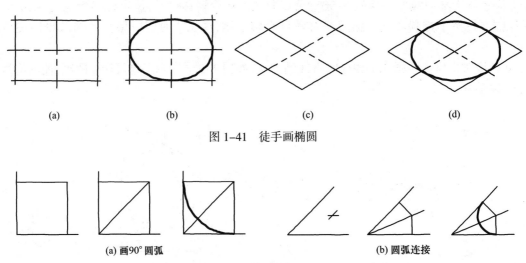

(a)   (b)   (c)   (d)

图 1-41 徒手画椭圆

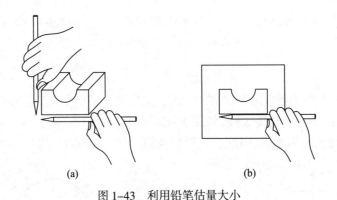

(a) 画90° 圆弧   (b) 圆弧连接

图 1-42 徒手画圆角、圆弧

对于圆角及圆弧连接画法,也是利用与正方形、长方形、菱形相切的特点画图,如图 1-42 所示。

在徒手绘图时,重要的是保持物体各部分的比例。徒手图不要求按照国际规定的比例绘制,但要求正确目测实物形状及大小,基本上把握住形体各部分之间的比例关系,若某一部分比例不对,所画的图形就会失真。在画徒手图时,可以用铅笔直接放在实物上测定物体各部分的大小,再画在徒手图上,如图 1-43 所示。或者用这种方法估计出各部分的相对比例,然后按照相对比例画出放大或缩小的徒手图。

(a)   (b)

图 1-43 利用铅笔估量大小

思 考 题

1. 图纸幅面有几种规格? A3 幅面图纸的幅面多大?
2. 什么是比例? 放大比例和缩小比例是否可以任意选取?

3. 绘制中心线时,应注意哪些问题?

4. 标注尺寸时,一般怎样选择尺寸基准?

5. 一个完整的尺寸一般包括哪几部分?

6. 斜度符号怎样标注? 锥度符号怎样标注?

7. 直线和圆弧连接的作图步骤是什么?

8. 四心圆法画椭圆的作图步骤是什么?

9. 尺规绘图一般包括哪些基本步骤?

10. 找一个平面图形,试标注其尺寸。

第二章　几何元素的投影

本章介绍投影法的相关知识,并重点介绍点、直线、平面的投影及其投影规律。物体在空间内的描述,都要借助物体上的点、线、面的投影,因此点、线、面的投影规律及其特性是本课程的基础,为后续内容的学习提供基础。

第一节　投　影　法

光源照射物体,并投射到某个平面上,将形成一定形状的阴影,而所形成的阴影在某种程度上反映了物体的形状,这就是人们认识"投影法"的基础。将这种现象进行科学抽象,即投射线通过物体,向选定的面投射,并在该面上得到图形的方法,称为"投影法"。工程中常用的投影法有两类:中心投影法和平行投影法。

一、中心投影法

投射中心为一个点,从投射中心引出的射线将空间内的物体投射到指定的投影面中,即为中心投影法,中心投影法也可看作一个点光源在有限距离对一个物体进行照射投影。

如图 2-1 所示,S 为投射中心,空间内有一 $\triangle ABC$,S 在有限距离对 $\triangle ABC$ 进行投射,在平面 P 上形成其投影 $\triangle abc$,$\triangle abc$ 即为 $\triangle ABC$ 在 P 面上的中心投影。

可以发现,由中心投影法获得的投影大小与物体和投影面以及投射中心的距离有关,因此中心投影法不利于反映物体的真实大小,但其符合人们的视觉习惯且具有较强的立体感,因此主要用于产品效果图或者建筑图等有透视感的立体图上。

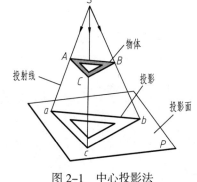

图 2-1　中心投影法

二、平行投影法

将中心投影法中的投射中心远离物体及投影面至无穷远处,则投射线就变为相互平行的线,这种投射线相互平行的投影法即为平行投影法。

依据投射线与投影面之间的角度,平行投影法可以分为两类:

(1)斜投影法:投射线与投影面倾斜。

(2)正投影法:投射线与投影面垂直。

根据斜投影法得到的投影称为斜投影,根据正投影法得到的投影称为正投影,分别如图 2-2、图 2-3 所示。

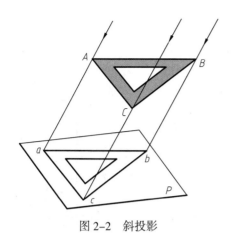
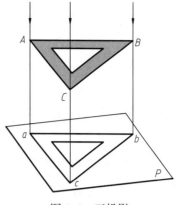

图 2-2　斜投影　　　　　　　　　　　　　图 2-3　正投影

利用正投影法把物体投射到平面上,并按照一定的规律进行投影面的组合并展开,就能够确定物体的形状和尺寸,如图 2-4 所示,本课程主要就是讲解如何利用正投影法绘制物体的投影。

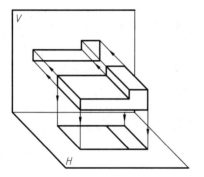
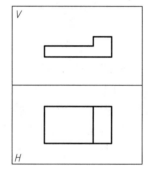

图 2-4　投影及其展开

第二节　点 的 投 影

点是构成物体最基本的几何元素,一个空间点的位置确定后,它在某一投影面上的投影也就确定了。但根据点在一个投影面上的投影无法唯一确定其空间位置,如图 2-5 所示,因此一般常取两个或者三个相互垂直的投影面得到点的多面正投影。

一、点在两投影面体系中的投影

(一)两投影面体系的建立

在空间内建立两个相互垂直的投影面,形成两投影面体系,如图 2-6 所示。处于正面竖直位置的投影面称为正投影面,用 V 面表示;处于水平位置的投影面称为水平投影面,用 H 面表示。

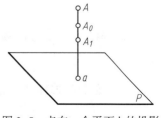

图 2-5　点在一个平面上的投影

在图 2-6 中，V 面和 H 面的交线为投影轴 OX，简称 X 轴，这样空间就被划分为四个区域，每个区域称为一个分角，依次为第一分角、第二分角、第三分角、第四分角。将物体放置在第一分角内并向投影面进行投射得到正投影，物体的位置在投影面和观察者之间，这种投影称为第一角投影。我国制图国家标准规定，工程图样应按正投影法，在第一分角绘制。本书内容中，除特别指明外，均采用第一角投影。

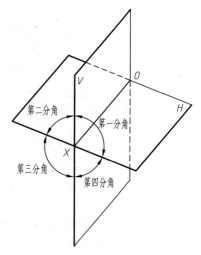

图 2-6　两投影面体系及空间分角

（二）点在两投影面体系中的投影

将空间内一点 A 向两投影面进行投射（规定空间内的点用大写字母表示），如图 2-7 所示，从点 A 分别向 V 面和 H 面作垂线，与两个投影面分别相交于两点，这两点即为点 A 在两投影面上的投影。

（1）与 V 面的交点记作 a'，称为点 A 的正面投影。

（2）与 H 面的交点记作 a，称为点 A 的水平投影，a_X 是由 Aa' 和 Aa 确定的平面与 X 轴的交点。

使 V 面保持不动，将 H 面绕 X 轴向下旋转 90° 使其与 V 面共面，如图 2-8 所示，便得到了点 A 的两面投影图。在实际绘图过程中，通常不画出投影面的边界。根据正投影的特性及两投影面体系中两个投影面的位置关系可知点在两投影面体系中的投影特性：

（1）点 A 的正面投影 a' 与水平投影 a 的连线垂直于 OX 轴，即 $a'a \perp OX$。

（2）点 A 的正面投影 a' 到 OX 轴的距离，等于点 A 到 H 面的距离，即 $a'a_X = Aa$。

（3）点 A 的水平投影 a 到 OX 轴的距离，等于点 A 到 V 面的距离，即 $aa_X = Aa'$。

上述点的投影特性不仅适用于第一角投影，也适用于其他三个分角的投影，其投影特性类似，在此不再赘述。

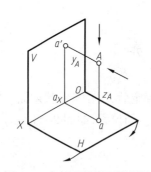

图 2-7　点的两投影面投影图

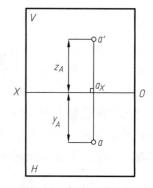

图 2-8　投影面的展开

二、点在三投影面体系中的投影

（一）三投影面体系的建立

在 V 面和 H 面两投影面体系的基础上，再增加一个与 V 面和 H 面都垂直的投影面，并放置在侧立位置,称为侧立投影面,用 W 面表示,就构成了三投影面体系,如图 2-9 所示。

三个投影面之间两两相互垂直,每两个投影面之间相交形成了一个坐标轴。

（1）V 面和 H 面的交线称为 OX 轴,简称 X 轴。

（2）H 面和 W 面的交线称为 OY 轴,简称 Y 轴。

（3）V 面和 W 面的交线称为 OZ 轴,简称 Z 轴。

同时,X、Y、Z 轴的交点为原点 O。

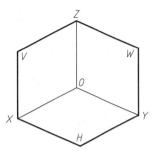

图 2-9　三投影面体系的建立

（二）点在三投影面体系中的投影

将空间内一点 A 向三个投影面进行投射,在三个投影面中得到三个投影:

（1）V 面中的投影用 a' 表示,称为点的正面投影。

（2）H 面中的投影用 a 表示,称为点的水平投影。

（3）W 面中的投影用 a'' 表示,称为点的侧面投影。

本书后续内容中的点及其投影的命名将遵循以上点的投影命名规则。

使 V 面保持不动,将 H 面绕 X 轴向下旋转 90° 使其与 V 面共面,将 W 面绕 Z 轴向后旋转 90° 使其与 V 面共面,旋转时 Y 轴既随 H 面旋转,也随 W 面旋转,得到两条轴,分别记为 Y_H 和 Y_W。这样旋转后三投影面 V、H、W 共面,得到了点 A 的三面投影,三投影面体系展开后三个投影面的边界仍然不再画出,如图 2-10 所示。

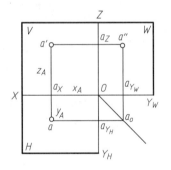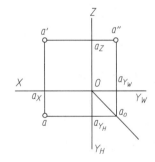

图 2-10　点在三投影面体系中的投影

根据正投影的特性及三投影面体系中两两投影面之间相互垂直的位置关系,可知点在三投影面体系中的投影特性:

（1）相邻两个投影面之间的投影连线垂直于这两个投影面之间的坐标轴,即 $a'a \perp OX$、$a'a'' \perp OZ$、$aa'' \perp OY$。

（2）点的正面投影 a' 到 OX 轴的距离和点的侧面投影 a'' 到 OY 轴的距离相等,且等于点 A 到 H 面的距离,即 $a'a_X = a''a_{Y_W} = Aa = z_A$。

（3）点的水平投影 a 到 OX 轴的距离和点的侧面投影 a'' 到 OZ 轴的距离相等,且等于点 A 到 V 面的距离,即 $aa_X = a''a_Z = Aa' = y_A$。

（4）点的正面投影 a' 到 OZ 轴的距离和点的水平投影 a 到 OY 轴的距离相等,且等于点 A 到 W 面的距离,即 $a'a_Z = aa_{Y_H} = Aa'' = x_A$。

根据点在三投影面中的投影特性可知,如果已知点 A 的三个坐标值,即可作出其在三个投影面中的投影,如果已知点的两个投影,也可以根据投影特性作出其第三个投影。

(三)点在三投影面体系中的作图问题

1. 根据坐标值作出投影图

若已知空间一点 A 的坐标为 $(20, 30, 10)$,则可以作出点 A 在三个投影面中的投影。根据点在三个投影面中的投影特性,在投影图中量取 $x_A=20$,$y_A=30$,$z_A=10$,得到 a_X、a_Z、a_{Y_H} 和 a_{Y_W},如图 2-11 所示,分别过上述点作投影连线,在每个投影面内两两相交,即可获得点 A 的三面投影。

2. 根据点的两个投影作出第三个投影

若已知空间一点 A 在两个投影面中的投影,根据点在三投影面体系中的投影特性,则该点在空间内的位置就唯一确定了,因此其在第三个投影面中的投影也就唯一确定了,可以根据点的投影特性作出其第三个投影。

如图 2-12 所示,已知点 A 的正面投影 a' 和水平投影 a,则可作出其侧面投影 a'',方法为:利用 $a''a_Z=aa_X$,过 a' 作 OZ 轴的垂线交 OZ 轴于 a_Z,并继续延长,在该延长线上从 a_Z 开始在 W 面内量取 $a_Za''=aa_X$,即可作得 a''。

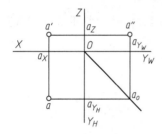

图 2-11　根据点的坐标值作点的三面投影

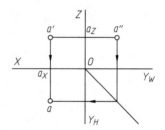

图 2-12　根据点的两个投影作第三个投影

3. 特殊位置点的投影作图

当空间一点的三个坐标中有一个为零时,则该点就在某一投影面上;当空间一点的坐标中有两个为零时,则该点就在某一投影轴上;当空间一点的三个坐标均为零时,则该点和原点重合。这些点均为特殊位置点,如图 2-13 所示。

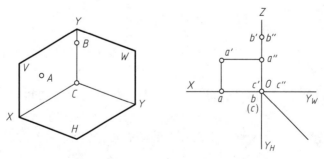

图 2-13　特殊位置点及其投影

(四)两点的相对位置

1. 空间内两点相对位置的确定

空间内两点的相对位置关系是指两点间的上下、左右、前后关系。空间内点的位置可以通过空

间点相对原点 O 的绝对坐标来确定,两个点的位置也可以通过两点间的相对坐标来确定,两点的相对位置即两点在空间内的坐标差。如图 2-14 所示,根据点在三投影面体系中的投影特性可知:

(1)两点 Z 方向的相对坐标反映其上下位置关系,z 坐标值大的点在 z 坐标值小的点的上方。

(2)两点 X 方向的相对坐标反映其左右位置关系,x 坐标值大的点在 x 坐标值小的点的左侧。

(3)两点 Y 方向的相对坐标反映其前后位置关系,y 坐标值大的点在 y 坐标值小的点的前方。

可见,在三投影面体系中,正面投影可以反映空间内两点的上下和左右关系;水平投影可以反映空间内两点的左右和前后关系;侧面投影可以反映空间内两点的上下和前后关系。

2. 重影点及其投影的可见性

当空间内两点的某两个坐标值相同时,该两点处于同一条投射线上,因而在某一投影面上的投影重合,这两个点称为对该投影面的重影点。

如图 2-15 所示,空间点 A、B 是对 V 面的重影点,则在 V 面上,两点的投影 a' 和 b' 就重合为一点,由于 A 点的 y 坐标值较大,因此对 V 面进行投影时,点 A 就遮挡住了点 B。在作图标注时,将被遮挡的点的投影写在小括号内,如图 2-15 中(b')所示。

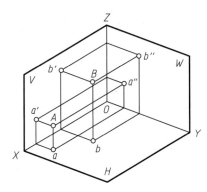

图 2-14　空间内两点的相对位置

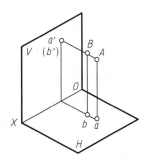

图 2-15　重影点的投影

根据对不同投影面的重影点的特性可知,在投影面上投影时,在前的点会遮挡住在后的点,在上的点会遮挡住在下的点,在左的点会遮挡住在右的点。

第三节　直线的投影

两点可以确定一条直线,因此空间内直线在三投影面体系中的投影,可以通过作直线上两点的三面投影来确定。

一、直线的投影特性

直线在三投影面体系中,依据与投影面之间的相对位置的不同,可以分为三类:

(1)一般位置直线:不平行于任何一个投影面的直线。

(2)投影面平行线:平行于一个投影面,与另外两个投影面倾斜的直线。

（3）投影面垂直线：垂直于一个投影面的直线。

投影面平行线和投影面垂直线统称为特殊位置直线。

（一）一般位置直线的投影

一般位置直线不与任何一个投影面平行，因此其与三个投影面都倾斜，如图2-16所示，将直线 AB 与 H 面之间的倾角记为 α；将直线 AB 与 V 面之间的倾角记为 β；将直线 AB 与 W 面之间的倾角记为 γ，则有：

$$ab=AB\cos\alpha ， \quad a'b'=AB\cos\beta ， \quad a''b''=AB\cos\gamma$$

可见，一般位置直线段三个投影的长度均小于其实际长度，三个投影面中投影与坐标轴之间的倾角，不能反映直线段在空间中与三个投影面的倾角。

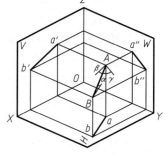

图2-16　一般位置直线的投影

（二）投影面平行线的投影

平行于一个投影面，而与另外两个投影面倾斜的直线称为投影面平行线。根据其平行的投影面不同，投影面平行线分为三种：

（1）水平线：仅平行于 H 面。

（2）正平线：仅平行于 V 面。

（3）侧平线：仅平行于 W 面。

三种投影面平行线的投影特性见表2-1。

由表2-1可见，投影面平行线的投影特性为：

（1）在其所平行的投影面上的投影反映直线段的实长。

（2）在另外两个投影面上的投影平行于相应的坐标轴，并且长度小于实长。

（3）反映实长的投影与投影轴之间的倾角，即为直线与另外两个投影面之间的倾角。

表2-1　投影面平行线的投影特性

类型	轴测图	投影图	投影特性
水平线 $AB/\!/H$			1. $a'b'/\!/OX$，$a''b''/\!/OY_W$； 2. $ab=AB$，$a'b'=AB\cos\beta$，$a''b''=AB\cos\gamma$； 3. H 面投影反映 β、γ

continued表

类型	轴测图	投影图	投影特性
正平线 $AB // V$	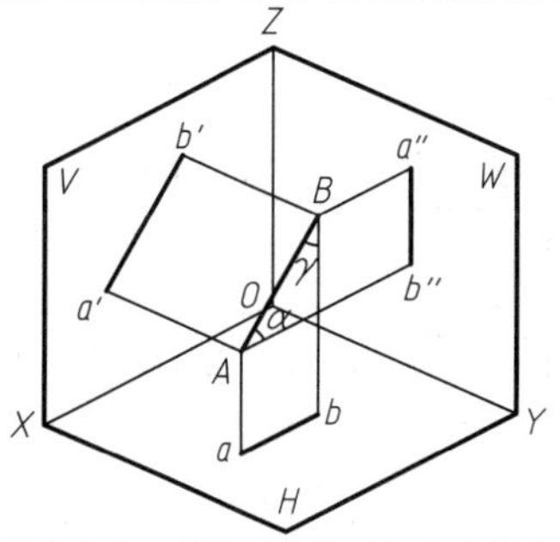	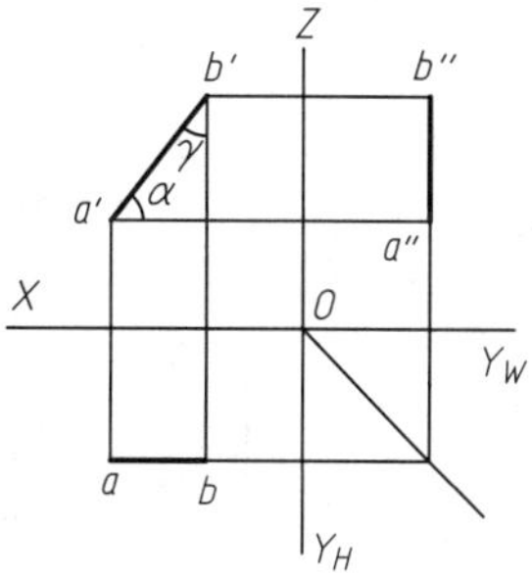	1. $ab // OX$, $a''b'' // OZ$; 2. $a'b' = AB$, $ab = AB\cos\alpha$, $a''b'' = AB\cos\gamma$; 3. V 面投影反映 α、γ
侧平线 $AB // W$	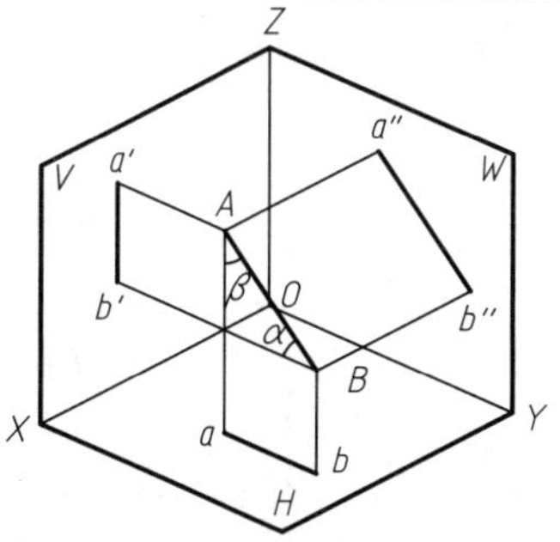	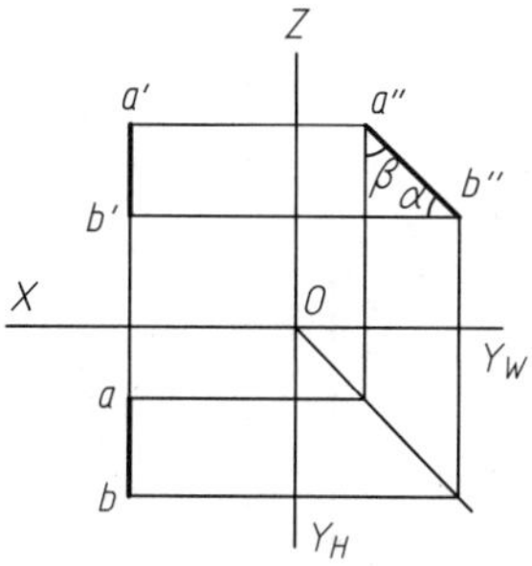	1. $ab // OY_H$, $a'b' // OZ$; 2. $a''b'' = AB$, $ab = AB\cos\alpha$, $a'b' = AB\cos\beta$; 3. W 面投影反映 α、β

（三）投影面垂直线的投影

垂直于一个投影面,而与另外两个投影面平行的直线称为投影面垂直线,根据其垂直的投影面的不同,投影面垂直线分为三种:

（1）铅垂线:仅垂直于 H 面。

（2）正垂线:仅垂直于 V 面。

（3）侧垂线:仅垂直于 W 面。

三种投影面垂直线的投影特性见表2-2。

由表2-2可见,投影面垂直线的投影特性为:

（1）在其所垂直的投影面上的投影具有积聚性,投影积聚为一点。

（2）在另外两个投影面上的投影,垂直于相应的坐标轴,并且长度等于实长。

表2-2 投影面垂直线的投影特性

类型	轴测图	投影图	投影特性
铅垂线 $AB \perp H$	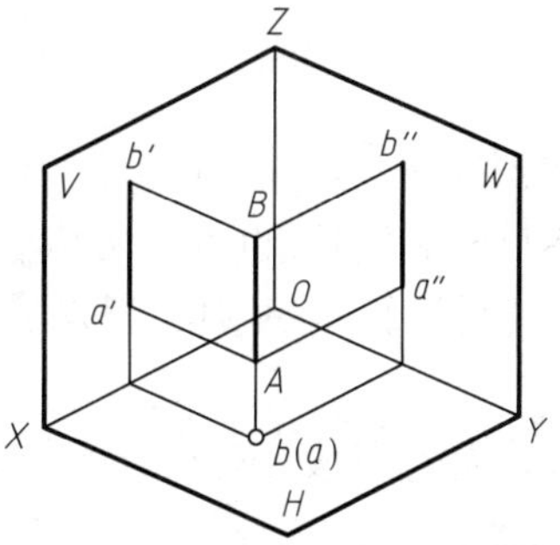	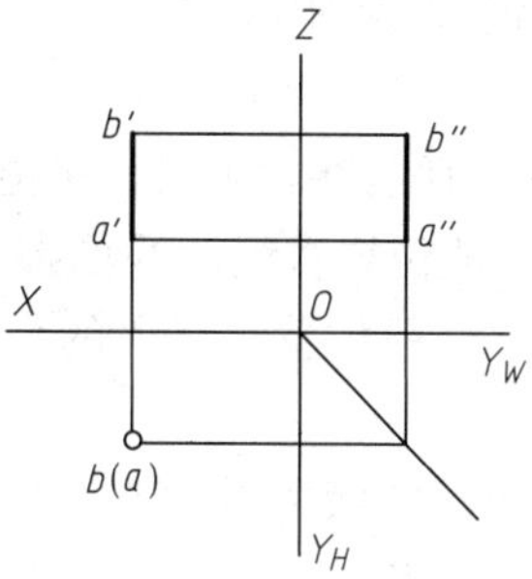	1. H 面投影具有积聚性, $b(a)$ 重影为一点; 2. $a'b' \perp OX$, $a''b'' \perp OY_W$; 3. $a'b' = a''b'' = AB$; 4. $\alpha = 90°$, $\beta = \gamma = 0°$

39

类型	轴测图	投影图	投影特性
正垂线 $AB \perp V$			1. V 面投影具有积聚性，a'（b'）重影为一点； 2. $ab \perp OX$，$a''b'' \perp OZ$； 3. $ab = a''b'' = AB$； 4. $\alpha = \gamma = 0°$，$\beta = 90°$
侧垂线 $AB \perp W$			1. W 面投影具有积聚性，a''（b''）重影为一点； 2. $a'b' \perp OZ$，$ab \perp OY_H$； 3. $a'b' = ab = AB$； 4. $\alpha = \beta = 0°$，$\gamma = 90°$

（四）直线迹点的投影

直线与投影面之间的交点称为该直线的迹点。在三投影面体系中，一般位置直线有三个迹点（W 面上的迹点未画出），如图 2-17 所示。

（1）直线与 H 面的交点称为水平迹点，如图 2-17 中点 M 所示。

（2）直线与 V 面的交点称为正平迹点，如图 2-17 中点 N 所示。

（3）直线与 W 面的交点称为侧平迹点，位于第四分角，图中未画出。

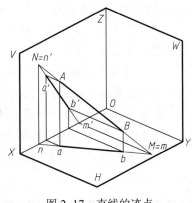

图 2-17　直线的迹点

二、一般位置直线段的实长和倾角

投影面平行线和投影面垂直线，在相关投影中能够找到反映其实长的投影，也能够找到反映其与投影面倾角的投影。而一般位置直线段的投影，既不反映其实长，也不反映其与投影面的倾角。需要在投影图中作图求解一般位置直线段的实长及其与投影面的倾角，通常采用直角三角形法进行求解。

如图 2-18 所示，在 H/V 两投影面体系中有一条一般位置直线段 AB，从点 A 作 $AC /\!/ ab$，得到直角三角形 ABC，则在该三角形内 $AC = ab$，$BC = Bb - Aa = \Delta z_{AB}$，$\Delta z_{AB}$ 为 A、B 两点 Z 方向坐标差

的绝对值,则 $\Delta z_{AB}=\Delta z_{a'b'}$,简记为 Δz,$\angle BAC=\alpha$,斜边即反映 AB 的实长。在一般位置直线段的投影图中可以通过作图作出这个三角形,即可求取直线段 AB 的实长及其与水平投影面之间的倾角。如图 2-19 所示,以 ab 为一条直角边,以 Δz_{AB} 为另一条直角边作出直角三角形 abB_1。在此直角三角形中,aB_1 即反映直线 AB 的实长,$\angle baB_1$ 反映直线 AB 与 H 面之间的倾角 α。

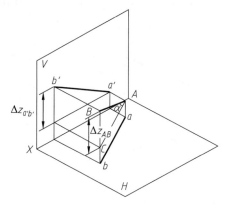

图 2-18　一般位置直线中直角三角形的构建

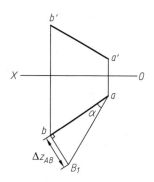

图 2-19　求一般位置直线段的实长及倾角 α

图 2-20 为用直角三角形法求 AB 的实长及其与 V 面之间倾角 β 的作图方法,要求取 β 角,需要用直线段 AB 的 V 面投影 $a'b'$为一直角边,以 A、B 两点的 Y 方向的坐标差 Δy_{AB},即 Δy_{ab}(简记为 Δy)作为另一条直角边作出直角三角形,则 $a'A_1$ 即反映直线段 AB 的实长,$\angle b'a'A_1=\beta$。

求取 γ 的直角三角形的构建方法与以上两个直角三角形类似,在此不再赘述。

通过以上内容可总结出,利用直角三角形求取一般位置直线段的实长及倾角时需要注意以下问题:

(1)若已知实长、投影、坐标差、倾角四个要素中的任意两个,即可求取其余两个,但首先需要明确选用哪个坐标差和倾角。

(2)直角三角形在图中的作图位置不影响求取结果。

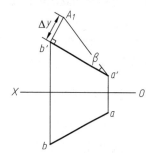

图 2-20　求一般位置线段的实长及倾角 β

三、直线上的点

(一)直线上点的投影

点与直线之间的位置关系有两种:点在直线上;点在直线外。

如果点在直线上,则该点的各个投影必然在该直线的同面投影上;反之若各点的同面投影都在直线的同面投影上,则该点一定在直线上,如图 2-21 所示。

(二)点分割直线段成定比

若点在直线段上,则该点将直线段分割所得两段直线

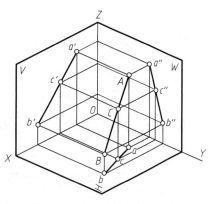

图 2-21　点与直线的位置关系

段之比，等于其同面投影中两段直线段的投影之比。如图 2-22 所示，点 C 在直线段 AB 上，点 C 将 AB 分为 AC 和 BC，则有 $AC:CB=ac:cb=a'c':c'b'=a''c'':c''b''$。

如图 2-23 所示，要在直线段 AB 上求取一点 C，使得 $AC:CB=1:2$。首先在直线 ab_0 上取一点 s_0，使 $as_0:s_0b_0=1:2$，连接 b、b_0，作 s_0c 平行于 bb_0，即求出了分点 C 的水平投影 c，再由 c 得到 c'。利用点分割直线段成定比，在 AB 的同面投影上作图，使 $ac:cb=a'c':c'b'=a''c'':c''b''=1:2$ 即可。

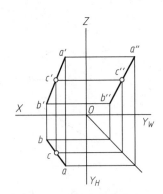

图 2-22　点分直线段成定比

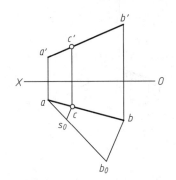

图 2-23　在直线段上求取定比分点

四、两直线的相对位置

空间内两直线的相对位置有三种：平行、相交、交叉。其中平行两直线、相交两直线都位于同一平面内，交叉两直线则不在同一平面内。

（一）两直线平行

若空间内两直线相互平行，则其同面投影必然相互平行；反之，若两直线的各同面投影相互平行，则这两直线在空间内一定平行，如图 2-24 所示。

对于一般位置直线，只要任意两个同面投影相互平行，则这两条直线必相互平行；而对于投影面平行线，还需要观察这两条直线在所平行的投影面上的投影是否相互平行才能确定。如图 2-25 所示，两侧平线的侧面投影不平行，所以空间中两直线不平行。

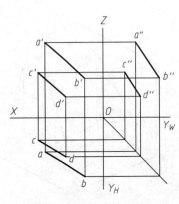

图 2-24　两直线平行

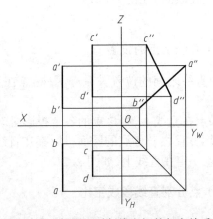

图 2-25　投影面平行线之间的相交关系

（二）两直线相交

若空间内两直线相交,则其同面投影必然相交,并且两直线交点的投影一定为两直线投影的交点,且交点一定符合点的投影规律,如图2-26所示。

对于两条一般位置直线,仅通过两个投影即可判断二者是否相交;而对于投影面平行线,还需要通过观察投影面平行线所平行的投影面上的投影才能判断,如图2-27所示。

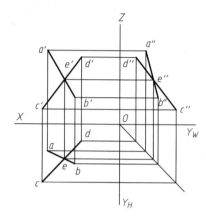

图2-26　相交两直线的投影

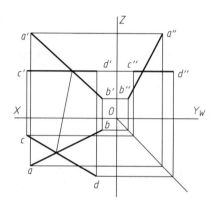

图2-27　通过三面投影才能判断两直线是否相交

（三）两直线交叉

若两直线既不平行、也不相交,则为交叉关系。虽然在空间中不相交,但是交叉两直线的同面投影却可能相交,投影面中的"交点"实际上为两直线上两重影点的投影,在各投影面中的"交点"不符合点的投影规律,如图2-28所示。

若两条交叉直线均为同一投影面的平行线,则其对所平行的投影面有重影点,如图2-29所示。

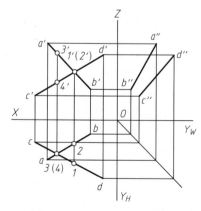

图2-28　交叉两直线的投影

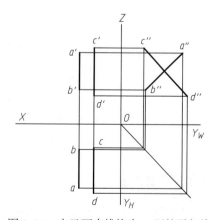

图2-29　交叉两直线均为W面的平行线

（四）垂直两直线的投影

若空间内相互垂直（相交或交叉）的两直线中的一条平行于某个投影面，则该两条直线在此投影面中的投影垂直，这称为直角投影定理，如图 2-30 所示。

反之，若两直线（相交或交叉）在某个投影面上的投影相互垂直，并且其中一条直线平行于该投影面，则这两条直线在空间中必相互垂直。

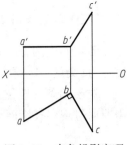

图 2-30　直角投影定理

第四节　平面的投影

平面与点和直线一样，也是主要的空间几何元素之一，同时平面也是物体表面的重要组成部分。

一、平面的表示方法及投影

平面投影的表示方法主要有几何元素表示法和迹线表示法两种。

（一）几何元素表示法

平面可以用多种几何元素进行表示，如图 2-31 所示。

（1）不共线的三个点。

（2）直线及直线外的一点。

（3）两条相交直线。

（4）两条平行直线。

（5）三角形、平行四边形等平面图形。

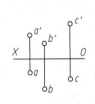 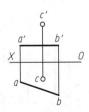 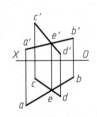 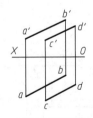 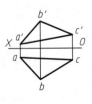

(a) 不共线三个点　　　(b) 直线及直线外一点　　　(c) 两条相交直线　　　(d) 两条平行直线　　　(e) 三角形

图 2-31　平面的几何元素表示

（二）平面的迹线表示法

平面与投影面之间的交线称为平面的迹线，如图 2-32 所示。

（1）平面与 H 面之间的交线称为水平迹线。

（2）平面与 V 面之间的交线称为正面迹线。

（3）平面与 W 面之间的交线称为侧面迹线。

44

由于迹线在投影面上,因此迹线在该投影面上的投影必与其本身重合,规定用迹线符号表示。对于空间内的 P 面,分别采用 P_V、P_H、P_W 标记正面迹线、水平迹线和侧面迹线,这种表示平面的方法即为迹线表示法。

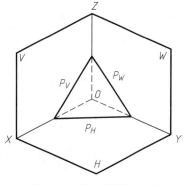

图 2-32　平面的迹线表示

二、平面的投影特性

在三投影面体系中,依据平面与投影面之间相对位置的不同,也可以将其分为三类:

（1）一般位置平面:不垂直于任何一个投影面的平面。

（2）投影面垂直面:仅垂直于一个投影面的平面。

（3）投影面平行面:仅平行于一个投影面的平面。

投影面平行面和投影面垂直面统称为特殊位置平面。

（一）一般位置平面

一般位置平面相对于三个投影面都是倾斜的,若用一个三角形表示一个平面,则其三个投影都不反映实形,只是其类似形,如图 2-33 所示。

一般位置平面的投影特性:

（1）三个投影为原平面图形的类似形。

（2）三个投影都不反映实形,也都没有积聚性。

（二）投影面垂直面

只垂直于一个投影面的平面称为投影面垂直面,根据所垂直的投影面的不同,投影面垂直面分为三种:

（1）铅垂面:仅垂直于 H 面。

（2）正垂面:仅垂直于 V 面。

（3）侧垂面:仅垂直于 W 面。

三种投影面垂直面的投影特性见表 2-3。

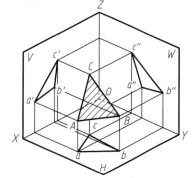

图 2-33　一般位置平面的投影

表 2-3　投影面垂直面的投影特性

类型	轴测图	投影图	投影特性
铅垂面（$\triangle ABC \perp H$ 面）			1. H 面投影 abc 积聚为一条直线; 2. $\triangle a'b'c'$、$\triangle a''b''c''$ 为 $\triangle ABC$ 的类似形; 3. H 面投影反映 β、γ

45

类型	轴测图	投影图	投影特性
正垂面 （$\triangle ABC \perp$ V 面）	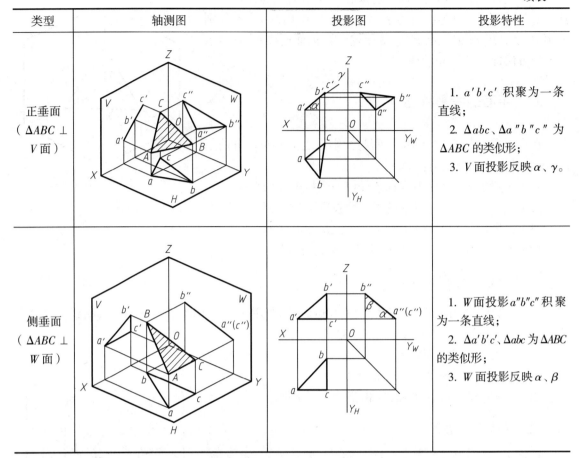		1. $a'b'c'$ 积聚为一条直线； 2. $\triangle abc$、$\triangle a''b''c''$ 为 $\triangle ABC$ 的类似形； 3. V 面投影反映 α、γ。
侧垂面 （$\triangle ABC \perp$ W 面）			1. W 面投影 $a''b''c''$ 积聚为一条直线； 2. $\triangle a'b'c'$、$\triangle abc$ 为 $\triangle ABC$ 的类似形； 3. W 面投影反映 α、β

由表 2-3 可见，投影面垂直面的投影特性为：

（1）在其所垂直的投影面上的投影积聚成直线，该直线与投影轴之间的夹角反映平面与另外两个投影面之间的空间倾角。

（2）在另外两个投影面上的投影不反映空间平面图形的实形，也没有积聚性，为空间平面图形的类似形。

（三）投影面平行面

平行于某个投影面的平面称为投影面平行面，投影面平行面必然垂直于另外两个投影面，根据所平行的投影面的不同，投影面平行面分为三种：

（1）水平面：平行于 H 面。

（2）正平面：平行于 V 面。

（3）侧平面：平行于 W 面。

三种投影面平行面的投影特性见表 2-4。

由表 2-4 可见，投影面平行面的投影特性为：

（1）在其所平行的投影面上的投影反映空间平面图形的实形。

（2）在另外两个投影面上的投影具有积聚性，积聚为一条直线，并且平行于相应的投影轴。

表 2-4 投影面平行面的投影特性

类型	轴测图	投影图	投影特性
水平面 （ΔABC // H 面）	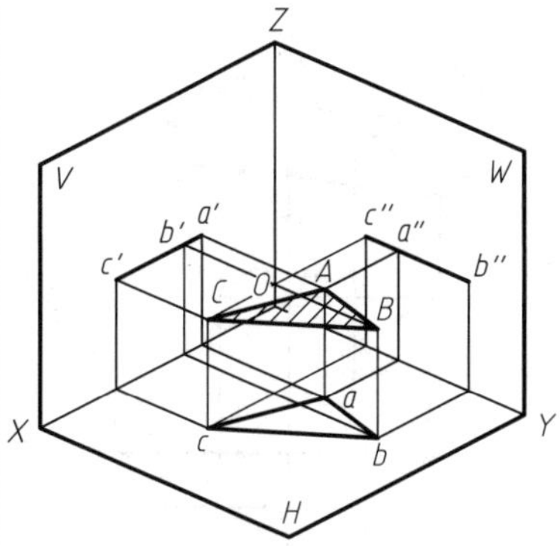	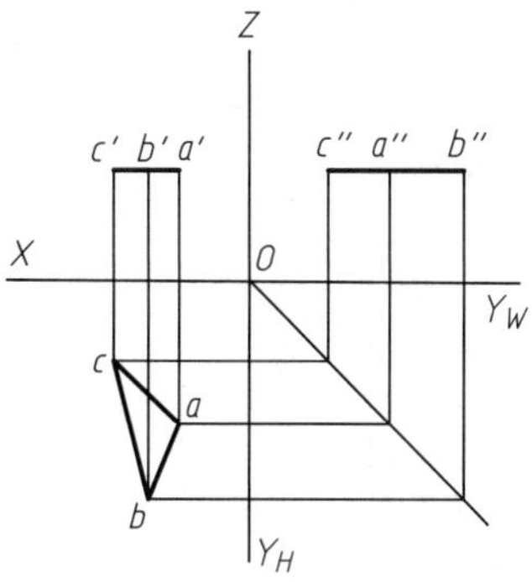	1. $\Delta abc \cong \Delta ABC$； 2. $\Delta a'b'c'$ 和 $\Delta a''b''c''$ 积聚为一条直线； 3. $a'b'c' // OX, a''b''c'' // OY_W$
正平面 （ΔABC // V 面）	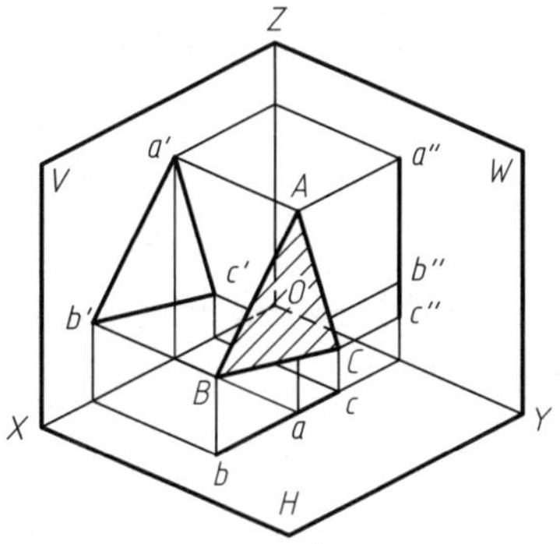	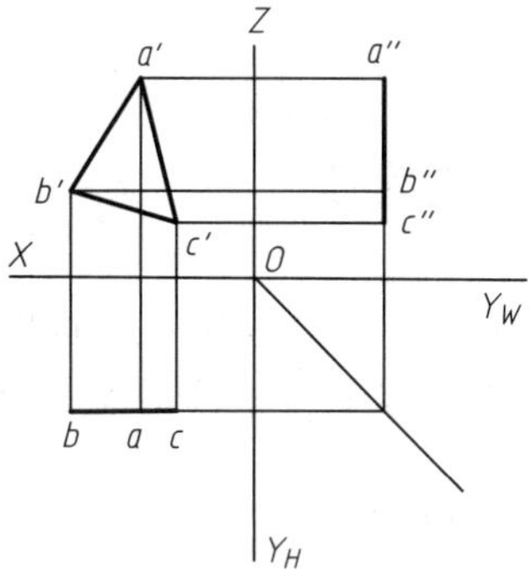	1. $\Delta a'b'c' \cong \Delta ABC$； 2. Δabc 和 $\Delta a''b''c''$ 积聚为一条直线； 3. $abc // OX, a''b''c'' // OZ$
侧平面 （ΔABC // W 面）	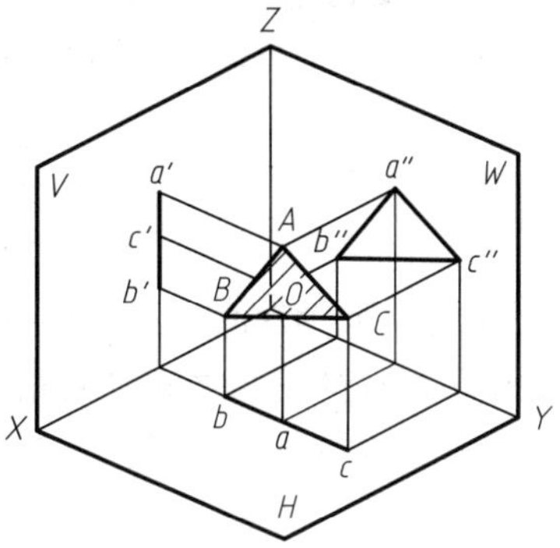	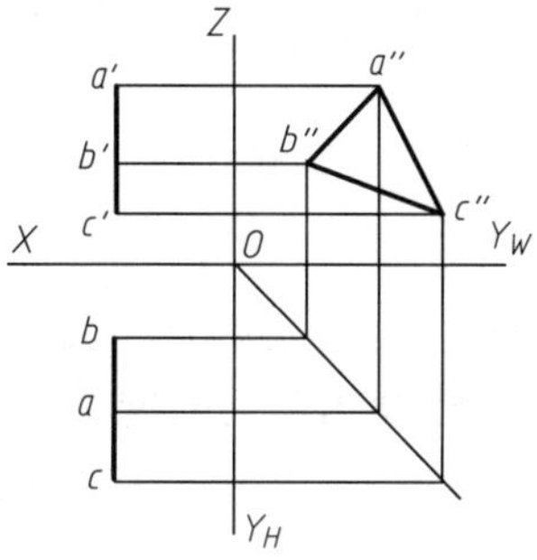	1. $\Delta a''b''c'' \cong \Delta ABC$； 2. $\Delta a'b'c'$ 和 Δabc 积聚为一条直线； 3. $a'b'c' // OZ, abc // OY_H$

三、平面上的点和直线

（一）点在平面上

点在平面上的条件为：点在平面上的某条直线上。如图 2-34 所示，相交两条直线 AB 和 BC 表示一个平面，点 M 在直线 AB 上，直线 AB 在平面 ABC 上，则点 M 必然在平面 ABC 上。

（二）直线在平面上

直线在平面上的条件为：直线通过平面上的两个点，或者直线通过平面内的一个点并且平行于平面内的一条直线。如图 2-35 所示，点 M、N 分别在直线 AB、BC 上，则点 M、N 必然在平面 ABC 上，因此连接 M、N 得到的直线 MN 必然在平面 ABC 上。

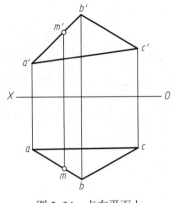

图 2-34　点在平面上

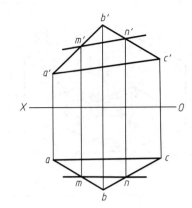

图 2-35　直线在平面上

四、平面上的特殊位置直线

平面上各种不同位置的直线与投影面之间的倾角各不相同，其中最小倾角为 0°，此时直线平行于投影面；对平面倾角最大的直线称为最大斜度线。

（一）平面上的投影面平行线

空间平面上存在若干条投影面平行线，它们与所平行的投影面之间的倾角最小（为 0°）。如图 2-36 所示，在 $\triangle ABC$ 平面的两面投影上作 $a'd'$ //OX，ce//OX，并分别求出 ad 和 $c'e'$，则 AD 为水平线，CE 为正平线。

（二）平面上的最大斜度线

平面上与某个投影面之间倾角最大的直线，称为该平面对这个投影面的最大斜度线，最大斜度线与该投影面的平行线垂直，利用最大斜度线可以求出平面与投影面之间的倾角，如图 2-37 所示。

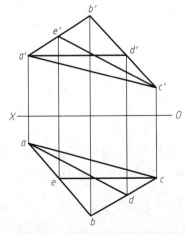

图 2-36　平面上的投影面平行线

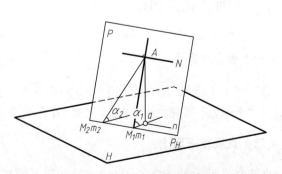

图 2-37　平面上的最大斜度线

第五节　直线、平面的相对位置

由于空间中形体上的点、线、面等几何元素并不孤立存在,因此需要进一步讨论其相互之间的位置关系以明确表达该形体的空间几何特征。本节将重点讨论直线与平面、平面与平面的相对位置关系及其投影问题,具体包括平行、相交、垂直问题,以及定位与度量问题。

一、平行问题

空间中的平行问题,在实质上是平行关系的判断和投影作图问题,包括直线与平面平行和平面与平面平行问题。

(一)直线与平面平行

判断及作图依据:若空间直线平行于平面上的一条直线,则空间直线与该平面平行。

如图 2-38 所示,直线 AB 平行于平面 P 内的直线 CD,则 AB 与平面 P 平行。

【例 2-1】已知空间直线 KL 和 $\triangle ABC$ 平面,判断 KL 是否平行于 $\triangle ABC$,并过点 K 作一条直线 KM 平行于 $\triangle ABC$ (图 2-39a)。

分析:由投影图中几何关系 $k'l'//b'c'$ 及 $kl//bc$ 可知空间中 $KL//BC$,因此 $KL// \triangle ABC$。过空间中的点 K 应有无穷多条直线平行于 $\triangle ABC$,任意作出一条即可。

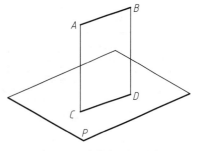

图 2-38　直线与平面平行

作图步骤:过点 K 作直线 KM 的正面投影 $k'm'$,过 a' 作 $a'd'//k'm'$,并作出 ad。过水平投影 k 作 $km//ad$,此时 $KM//AD$,因此 $KM// \triangle ABC$(图 2-39b),则直线 $KM(km,k'm')$ 即为所求。

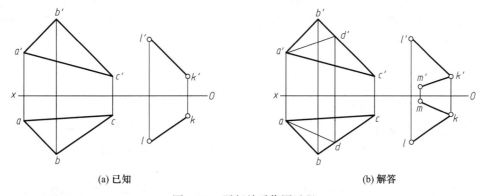

(a) 已知　　　　　　　　　　　　　　(b) 解答

图 2-39　平行关系作图过程

(二)平面与平面平行

判断及作图依据:若一平面上的两条相交直线分别对应平行于另一平面上的两条相交直线,

49

则该两平面平行。

如图 2-40 所示,空间 P 面内的两相交直线 AB、AC 分别对应平行于 Q 面内的两相交直线 DE、DF,即 AB//DE,AC//DF,则空间平面 P//Q。

【例 2-2】如图 2-41 所示,已知空间 △ABC 和 △DEF 的两面投影,判断 △ABC 和 △DEF 所在平面是否平行。

分析:若 △ABC 平面上的任意两条相交直线平行于 △DEF 平面,则两平面平行。也就是说,若过 △ABC 中的任意点(例如点 A);能在该平面内作出相交两直线分别平行于 △DEF 中的相交两直线(例如 DE 和 DF),则可判断两平面平行,否则两平面不平行。

作图步骤:在正面投影中,尝试过 a' 作辅助线 a'g'//d'e',a'h'//d'f',同时分别作出其水平投影 ag 和 ah,可以看到 ag 和 ah 并不分别平行于 de 和 df,可知空间中 △ABC 内的相交辅助线 AG、AH 与 △DEF 中的相交直线 DE、DF 并不平行,因此可以判断两三角形平面并不平行。

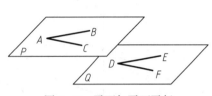

图 2-40　平面与平面平行

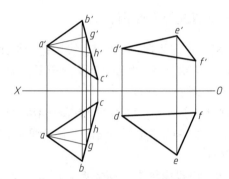

图 2-41　平行关系作图及判断过程

二、相交问题

空间几何元素间除了平行问题,还有相交问题。而相交问题的求解,在实质上是对交点/交线及其可见性的作图和判断问题,包括直线与平面相交和平面与平面相交问题。根据平面的特殊性又可分为投影面垂直面和一般位置平面两种情况,前者为特殊情况,较为简单,后者则为一般情况,求解较前者复杂。

(一)直线与平面相交

1. 直线和投影面垂直面相交

当平面与投影面垂直时,可以利用投影积聚性直接作图求解直线和平面的交点。

【例 2-3】如图 2-42 所示,求作直线 AB 与平面 □DEFG 的交点 K 并判断直线 AB 的可见性。

分析:根据投影图可知,平面 □DEFG 为铅垂面,其积聚性投影 defg 与 ab 的交点即为线面交点 K 的水平投影 k,直线 AB 投影的可见性可由水平投影前后位置关系判断。

作图步骤:defg 与 ab 的交点为 k,由 k 向上作垂直于 OX 轴的投影连线,与 a'b' 相交于 k',k' 即为点 K 的正面投影。由水平投影中 ab 和 defg 的前后位置关系可知,KB 在平面 DEFG 之前,因此其正面投影是可见的,KA 在平面 DEFG 之后,因此被平面 DEFG 遮挡的那部分的正面投影不可见。因此,根据正面投影可见性,$a'k'$ 在 $d'e'f'g'$ 范围内的不可见部分画虚线,其余部分可见画实线。

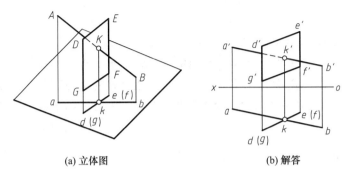

(a) 立体图　　　　　　　　(b) 解答

图 2-42　直线与垂直面相交

2. 直线和一般位置平面相交

当平面为一般位置平面时,无法利用投影积聚性直接作图求解,直线与平面的交点需借助辅助平面法进行求解。

【例 2-4】如图 2-43 所示,求作直线 AB 与 $\triangle DEF$ 平面的交点并判断 AB 的可见性。

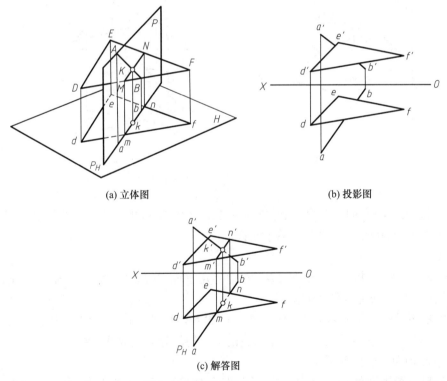

(a) 立体图　　　　　　　　(b) 投影图

(c) 解答图

图 2-43　线面相交关系作图过程

分析:当平面位于一般位置时,不能直接利用积聚性作图,但可利用辅助平面进行求解并作图。如图 2-43a 所示,过直线 AB 可作投影面垂直面 P(如铅垂面)与 $\triangle DEF$ 平面相交,由于 P 是投影面垂直面,因此该面与 $\triangle DEF$ 的交线可利用积聚性投影直接作出,而此交线与 AB 的交点即为所求直线与平面的交点,因此可以看到,包含直线 AB 且垂直于投影面的平面即为可用的辅助平面。

作图步骤:在图 2-43b 所示投影图中,过 AB 作辅助铅垂面 P,得到 P 与△DEF 的交线 MN 的水平投影 mn,如图 2-43c 所示,利用投影连线得到 $m'n'$,此时 $m'n'$ 与 $a'b'$ 的交点 k' 即为 AB 与△DEF 交点的正面投影,由此可作出 K 的水平投影 k。直线 AB 与△DEF 正面投影的遮挡关系由二者水平投影的前后位置判断,而直线 AB 与△DEF 水平投影的遮挡关系由二者正面投影的相对位置判断。分别由正面和水平投影可知,AK 在 DF 的上方,且 AK 在 DE 的前方,所以,$a'k'$ 可见画实线,$k'b'$ 在△$d'e'f'$ 内的部分不可见画虚线;ak 可见画实线,kb 在△def 内的部分不可见画虚线。

(二)平面与平面相交

1. 一个平面为投影面垂直面,另一个平面为一般位置平面

当两平面其中之一为投影面垂直面时,可以利用积聚性直接作图求解两平面交线的投影。

【例 2-5】求正垂面 $DEFG$ 与倾斜面△ABC 的交线 MN(图 2-44)。

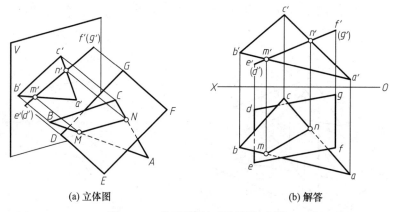

(a) 立体图　　　　　　　　(b) 解答

图 2-44　求正垂面与倾斜面的交线

分析:正垂面 $DEFG$ 的正面投影 $d'e'f'g'$ 积聚为直线,交线的正面投影必定在 $d'e'f'g'$ 上,又交线也在△ABC 上,由此可作出交线的水平投影。

作图步骤:

(1)求交点。依次求出△ABC 的 AB、AC 边与正垂面 $DEFG$ 的交点 $M(m,m')$ 和 $N(n,n')$,连线 $MN(mn,m'n')$ 即为两平面的交线。

(2)判断可见性。从正面投影可知,△ABC 的 $BCNM$ 部分位于 $DEFG$ 的上方,故水平投影 $bcnm$ 可见,应画成实线,而另外在 $defg$ 轮廓线范围内的部分应画成细虚线。

2. 两平面均为一般位置平面

两个一般位置平面相交可分为两种情况,即全交和互交。如图 2-45a 所示,△ABC 完全穿过△DEF,两三角形为全交情况,AB、AC 与△DEF 的两个交点 K、L 都在△DEF 内。如图 2-45b 所示,两个三角形不完全相交,为互交情况,均仅有一条边从另一个三角形内部穿过。考虑到几何空间的无限可扩展性,本质上这两种相交情况是相同的,因此求解方法也相同。求解的关键仍是确定交线上的两个点,可以利用辅助平面法作图。

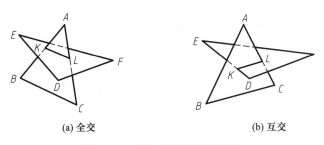

(a) 全交　　　　　　　　　　　　(b) 互交

图 2-45　两一般位置平面相交

【例 2-6】如图 2-46 所示,求 △ABC 与 △DEF 的交线 KL,并判断可见性。

分析:利用辅助平面法作出 △ABC 的两条边 AC 和 AB 与 △DEF 的交点,从而求出交线,并判断可见性。

作图步骤:过 AB、AC 作正垂面 P、Q,分别得到 AB、AC 与 △DEF 的交点 K(k,k') 和 L(l,l')。连线 KL 即为所求交线。由前文例题中判断可见性的方法,分别在两面投影中找到相对位置关系,由此判断可见性,如图 2-46c 所示。

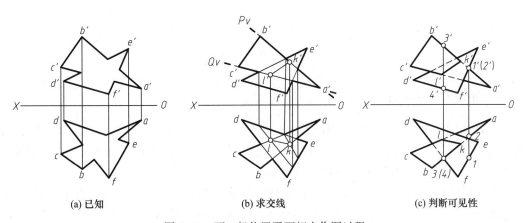

(a) 已知　　　　　　　　　(b) 求交线　　　　　　　　(c) 判断可见性

图 2-46　两一般位置平面相交作图过程

三、垂直问题

求解垂直问题,在实质上是判断和求作相交直线之间垂直关系的问题,包括直线与平面垂直和平面与平面垂直两个问题。

(一)直线与平面垂直

判断和作图依据:若在空间中,一直线垂直于一平面,则该直线必垂直于该平面上两条相交直线;反之,若直线垂直于平面上两条相交直线,则该直线与平面垂直。

根据直角投影定理,两直线空间垂直和投影垂直能双向推导的充分必要条件是其中一条直线是投影面平行线,而由两相交直线可确定一个平面,因此直线与直线空间垂直问题中的直角投影定理,也适用于直线与平面的空间垂直问题。

【例 2-7】如图 2-47 所示,过点 E 求作直线 EF 垂直于 ABCD 四边形平面。

分析:通过点 E 做一条直线 EF,分别垂直于 ABCD 内的两条相交直线,则该直线即为所求直线。为了作图方便,可以选用 ABCD 四边形平面内的水平线、正平线作为两相交直线,并根据直角投影定理,过点 E 分别作出这两条特殊位置直线的垂线。

作图步骤:首先,过 ABCD 四边形平面内任意一点如 A 点,作出平面上一条正平线 AM。根据平面上特殊位置直线的投影特性,可先过水平投影 a 作出 am 平行于 OX 轴,并作出其正面投影 a'm',此时,过 e'作 e'f'⊥ a'm'。同理,可过 C 作水平线 CN,即先作正面投影 c'n' 平行于 OX 轴,求出其水平投影 cn,并作出水平投影 ef ⊥ cn。此时,EF 即为所求 ABCD 四边形平面的垂线。

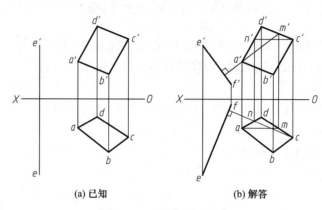

(a) 已知   (b) 解答

图 2-47 直线与平面垂直

(二)平面与平面垂直

判断和作图依据:若直线与平面垂直,通过该直线的所有平面均与此平面垂直;反之,若两平面垂直,则从第一平面内的任意一点向第二平面所作的垂线必在第一平面内,因此,求解两平面的垂直问题仍是求解直线与平面的垂直问题。

【例 2-8】如图 2-48 所示,已知正垂面△ABC 和点 K,过点 K 求作一平面垂直于△ABC 平面。

分析:由于△ABC 平面为正垂面,则过点 K 作△ABC 的垂线 KL 必为正平线,并且其正面投影 kl 与 abc 垂直。

作图步骤:首先过点 K 作出△ABC 平面的一条垂线 KL,L 为垂足,即在正面投影中作 k'l'⊥ a'b'c',在水平投影中作 kl//OX 轴,则 KL ⊥△ABC。再过点 K 任作一直线 KM,则由两相交直线 KM、KL 所决定的平面一定垂直于△ABC。由此可看出,过垂线 KL 可作无数个平面与△ABC 平面垂直。

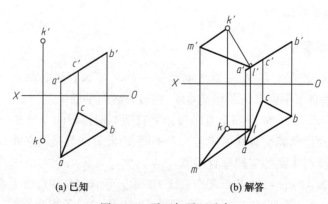

(a) 已知   (b) 解答

图 2-48 平面与平面垂直

1. 正投影法的投影特点是什么?
2. 中心投影法一般可用在哪些地方?
3. 三投影面体系中, OY_W 和 OY_H 两个轴是什么关系?
4. 通过两个投影,是否能判断一条直线为一般位置直线?
5. 两条直线在两个投影面中的投影相互平行,能否判断这两条直线相互平行?
6. 一般位置平面的投影面积一定小于该平面的面积吗?
7. 一般位置平面内,一定能找到三个投影面的平行线吗?

第三章 投 影 变 换

第一节 概 述

当直线或平面相对于投影面处于平行或垂直位置时,其投影具有显实性或积聚性。当直线或平面平行于某一投影面时,能够在某个投影面上反映直线段的实长、平面的实形及其与投影面的倾角;当它们垂直于某一投影面时,则在该投影面内的投影具有积聚性,因此解决此类几何元素间的定位或度量问题比较容易。

如图 3-1 所示,在水平投影面内的投影能够反映几何元素间的实际距离。如图 3-2 所示,

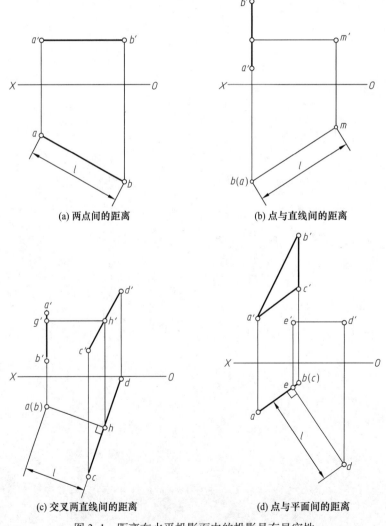

(a) 两点间的距离

(b) 点与直线间的距离

(c) 交叉两直线间的距离

(d) 点与平面间的距离

图 3-1 距离在水平投影面内的投影具有显实性

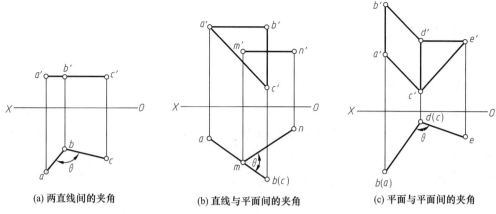

| (a) 两直线间的夹角 | (b) 直线与平面间的夹角 | (c) 平面与平面间的夹角 |

图 3-2　夹角在水平投影面内的投影具有显实性

在水平投影面内的投影能够反映几何元素间的实际夹角。

　　当直线或平面相对于投影面处于一般位置时,它们的投影就不具备上述特性。由几何元素的投影特性可知,要解决此类问题,可以将空间几何元素由一般位置变换成特殊位置,使它们的投影具有显实性或积聚性,从而问题容易得到解决。

　　投影变换正是解决上述问题的有效方法,可以通过投影变换建立新的投影体系,达到改变空间几何元素与投影面相对位置的目的,使空间几何问题的求解更为简捷便利。本章将介绍两种解决此类问题的作图方法:换面法和旋转法。

第二节　换　面　法

　　换面法就是保持空间几何元素不动,用新的投影面代替旧的投影面,新的投影面与原投影体系中的一个投影面组成新的两投影面体系,使空间几何元素对于新投影面处于有利于解题的特殊位置。

　　如图 3-3 所示,建立新投影面 V_1,使平面 $P/\!/V_1$,由此组成新的两投影面体系 V_1/H,则处于 V/H 体系中的铅垂面 P 在新投影面 V_1 上的投影反映其实形。

　　换面法遵守的基本原则如下:

　　(1)在新建的投影面体系中的投影仍遵循正投影法规则。

　　(2)新投影面必须和空间几何元素处于有利于解题的位置。

　　(3)新投影面必须垂直于原投影面体系中的某一个投影面,从而组成新的两投影面体系。

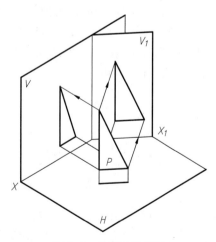

图 3-3　换面法示意图

一、点的换面

（一）点的一次换面

（1）更换 V 面。如图 3-4a 所示。点 A 在 V/H 投影面体系中的投影为 a、a'，令 H 面不动，建立新的铅垂面 $V_1(V_1 \perp H)$，形成新投影面体系 V_1/H，新投影轴为 O_1X_1。过点 A 作投射线垂直于 V_1 面，得到 V_1 面上的新投影 a_1'，则 a_1' 和 a 就是点 A 在新投影面体系 V_1/H 中的两面投影。在展开 V/H 两投影面的同时，将 V_1 面绕 O_1X_1 轴旋转到与 H 面共面的位置，得到的投影图如图 3-4c 所示。

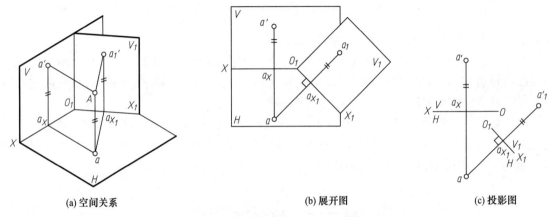

(a) 空间关系　　　　　　　(b) 展开图　　　　　　　(c) 投影图

图 3-4　点的一次换面（换 V 面）

由于在 V_1/H 投影面体系中仍遵循正投影法规则，所以 $a_1'a \perp O_1X_1$。另外，在 V/H 和 V_1/H 投影面体系中，具有公共的 H 面，所以点 A 到 H 面的距离（z 坐标）在两个投影面体系中都是相等的，即 $a_1'a_{X_1}=a'a_X=Aa$，即更换 V 面，点的 z 坐标不变。

（2）更换 H 面。如图 3-5a 所示，建立新的投影面 $H_1(H_1 \perp V)$，形成新投影面体系 V/H_1，新投影轴为 O_1X_1，则点 A 在 H_1 面上的投影为 a_1，展开后的投影如图 3-5c 所示。图中 $a'a_1 \perp O_1X_1$，$a_1a_{X_1}=aa_X=Aa'$，即更换 H 面，点的 y 坐标不变。

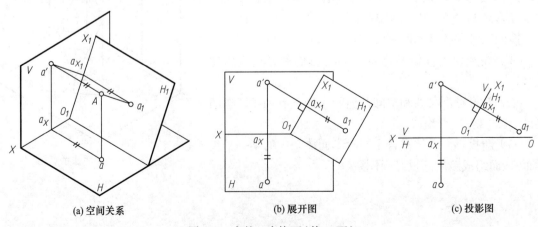

(a) 空间关系　　　　　　　(b) 展开图　　　　　　　(c) 投影图

图 3-5　点的一次换面（换 H 面）

从以上更换 V 面和更换 H 面后的投影图可以总结出点的换面法的作图规律：

① 点的新投影（新投影面中的投影）和不变投影（原投影面中的投影）的连线，必垂直于新投影轴。

② 点的新投影到新投影轴（原投影面与新投影面的公共轴线）的距离等于点的原投影到原投影轴的距离。

（二）点的二次换面

在解决定位和度量问题时，有时仅进行一次换面是不够的，需要进行两次或多次换面。

图 3-6a 所示为点 A 的两次换面过程，先更换 V 面，再更换 H 面，投影面体系的变化情况为 $V/H \rightarrow V_1/H \rightarrow V_1/H_2$，其作图步骤如图 3-6b 所示。

（1）更换 V 面，以 V_1 面替换 V 面，建立 V_1/H 投影面体系，得到新投影 a_1'，此时，$a_1' a_{X_1} = a' a_X$。

（2）更换 H 面，以 H_2 面替换 H 面，建立 V_1/H_2 投影面体系，得到投影 a_2，此时，$a_2 a_{X_2} = a a_{X_1}$。

也可以先更换 H 面再更换 V 面，作图过程类似。

由此可见，在更换两次及以上的投影面时，求点的新投影的作图方法和原理与一次换面时完全相同，只是新投影面的设置要交替变换：

$$V/H \rightarrow V_1/H \rightarrow V_1/H_2 \rightarrow V_3/H_2 \cdots \cdots \text{ 或 } V/H \rightarrow V/H_1 \rightarrow V_2/H_1 \rightarrow V_2/H_3 \cdots \cdots$$

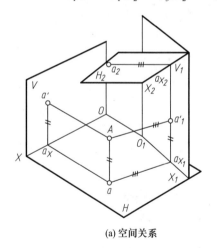
(a) 空间关系

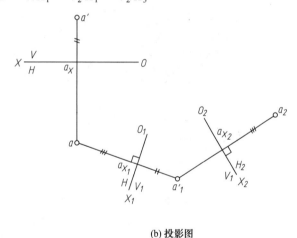
(b) 投影图

图 3-6 点的两次换面

二、直线的换面

（一）直线的一次换面

（1）将一般位置直线变换为新投影面平行线。如图 3-7a 所示，直线 AB 在 V/H 投影面体系中为一般位置直线，现建立平行于直线 AB 且垂直于 H 面的新投影面 V_1，组成新投影面体系 V_1/H，直线 AB 成为 V_1 面的平行线，其新投影 $a_1' b_1'$ 反映直线段的实长，即 $a_1' b_1' = AB$，而且 $a_1' b_1'$ 与 $O_1 X_1$ 轴的夹角反映直线 AB 与 H 面的倾角 α。

在图 3-7b 中，为了使新投影面 V_1 平行于直线 AB，则新投影轴 $O_1 X_1$ 应平行于 ab。新投影

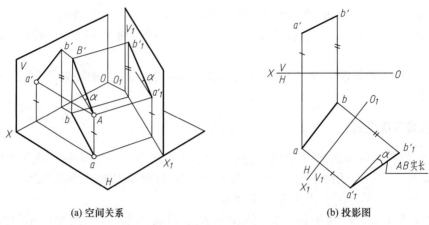

(a) 空间关系   (b) 投影图

图 3-7　一般位置直线变换为新投影面的平行线（换 V 面）

轴确定后，按照点的换面法作图规律，分别作出 $a_1{'}$、$b_1{'}$，连接 $a_1{'}$、$b_1{'}$ 得到直线 AB 的新正面投影 $a_1{'}b_1{'}$，且 $a_1{'}b_1{'}=AB$，$a_1{'}b_1{'}$ 与 O_1X_1 轴的夹角反映直线 AB 与 H 面的倾角 α。

图 3-8 所示为更换 H 面，求直线段 AB 的实长和与 V 面倾角 β 的大小（图 3-8a），作图过程如图 3-8b 所示。

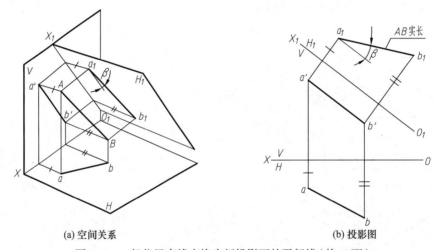

(a) 空间关系   (b) 投影图

图 3-8　一般位置直线变换为新投影面的平行线（换 H 面）

（2）将投影面平行线变换为新投影面垂直线。如图 3-9a 所示，在 V/H 投影面体系中，直线 AB 为正平线，要使直线 AB 变换为新投影面的垂直线，应建立新投影面 H_1 垂直于正平线 AB，因此它必垂直于投影面 V。直线 AB 在新投影面体系 V/H_1 中即为新投影面 H_1 的铅垂线，在 H_1 面上的投影积聚为一点（图 3-9a）。作图方法如图 3-9b 所示，图中 $O_1X_1 \perp a{'}b{'}$。

图 3-10 所示为更换 V 面，通过一次换面，将水平线变换为新投影面 V_1 的垂直线。其变换原理如图 3-10a 所示，作图过程如图 3-10b 所示。

（二）直线的二次换面

将一般位置直线变换为新的投影面的垂直线，必须变换两次投影面，即第一次把一般位置直线变换为新投影面平行线；在此基础上再通过一次换面就可以将一般位置直线变换为新投影面的垂直线。

60

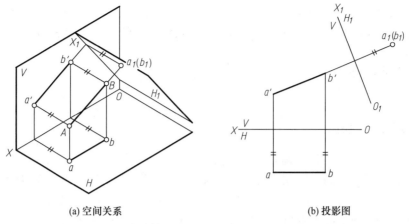

(a) 空间关系   (b) 投影图

图 3-9　投影面平行线变换为新投影面的垂直线（换 H 面）

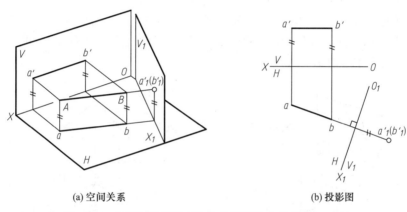

(a) 空间关系   (b) 投影图

图 3-10　投影面平行线变换为投影面的垂直线（换 V 面）

　　如图 3-11 所示，先变换 V 面，使直线 AB 在 V_1/H 投影面体系中成为新投影面 V_1 的平行线，然后再换 H 面，使直线 AB 在 V_1/H_2 投影面体系中成为新投影面 H_2 的垂直线。其作图方法如图 3-11b 所示，其中 $O_1X_1//ab$、$O_2X_2 \perp a_1'b_1'$。

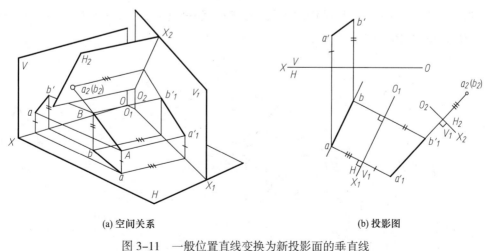

(a) 空间关系   (b) 投影图

图 3-11　一般位置直线变换为新投影面的垂直线

以上是先变换 V 面,后变换 H 面,经两次换面,使一般位置直线 AB 变为新投影面 H_2 的垂直线。同理,也可以经 $V/H \to V/H_1 \to V_2/H_1$ 变换,使一般位置直线成为新投影面 V_2 的垂直线。

三、平面的换面

（一）平面的一次换面

（1）将一般位置平面变换为新投影面垂直面

为使一般位置平面与新投影面垂直,只要使该平面中的一条直线垂直于新投影面即可。由此在该平面中选择一条 V/H 投影面体系中的投影面平行线,那么经过一次换面,就可以使这条 V/H 投影面体系中的投影面平行线成为新投影面的垂直线,包含此线的平面成为新投影面的垂直面。

在图 3-12a 中,$\triangle ABC$ 在 V/H 投影面体系中为一般位置平面,CD 是此平面上的水平线,变换 V 面为 V_1 面,使 V_1 面同时垂直于直线 CD 和 H 面,则 $\triangle ABC$ 平面 $\perp V_1$ 面。

作图时,使新投影轴与 $\triangle ABC$ 内水平线的水平投影垂直,即 $O_1X_1 \perp cd$。新投影轴确定后,利用换面法作图规律,可以作出 $\triangle ABC$ 在 V_1 面上的投影,此投影积聚为直线,并反映出平面对 H 面的倾角 α,如图 3-12b 所示。

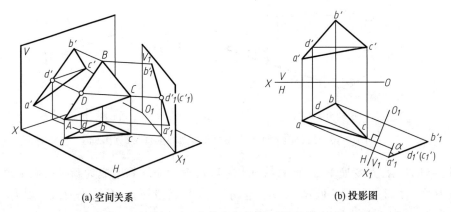

| (a) 空间关系 | (b) 投影图 |

图 3-12 一般位置平面变换为新投影面的垂直面（换 V 面）

同理,经过 $V/H \to V/H_1$ 变换,可作图求得平面与 V 面的倾角 β,如图 3-13 所示,图中 $O_1X_1 \perp b'e'$（BE 为 $\triangle ABC$ 平面上的正平线）。

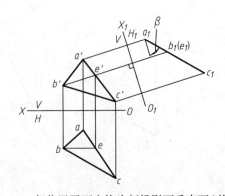

图 3-13 一般位置平面变换为新投影面垂直面（换 H 面）

（2）将投影面垂直面变换为投影面平行面

对于投影面垂直面，只需一次换面，就可以使之成为新投影面的平行面。以图 3-14 为例，作图步骤如下：图 3-14a 中，△ABC 为正垂面，换面时用 H_1 面换 H 面，新投影轴 O_1X_1 平行于该平面有积聚性的正面投影 $a'b'c'$，此时，$H_1//△ABC$。按换面法作图规律分别作出 a_1、b_1、c_1，△$a_1b_1c_1$ 就反映了 △ABC 的实形。

同理，如图 3-14b 所示，可经过 $V/H \rightarrow V_1/H$ 变换，把铅垂面 △ABC 变换为新投影面 V_1 的平行面，且经过一次换面后 △$a_1'b_1'c_1'$ 反映 △ABC 的实形。

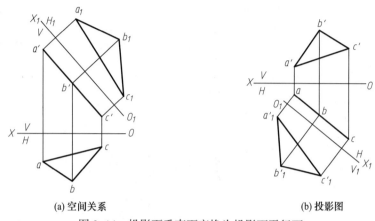

(a) 空间关系　　　　　　　(b) 投影图

图 3-14　投影面垂直面变换为投影面平行面

（二）平面的二次换面

将一般位置平面变换为新投影面的平行面，必须经过两次换面。可以先经过一次换面，使平面成为新投影面的垂直面，再通过第二次换面使平面成为新投影面的平行面。

如图 3-15a 所示，一般位置平面 △ABC 经过 $V/H \rightarrow V_1/H \rightarrow V_1/H_2$ 的变换顺序，在 H_2 面上的投影 △$a_2b_2c_2$ 反映 △ABC 的实形。

如图 3-15b 所示，一般位置平面经过 $V/H \rightarrow V/H_1 \rightarrow V_2/H_1$ 的变换顺序，在 V_2 面上的投影 △$a_2'b_2'c_2'$ 反映 △ABC 的实形。

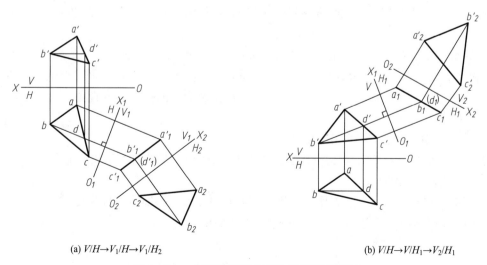

(a) $V/H \rightarrow V_1/H \rightarrow V_1/H_2$　　　　　(b) $V/H \rightarrow V/H_1 \rightarrow V_2/H_1$

图 3-15　一般位置平面变换为投影面平行面

四、应用举例

【例 3-1】 求点 C 到直线 AB 的距离（图 3-16a），在投影图上标出距离。

分析：如图 3-16c 所示，可采用换面法将直线 AB 变为新投影面的垂直线，则点 C 到直线 AB 的垂线 CK 必平行于新投影面，CK 在新投影面上的投影反映实长。

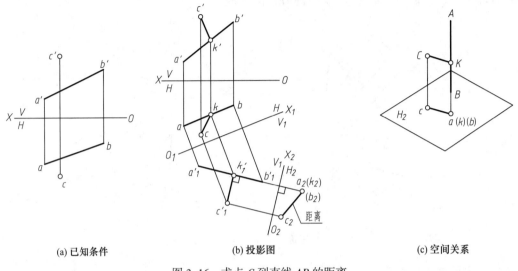

图 3-16 求点 C 到直线 AB 的距离

作图步骤：

（1）如图 3-16b 所示，先将直线 AB 变为 V_1 面的平行线。首先作 $O_1X_1 /\!/ab$，然后作出 $a_1'b_1'$ 及 c_1'。

（2）再将 AB 变为 H_2 面的垂直线。作 $O_2X_2 \perp a_1'b_1'$，由此作出 a_2b_2（积聚为一点）及 c_2。

（3）作 $c_1'k_1' \perp a_1'b_1'$（$c_1'k_1' /\!/ O_2X_2$），k_2 也积聚在 a_2b_2 处，则 c_2k_2 反映点 C 到直线 AB 的距离。

（4）将点 k_2 从 V_1/H_2 投影面体系返回 V/H 投影面体系，得直线 CK 的投影 ck、$c'k'$，如图 3-15b 所示。

【例 3-2】 过点 K 作 $\triangle ABC$ 的垂线 KL，并求作该垂线的投影，如图 3-17 所示。

分析：$KL \perp ABC$，当 $\triangle ABC$ 垂直于某投影面时，KL 应平行于该投影面。此时，$\triangle ABC$ 在该投影面上的投影积聚为直线，此投影直线与 KL 在该投影面上的投影构成直角。

作图步骤：

（1）作 $\triangle ABC$ 内的水平线 BE（be，$b'e'$）。

（2）作新投影轴 $O_1X_1 \perp be$，并作 $\triangle ABC$ 及点 K 在 V_1/H 投影面体系中的投影 $\triangle a_1'b_1'c_1'$ 和 k_1'，$\triangle a_1'b_1'c_1'$ 应积聚为直线。

（3）作 $k_1'l_1' \perp a_1'b_1'c_1'$，由 l_1' 作投影连线，与过 k 作的 O_1X_1 轴的平行线交于 l。

（4）由 l、l_1' 可作出 l'，连接点 K、L 的同面投影即可。

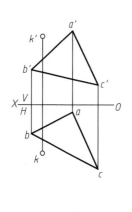

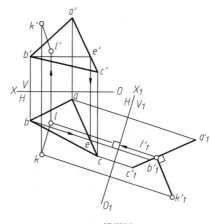

(a) 已知条件   (b) 投影图

图 3-17　过一点作一般位置平面的垂线

第三节　旋　转　法

　　旋转法也是一种可以变换几何元素相对于投影面位置的方法,与换面法不同的是,旋转法中原投影面体系不动,只选定一根旋转轴使几何元素绕其旋转到相对投影面有利于解题的位置,因此又将这种方法称换位法。根据选定的旋转轴相对于投影面的位置的不同,旋转法可分为三大类:绕投影面垂直线旋转、绕投影面平行线旋转和绕投影面倾斜线旋转。由于使用后两类旋转法的解题过程复杂,实用意义不大,因此,本书仅讨论绕投影面垂直线旋转的旋转法,简称绕垂直轴旋转法。

　　如图 3-18 所示,将处于铅垂面位置的三角形绕一条铅垂线直角边旋转一定角度,使其成为正平面,再将其投射到 V 面上,就得到反映其实形的三角形。

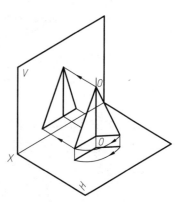

图 3-18　旋转法示意图

一、点的旋转

　　如图 3-19a 所示,点 A 绕正垂线 $O—O$ 轴旋转时,$O—O$ 轴的正面投影为点 o';水平投影 $o—o$ 垂直于 OX 轴。点 A 旋转过程中的运动轨迹的正面投影是以 o' 为圆心,以 $o'a'=R$ 为半径的圆;水平投影积聚为平行于 OX 轴的、长为 $2R$ 的直线段。当 A 点旋转 θ 角到达 A_1 点时,其正面投影转过 θ 角,由 a' 到 a_1',其水平投影由 a 到 a_1,如图 3-19b 所示。

　　图 3-20a 所示为点 A 绕铅垂线 $O—O$ 轴旋转时的空间关系。点在旋转过程中形成的运动轨迹圆的水平投影反映实形,正面投影积聚为平行于 OX 轴的长为 $2R$ 的直线段,如图 3-20b 所示。

　　点绕投影面垂直线(旋转轴)旋转时,其投影特性为:点的空间运动轨迹为圆周,称为轨迹圆。轨迹圆在与旋转轴垂直的投影面上的投影即为反映该轨迹圆实形的圆;在另一个投影面上,点空间运动轨迹的投影为与投影轴平行的直线,其长度为轨迹圆半径的两倍。

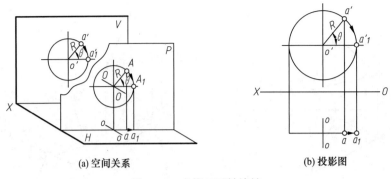

(a) 空间关系　　　　　　　　　　(b) 投影图

图 3-19　点绕正垂轴旋转

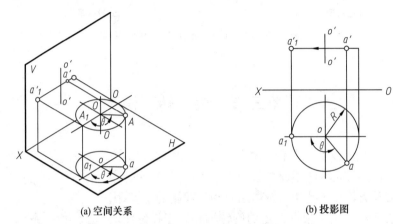

(a) 空间关系　　　　　　　　　　(b) 投影图

图 3-20　点绕铅垂轴旋转

旋转法遵守的基本原则（"三同"原则）为：

（1）绕定轴旋转的点的运动轨迹是圆——"同轴"。

（2）点旋转时无轴向运动（轴向无位移变化）——"同向"。

（3）轨迹圆在与旋转轴垂直的投影面上的投影反映实形——"同角"。

二、直线的旋转

直线的旋转可以归结为该直线上两点的旋转。在旋转过程中，两点必须遵守"三同"原则：同轴、同向、同角。

图 3-21 所示为直线 AB 绕铅垂轴 O-O 顺时针旋转 θ 角的作图过程。

为作图简便，可由 o 作 $oe \perp ab$，然后 oe 顺时针旋转 θ 角后得 oe_1，再作 $a_1b_1 \perp oe_1$，并取 $a_1e_1=ae$，$e_1b_1=eb$，即得 a_1b_1。因旋转过程中 A、B 两点的高度不变，由水平投影 a_1、b_1 和正面投影 a'、b' 即可作出投影 a_1'、b_1'。

直线绕旋转轴旋转的过程中遵循"三同"原则，因而直线绕垂直轴旋转的特性为：在与旋转轴垂直的投影面上直线的

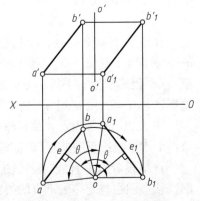

图 3-21　线段绕铅垂轴旋转

投影长度不变,即直线对该投影图的倾角不变。

（一）将一般位置直线旋转成投影面平行线

如图 3-22 所示,选取铅垂线作为旋转轴,可将一般位置直线 AB 旋转成正平线。旋转后正面投影反映实长,且与 OX 轴的夹角为 α 。为作图方便,可使铅垂线旋转轴通过点 A,只需旋转点 B 即可,旋转后 B 点的新位置为 B_1。具体作图步骤为:

（1）以 a 为圆心,ab 为半径画圆弧,使 ab_1 ∥ OX 轴。

（2）过 b' 作平行于 OX 轴的直线,并由 b_1 作出 b_1'。$a'b_1'$=AB,∠$a'b_1'b'$=α ,如图 3-22b 所示。

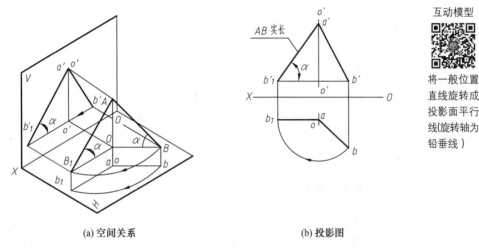

互动模型

将一般位置
直线旋转成
投影面平行
线(旋转轴为
铅垂线）

(a) 空间关系   (b) 投影图

图 3-22　将一般位置直线旋转成投影面平行线（旋转轴为铅垂线）

图 3-23 所示为直线 AB 绕正垂线旋转轴旋转成水平线的投影作图。根据正投影法的作图规律,水平投影 a_1b 反映实长和对 V 面的倾角 β 。

（二）将一般位置直线旋转成投影面垂直线

若将一般位置直线旋转成投影面垂直线,必须交替地绕垂直于不同投影面的旋转轴旋转两次,首先将一般位置直线旋转成投影面平行线,再将投影面平行线旋转成投影面垂直线。

如图 3-24a 所示,第一次将一般位置直线 AB 绕过点 A 的正垂线旋转成水平线 AB_1（ab_1, $a'b_1'$）。如图 3-24b 所示,在此基础上将水平线 AB_1 绕过点 B_1 的铅垂线旋转成正垂线 A_2B_1（a_2b_1, $a_2'b_1'$）。如果要将直线 AB 旋转成铅垂线,则需先将直线 AB 绕铅垂线旋转,然后绕正垂线旋转,如图 3-25 所示。

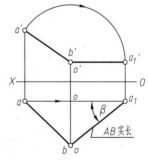

必须注意:连续旋转时,铅垂轴和正垂轴应交替使用,这与连续换面时应交替更换 H 面和 V 面的原理是一致的。

图 3-23　将一般位置直线旋转成
投影面平行线（旋转轴为正垂线）

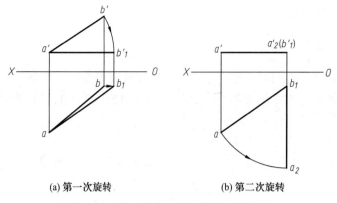

(a) 第一次旋转   (b) 第二次旋转

图 3-24　将一般位置直线旋转成投影面
垂直线（正垂线）

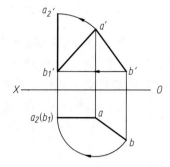

图 3-25　将一般位置直线旋转成
投影面垂直线（铅垂线）

三、平面的旋转

平面可由不在同一直线上的三点确定。因此,平面的旋转可归结为平面上点的旋转,这些点仍按同轴、同向、同角原则旋转,所以平面的旋转有如下特性:平面绕垂直于某个投影面的旋转轴旋转时,它在该投影面上投影的形状不变,平面对该投影面的倾角也始终不变。

（一）将一般位置平面旋转成投影面垂直面

与换面法类似,只需将一般位置平面上的一条直线旋转成投影面垂直线,则旋转后该平面也就成为投影面的垂直面。为了作图简便,选择将平面上的一条投影面平行线旋转成投影面垂直线,这样只需要一次旋转便可达到目的。

图 3-26 所示为将一般位置平面 $\triangle ABC$ 旋转为铅垂面的作图过程。首先作出平面内的正平线 AD（ad,$a'd'$）,将 AD 绕过点 A 的正垂线顺时针旋转成铅垂线 AD_1（ad_1,$a'd_1'$）;然后分别旋转 A、B、C 三点,作出平面旋转后的正面投影 $\triangle a'b_1'c_1'$,再作出 $\triangle ABC$ 积聚的水平投影 b_1ac_1 和该平面对 V 面的倾角 β。

同理,也可将 $\triangle ABC$ 旋转为正垂面,并在图上标出该平面对 H 面的倾角 α,如图 3-27 所示。

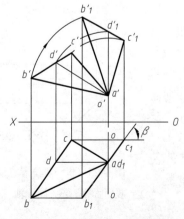

图 3-26　将一般位置平面旋转成铅垂面

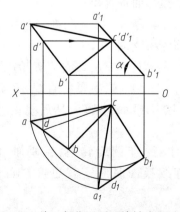

图 3-27　将一般位置平面旋转成正垂面

（二）将一般位置平面旋转成投影面平行面

将一般位置平面旋转成投影面平行面,必须交替绕垂直于两个投影面的旋转轴连续旋转两次。第一次可将平面旋转成投影面垂直面,第二次旋转可将该投影面垂直面旋转成另一个投影面的平行面。

图 3-28 所示为将一般位置平面 △ABC 旋转为水平面的过程。首先,作出水平线 AD(ad, $a'd'$),并将 AD 绕过点 A 的铅垂轴 $O-O$ 旋转成为正垂线 AD_1(ad_1, $a'd_1'$),△ABC 随之旋转为正垂面 $\triangle AB_1C_1$(ab_1c_1, $a'b_1'c_1'$)。然后,将 $\triangle AB_1C_1$ 绕过点 B_1 的正垂轴 O_1-O_1 旋转成水平面 $\triangle A_2B_1C_2$($a_2b_1c_2$, $a_2'b_1'c_2'$)。

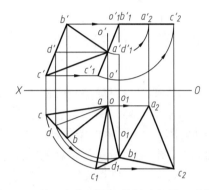

图 3-28 将一般位置平面旋转成投影面平行面

思 考 题

1. 投影变换包括哪几种变换方法?

2. 投影变换的目的是什么?

3. 什么叫换面法?如何选择新投影面体系?

4. 换面后的新投影面体系与原投影面体系有什么关系?如何区别?

5. 利用换面法能解决哪些问题?

6. 换面法的特点是什么?

7. 新投影面的选择原则是什么?

8. 试述点绕投影面垂直线旋转的作图规律。

9. 什么是旋转时的"三同"原则?

10. 用旋转法将倾斜直线(平面)变换为投影面垂直线(平面)需要经过几次旋转?

第四章 立体及其表面交线的投影

本章是在点、线、面投影的基础上讲述立体及其表面交线——截交线和相贯线的投影作图问题。本章学习内容主要包括基本立体的投影、平面与平面体相交、平面与曲面体相交、平面体与平面体相交、平面体与曲面体相交、曲面体与曲面体相交。

第一节 基本立体的投影

各类工程装备上所用到的实体,大都可以看成由一些简单的几何形体所组成,将这些简单的几何形体称为基本立体,如图 4-1 所示。立体是由若干表面包围形成的实体,其中表面均为平面的立体称为平面立体,简称平面体,图 4-1a 所示为常见的平面立体;表面全部或部分由曲面围成的立体称为曲面立体,简称曲面体,图 4-1b 所示为常见的曲面立体。因此,对立体进行投影表达,就是把组成立体的这些平面和曲面的轮廓进行投影绘制的过程。

棱柱	棱锥	圆柱	圆锥	球	圆环
(a) 平面立体		(b) 曲面立体			

图 4-1 常见的基本立体

一、平面立体的投影

工程上常见的平面立体(称平面体)有棱柱、棱锥等。在投影图上表示平面立体就是把围成该立体的平面及棱线表示出来。另外还需判别可见性,把可见棱线的投影画成粗实线,把不可见棱线的投影画成细虚线。

(一)棱柱

(1)棱柱的投影

图 4-2 所示为一正六棱柱,其由顶面、底面及六个形状为矩形的棱面所围成。其顶面、底面为水平面,它们的水平投影反映实形,正面投影及侧面投影积聚为平行于相应投影轴的直线。棱柱的六个棱面中,前、后棱面为正平面,其正面投影反映实形,水平投影及侧面投影积聚为平行于相应投影轴的直线;棱柱的其他四个棱面均为铅垂面,其水平投影积聚为倾斜于相应投影轴的直

线,正面投影和侧面投影均为类似形。为了布图方便,在立体的投影图中去掉了投影轴,如图 4-2b 所示。读者在分析平面立体投影时一定要注意把平面立体的投影与围成该立体的各平面的投影,特别是与特殊位置平面的投影联系起来,主动应用平面特别是特殊位置平面的相关投影特性。

如图 4-2a 所示,棱线 AB 为铅垂线,其水平投影 ab 积聚为一点,正面投影和侧面投影均反映实长。顶面的边 DE 为侧垂线,侧面投影 d''(e'') 积聚为一点,水平投影和正面投影均反映实长;底面的边 BC 为水平线,水平投影反映实长。对其余棱线可应用各种位置直线特别是特殊位置直线的投影特性进行类似分析。

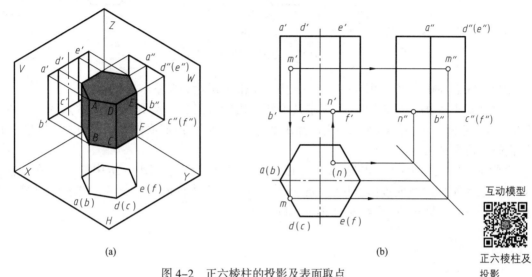

图 4-2 正六棱柱的投影及表面取点

互动模型

正六棱柱及投影

由图 4-2 可以看出,立体三个投影之间存在着以下投影特性:

① H 面投影反映立体前、后和左、右位置关系,也就是立体的宽度和长度;V 面投影反映立体上、下和左、右位置关系,也就是立体的高度和长度;W 面投影反映立体上、下和前、后位置关系,也就是立体的高度和宽度。

② 由于立体及其各部分长、宽、高尺寸的唯一性,可以得出立体上几何元素的 H 面投影和 V 面投影在长度方向上对应相等,H 面投影和 W 面投影在宽度方向上对应相等,V 面投影和 W 面投影在高度方向上对应相等。

正六棱柱三面投影图的作图步骤如图 4-3 所示。作图时应首先画出各投影图中的定位基准线,如对称中心线、正面和侧面投影中确定棱柱底面位置的图线(图 4-3a);其次画出正六棱柱的水平投影——正六边形(图 4-3b);最后按投影特性作出其他投影(图 4-3c)。由于立体投影图中正投影的形状和大小与立体相对于投影面的距离无关,所以在作图时通常省略投影轴以合理布置视图,各面投影之间的投影关系及投影特性保持不变。需要特别注意的是,侧面投影与水平投影同时反映宽度方向尺寸,可利用 45° 辅助线保证同一几何元素侧面投影与水平投影对应宽度相等,或者利用尺规量取的方法保证对应宽度相等,此时可省略 45° 辅助线。

（2）棱柱表面上取点

在平面立体的表面上取点,其原理和方法与在平面上取点相同。由于图 4-2 所示正六棱柱的各个表面都处于特殊位置,因此在其表面上取点可利用投影的积聚性作图。

如图 4-2b 所示,已知棱柱表面上点 M 的正面投影 m',试求其他两面投影 m、m''。由于 m' 是可见的,因此,点 M 一定在棱柱左前棱面 ABCD 上,而平面 ABCD 为铅垂面,其水平投影有积聚

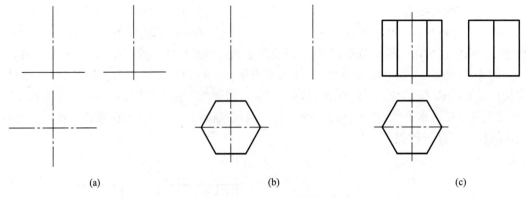

(a)   (b)   (c)

图 4-3　正六棱柱的投影图画法

性,因此,m 必在该积聚性投影 ad 上。再根据 m' 和 m 由投影关系求出 m''。

又已知点 N 的水平投影(n),试求其他两面投影。因(n)是不可见的,故点 N 一定在棱柱底面上,而底面的正面投影和侧面投影都积聚为直线,因此 n'、n'' 必然在相应的积聚性投影上,利用投影关系容易求出。

点在立体表面上的可见性,由点所在表面的可见性确定。图 4-2b 中的点 M 在左前棱面 $ABCD$ 上,该平面的侧面投影可见,故 m'' 可见。当点所在表面的投影积聚为线段时,不需判别点在该投影中的可见性,如图 4-2b 中的 m 和 n'、n''。

（二）棱锥

（1）棱锥的投影

图 4-4 所示为一正三棱锥,锥顶为 S,底面 $\triangle ABC$ 为水平面,其水平投影 $\triangle abc$ 反映实形,正面投影和侧面投影均积聚为直线。棱面 $\triangle SAB$、$\triangle SBC$ 为一般位置平面,各面投影均为面积缩小的类似形。棱面 $\triangle SAC$ 为侧垂面,其侧面投影 s'' a'' c'' 积聚为一直线。底边 AB、BC 为水平线,AC 为侧垂线;棱线 SB 为侧平线,SA、SC 为一般位置直线。

作投影图时先画出底面 $\triangle ABC$ 的各个投影,再作出锥顶 S 的各个投影,然后连接底面各点及锥顶的投影即得正三棱锥的三面投影。可利用 45° 辅助线保证棱锥上几何元素侧面投影与水平投影对应宽度相等,或者利用尺规量取的方法保证对应宽度相等,此时可省略 45° 辅助线。

（2）棱锥表面上取点

如图 4-4 所示,已知点 M 的正面投影 m',试求其他两面投影。因为 m' 可见,所以点 M 在棱面 $\triangle SAB$ 上,而 $\triangle SAB$ 为一般位置平面,因此欲求点 M 的其余两面投影,根据一般位置平面上取点要先作过该点的辅助线的原理,需过点 M 作一条属于 $\triangle SAB$ 面的辅助线。可过点 M 作与 AB 平行的直线 IM 为辅助线,即作 $1'm'//a'b'$,由 $1'$ 求得 1,再过 1 作直线平行于 ab,由 m' 作投影连线求出 m,最后根据 m、m' 求出 m''。也可过锥顶 S 和点 M 作一辅助线 $S\mathrm{II}$($s'2'$),然后求出水平投影 $s2$,从而求得点 M 的水平投影 m。又已知点 N 的水平投影 n,因为 n 可见,所以点 N 在侧垂面 $\triangle SAC$ 上,因此 n'' 必定在该面的积聚性侧面投影 s'' a''(c'')上。利用投影的积聚性可首先求出 n'',再由 n、n'' 求出 n'。最后应判断投影的可见性,结果如图 4-4b 所示。

综上所述,在平面立体的表面上取点,一定要分清点所在表面的位置。如果表面为特殊位置平面,如投影面垂直面或投影面平行面,则首先利用特殊位置平面在某投影面上的积聚性投影求出该点在该投影面上的投影,再根据投影关系求出该点的第三面投影。如果表面为一般位置平面,则需要作辅助线。辅助线可以是已知直线的平行线,或过锥顶的直线。

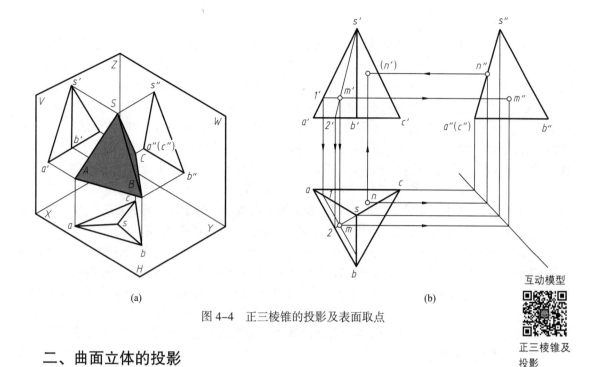

(a)　　　　　　　　　　　　　(b)

图 4-4　正三棱锥的投影及表面取点

二、曲面立体的投影

回转体是工程中常见的曲面立体(简称曲面体),回转体主要包括圆柱、圆锥、球、圆环等,在投影图上表示回转体就是把组成该回转体的所有回转面和平面表示出来,然后判别其可见性。

(一)圆柱

圆柱是由矩形平面以其一边为轴线旋转一周所形成的,由顶面、底面及圆柱面所围成,如图 4-5a 所示。轴线的对边在旋转过程中形成了圆柱面,该边称为圆柱面的母线,母线位于任意位置时称为素线;矩形的另外两边在旋转过程中形成了与轴线垂直的顶面和底面。顶面和底面是圆形平面,圆柱面是回转曲面,平面与曲面的投影特性有很多不同,读者在分析投影时应注意加以区分。

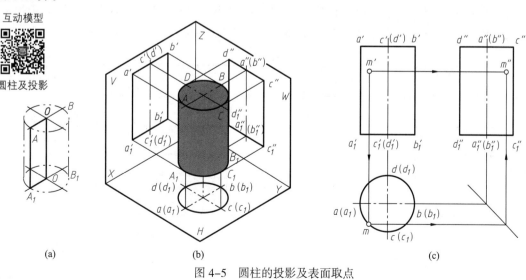

(a)　　　　　　　　　(b)　　　　　　　　　(c)

图 4-5　圆柱的投影及表面取点

（1）圆柱的投影

如图 4-5b、c 所示，圆柱的轴线垂直于 H 面，由顶面、底面及圆柱面所围成。顶面、底面为水平面，圆柱面的水平投影为圆。如图 4-5c 所示，圆柱的水平投影为圆，该圆既代表顶面和底面的实形，同时其圆周又是圆柱面的积聚性投影。圆柱面的正面投影及侧面投影为大小相同的矩形，上、下两边为圆柱顶面、底面的积聚性投影，长度等于圆柱的直径。矩形竖直两边是决定圆柱面投影范围及可见性的外形转向轮廓线的投影，如正面投影中的 $a'a_1'$、$b'b_1'$ 为圆柱面最左、最右两条素线 AA_1、BB_1，即圆柱面正面转向轮廓线的投影。AA_1、BB_1 把圆柱面分为前、后两部分，前半圆柱面的正面投影可见，后半圆柱面的正面投影不可见。AA_1、BB_1 的水平投影积聚在圆周上，为左、右两点 $a(a_1)$、$b(b_1)$，其侧面投影和表示轴线的细点画线重合，画图时不需表示。

在这一点上，处于铅垂位置的转向轮廓线的投影与普通的处于铅垂位置的直线投影的表示是不同的，读者在学习时应注意加以区分。侧面投影中的 $c''c_1''$、$d''d_1''$ 是圆柱面最前、最后两条素线 CC_1、DD_1，即圆柱面侧面转向轮廓线的投影。CC_1、DD_1 将圆柱面分为左、右两部分，左半圆柱面的侧面投影可见，右半圆柱面的侧面投影不可见。CC_1、DD_1 的水平投影积聚在圆周上，为前、后两点 $c(c_1)$、$d(d_1)$，其正面投影和表示轴线的细点画线重合，画图时同样不需表示。作图时应首先用细点画线画出水平投影的一对互相垂直的对称中心线和圆柱轴线的正面投影和侧面投影，接着画出圆柱的水平投影即圆，最后再画出圆柱的其他两面投影即矩形（图 4-5c）。

（2）圆柱表面上取点

因圆柱表面（称圆柱面）的投影具有积聚性，所以圆柱表面上取点可利用积聚性作图。如图 4-5c 所示，已知点 M 的正面投影 m'，求作其他两投影。因 m' 可见，故点 M 在前半圆柱上，其水平投影 m 一定在具有积聚性的前半圆周上，再由 m、m' 按投影关系可求出 m''。

（3）圆柱表面上的曲线

求圆柱表面上的曲线，通常采用取点的方法（投影为圆时除外）。取点时应先求特殊点的投影，再求一般点的投影，然后判别可见性并顺次用正确线型连接各投影点。所谓特殊点，主要是指曲线上位置最高、最低、最左、最右、最前、最后点，回转体转向轮廓线上的点以及其他对作图有意义的点（如椭圆长、短轴的端点）等。在后面讲述的求回转体截交线、相贯线时也要先求特殊点的投影，再求一般点的投影。

【例 4-1】如图 4-6a 所示，已知圆柱表面上曲线 AE 的正面投影 $a'e'$，试求其另外两投影。

分析：此圆柱的轴线垂直于 W 面，其 W 面投影积聚为圆。显而易见，曲线 AE 为空间曲线，只有作出曲线上一系列点的投影并将各投影依次光滑连接，才能得到曲线的水平投影。

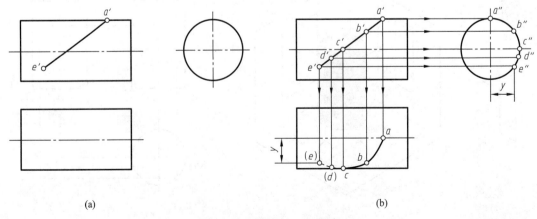

(a)　　　　　　　　　　　　　　(b)

图 4-6　圆柱表面上的曲线

作图步骤（图 4-6b）：

（1）作特殊点及适当数量的一般点的投影。在 a'e' 上选取若干点 A、B、C、D、E 的正面投影 a'、b'、c'、d'、e'，其中点 A、点 C 为特殊点。

（2）根据积聚性，先求出各个点的侧面投影 a''、b''、c''、d''、e''，再根据侧面投影与水平投影宽相等的投影特性及相关投影关系求出各个点的水平投影 a、b、c、d、e。

（3）判别可见性并顺次光滑连接各点的同面投影。由于 C 点在圆柱面的水平转向轮廓线上，故点 C 将曲线 AE 的 H 面投影分为两段。CDE 段位于下半圆柱面上，因而 cde 不可见，光滑连接并画成细虚线；ABC 段位于上半圆柱面上，因而 abc 可见，光滑连接并画成粗实线。侧面投影 a'' b'' c'' d'' e'' 与圆柱面的侧面投影重合。

（二）圆锥

圆锥是由直角三角形以其一直角边为轴线旋转一周所形成的，由圆锥面和圆形底面所围成，圆形底面为平面，圆锥面为回转曲面，如图 4-7a 所示。直角三角形的斜边为母线，绕轴线旋转一周形成了圆锥面，母线位于任意位置时称为素线；另一直角边绕轴线旋转形成了与轴线垂直的底面。

（1）圆锥的投影

如图 4-7b、c 所示，圆锥轴线垂直于 H 面，底面为水平面，其水平投影为圆，反映实形，其正面投影和侧面投影分别积聚为一直线。画圆锥面的投影时要分别画出决定其投影范围和可见性的外形转向轮廓线的投影，如正面转向轮廓线 SA、SB 的投影 s'a'、s'b'，侧面转向轮廓线 SC、SD 的投影 s''c''、s''d''。读者可参照圆柱面投影可见性的分析方法分析圆锥面投影的可见性。

作图时，应先画出底面的各个投影，再根据圆锥的高度确定锥顶 S 的投影，然后分别画出圆锥面正面投影及侧面投影的转向轮廓线，完成圆锥的各面投影（图 4-7c）。

（2）圆锥表面上取点

因为圆锥表面（圆锥面）的三面投影都没有积聚性，所以必须采用辅助线法（过圆锥面上的点作属于圆锥面的辅助线，点的投影必在该辅助线的同面投影上）。如图 4-7c 所示，已知圆锥面上点 M 的正面投影 m'，根据 m' 的位置及可见性可判断点 M 在前、左半圆锥面上。下面分别采用两种方法求出点 M 的水平投影 m 和侧面投影 m''。

互动模型

圆锥及投影

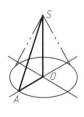

(a)

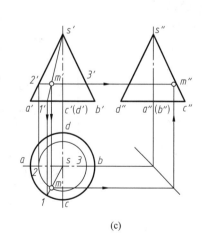

(b)   (c)

图 4-7　圆锥的投影及表面取点

75

方法一：辅助素线法

过锥顶 S 和点 M 作圆锥面上的素线 SI。连接 s′、m′，延长后与底圆正面投影直线交于 1′，连接 s′、1′得辅助素线的正面投影 s′1′，然后求出其水平投影 s1。m 必在 s1 上，根据投影关系可求出 m。最后由 m′ 和 m 求出 m″。这是利用圆柱面、圆锥面等回转面的素线为直线的性质在回转面上取直线作为辅助线的方法。

因为圆锥面的水平投影可见，所以 m 可见；因为点 M 在左半圆锥面上，所以 m″ 可见。

方法二：辅助纬圆法

过点 M 作一平行于底面的水平辅助纬圆，该圆的正面投影为过 m′ 且平行于 a′b′ 的直线 2′3′，它的水平投影为一直径等于直线 2′3′ 长度的圆，m 必在此圆上。由此作出 m，最后由 m′ 和 m 求出 m″。这是利用回转面的性质在回转面上取纬圆作为辅助线的方法，这也是回转面上取点的最常用的求解方法。

（3）圆锥表面上的曲线

求圆锥面上的曲线的投影，通常也采用取点的方法。先求特殊点的投影，再求一般点的投影，然后判别可见性并顺次光滑连接各投影点。需要注意的是，当曲线的投影为圆时，应根据圆心、半径直接用圆规准确作出该圆，而不再采用取点的方法。

（三）球

球是由半圆以其直径为轴旋转一周所形成的（图 4-8a），球只有一个球面。

（1）球的投影

如图 4-8b、c 所示，球的三面投影均为圆，其直径与球的直径相等。三面投影中的圆是球不同的外形转向轮廓线的投影——正面投影上的圆是平行于 V 面的最大圆 A（区分前、后半球面的正面转向轮廓线）的投影，水平投影上的圆是平行于 H 面的最大圆 C（区分上、下半球面的水平转向轮廓线）的投影，侧面投影上的圆是平行于 W 面的最大圆 B（区分左、右半球面的侧面转向轮廓线）的投影，三个圆的三面投影如图 4-8c 所示。作图时先用细点画线画出三个投影圆的各自对称中心线（水平和竖直），再以其交点为圆心画出三个与球等直径的粗实线圆。

互动模型

[QR code]

球及投影

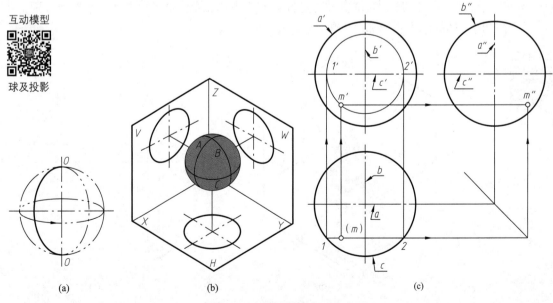

(a)　　　　　　　(b)　　　　　　　(c)

图 4-8　球的投影及表面取点

（2）球面上取点

同圆锥面一样，由于球面的三面投影都没有积聚性，因此只能采用过所求点并与各投影面平行的辅助圆线的方法作图。如图 4-8c 所示，已知球面上点 M 的水平投影 m，试求其另外两面投影 m' 和 m''。根据 m 的位置及可见性可以判断点 M 在前、左、下半球面上。可过点 M 作一平行于 V 面的辅助圆，它的水平投影为过 m 的水平线 12，正面投影为直径等于 12 的圆，m' 必定在该圆的下半圆弧上。由 m 和 m' 可求出 m''，m'、m'' 都可见。当然，也可利用平行于 H 面或 W 面的辅助圆来作图。

（四）圆环

圆环由圆环面所围成。圆环面是由一圆母线绕不通过圆心但与圆母线在同一平面上的轴线回转而形成的（图 4-9a）。

（1）圆环的投影

如图 4-9b、c 所示，圆环面的轴线垂直于 H 面。正面投影上的左、右两圆是圆环面上平行于 V 面的 A、B 两圆（区分前、后半圆环面的正面转向轮廓线）的投影；侧面投影上的两圆是圆环面上平行于 W 面的 C、D 两圆（区分左、右半圆环面的侧面转向轮廓线）的投影；水平投影上画出圆环面上最大和最小圆（区分上、下半圆环面的水平转向轮廓线）的投影；正面投影和侧面投影上的上、下两直线是圆环面上最高、最低圆（区分内、外圆环面的外形轮廓线）的投影，水平投影上还要用两条垂直相交的细点画线表示圆心的位置。

（2）圆环面上取点

如图 4-9c 所示，已知圆环面上点 M 的正面投影 m'，由于圆环面不具有积聚性，可采用过点 M 的水平纬圆作为辅助线的方法作图，求出 m 和 m''。根据 m' 的位置及可见性，可判断点 M 位于前、下、左、外圆环面上，m 不可见，m'' 可见。又已知圆环面上点 N 的正面投影 n'，求其另两投影。根据 n' 的位置，可以判断点 N 在上、右圆环面上，又因 n' 不可见，可以判断点 N 可能位于内圆环面的前、后部分或外圆环面的后半部分上，因此对应的点 N 可能有三个解。具体求解时，可先作出过点 N 的内、外圆环面上的水平纬圆的投影，求出 n，然后再按投影关系由 n'、n 求出 n''。

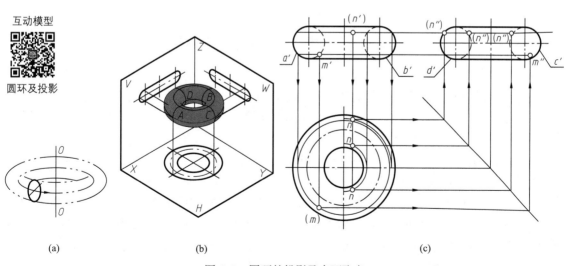

互动模型
圆环及投影

(a)　　　　　(b)　　　　　(c)

图 4-9　圆环的投影及表面取点

（五）组合回转体

组合回转体是以一条闭合的组合轮廓线作为母线绕轴线回转一周形成的。通常组合回转体由顶面、底面及一个复杂回转面所围成，其中顶面、底面一般为圆形平面。

图 4-10 所示为一组合回转体（阀杆模型），它的表面由圆台面（母线为 AB）、圆柱面（母线为 BC）、内圆环面（母线为 $\overset{\frown}{CD}$）、平面（由垂直于轴线的直线 DE 形成）、圆台面（母线为 EF）、圆柱面（母线为 FG）及顶面和底面组合而成。在画组合回转体的投影时，要画出其外形转向轮廓线的投影。各形体光滑过渡处的轮廓线的投影一般不必画出，如图 4-10 中 D 圆的水平投影及 C 圆的正面投影均省略不画。

综上所述，在回转体的表面上取点，一定要分清点所在表面的性质及位置。如果表面为特殊位置的平面，如为某投影面的垂直面或某投影面的平行面，则利用特殊位置平面的积聚性首先求出点在该投影面上的投影，再根据投影关系求出点的其他投影；如果表面为没有积聚性的回转面或一般位置平面，则需要作辅助线求点的投影，回转面的辅助线往往是过所求点的特殊位置圆。

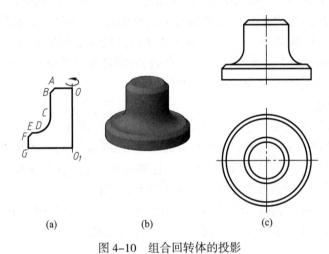

(a)　　　　　　(b)　　　　　　(c)

图 4-10　组合回转体的投影

第二节　平面与平面体相交

平面与立体相交，可以认为是立体被平面截切，截切是形成复杂结构立体的一种基本方法。截切立体的平面通常称为截平面，截平面与立体表面的交线称为截交线，截交线围成的平面图形称为截断面，如图 4-11a 所示。

平面立体被平面截切所得的截交线具有如下性质：

（1）截交线既在截平面上，又在立体表面上，截交线是截平面与立体表面的共有线。

（2）由于立体表面围成了封闭立体，因此截交线一定是封闭的平面多边形，多边形的各边一般是截平面与立体各表面的交线，其边数取决于立体上与截平面相交的表面个数。如果存在多个截平面，多边形的边也可能是截平面间的交线（图 4-11b）。多边形的顶点往往是截平面与立体各棱线的交点。如果存在多个截平面截切，也包括截平面间交线的两个端点（图 4-11b）。

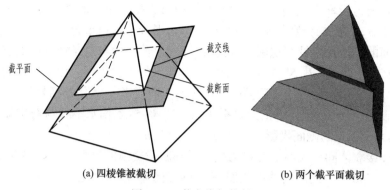

(a) 四棱锥被截切　　　　　(b) 两个截平面截切

图 4-11　截交线与截断面

由于绝大多数的截平面是特殊位置平面,因此可利用积聚性投影作出点、线的投影;如果截平面为一般位置平面,也可利用投影变换方法使截平面转换为特殊位置平面。这里只讨论截平面是特殊位置平面的情况。

【例 4-2】求作图 4-12a 所示六棱柱被平面截切后的侧面投影。

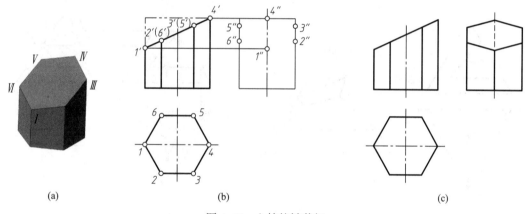

(a)　　　　　　　(b)　　　　　　　(c)

图 4-12　六棱柱被截切

分析:

(1)首先确定空间基本立体的形状及各组成表面的位置。

如图 4-12a 所示,截切前的六棱柱顶面、底面均为水平面,它们的水平投影反映实形,正面投影及侧面投影积聚为直线。六棱柱的六个棱面中,前、后棱面为正平面,它们的正面投影反映实形,水平投影及侧面投影积聚为平行于相应投影轴的直线;棱柱的其他四个棱面均为铅垂面,其水平投影积聚为倾斜于相应投影轴的直线,其正面投影和侧面投影均为类似形。

(2)判断截平面的数量、位置及截断面形状。

因截平面为一正垂面,故截断面的正面投影积聚为倾斜于相应投影轴的直线,是已知条件。截断面的水平投影及侧面投影为类似形,有待作图求出。

作图步骤:

(1)利用立体上几何元素侧面投影与正面投影高度对应相等、侧面投影与水平投影宽度对应相等的关系,先用细实线画出完整六棱柱的侧面投影。

(2)作截平面与立体各棱线交点的投影。由于截平面为一正垂面,截平面与六棱柱的六个棱面相交,截断面形状为六边形,其六个顶点位于六棱柱的六条棱线上。

由于六条棱线为铅垂线,水平投影具积聚性,故可直接标出截断面顶点 Ⅰ、Ⅱ、Ⅲ、Ⅳ、Ⅴ、Ⅵ 的水平投影 1、2、3、4、5、6,分别与水平投影的正六边形 6 个顶点重合。

由于截断面的正面投影具有积聚性,可依次序标出截平面与六条棱线的交点 Ⅰ、Ⅱ、Ⅲ、Ⅳ、Ⅴ、Ⅵ 的正面投影 1′、2′、3′、4′、5′、6′,即截断面六个顶点的正面投影。由于棱线的正面投影有重合,因此 2′ 与 6′、3′ 与 5′ 重合,将位于后面的不可见的正面投影 5′、6′ 用小括号标记以示区别。

由于六个顶点位于棱线上,由正面投影 1′、2′、3′、4′、5′、6′ 作水平线与对应棱线的侧面投影相交,不难得出六个顶点的侧面投影 1″、2″、3″、4″、5″、6″。

（3）依次连接立体同一表面上交点的投影并判断截交线的可见性。如果存在多个截平面,还要分析并作出各截平面之间交线的投影,并判断交线投影的可见性。最后补全棱线的投影。本例中通过分析截平面的方位,可以判断截交线的侧面投影可见,画成粗实线。

（4）整理轮廓,去除多余线段并加深。由于六棱柱被截平面截切掉一部分,故将侧面投影中 3″、5″ 以上及 4″ 两侧的多余线段擦除,将最右棱线位于点 Ⅰ 以上的不可见的侧面投影用虚线画出,并加深侧面投影所有可见轮廓线,结果如图 4-12c 所示。

【例 4-3】 完成如图 4-13a 所示的带切口的三棱锥的水平投影,并补画侧面投影。

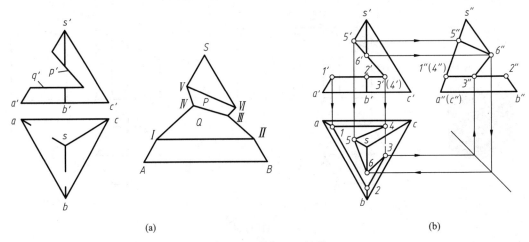

(a) (b)

图 4-13 带切口三棱锥

分析:

（1）首先确定空间基本立体的形状及各组成表面的位置。

如图 4-13a 所示,基本立体为三棱锥,其底面为水平面,水平投影反映实形,正面投影和侧面投影均积聚为直线。棱面 △SAB、△SBC 是一般位置平面,各面投影均为面积缩小的类似形。棱面 △SAC 为侧垂面,其侧面投影 s″ a″ c″ 积聚为一直线。底边 AB、BC 为水平线,AC 为侧垂线,棱线 SB 为侧平线,SA、SC 为一般位置直线。

（2）判断截平面的数量、位置。

切口由一个水平面 Q 和一个正垂面 P 共同截切而成。

作图步骤:

（1）首先用细线作出完整三棱锥的侧面投影,作图时注意棱面 △SAC 为侧垂面,其侧面投影 s″ a″ c″ 积聚为一条直线。

（2）直接在正面投影中标示出面 Q、P 与棱线 SA、SB 交点的投影 1′、2′ 和 5′、6′,并标示出面 P、Q 交线的投影 3′（4′）。由 1′、5′、6′ 按投影关系可得 1″、5″、6″ 和 1、5、6。

（3）在水平投影中,过 1 作直线平行于 ab,该直线与 sb 相交得 2,分别过 2 和 1 作直线平行于 bc 和 ac,与由 3′（4′）作出的投影连线相交得 3、4,而后求得 3″、2″、(4″)。

（4）将面 P、Q 截切三棱锥所得截交线的各顶点的同面投影按顺序连线,即得截交线的各面投影。最后判断可见性,注意 34 不可见,画成细虚线,其余皆可见,画粗实线。

（5）整理棱线的投影。三棱锥被截切后,棱线 SA、SB 中间部分被截切掉,因此是中断的,所以水平投影中 1、5 和 2、6 之间无线段,正面投影中 1′、5′ 和 2′、6′ 之间无线段,侧面投影中 2″、6″ 之间无线段,但 1″、5″ 之间不能断开,因为这段线还代表棱面 △SAC 的积聚性投影。

第三节　平面与曲面体相交

平面与曲面体相交,其截交线具有以下性质:

（1）截交线一般都是封闭的平面曲线（单一曲线或由直线和曲线共同围成）,特殊情况下是平面多边形。

（2）截交线是截平面与曲面体表面的共有线,截交线上的点是截平面与曲面体表面的共有点。

求曲面体截交线的步骤如下:

（1）空间及投影分析。分析曲面体的形状以及截平面与曲面体轴线的相对位置,确定截交线的空间形状;根据立体表面及截平面与投影面的相对位置,判断截交线有没有与面的积聚性投影重影的已知投影,并分析未知投影的形状、趋势等。

（2）求截交线的投影。当截交线的投影为非圆曲线时,作图步骤为:① 先作特殊点的投影,包括极限位置点（最上、最下、最前、最后、最左、最右点）、转向点（曲面转向轮廓线上的点）、曲线的特征点（如双曲线或抛物线的顶点及端点、椭圆长短轴端点等）的投影;② 作出适当数量的一般点的投影;③ 光滑连接各点。

（3）整理轮廓,并判断可见性。判断曲面体被截切后原有轮廓线是否存在以及投影是否可见等。

一、平面与圆柱相交

表 4-1 列出了圆柱被不同方位的截平面截切时截交线的空间形状及投影。

表 4-1　圆柱的截交线

截平面位置	平行于轴线	垂直于轴线	倾斜于轴线
截交线形状	矩形	圆	椭圆
立体图	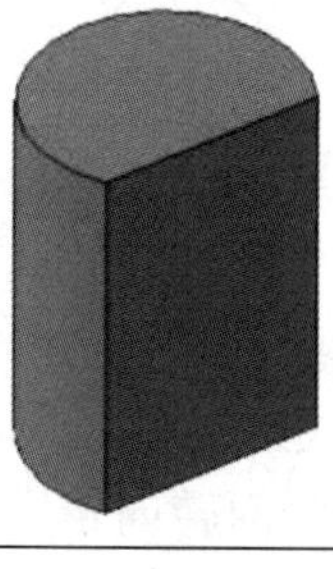		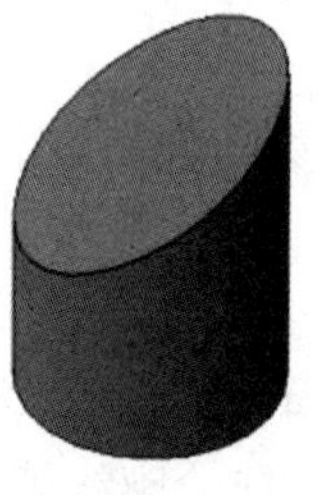

81

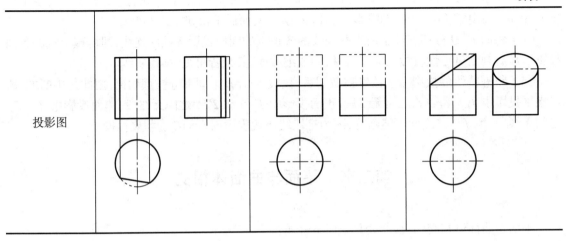

【例 4-4】 图 4-14a 为圆柱被截切后的正面投影和水平投影,试画出其侧面投影。

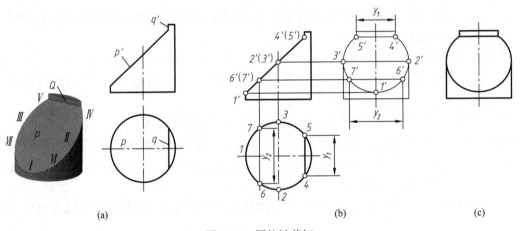

图 4-14 圆柱被截切

分析:圆柱左上角被正垂面 P 和侧平面 Q 截切(图 4-14a),对照表 4-1,截平面 P 倾斜于圆柱轴线,截交线的空间形状为椭圆弧;截平面 Q 平行于圆柱轴线,截交线为矩形;两截平面间的交线为正垂线。

作图步骤:

(1)求特殊点的投影。如图 4-14a 所示,在椭圆弧上取特殊点 I 、II 、III 、IV 、V ,其中点 I 为最左、最低点,点 II 、III 分别为最前、最后点,点 IV 、V 为最右、最高点。由于圆柱面的水平投影具有积聚性及正垂面 P 的正面投影具有积聚性,在正面投影及水平投影中可直接标示出 $1'$ 、$2'$ 、$3'$ 、$4'$ 、$5'$ 和 1 、2 、3 、4 、5 ,再根据投影关系作出侧面投影 $1''$ 、$2''$ 、$3''$ 、$4''$ 、$5''$,如图 4-14b 所示。

(2)根据作图需要作适当数量一般点如点 VI 、VII 的投影。作图步骤与特殊点投影作图步骤相同。

(3)过 $4''$ 、$5''$ 向上作轴线的平行线,止于圆柱顶面的侧面投影(直线)。

(4)按顺序光滑连接椭圆弧各点的侧面投影,其余截交线连接成直线。由于点 II 、III 上方的侧面转向轮廓线被切掉,故只保留侧面投影中 $2''$ 、$3''$ 下方的侧面转向轮廓线的投影。截交线的侧面投影全部可见,将侧面投影加深成粗实线。结果如图 5-14c 所示。

【例 4-5】图 4-15a 所示为一带切口的圆柱,试画出它的三面投影。

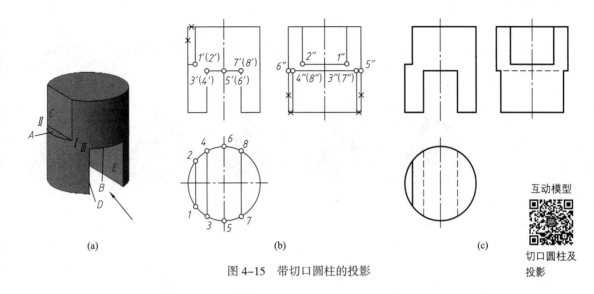

(a)   (b)   (c)

互动模型

切口圆柱及投影

图 4-15　带切口圆柱的投影

分析:圆柱的左上角被水平面 A 和侧平面 C 截切,同时,中下部被水平面 B 和两个侧平面 D、E 开通槽。水平面 A、B 与圆柱面轴线垂直,与圆柱面的截交线为圆弧;侧平面 C、D、E 与圆柱面轴线平行,截交线为矩形;截平面间的交线及截平面与圆柱顶面、底面的交线均为正垂线。

作图步骤:

(1)用细线画出完整圆柱的三面投影(图 4-15b)。

(2)画出五个截平面的正面投影。由于五个截平面分别为水平面和侧平面,故其正面投影分别积聚为两条水平线段和三条竖直线段。

(3)根据投影关系及圆柱面投影的积聚性,作出截交线的水平投影 $\overset{\frown}{12}$、12、34、78 和 $\overset{\frown}{48}$、37。

(4)根据两面投影求侧面投影。① 求各水平截平面的侧面投影。水平截平面 A、B 的侧面投影分别积聚为一水平线段 1″ 2″(长度等于 12)和 5″ 6″(长度等于 56)。并根据 3″ 4″ =34 确定 3″、4″ 的位置,3″、4″ 是确定截平面 B 侧面投影可见与否的分界点。② 求各侧平面的侧面投影。侧平面 C 及 D 的侧面投影皆为反映实形的矩形,两矩形竖直边分别是以 1″、2″ 和 3″、4″ 为起点一直画到圆柱顶面、底面的直线;侧平面 E 的侧面投影与 D 的侧面投影完全重合。

(5)整理轮廓,并判断可见性。由于圆柱的左上角被切去,故正面投影的左上角不画线;圆柱中下部开通槽,故底面正面投影中间的一段线不画;侧面投影中最前、最后素线的下半段及底面的前、后两端被截去,也不画线。圆柱左上切口在各投影图中均可见,下方通槽的投影 34、78、3″ 4″ 因在立体内部被其他部位遮挡,不可见,应画成细虚线。结果如图 4-15c 所示。

二、平面与圆锥相交

表 4-2 列出了圆锥被不同方位的截平面截切时截交线的空间形状及投影。

表 4-2　圆锥的截交线

截平面位置	与轴线垂直	与轴线倾斜,且 $\theta > \alpha$	与轴线倾斜,且 $\theta = \alpha$	与轴线平行或倾斜,且 $\theta < \alpha$	过锥顶
截交线	圆	椭圆	抛物线和直线	双曲线和直线	等腰三角形
立体图					
投影图					

【例 4-6】图 4-16a 为一直立圆锥被正垂面截切,求作其水平投影和侧面投影。

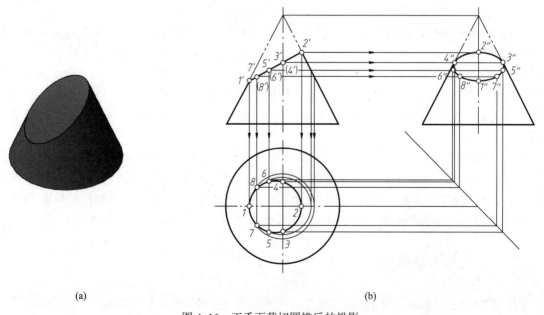

(a)　　　　　　　　　　　　　　　(b)

图 4-16　正垂面截切圆锥后的投影

分析：该截平面倾斜于圆锥轴线，对照表 4-2，属于 $\theta > \alpha$ 的情况，因此截交线为椭圆。截交线的正面投影积聚为一直线，其水平投影和侧面投影仍为椭圆。

作图步骤（图 4-16b）：

（1）先求截交线上特殊点的投影。① 求空间椭圆长轴端点 I、II 的投影，点 I、II 同时也是最低、最左点及最高、最右点。由于它们在圆锥正面转向轮廓线上，在正面投影中直接标示出 1′、2′，由 1′、2′根据投影关系求出 1、2 和 1″、2″。② 求圆锥侧面转向轮廓线上点 III、IV 的投影，先在正面投影中直接标示出 3′、4′，再求出 3″、4″，最后求出 3、4。3″、4″ 是椭圆侧面投影与圆锥侧面转向轮廓线投影的切点。③ 求空间椭圆短轴端点 V、VI 的投影。取 1′2′ 的中间点，得 5′（6′），应用纬圆法可求得 5、6 和 5″、6″，即过 V、VI 作辅助水平纬圆，先画出纬圆的水平投影，则 5、6 必在该圆上且与 5′、6′对正，再由此求得 5″、6″。

（2）根据作图准确性要求再作适当数量一般点的投影。如点 VII、VIII 的投影，作图方法与作点 V、VI 的投影一致，不再赘述。

（3）依次光滑连接各点即得椭圆的水平投影及侧面投影，由图可见 12、56 分别为水平投影椭圆的长、短轴；5″6″、1″2″ 分别为侧面投影椭圆的长、短轴。

（4）整理轮廓。

【例 4-7】图 4-17a 所示是轴线为侧垂线的圆锥被一水平面截切，试求其水平投影。

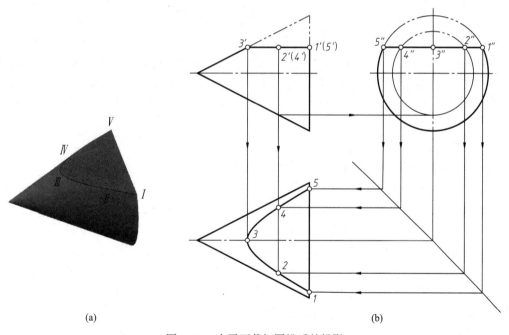

(a)　　　　　　　　　　　　　　　(b)

图 4-17　水平面截切圆锥后的投影

分析：由于截平面平行于圆锥轴线，由表 4-2 可知截交线为双曲线和直线，它的正面投影与侧面投影均积聚为直线，水平投影反映双曲线实形。

作图步骤（图 4-17b）：

（1）作出截交线上特殊点的投影。最左点 III（亦为双曲线的顶点）的水平投影 3 可由正面投影 3′直接求出；最右点 I、V 在圆锥底圆上，可由侧面投影 1″、5″ 按投影关系作出水平投影 1、5。

（2）再作出适当数量一般点的投影，如点 *II*、*IV*，其正面投影为 *2′*、*4′*，根据纬圆法作辅助侧平纬圆（也可过锥顶 *S* 作辅助素线），在其侧面投影圆上求出 *2″*、*4″*，然后根据两投影求出水平投影 *2*、*4*。同理，可作出其他一般点的投影。

（3）依次光滑地连接各点即得双曲线的水平投影。

【例 4-8】补全图 4-18a 所示立体的水平投影，并画出侧面投影。

互动模型

圆锥被截切后的模型及投影

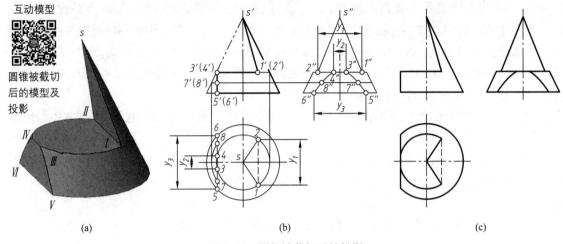

(a)　　　　　　　　　　　　(b)　　　　　　　　　　　　(c)

图 4-18　圆锥被截切后的投影

分析：图 4-18a 所示立体可视为圆锥被三个平面截切掉左半部分所形成，三个截平面自上而下分别为正垂面、水平面和侧平面，过锥顶的正垂面与圆锥面的交线为素线 *SI*、*SII*，垂直于轴线的水平面与圆锥面的交线为圆弧 $\widehat{IIII}$、$\widehat{IIIV}$，平行于轴线的侧平面与圆锥面的交线为双曲线段 *IIIV*、*IVVI*，此外三个截平面之间及与圆锥底面还交得三段直线 *III*、*IIIIV*、*VVI*，如图 4-18a 所示。

作图步骤（图 4-18b）：

（1）用细线画出完整圆锥的水平投影和侧面投影。

（2）求特殊点的投影。首先根据积聚性不难标出特殊点 *I*、*II*、*III*、*IV*、*V*、*VI* 的正面投影 *1′*、*2′*、*3′*、*4′*、*5′*、*6′*。然后根据圆锥表面取点的方法，可得水平投影 *1*、*2*、*3*、*4*、*5*、*6* 和侧面投影 *1″*、*2″*、*3″*、*4″*、*5″*、*6″*，作图时需格外注意这些点的宽度对应关系，如图 4-18b 所示。

（3）求双曲线上一般点的投影，如点 *VII*、*VIII*，方法见（例 4-7），在此不再赘述。

（4）将各段交线按一定顺序连成直线或弧线、双曲线。其中 *SIII* 为等腰三角形，其水平投影和侧面投影都是类似形，各边投影连接成直线即可；水平截断面的水平投影反映其实形，侧面投影积聚成直线；侧平截断面的水平投影积聚为直线，侧面投影反映双曲线的实形。

（5）整理轮廓，并判断可见性。水平投影中圆锥底圆左侧被切掉；侧面投影中圆锥最前、最后素线在水平面之上的部分被切掉。除 *12* 为细虚线外，其余图线均可见。完成全图，结果如图 4-18c 所示。

图 4-19a 所示为一磨床顶尖模型，取自工程零件实例。其左侧端部由圆锥和圆柱两部分组成，左上方和左前方都被切去一部分，可分别看作被侧平面 *P*、水平面 *Q* 和正平面 *S* 截切，侧平面 *P* 垂直于顶尖的轴线，与圆柱面的交线是圆弧；水平面 *Q* 和正平面 *S* 平行于顶尖的轴线，与圆柱面的交线为平行直线，与圆锥面的交线为两段双曲线，基于以上分析，作出如图 4-19b 所示三面投影。

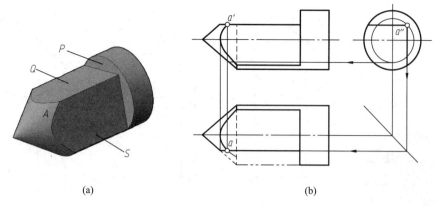

<table>
<tr><td>(a)</td><td>(b)</td></tr>
</table>

图 4-19　磨床顶尖模型的截交线

三、平面与球相交

任何平面与球相交,其截交线的空间形状总是圆。圆的投影取决于截平面相对于投影面的位置,可能是圆、椭圆或直线。

【例 4-9】试求半球开槽后的水平投影和侧面投影,如图 4-20a 所示。

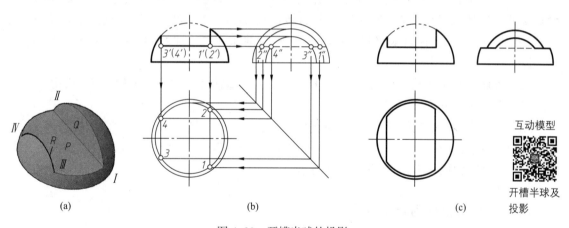

互动模型

开槽半球及
投影

<table>
<tr><td>(a)</td><td>(b)</td><td>(c)</td></tr>
</table>

图 4-20　开槽半球的投影

分析:半球被两个侧平面 R、Q 和一个水平面 P 截切,它们与球面的截交线均为圆弧,截交线的正面投影积聚在各截平面的正面投影上,均为直线段。水平面 P 截切球面产生圆弧的水平投影反映实形,即 $\widehat{13}$ 和 $\widehat{24}$,而侧面投影积聚成直线段;两个侧平面 R、Q 截切球面产生圆弧的侧面投影为反映实形的 $\widehat{1''2''}$ 和 $\widehat{3''4''}$,水平投影积聚为直线段 12 和 34。

作图步骤如图 4-20b 所示。① 量取水平面 P 截切所得纬圆的半径,并在水平投影中准确对应作出反映实形的圆。② 半球的侧面转向轮廓线在水平截平面以上部分已被切去,故在侧面投影中此部分不画;槽底水平面的积聚性侧面投影被左边球体遮挡部分应画成细虚线。③ 由于截交线都处在半球朝上的球面上,所以其水平投影都可见,画成粗实线,投影作图结果如图 4-20c 所示。

【例 4-10】试求如图 4-21a 所示正垂面与球相交后的水平投影。

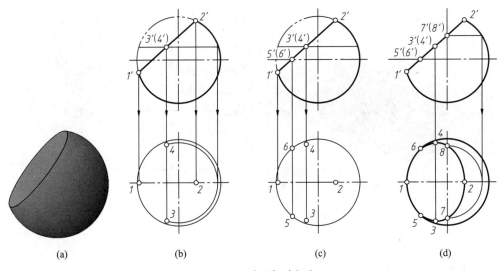

图 4-21　正垂面与球相交

分析：截交线的空间形状仍为圆，同时截切面为正垂面，所以其正面投影积聚为直线，水平投影为椭圆。

作图步骤：

（1）求椭圆长、短轴端点 I、II、III、IV 的投影。在正面投影上可直接标出 1'、2'，在 1'2' 中点处取 3'、4'。由于点 I、II 在球面正面转向轮廓线上，故可由 1'、2' 直接求出 1、2。过点 III、IV 在球面上作辅助水平圆，由辅助水平圆的水平投影圆即可求得 3、4，如图 4-21b 所示。

（2）求球水平转向轮廓线上的点 V、VI 的投影。可直接在正面投影上标出 5'、6'，由 5'、6' 即可求出水平投影 5、6，如图 4-21c 所示。

（3）再求适当数量其他点的投影，如点 VII、VIII，求法类似。最后判断可见性，依次光滑连接出投影椭圆。注意，5、6 是投影椭圆与球水平转向轮廓线的投影圆相切的切点，在其左侧的水平转向轮廓线的投影圆擦除不画，如图 4-21d 所示。

四、平面与组合回转体相交

组合回转体是由若干基本回转体组合而成的。作图时首先分析各部分回转体曲面的形状，区分各曲面的分界位置，然后逐个进行形体截交线的分析与作图，最后综合、整理并连接成完整的截交线。

图 4-22 所示为一上下对称的组合回转体，其表面由轴线为侧垂线的大、小圆柱面和半球面组成，其前部被正平面和侧平面所截切。正平截切面与球面的截交线为圆弧，与大、小圆柱面的截交线分别为距离不等的两对平行直线段，侧平截切面与右侧大圆柱的截交线为圆弧。注意半球面和与其相切的小圆柱没有分界线，整个截交线左侧为半圆弧，中间为与半圆弧相切的一对平行直线，右侧为左端开口的矩形。

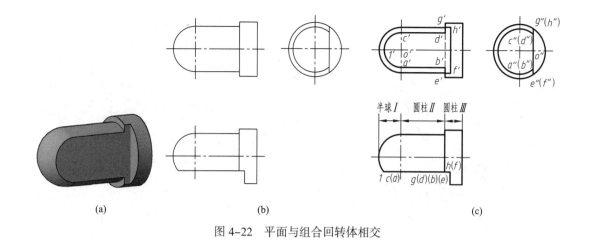

图 4-22　平面与组合回转体相交

第四节　平面体与平面体相交

两立体表面的交线称为相贯线。两平面立体（称平面体）的表面交线在一般情况下是空间折线。由于两立体的相对位置不同，表面交线有两种情况，如图 4-23 所示，当水平三棱柱的所有棱线都穿过竖直三棱柱，所得交线是分开的两条空间折线，这种情况称为全贯；当两棱柱各有一部分棱线穿过另一个棱柱时，所得交线是一条空间折线，这种情况称为互贯。

由于折线的各个顶点是一个平面体的棱线与另一个平面体表面的交点，折线的各段线段是两平面体表面（棱面）的交线，故求两平面体交线的方法有两种：棱线法，即求棱线与棱面的交点；棱面法，即求棱面与棱面的交线。

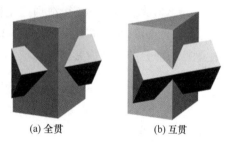

(a) 全贯　　　　(b) 互贯

图 4-23　平面体相交的两种情况

【例 4-11】求两棱柱相交的表面交线（图 4-24a）。

分析：根据两棱柱的大小和相对位置可以判断，两棱柱为互贯（图 4-24b），交线是分布在棱面 KMM_1K_1 和 MNN_1M_1 上的一条封闭空间折线，其水平投影积聚在这两棱面的水平投影上，为已知，现只需求出正面投影。

作图步骤（图 4-24b）：

（1）求各棱线对另一立体表面的交点。斜置三棱柱的棱线 AA_1、CC_1 分别与竖直三棱柱的棱面 KMM_1K_1 和 MNN_1M_1 相交于点 I、II 和 III、IV；竖直三棱柱仅棱线 MM_1 与斜置三棱柱表面相交于点 V、VI。这些点的水平投影 1、2、3、4、5、6 可以直接标示出来，然后可按点线从属关系向上对正求出 1′、2′、3′、4′。但 5′、6′ 需利用辅助平面法求取：包含棱线 MM_1 作辅助正平面 P（画出 P_H），求出面 P 与斜置棱柱的交线 DE（$de \rightarrow d'e'$）、FG（$fg \rightarrow f'g'$），$d'e'$ 和 $f'g'$ 与棱线 $m'm_1'$ 的交点 5′、6′ 即为所求。

（2）确定连接顺序。交线的每一段线段是两立体棱面的公有线，因此连点成线时要注意，只有当两点同时位于两立体的同一棱面上时，才可用直线将它们连接起来，所以图 4-24 中点的连接顺序为：$1'—5'—2'—4'—6'—3'—1'$。

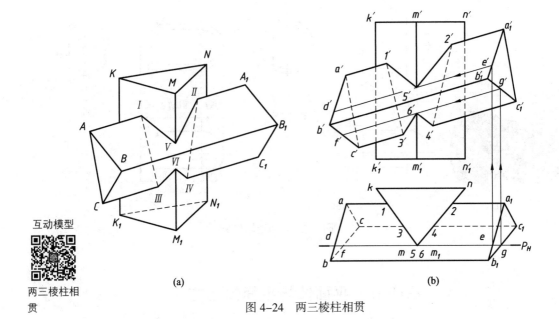

互动模型

（QR code）

两三棱柱相
贯

(a)　　　　　　　　　　　　　(b)

图 4-24　两三棱柱相贯

（3）判别交线的可见性。只有当交线上的某一段线段同时位于两立体的可见棱面上时，该线段才可见，否则不可见。图 4-24 中，$1'5'2'$ 和 $3'6'4'$ 可见，$1'3'$、$2'4'$ 不可见。

（4）检查棱线的投影，判别可见性。两棱柱相交后成为一体，所以棱线 AA_1 和 CC_1 在交点 I、II 及交点 III、IV 之间应断开，棱线 MM_1 在交点 V、VI 之间也应断开，棱线 KK_1 和 NN_1 被斜置棱柱遮挡的部分的正面投影应该画成细虚线。

第五节　平面体与曲面体相交

平面体与曲面体相交（也称相贯）的表面交线，是平面体的各棱面与曲面体相交的各段截交线的组合。各段截交线的接合点是平面立体的棱线与曲面立体表面的交点（贯穿点）。

由上述分析可知，求平面体与曲面体相交的交线（相贯线），实际是求截交线与贯穿点。

【例 4-12】求三棱柱与半球相贯时表面交线的投影（图 4-25）。

分析：该立体左右对称，两立体相交的相贯线由三段圆弧 I II、II III、I III 组合而成，分别是三棱柱的三个棱面 AB、BC、AC 截切球面所得，相邻两段的接合点 I、II、III 分别位于棱柱的三条棱线 A、B、C 上，如图 4-25 的立体图所示。相贯线的水平投影积聚在三个棱面的水平投影上，为已知。正面投影中圆弧 I III 反映实形，圆弧 I II、II III 的投影为对称的椭圆弧。

作图步骤（图 4-26b）：

（1）求特殊点的投影。三个接合点及圆球正面转向轮廓线上两点的水平投影 1、2、3、4、5 可直接标示出来，$4'$、$5'$ 按投影关系可直接求出。$1'$、$2'$、$3'$ 需利用辅助正平面求解，如包含棱线 A、C 作辅助正平面 S，与球交得一正平圆，$1'$、$3'$ 必在该圆上；同理作辅助正平面 R 可求得 $2'$。

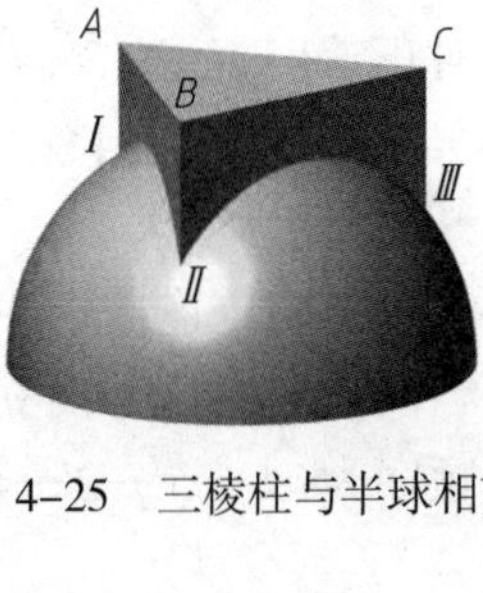

图 4-25　三棱柱与半球相贯

90

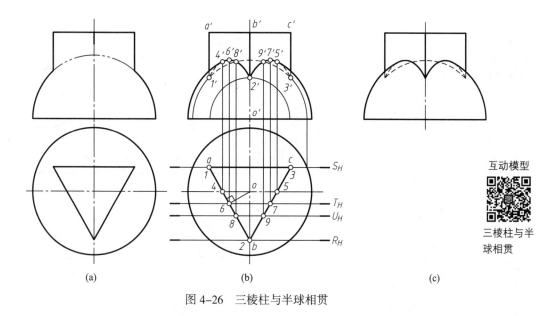

(a)　　　　　　　(b)　　　　　　　(c)

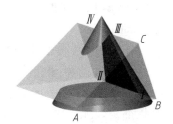

互动模型

三棱柱与半球相贯

图 4-26　三棱柱与半球相贯

从 o 作 ab 的垂线得垂足 6 及其对称点 7，VI、VII 为正面投影椭圆长轴上的点，也是椭圆弧的最高点，其正面投影可利用辅助正平面 T 求得。

（2）在适当位置取一般点，如 VIII、IX，通过作辅助正平面 V 求出其正面投影 8′、9′。

（3）顺次光滑连接各点，并判别可见性。棱面 AC 与半球的交线就是 $\overset{\frown}{1'3'}$，因其位于立体的后半面，不可见。两椭圆弧可见部分为 $\overset{\frown}{4'2'}$、$\overset{\frown}{2'5'}$，不可见部分为 $\overset{\frown}{4'1'}$、$\overset{\frown}{5'3'}$。

（4）整理轮廓，并判别可见性。两立体相交后成为一体，球的正面转向轮廓线的正面投影在 4′、5′ 之间应断开，其余部分可见；棱线 A、B、C 的正面投影只能分别画至贯穿点 1′、2′、3′ 处，并且棱线 A、C 在球体正面转向轮廓线之下的部分不可见，正面投影应画成细虚线，结果如图 4-26c 所示。

【例 4-13】 求实体圆锥与虚体三棱柱相贯所得相贯线的投影（图 4-27）。

分析：由图 4-27 可知该形体为一假想的三棱柱与圆锥互贯相交，圆锥经开槽后形成的立体。其相贯线实际上是三棱柱的棱面 AB、BC、CA 与圆锥面的截交线的组合，截交线分别为圆弧、一对直线和椭圆弧，各段截交线之间的接合点为棱线 B、C 对圆锥面的贯穿点 I、II、III、IV。因为三棱柱正面投影有积聚性，所以相贯线的正面投影积聚其上，为已知。现只需求水平投影和侧面投影。

图 4-27　三棱柱与圆锥相贯

作图步骤（图 4-28a）：

（1）求棱面 BC 与圆锥面的截交线的投影。由于棱面 BC 通过锥顶，故截交线为一对直线段，其端点 I、II、III、IV 即为棱线 B、C 对圆锥面的贯穿点，其截交线的正面投影 1′3′、2′4′ 与 b′c′ 重影，作辅助线 SM、SN，可求出其水平投影 13、24 以及侧面投影 1″3″、2″4″。

（2）求棱面 AB 与圆锥面的截交线的投影。由于棱面 AB 为水平面，它与圆锥面的交线为圆弧 $\overset{\frown}{IVII}$，其水平投影 152 反映实形，其正面投影和侧面投影分别积聚为直线段 5′1′ 和 2″1″。

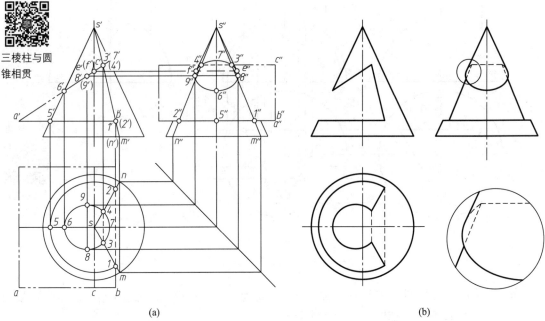

(a)　　　　　　　　　　　　　　　(b)

图 4-28　三棱柱与圆锥相贯

（3）求棱面 AC 与圆锥面的截交线的投影。由于棱面 AC 为正垂面，它与圆锥面的截交线为椭圆弧，椭圆长轴为Ⅵ Ⅶ，短轴为Ⅷ Ⅸ。设棱面 AC 与侧面转向轮廓线的交点为 E、F，先标示出这些点的正面投影，然后按圆锥面上取点的方法求其水平投影和侧面投影，再依次光滑连接，并考虑可见性即可。

（4）整理轮廓。侧面投影中圆锥的侧面转向线在水平面之上，E、F 之下应断开。结果如图 4-28b 的投影图及局部放大图所示。

图 4-29 所示为三棱柱与圆锥两实体相贯的投影。

【例 4-14】试绘制图 4-30a 所示进气阀壳体头部的投影。

分析：进气阀壳体前后对称，其头部可视为一六棱柱与半球相交，六棱柱的顶面 P、侧面 Q、S、T 分别与半球面相交，其交线的空间形状都是圆弧。由于顶面 P 是水平面，因此其交线的水平投影反映圆弧实形；面 Q、S 为铅垂面，其交线的正面投影和侧面投影均为椭圆弧；面 T 为侧平面，其交线在侧面投影上反映圆弧实形。

其相贯线的作图步骤（图 4-30b）如下：

（1）作出平面 P 与球面的交线。

（2）作出平面 Q、S 与球面的交线。

（3）作出平面 T 与球面的交线。

（4）判别可见性，完成作图。

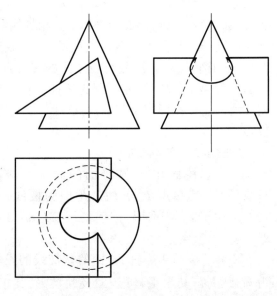

图 4-29　三棱柱与圆锥实体相贯

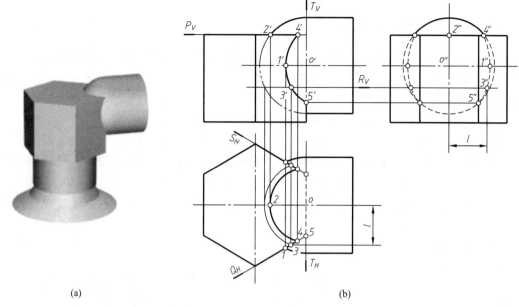

图 4-30　进气阀壳体头部的相贯线

第六节　曲面体与曲面体相交

一、性质

两曲面立体相交(也称相贯)所得相贯线的性质如下:

(1)相贯线是两立体表面的共有线,也是两立体表面的分界线。

(2)相贯线在一般情况下是闭合的空间曲线,在特殊情况下可能不闭合,也可能是平面曲线或直线。

相贯线的形状取决于两曲面体的形状、大小及相对位置。

二、相贯线的求法

求相贯线可归结为求两相交立体表面上一系列共有点的问题。具体步骤如下:

(1)空间分析及投影分析。根据曲面体的形状、大小及相对位置,判断两曲面体是全贯还是互贯、有无对称性,了解相贯线的空间形状;根据曲面体表面与投影面的相对位置,判断相贯线是否有积聚性的已知投影,分析未知投影的形状。

(2)求相贯线的投影。画图步骤为:① 先求特殊点的投影,包括极限位置点、转向轮廓线上的点、曲线的特征点等。② 补充一般点的投影。③ 依次光滑连接各点。④ 判断相贯线的可见性。当两曲面体外表面相贯时,只有同时位于两曲面体的可见表面上的相贯线,其投影才可见,否则就不可见。

(3)整理轮廓。判断曲面体原有轮廓线的取舍、虚实。

常用的求作相贯线的方法如下。

（一）积聚性法求作相贯线

当相交的两曲面体中有一个是圆柱，且其轴线垂直于某投影面时，圆柱面的投影积聚为圆，相贯线在该投影面上的投影也一定积聚在这个圆上，此时可将相贯线看成是另外一个曲面体表面上的线，根据立体表面取点的方法即可求出其他投影。

【例4-15】 求两轴线正交圆柱的相贯线的投影，如图4-31所示。

分析：两圆柱轴线正交（垂直而且相交），小圆柱完全贯通到大圆柱中，相贯线为围绕小圆柱表面一周、前后和左右均对称的封闭空间曲线，如图4-31a所示。因两圆柱轴线分别与 H 面、W 面垂直，故相贯线的水平投影积聚在 H 面的投影圆上，侧面投影积聚在 W 面的一段大圆弧上，均为已知；因为相贯线前后对称，正面投影中后一半与前一半重合，所以现在只需求其正面投影的前半部分即可。

作图步骤（图4-31b）如下：

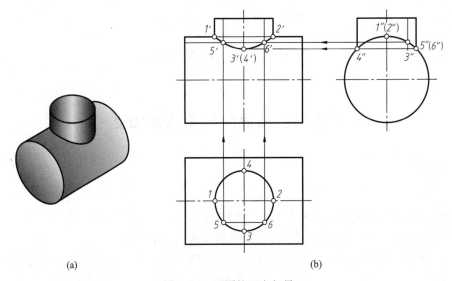

(a)　　　　　　　　　　　　　　　(b)

图4-31　两圆柱正交相贯

（1）求相贯线上特殊点的投影。求相贯线上最高点 I 和 II 的投影，其中点 I 又为最左点，点 II 为最右点，它们均为两圆柱正面转向轮廓线上的点，是判断相贯线正面投影可见性的分界点。$1'$、$2'$ 可直接在图上标示。

求最前、最下点 III 的投影，$3'$ 可根据 3、$3''$ 求得。点 IV 为相贯线上最后、最下点。

（2）求相贯线上一般点的投影。如点 V、VI，在铅垂圆柱面的水平投影圆上取两点 5、6，先求出侧面投影 $5''$、$6''$，则其正面投影 $5'$、$6'$ 可按投影规律求出。

同理还可求得相贯线上一系列一般点的投影。

（3）顺次光滑地连接各点。

（4）整理轮廓。两圆柱的正面转向轮廓线的正面投影均画到 $1'$、$2'$ 为止。

图4-32表示了两个正交相贯的圆柱，当其大小改变时相贯线的变化情况。当两圆柱等径正交相贯（公切于同一球面）时，相贯线的空间形状为两个椭圆，其正面投影为一对相交直线（图4-32b）；当两圆柱直径不等时，相贯线总是偏向大圆柱的轴线。

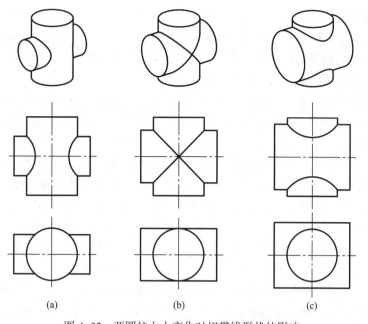

(a)   (b)   (c)

图 4-32　两圆柱大小变化对相贯线形状的影响

【例 4-16】求轴线垂直交叉（偏交）两圆柱的相贯线的投影（图 4-33）。

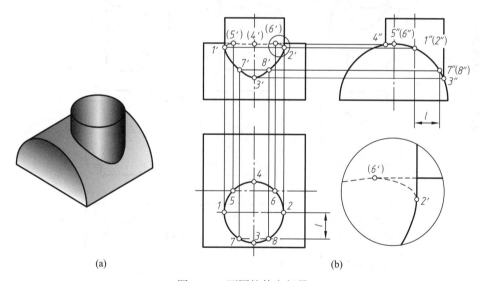

(a)   (b)

图 4-33　两圆柱偏交相贯

　　分析：两圆柱轴线垂直交叉（偏交），铅垂小圆柱完全贯通到侧垂半圆柱中，相贯线为围绕小圆柱表面一周、左右对称的封闭空间曲线，如图 4-33a 所示。因两圆柱轴线分别与 H 面、W 面垂直，故相贯线的水平投影积聚在 H 面的投影圆上，侧面投影积聚在 W 面的一段大圆弧上，均为已知。现只需求出相贯线的正面投影。与【例 4-15】不同的是，因两圆柱偏心相贯，其相贯线前后没有对称性，故相贯线的正面投影前后不重合，为一闭合曲线。

　　作图步骤（4-33b）

　　（1）求出相贯线上特殊点的投影。相贯线的特殊点包括最左点 I、最右点 II、最前点 III、最

95

后点IV、最高点V和VI,其中I、II亦是小圆柱正面转向轮廓线上的点,III、IV亦是小圆柱侧面转向轮廓线上的点,V和VI亦是大圆柱正面转向轮廓线上的点。首先标示出这些特殊点的水平投影1、2、3、4、5、6,再按点线从属关系标示出它们的侧面投影$1''$、$2''$、$3''$、$4''$、$5''$、$6''$,最后按投影规律求出它们的正面投影$1'$、$2'$、$3'$、$4'$、$5'$、$6'$。

（2）求出相贯线上一般点的投影。如点VII、VIII,在铅垂圆柱面的水平投影圆上取两点7、8,先求出它们的侧面投影$7''$、$8''$,然后再求其正面投影$7'$、$8'$。同理可根据需要求出相贯线上足够数量的一般点的投影。

（3）顺次光滑连接各点的正面投影,并判别可见性。相贯线上I—III—II 段在小圆柱的前半圆柱面上,故其正面投影$1'$—$3'$—$2'$ 可见;而I—IV—II 段在后半圆柱面上,故其正面投影$1'$—$4'$—$2'$ 不可见,画成细虚线。$1'$、$2'$为相贯线正面投影可见与不可见的分界点。

（4）整理轮廓,并判别可见性。因为相贯线是两立体表面的分界线,所以两圆柱的正面转向轮廓线的投影均应画到相贯线上为止。铅垂小圆柱最左、最右素线的正面投影分别画到$1'$、$2'$,并与相贯线的投影曲线相切,全部可见,画成粗实线。大圆柱最上素线的正面投影画到$(5')$、$(6')$,也与曲线相切,但被小圆柱挡住的部分应画成细虚线。由于在V、VI两点间大圆柱的最上素线不存在,故$(5')$、$(6')$之间不能画线。详见图 4-33b 中的局部放大图所示。

图 4-34 表示了两个垂直交叉（偏交）相贯的圆柱,其相对位置改变时相贯线的变化情况。

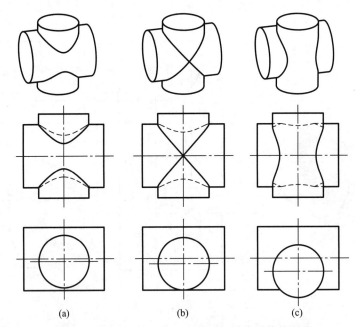

互动模型

两偏交圆柱位置变化对相贯线形状的影响

(a)　　　　(b)　　　　(c)

图 4-34　两偏交圆柱位置变化对相贯线形状的影响

两个轴线正交相贯的圆柱,在实际零件上是最常见的,它们的相贯线一般有图 4-35 所示的三种形式。

【例 4-17】求正交两空心圆柱的相贯线的投影,如图 4-36 所示。

分析:在【例 4-15】的基础上,两圆柱同时挖空,除了已有两圆柱外表面相交形成的表面交线外,因穿孔从而在内壁及下孔口都要形成相贯线,如图 4-36a 所示。其各部分相贯线的求法与【例 4-15】相似,注意判别可见性,作图过程及结果如图 4-36b 所示。

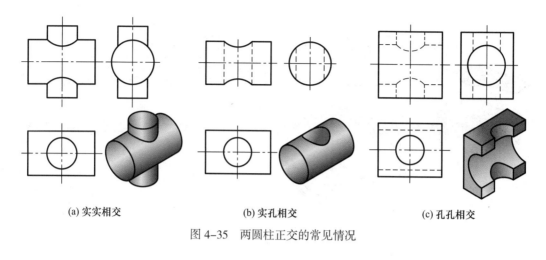

(a) 实实相交　　　　　　　(b) 实孔相交　　　　　　　(c) 孔孔相交

图 4-35　两圆柱正交的常见情况

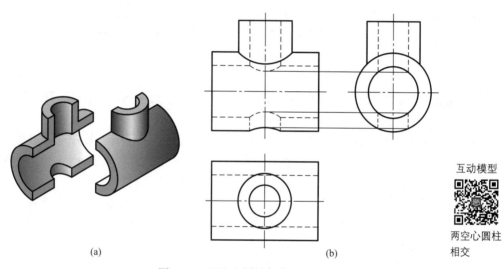

(a)　　　　　　　　　　　　　　　　　(b)

互动模型

两空心圆柱
相交

图 4-36　两空心圆柱相交

（二）辅助平面法求作相贯线

求两曲面体相贯线比较常用的方法是辅助平面法。辅助平面法是假想用一个辅助面截切相交的两立体，所得两条截交线的交点即为两曲面体表面及辅助面"三面共有"的点，也就是相贯线上的点。

辅助面的选择原则是要使辅助面与两曲面体截交线的投影都是最简单的线条（直线或圆）。一般常选投影面平行面或投影面垂直面为辅助面。

【例 4-18】求侧垂圆柱与半球相交的相贯线的投影，如图 4-37 所示。

分析：从图中可知，该立体前后对称，圆柱完全贯通到半球中，相贯线是围绕圆柱表面一周的空间曲线。其侧面投影积聚在圆柱的积聚性投影圆上，正面投影前后重合，水平投影为闭合曲线。求取相贯线时可以选择与圆柱轴线平行的水平面为辅助面，这时辅助面与圆柱面的截交线为一对平行直线，与球面的截交线为圆，两条截交线的交点即为相贯线上的点（图 4-37a）。

作图步骤（图 4-37b）如下：

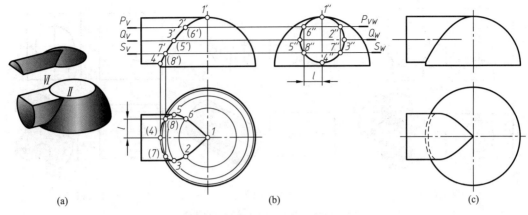

图 4-37　侧垂圆柱与半球相交

（1）求特殊点的投影。Ⅰ、Ⅳ分别为最高点和最低点，也是最右点和最左点，可以直接求出。Ⅲ、Ⅴ为最前点和最后点，也是水平投影可见与不可见的分界点，可过圆柱轴线作辅助水平面 Q，其与圆柱面相交于最前和最后素线，与球面相交于圆，其水平投影交点 3、5 点即为所求，由此可求 3′、5′。

（2）求一般点的投影。同理可作辅助水平面 P、S，求得两对一般点Ⅱ、Ⅵ和Ⅶ、Ⅷ的投影。为作图简便、清晰，取面 P、S 相对于面 Q 上下对称。

（3）顺次连接各点，即得相贯线的各面投影。其连接原则是：如果两曲面的两个共有点分别位于一曲面的相邻两素线上，同时也分别在另一曲面的相邻两素线上，则这两点才能相连。如图 5-35b 所示，其连接顺序为 1—2—3—7—4—8—5—6—1。

（4）判别可见性，并整理轮廓。正面投影中相贯线前后重合，前一半 1′—2′—3′—7′—4′ 可见，画粗实线；水平投影中下半圆柱面上的相贯线投影 3—7—4—8—5 不可见，画成细虚线；其余各段画成粗实线。

圆柱的水平转向轮廓线的水平投影画到 3、5 为止，半球的正面转向轮廓线的正面投影在 1′、4′ 之间不存在，不画线。

结果如图 4-37c 所示。半球底圆被圆柱遮住部分不可见，应画细虚线，但其与相贯线的不可见虚线段很接近，为使读者看清楚相贯线的投影，图 4-37c 中将半球底圆的虚线段省略了。

本例也可选择与圆柱轴线垂直的侧平面作为辅助平面，这时侧平面与圆柱面、球面均相交于圆或圆弧。

【例 4-19】求两圆柱斜交的相贯线的投影，如图 4-38 所示。

分析：两圆柱斜交，且前后对称，侧垂圆柱完全贯穿到斜置圆柱中，相贯线是围绕侧垂圆柱左、右各一圈的闭合空间曲线。两圆柱的公共对称面平行于 V 面，相贯线的正面投影为两条双曲线，侧面投影与侧垂圆柱面的投影圆重合，水平投影为两圈闭合的四次曲线。选择与两轴线平行的正平面作为辅助平面，则该平面与两圆柱面的截交线均为直线。

作图步骤如下（图 4-38b）：

（1）求特殊点的投影。从侧面投影可知，Ⅰ、Ⅵ为最高点，Ⅴ、Ⅹ为最低点，均为两圆柱正面转向轮廓线的交点，其正面投影 1′、6′、5′、10′ 可直接标出，按点线从属关系可求得它们的水平投影 1、6、5、10。侧垂圆柱的最前素线与斜置圆柱面的交点即为最前点Ⅲ、Ⅷ，可通过作辅助平面 Q 求出其正面投影 3′、8′，进而求其水平投影 3、8。同理可求出最后点Ⅺ、Ⅻ。

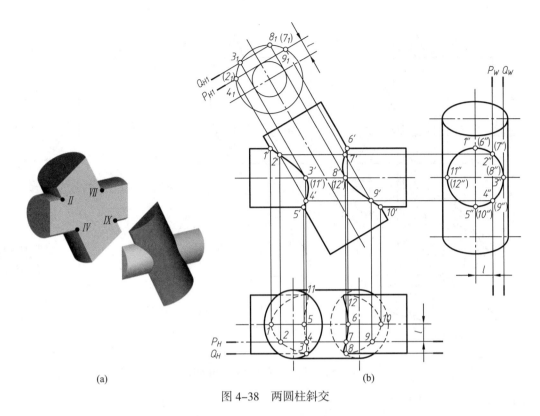

(a)   (b)

图 4-38　两圆柱斜交

（2）求一般点的投影。作辅助正平面 $P(P_W)$，它与侧垂圆柱面和斜置圆柱面各交于两条平行直线，这两组平行直线的交点 II、VII、IV、IX 即为相贯线上的点，如图 4-38a 所示。在侧面投影中 II 和 VII、IV 和 IX 分别重影为两点，即 $2''$ 和 $7''$、$4''$ 和 $9''$。为准确求出其他投影，可用换面法求出斜置圆柱面在 H_1 面上的投影——具有积聚性的圆，然后根据距离 l 确定 P_H、P_{H1}。由 P_{H1} 与圆的交点 $4_1(2_1)$、$9_1(7_1)$ 即可确定面 P 与斜置圆柱面交线的正面投影位置，它们与过 $2''$ 和 $4''$ 的水平线的交点即为 $2'$、$7'$、$4'$、$9'$。由此可进一步求出其水平投影 2、7、4、9 及其对称点。

（3）顺次连接各点即得相贯线的各个投影，相贯线的正面投影可见，水平投影中只有 12—6—7—8 是可见的，其余均不可见。

（4）整理轮廓，并判断可见性。两圆柱的正面转向轮廓线的正面投影均可见，且画到相交为止，中间无线；侧垂圆柱的水平面转向轮廓线的水平投影从两端画至点 3 和 8、11 和 12，中间无线，但左侧被斜置圆柱遮住的部分画成细虚线。

本例也可采用球面为辅助面求两斜交圆柱的相贯线。利用辅助球面求解相贯线的方法和步骤，读者可参阅相关的参考书。

【例 4-20】求圆柱与圆锥偏交的相贯线的投影，如图 4-39 所示。

分析：根据两立体的大小和相对位置，可判断出相贯线由两部分构成：① 圆柱顶面与圆锥面相交，交线是半径为 R 的圆，水平投影反映实形。② 圆柱面与圆锥面相交，相贯线为空间曲线，如图 4-37 所示。相贯线的水平投影与圆柱面的水平投影圆重影，其正面投影为四次曲线。辅助平面可选择过锥顶的铅垂面或垂直于轴线的水平面，它们与两曲面的交线分别为直线或水平圆。

图 4-39　圆柱与圆锥相贯

作图时，首先在水平投影中画出圆柱顶面与圆锥面的交线圆（半径为 R）。圆柱面与圆锥面相贯线的详细作图步骤（图 4-40）如下：

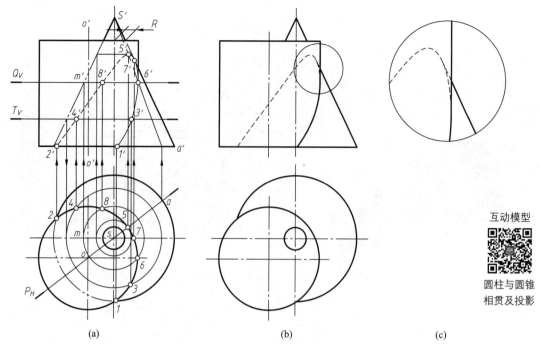

互动模型

圆柱与圆锥
相贯及投影

图 4-40 圆柱与圆锥相贯的相贯线

（1）求特殊点的投影。

① 圆柱、圆锥底圆的交点 I、II 为相贯线上的最低点，可以直接在图上作出。

② 水平投影中两圆的连心线 os 与圆柱投影圆的交点 5 是相贯线上的最高点 V 的投影，可用圆锥表面取点的方法求出 $5'$。也可过圆柱轴线与锥顶 S 作辅助铅垂面 P 求出 $5'$。

③ 求圆柱面最右素线上的点 VI 的投影。其水平投影 6 可直接标出，其正面投影 $6'$ 可通过作辅助平面 Q 求出。即以 $s6$ 为半径作圆，根据该圆与圆锥正面转向轮廓线的交点 $M(m,m')$，确定 Q_V 的高度位置，$6'$ 必在 Q_V 上。$6'$ 是相贯线正面投影可见与否的分界点，也是相贯线投影与圆柱最右素线相切的切点。利用 Q_V 还可求出相贯线上的一般点 $VIII(8,8')$。

④ 圆锥面的最右素线与圆柱表面的交点 VII 的投影可直接求出，$7'$ 是相贯线正面投影与圆锥最右素线相切的切点。

（2）求一般点的投影。作水平辅助面 T（画出 T_V），它截切两曲面的交线为两水平圆，其水平投影的交点 3、4 即为相贯线上点 III、IV 的水平投影，由此再求出 $3'$、$4'$。

（3）顺次连接各点即得相贯线的投影。其中只有位于前半圆柱面的 $6'—3'—1'$ 段可见，画粗实线；其余部分不可见，画细虚线。

（4）整理轮廓，并判断可见性。圆锥的最左素线只画圆柱上方的一小段，在圆柱顶面和 $7'$ 之间最右素线也应断开，$7'$ 之下被圆柱遮住的一小段不可见，如图 4-40c 中的局部放大图所示；圆柱的最右素线从上到下画到 $6'$ 为止。结果如图 4-40b 所示。

如在圆锥上从上向下挖一圆柱孔，立体图及其投影图如图 4-41 所示。

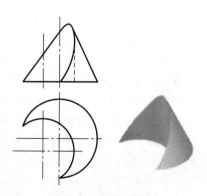

图 4-41 圆锥穿孔

三、相贯线投影的简化画法

在实际作图中,当不需要精确画出相贯线的投影时,可以示意性地用简化画法画出。下面即为两圆柱正交相贯时,其相贯线投影的简化画法。

(1)当两圆柱正交且直径不等时,相贯线的正面投影可以用圆弧近似代替,如图 4-40a 所示。简化圆弧可用两种方法画出:① 根据圆心、半径画简化圆弧,此时半径等于大圆柱半径,圆心在小圆柱轴线上。画图时注意圆弧弯曲的趋势总是偏向大圆柱轴线。② 三点法画圆弧,圆弧过点 $1'$、$3'$、$2'$。

(2)当两圆柱直径相差很大时,相贯线的正面投影可用直线代替,如图 4-42b 所示。

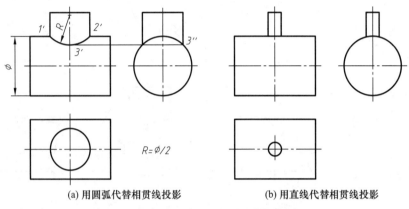

(a) 用圆弧代替相贯线投影　　　　(b) 用直线代替相贯线投影

图 4-42　两圆柱正交时相贯线投影的简化画法

【例 4-21】试求组合圆柱体的相贯线的投影,如图 4-43 所示。

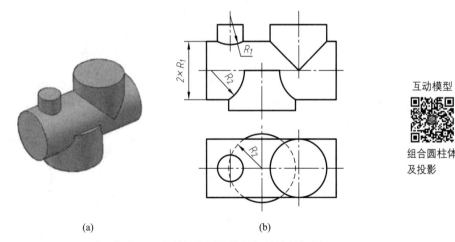

(a)　　　　　　　　(b)

互动模型

组合圆柱体
及投影

图 4-43　采用简化画法绘制组合圆柱体的相贯线的投影

分析:组合圆柱体是由三个铅垂圆柱与一个侧垂圆柱正交而成的前后对称的立体,其中左上方的铅垂圆柱与侧垂圆柱不等径相贯,相贯线是围绕铅垂小圆柱一周的空间曲线,正面投影为一段弯向侧垂圆柱轴线的曲线;下方的铅垂大圆柱高及侧垂圆柱轴线,与侧垂圆柱的下半圆柱面不等径相贯,相贯线是左、右两段空间曲线,正面投影为两段弯向大圆柱轴线的曲线;这两组相贯线的投影均可用图 4-42a 所示的简化画法来画。右上方的铅垂圆柱与侧垂圆柱的上半圆柱面等径相贯,相贯线是两段半个椭圆弧,正面投影为两段相交直线。结果如图 4-43b 所示,作图步骤略。

四、相贯线的特殊情况

两曲面立体的相贯线,在一般情况下为封闭的空间曲线,在特殊情况下可能为平面曲线或直线,且可以直接作出。下面介绍几种常见的相贯线的特殊情况。

(1)当两个回转体轴线相交且同时外切于一个球面时,其相贯线为两个椭圆。如果两轴线同时平行于某投影面,则这两个椭圆在该投影面上的投影为相交两直线,如图 4-44 所示。

互动模型

两个回转体
外切于一个
球的相贯线

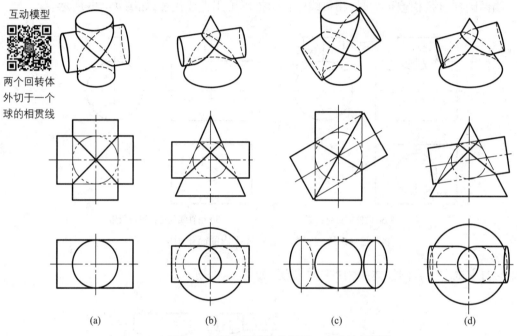

| (a) | (b) | (c) | (d) |

图 4-44　两个回转体外切于一个球的相贯线

(2)当两个回转体同轴相交时,相贯线为垂直于回转体轴线的圆。在与轴线垂直的投影面上,相贯线的投影为圆;在与轴线平行的投影面上,其投影为直线,如图 4-45 所示。

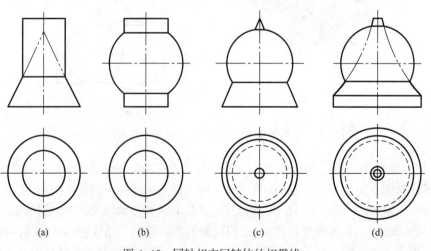

| (a) | (b) | (c) | (d) |

图 4-45　同轴相交回转体的相贯线

（3）轴线平行的两圆柱相交及共锥顶的两圆锥相交,其相贯线为直线,如图 4-46 所示。

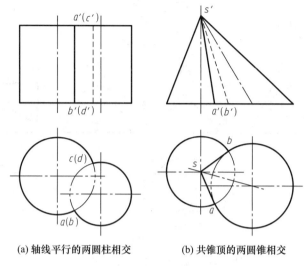

(a) 轴线平行的两圆柱相交　　(b) 共锥顶的两圆锥相交

图 4-46　两立体特殊相贯

五、相贯线的变化趋势

由上述对相贯线的分析和求解方法讨论可知,相贯线的空间形状取决于两曲面立体的形状、大小以及它们的相对位置;而相贯线的投影形状还取决于它们与投影面的相对位置。

图 4-47 中给出了常见的圆柱与圆台(圆锥截去一部分)正交、斜交、偏交三种情况下的相贯线,可以看出,当它们正交和斜交时,相贯线是前后对称的封闭曲线;偏交时,相贯线是不对称的封闭曲线。

图 4-48 表示了圆柱与圆锥正交时,其大小改变对相贯线形状的影响情况。

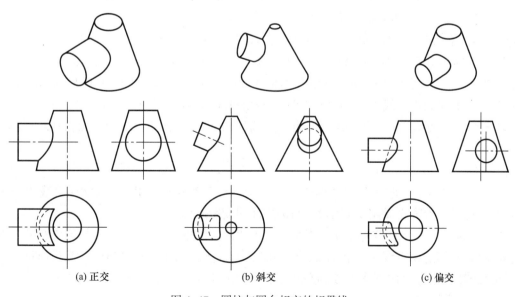

(a) 正交　　　　　　　(b) 斜交　　　　　　　(c) 偏交

图 4-47　圆柱与圆台相交的相贯线

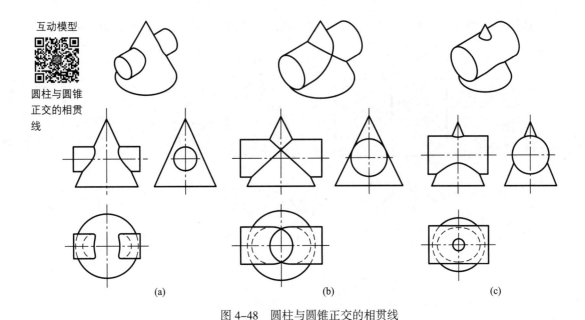

(a)   (b)   (c)

图 4-48   圆柱与圆锥正交的相贯线

六、多立体表面相交

多个立体相交,其相贯线较复杂,它由两两立体间的各条相贯线组合而成。求解时,既要分别求出各条相贯线,又要求出它们之间的接合点。

求解步骤如下:

(1)首先分析参与相交的立体是哪些基本体,是平面体还是曲面体,是内表面相交还是外表面相交;是完整立体还是不完整立体,对于不完整的立体应将其想象成完整的立体。

(2)分析哪些立体间有相交关系,并分析相贯线的形状、趋势、范围。

(3)对于相交部分分别求出其相贯线以及各条相贯线的接合点(亦为分界点,如切点、交点等),综合起来成为多立体的组合相贯线。

【例 4-22】求三个立体相交的相贯线的投影(图 4-49)。

分析:图 4-49 所示立体由铅垂圆柱、半球及轴线为侧垂线的圆台三个立体构成,整个立体前后对称,对称面 Q 平行于 V 面。其组合相贯线由圆柱与半球的相贯线 A、圆柱与圆台的相贯线 B、圆台与半球的相贯线 C 组合而成。这三条相贯线的接合点为点 I、II(在后面,与点 I 重影),如图 4-49a 所示。欲求出组合相贯线,应分别求出相贯线 A、B、C 以及它们的接合点 I、II 的投影。

作图步骤(图 4-49b)如下:

(1)求圆柱与半球的相贯线 A 的投影。由于圆柱与半球同轴相贯,因此相贯线为一水平圆,其 V 面投影积聚为直线 a',H 面投影与圆柱面的投影重合。

(2)求圆柱与圆台的相贯线 B 的投影。由于两回转体轴线正交,且水平投影中圆柱与圆台的轮廓线相切,因此相贯线为一椭圆弧,其正面投影为直线 b',水平投影与圆柱面投影重合。作图时,延长圆柱和圆台的正面转向轮廓线的正面投影得交点 n',连接 m'、n' 与 a' 交于 $1'$($2'$),再求出 1、2,即得相贯线的接合点 I、II。

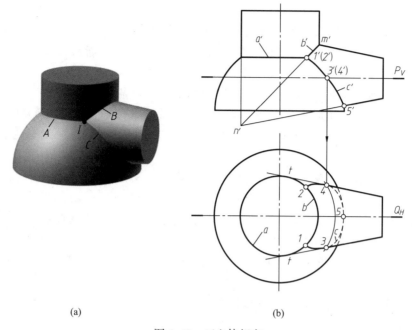

(a)　　　　　　　　　　(b)

图 4-49　三立体相交

（3）求圆台与半球的相贯线 C 的投影。由于圆台与半球轴线相交,且同时平行于 V 面,相贯线为一段前后对称的空间曲线。

求圆台最前、最后素线上的点 III、IV 的投影。过圆台轴线作水平辅助面 P（画出 P_V），P 面与半球的交线为圆,水平投影反映圆的实形。P 面与圆台的交线为最前、最后素线,可求出圆与素线交点 III、IV 的水平投影 3、4,再按投影关系求其正面投影 $3'$（$4'$）。

求最低点 V 的投影。点 V 为组合立体前后对称面上的点,也是半球、圆台正面转向轮廓线的交点,因此按投影关系可直接求出 $5'$、5。

选用侧平面作辅助面,还可求出适当数量的一般点的投影（图中未画,读者可自行分析）。

（4）光滑连接各点,并判别可见性。

在正面投影中,相贯线均可见。a'、b' 为直线,c' 的投影为曲线 $1'—3'—5'$。

在水平投影中,与圆柱相关的交线均积聚在其投影圆上,圆台与半球的相贯线为一段曲线,其可见与否的分界点为 3、4。曲线段 $2—4$、$1—3$ 可见,画粗实线;$4—5—3$ 不可见,画细虚线。圆台的正面转向轮廓线的投影分别画到 3、4 点,与相贯线相切为止,半球底圆被圆台遮住部分画细虚线。

思 考 题

1. 如何在投影图中表示平面立体？怎样判别其可见性？
2. 常见的回转体有哪几种？它们的投影图有何特点？
3. 对曲面转向轮廓线的投影进行可见性判别有何意义？
4. 试比较平面上取点和曲面上取点的作图方法有何异同之处。
5. 在圆锥表面上取点,有几种作图方法？
6. 过球面上一点能作几个圆？其中过该点且与投影面平行的圆有几个？

7. 截交线是怎样形成的？为什么平面立体的截交线一定是平面多边形？多边形的顶点和边分别是平面立体上的哪些几何元素与截平面的交点和交线？

8. 当截平面垂直于投影面时，怎样求作平面立体的截交线和截断面实形？

9. 曲面立体的截交线通常是什么形状？也可能出现哪些其他的形状？

10. 什么点是曲面立体截交线上的特殊点？作图时，在可能和方便的情况下，应作出哪些特殊点的投影？当作出了全部特殊点的投影后，应再作一些什么位置的一般点的投影？

11. 试述平面与圆柱面截交线的三种形式。一般采用什么方法求作轴线垂直于投影面的圆柱的截交线的投影？

12. 试述平面与圆锥面截交线的五种形式。圆锥面的投影都没有积聚性，怎样求作其截交线的投影？

13. 平面与球面的截交线是什么图形？试述各类位置平面与球面的截交线的投影情况。为什么在球面上取点只能采用辅助纬圆法？

14. 两曲面立体的相贯线的基本性质是什么？求作相贯线的方法有哪些？如何判断相贯线投影的可见性？

15. 有哪些因素可能影响相贯线的形状变化？在两曲面立体的相贯线上，能确定其形状和范围的特殊点主要有哪些？

16. 求作两回转体表面的相贯线常用哪几种方法？分别应用于哪些情况？

17. 两回转体的相贯线的特殊情况有哪些？试分别说明之。

18. 什么样的相贯线称为组合相贯线？怎样求作组合相贯线的投影？具有什么特征的点才能是组合相贯线的两相贯线段的接合点？

第五章 轴 测 投 影

　　工程上一般采用多面正投影法绘制图样,可以较为完整、确切地表达零件各部分的形状,且作图方便,但是其直观性不足、立体感不强,不具备一定读图能力的人难以读懂。为了辅助读图,工程上常采用轴测投影图进行辅助表达,轴测投影图简称轴测图。

　　通过轴测图能在一个投影上同时反映物体多个面的形状,如图 5-1 所示,因此具有立体感。但轴测图不能确切地表达零件原来的形状与大小,并且作图较为复杂,因而轴测图在工程上一般是作为辅助图样,也多用于构思设计、科技书刊插图、产品说明书、广告等领域。

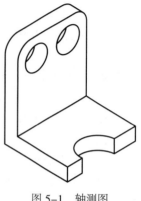

图 5-1　轴测图

第一节　轴测图的原理

一、轴测图的形成

　　将物体连同其上的直角坐标系,沿不平行于任一坐标平面的方向,用平行投影法将其投射在单一投影面上所得到的具有立体感的图形称为轴测投影图,简称轴测图。

　　如图 5-2 所示,平面 P 称为轴测投影面,物体上的直角坐标轴 OX、OY 和 OZ 在平面 P 上的投影 O_1X_1(简称 X_1 轴)、O_1Y_1(简称 Y_1 轴)和 O_1Z_1(简称 Z_1 轴)称为轴测投影轴,简称轴测轴,空间点 A 在平面 P 上的投影 A_1 称为点 A 的轴测投影。

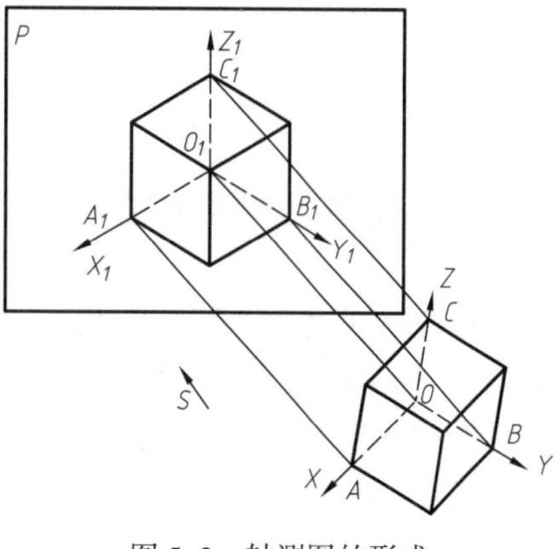

图 5-2　轴测图的形成

二、轴间角及轴向伸缩系数

　　在轴测投影中,轴测轴之间的夹角(∠$X_1O_1Y_1$、∠$X_1O_1Z_1$、∠$Y_1O_1Z_1$)称为轴间角。直角坐标轴 OX、OY、OZ 上的单位长度 u 投射到轴测投影面 P 上,在轴测轴 O_1X_1、O_1Y_1 和 O_1Z_1 上得到的投影长度分别为 i、j、k,如图 5-3 所示,则它们与直角坐标轴上的单位长度 u 的比值称为轴向伸缩系数。

　　O_1X_1 轴的轴向伸缩系数 $p_1=i/u$;O_1Y_1 轴的轴向伸缩

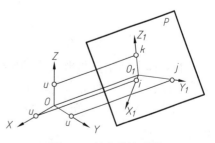

图 5-3　轴向伸缩系数

系数 $q_1 = j/u$；O_1Z_1 轴的轴向伸缩系数 $r_1 = k/u$。

三、轴测投影的基本性质

轴测投影属于平行投影，因此它具有平行投影的基本性质：

（1）物体上凡与直角坐标轴平行的线段，在轴测图中也平行于对应的轴测轴，且具有和相应轴测轴相同的轴向伸缩系数。

（2）物体上互相平行的线段，在轴测图中也互相平行。

四、轴测投影的分类

根据投射方向相对于轴测投影面的位置不同，轴测投影可分为两类：

（1）投射方向垂直于轴测投影面所得轴测投影，称为正轴测投影，如图 5-2 所示。

（2）投射方向倾斜于轴测投影面所得轴测投影，称为斜轴测投影。

这两类轴测投影又可根据各轴向伸缩系数的不同，分为以下三种：

（1）当 $p_1 = q_1 = r_1$ 时，称为正（或斜）等轴测投影。

（2）当 $p_1 = q_1 \neq r_1$ 或 $p_1 \neq q_1 = r_1$ 或 $p_1 = r_1 \neq q_1$ 时，称为正（或斜）二轴测投影。

（3）当 $p_1 \neq q_1 \neq r_1$，称为正（或斜）三轴测投影。

正等轴测投影和斜二轴测投影作图相对简单且立体感强，因此被广泛使用，本书将介绍这两种轴测图的画法。

第二节　正等轴测图

一、正等轴测图的轴间角和轴向伸缩系数

正等轴测图的轴间角为 120°，如图 5-4 所示。轴向伸缩系数 $p_1 = q_1 = r_1 \approx 0.82$，为作图方便，通常采用简化伸缩系数 $p = q = r = 1$。用简化伸缩系数画出的正等轴测图约为用原系数画出的正等轴测图的 1.22 倍，但形状不变。

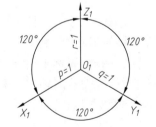

图 5-4　正等轴测图的轴间角和轴向伸缩系数

二、正等轴测图的画法

（一）坐标法

在立体上建立直角坐标系，根据立体表面上各顶点的坐标，分别画出它们的轴测投影，然后依次连接成立体表面轮廓线的方法称坐标法。

如图 5-5 所示，已知正六棱柱的正面投影和水平投影，可以利用坐标法绘制其正等轴测图，步骤为：

（1）在六棱柱上建立直角坐标系，确定坐标原点，取正六棱柱上顶面中心为原点 O，如图 5-5a

所示。

（2）画轴测图，按尺寸 s、d 定出 I_1、II_1、III_1、IV_1 各点，其中 III_1、IV_1 为顶面两个顶点的轴测投影，如图 5-5b 所示。

（3）过 I_1、II_1 两点作直线平行于 O_1X_1，分别以 I_1、II_1 两点为中心向两边截取 $a/2$，得到顶面另外四个顶点的轴测投影，连接各顶点的轴测投影，得到顶面的轴测投影。过各顶点的轴测投影向下做 O_1Z_1 轴的平行线并截取棱线长度 h，得到底面各顶点的轴测投影，如图 5-5c 所示。

（4）连接底面上各顶点的轴测投影得到底面的轴测投影，整理加深，只需表示可见的轮廓线，不可见轮廓线省略不画，完成正等轴测图，结果如图 5-5d 所示。

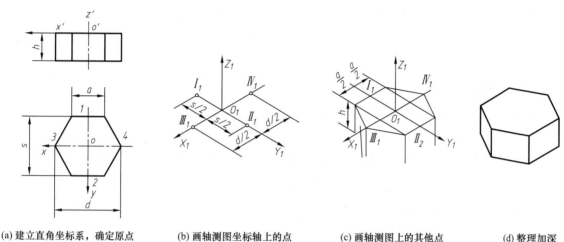

(a) 建立直角坐标系，确定原点　　(b) 画轴测图坐标轴上的点　　(c) 画轴测图上的其他点　　(d) 整理加深

图 5-5　利用坐标法绘制正等轴测图

（二）拉伸法

对于单一柱体和复合柱体，可看成是将特征视图的外轮廓作为草图轮廓，沿垂直于该投影面的方向拉伸而成的。因此在画单一柱体和复合柱体的轴测图时，可以根据立体的视图分析出立体的特征视图，将该特征视图的外轮廓作为草图轮廓，画出其轴测投影；然后再沿平行于棱线的轴测轴方向画出各条棱线的轴测投影，并依次连接棱线端点的轴测投影；再将不可见的轮廓线擦掉或画成虚线，即可获得该立体的轴测图。

如图 5-6a 所示，已知某立体的三视图，可以利用拉伸法绘制其正等轴测图，步骤如下：

（1）确定坐标原点，该立体的左视图是其特征视图，该立体可看作是以左视图的外轮廓为草图轮廓，沿着长度方向 OX 拉伸形成的，因此可以将坐标原点选在柱体的下、左、后方，如图 5-6a 所示。

（2）画轴测轴，沿着坐标轴 OY、OZ 轴方向截取线段长度画出草图轮廓的轴测图，如图 5-6b 所示。

（3）分别过草图轮廓的轴测图上的各顶点画线使之与 O_1X_1 轴平行。在主视图上沿着 OX 轴的方向截取各棱线长度后，在轴测图上截取该长度的线段，得各棱线的轴测投影，然后顺次连接各端点，画出右端面的轴测图。

（4）擦去作图线和不可见的线，描粗可见轮廓线，完成轴测图，结果如图 5-6c 所示。

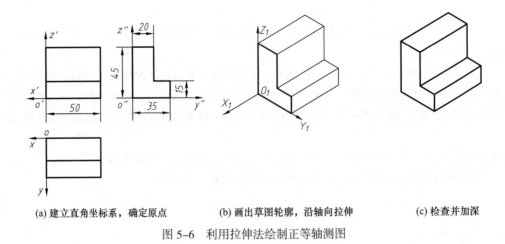

| (a) 建立直角坐标系，确定原点 | (b) 画出草图轮廓，沿轴向拉伸 | (c) 检查并加深 |

图 5-6　利用拉伸法绘制正等轴测图

（三）切割法

采用切割法绘制轴测图适用于切割型的组合体,可先用坐标法或者拉伸法画出切割以前立体的轴测图,然后用切割法逐步画出各个切口的轴测图。

如图 5-7a 所示,已知切割型组合体的三视图,利用切割法绘制其正等轴测图,步骤如下:

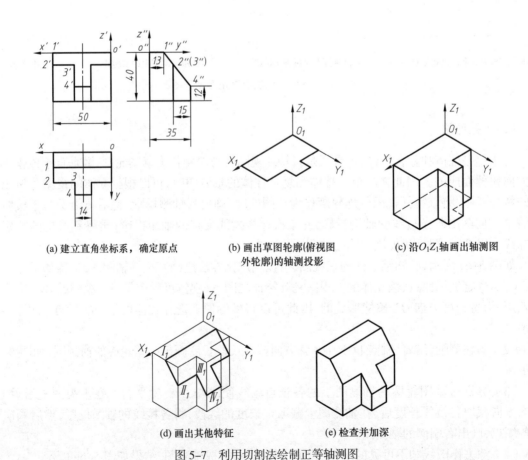

(a) 建立直角坐标系，确定原点　　(b) 画出草图轮廓(俯视图外轮廓)的轴测投影　　(c) 沿 O_1Z_1 轴画出轴测图

(d) 画出其他特征　　(e) 检查并加深

图 5-7　利用切割法绘制正等轴测图

110

（1）在物体上建立直角坐标系，确定坐标原点，该立体主视图的外轮廓线是矩形，若以矩形为草图轮廓沿着宽度方向拉伸后为四棱柱；若以左视图的外轮廓线（五边形）为草图轮廓沿着长度方向拉伸后是五棱柱；若以俯视图的外轮廓线（八边形）为草图轮廓沿着高度方向拉伸后是八棱柱。以八棱柱作为截切前的原始形状，只需经一次切割即可成型，因此将八棱柱作为切割前的形体，可以大大减少作图步骤，将直角坐标系原点定在切割体的上、右、后方，如图5-7a所示。

（2）沿着 OX、OY 方向截取各段外轮廓线长度画出草图轮廓（俯视图外轮廓）的轴测投影，如图5-7b所示。

（3）分别过草图轮廓轴测投影的各顶点画线与 O_1Z_1 轴平行，在视图上沿着 OZ 轴的方向截取各棱线长度后，在轴测图上截取等长度的线段，得各棱线的轴测投影，从而画出其底面形状，如图5-7c所示。

（4）将左视图中的斜线 $1''2''$ 和 $3''4''$，按在 OY、OZ 方向的尺寸截取到轴测图上，利用平行线段的投影性质画出截面形状，如图5-7d所示。

（5）擦去作图线和不可见的线，描粗可见轮廓线，完成轴测图，结果如图5-7e所示。

（四）回转体正等轴测图的画法

1. 圆的正等轴测图（椭圆）的长、短轴方向及大小

画回转体正等轴测图的关键是掌握回转体上与坐标面平行的圆的轴测投影——椭圆的画法。当圆平行于不同坐标面时，其轴测投影椭圆的长、短轴的方向也不同，如图5-8所示。

平行于 XOY 面的圆的轴测投影（椭圆）长轴垂直于 Z_1 轴，短轴平行于 Z_1 轴。

平行于 XOZ 面的圆的轴测投影（椭圆）长轴垂直于 Y_1 轴，短轴平行于 Y_1 轴。

平行于 YOZ 面的圆的轴测投影（椭圆）长轴垂直于 X_1 轴，短轴平行于 X_1 轴。

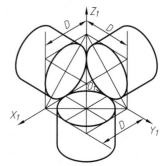

图5-8　正等轴测图上椭圆的
长、短轴方向

2. 圆柱的正等轴测图的画法

（1）四心圆法

圆的正等轴测图为椭圆，画椭圆时应首先确定椭圆长、短轴的方向，然后可以用四心圆法绘制椭圆。如图5-9所示，根据圆柱的主视图和俯视图，利用四心圆法绘制其轴测图，其步骤为：

① 建立直角坐标系，从图中可以看出，圆柱的上下端面平行于水平面，因此轴测投影椭圆的长轴垂直于 O_1Z_1 轴，可将坐标原点 O 置于上端面圆心处，如图5-9a所示。

② 画轴测图，过轴测轴原点 O_1 画线与 O_1Z_1 轴垂直，确定长轴的方向，如图5-9b所示。

③ 作图确定四段圆弧的四个圆心，将投影图上圆的半径截取到轴测轴上，得 A_1、B_1、C_1、D_1、O_2、O_3 六个点，其中 O_2、O_3 为两个大圆弧的圆心，将 O_2 与 C_1，O_3 与 A_1 相连，分别交长轴于 O_4、O_5 两个点，O_4、O_5 为小圆弧的两个圆心，如图5-9c所示。

④ 画四段圆弧。分别以 O_2、O_3 为圆心，O_2C_1 或 O_3A_1 为半径画两段大圆弧；分别以 O_4、O_5 为圆心，O_4C_1 或 O_5A_1 为半径画两段小圆弧，完成四心椭圆，如图5-9d所示。

⑤ 用同样方法画出圆柱下端面的椭圆，作两个椭圆的外公切线，画出轮廓线，如图5-9e

所示。

⑥ 擦去作图线，完成圆柱的轴测图，如图 5-9e 所示。

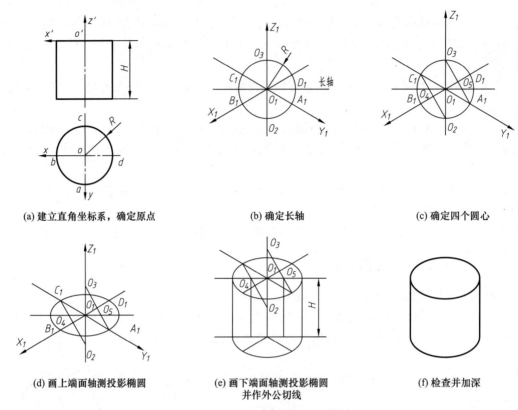

(a) 建立直角坐标系，确定原点　　(b) 确定长轴　　　　　(c) 确定四个圆心

(d) 画上端面轴测投影椭圆　　(e) 画下端面轴测投影椭圆　　(f) 检查并加深
　　　　　　　　　　　　　　　　并作外公切线

图 5-9　四心圆弧法绘制圆柱的正等轴测图

（2）比例画法

在正等轴测图中，椭圆的长轴等于圆的直径 d，短轴为 $0.58d$，因此，长、短轴长度之比近似等于 5:3。在徒手绘制椭圆时，可按此比例确定长、短轴长度，画法如图 5-10 所示。

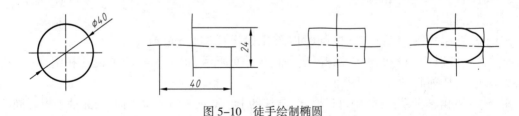

图 5-10　徒手绘制椭圆

利用比例画法绘制圆柱的正等轴测图的步骤如图 5-11 所示，一圆柱被一个水平面和两个侧平面切割，利用切割法及比例画法绘制其正等轴测图，步骤为：

① 在正面投影和水平投影上确定坐标原点及坐标轴，如图 5-11a 所示。

② 画轴测轴，做出完整圆柱的轴测图，根据尺寸 12 作出水平切割面所形成的轴测投影椭圆，如图 5-11b 所示。

③ 根据尺寸 10 作出两侧平切割面形成的两轴测投影矩形，如图 5-11c 所示。

④ 擦去多余线和不可见线，加粗全图，得到切割圆柱的正等轴测图，如图 5-11d 所示。

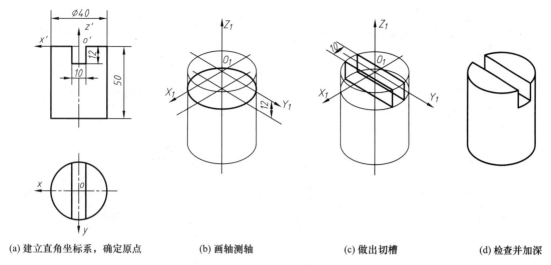

| (a) 建立直角坐标系，确定原点 | (b) 画轴测轴 | (c) 做出切槽 | (d) 检查并加深 |

图 5-11　利用比例画法绘制圆柱切割体的正等轴测图

（五）圆角、凸台、凹坑等结构正等轴测图的画法

1. 圆角的正等轴测图的画法

圆角的正等轴测图的画法如图 5-12 所示，其步骤为：

（1）在投影图上确定圆角的半径 R，如图 5-12a 所示。

（2）按长、宽、高画出长方体的正等轴测投影，将半径 R 量到对应的边上得到 A、B、C、D 四点，过 A、B、C、D 四点作所在边的垂线交出两个圆心 O_1、O_2。

（3）以 O_1 为圆心，O_1A 为半径画大圆弧至点 B；以 O_2 为圆心，O_2C 为半径画小圆弧至点 D，完成圆角的轴测图，如图 5-12b 所示。

（4）将圆心向下平移 H，画出底面圆角后，作两小圆角的公切线，擦去作图线，完成圆角的轴测图，如图 5-12c 所示。

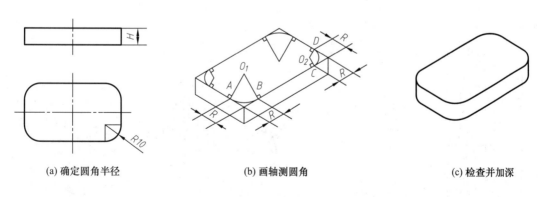

| (a) 确定圆角半径 | (b) 画轴测圆角 | (c) 检查并加深 |

图 5-12　圆角的正等轴测图

2. 凸台及凹坑的正等轴测图

凸台和凹坑的正等轴测图上都有两个平行而且大小相等的椭圆，两椭圆中心距离即为凸台的高度或凹坑的深度，如图 5-13a 所示。

113

3. 长圆孔的正等轴测图

长圆孔两端是两个半圆柱面,故其正等轴测图两端各为半个椭圆柱,如图 5-13b 所示。

4. 小圆角及过渡线的正等轴测图

小圆角的轴测投影可以徒手画出,但要注意趋势,平面之间、回转面之间和平面与回转面之间的小圆角过渡的轴测投影,可采用不到头的过渡线表示,也可画一系列弧线和细实线进行表达,如图 5-13c、d 所示。

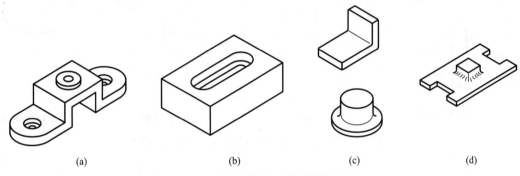

(a)　　　　　　(b)　　　　　　(c)　　　　　　(d)

图 5-13　其他结构的正等轴测图的画法

（六）相贯体的正等轴测图的画法

相贯体是由平面立体与曲面立体或曲面立体与曲面立体相交而形成的立体。这些立体相交后的各个基本形体的相贯线是各基本形体之间的分界线。

在画相贯体的正等轴测图时,对于没有相交的部分,根据立体的相对位置,按单个立体的画法画出,相交处可利用坐标法或辅助平面法作出立体表面的相贯线。图 5-14b、c 所示分别为用坐标法和辅助平面法求相贯线的正等轴测图。

利用辅助平面法可在轴测图中直接选取辅助平面,而无须与正投影图对应。为作图方便,辅助平面应平行于由两圆柱轴线所确定的平面。

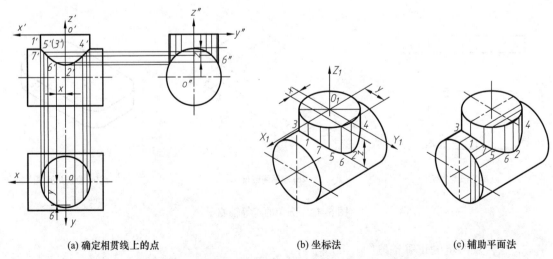

(a) 确定相贯线上的点　　　　　(b) 坐标法　　　　　(c) 辅助平面法

图 5-14　相贯体相贯线的正等轴测图的画法

114

第三节　斜二轴测图

一、斜二轴测图的轴间角及轴向伸缩系数

（一）轴间角

斜二轴测图的轴测投影面平行于一个直角坐标平面,因此平行于直角坐标平面的两个轴测轴间的轴间角为 90°,第三根轴测轴与其他两根轴测轴之间的角度为 135°（或 45°）和 225°,即 $\angle X_1O_1Z_1=90°$,$\angle X_1O_1Y_1=135°$,$\angle Y_1O_1Z_1=135°$（$=45°$）,如图 5-15 所示。

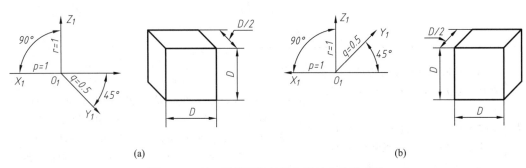

(a)   (b)

图 5-15　斜二轴测图的轴间角及轴向伸缩系数

（二）轴向伸缩系数

斜二轴测图的轴向伸缩系数为 $p=r=1$,$q=0.5$,如果绘制一个正立方体的斜二轴测图,沿着长、高方向尺寸按 1:1 度量,沿着宽度方向尺寸则按 0.5 倍度量。

二、斜二轴测图的画法

（一）平行于坐标面圆的斜二轴测图的画法

图 5-16 所示为平行于坐标面的圆的斜二轴测图。平行于 XOY 和 YOZ 坐标面的圆,其斜二轴测投影都是椭圆,且形状相同。椭圆长轴分别与 O_1X_1 轴和 O_1Z_1 轴倾斜 7° 左右。平行于 XOZ 坐标面的圆,其斜二轴测投影还是圆。表 5-1 列出了平行于 XOY 坐标面的圆的斜二轴测图的近似画法,平行于 ZOY 坐标面的圆的斜二轴测图的画法与表 5-1 中所述方法类似。

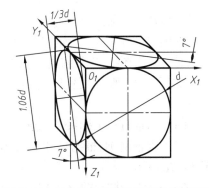

图 5-16　三个坐标面上的圆的斜二轴测图

表 5-1　平行于 XOY 坐标面的圆的斜二轴测图的近似画法

步骤	1. 定长、短轴方向和椭圆上的四个点	2. 定四段圆弧的圆心	3. 画大、小四段圆弧
作图	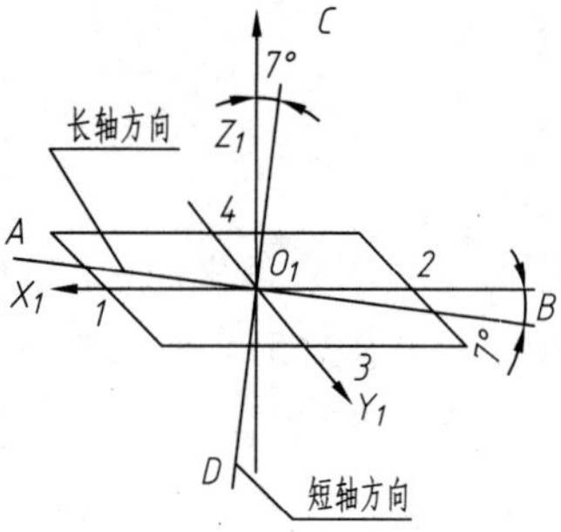	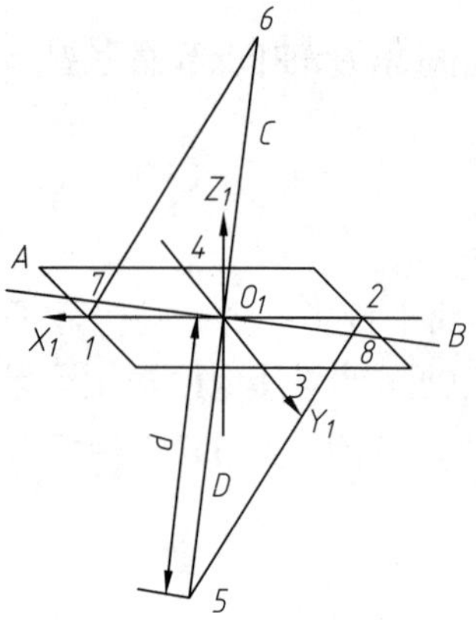	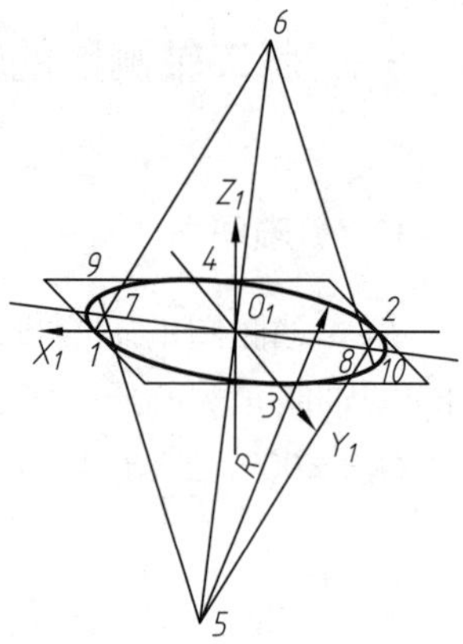
说明	（1）作圆的外切正方形的斜二轴测图,与 O_1X_1、O_1Y_1 相交得交点 1、2、3、4; （2）过点 O_1 作直线 AB 与 O_1X_1 轴成 7°,AB 所在方向即椭圆长轴方向; （3）作 $CD \perp AB$,CD 所在方向即椭圆短轴方向	（1）在短轴 CD 上取 $O_15=O_16=d$（圆直径）,5、6 即为大圆弧的圆心; （2）连接 5、2 和 6、1,与长轴 AB 交于 7、8,即 AB 为小圆弧圆心	（1）分别以点 5、6 为圆心,以 52 为半径画大圆弧; （2）分别以点 7、8 为圆心,以 71 为半径画小圆弧; （3）大、小圆弧交于 1、9、2、10。

（二）空间形体的斜二轴测图的画法

斜二轴测图的画法与正等轴测图的画法基本相同,也可采用坐标法和切割法等方法作图。由于斜二轴测图在 O_1Y_1 轴上的轴向伸缩系数为 0.5,因此画图时,对于在 OY 轴上或平行于 OY 轴的线段,取其长度的 $\frac{1}{2}$ 作出其斜二轴测投影,在 OX 轴、OZ 轴上或平行于这两轴的线段,取其实长作出斜二轴测投影。

在确定坐标轴和原点时,应把形状复杂的平面或圆放在与 XOZ 面平行的位置上。同时为减少不必要的作图线,应从前向后依次画出各部分结构,一些被挡住的线可省去不画。

如图 5-17 所示,已知一空心圆台的正面投影和水平投影,绘制其斜二轴测图的步骤如下:

（1）确定直角坐标系及原点位置,如图 5-17a 所示。

（2）画轴测轴,根据尺寸 y,在 OY 轴上截取 $y/2$ 长度,确定空心圆台后端面的圆心位置,如图 5-17b 所示。

（3）画空心圆台前、后端面圆,并画出两圆的公切线,然后画出内孔,如图 5-17c 所示。

（4）擦去多余线,描粗可见轮廓线,得到空心圆台的斜二轴测图,如图 5-17d 所示。

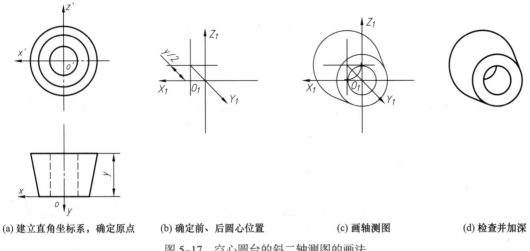

(a) 建立直角坐标系，确定原点　　(b) 确定前、后圆心位置　　(c) 画轴测图　　(d) 检查并加深

图 5-17　空心圆台的斜二轴测图的画法

第四节　轴测草图的绘制

轴测草图是通过徒手绘图完成的，徒手绘制轴测图的作图原理和过程与用绘图工具绘制轴测图的作图原理和过程基本相同。掌握轴测草图的绘制技能可形象、快速地表达设计思想，便于技术交流。

作为初学者，为了使徒手绘制的轴测图比例协调、图形正确，可将立体的三个投影面绘在有方格的网格纸上，然后在网格纸上徒手绘制轴测图，经过相应练习，掌握一定技巧后，便可在白纸上徒手绘制轴测图。

如图 5-18 所示，在网格纸上徒手绘制立体的斜二轴测图的步骤为：

（1）确定直角坐标系和坐标原点，如图 5-18a 所示。

（2）在网格纸上画出开槽底板的轴测图，如图 5-18b 所示。

（3）画出上端开孔拱形立板的轴测图，如图 5-18c 所示。

（4）擦去作图线，加深全图，得到手绘的立体的斜二轴测图，如图 5-18d 所示。

正等轴测图的徒手绘制过程和方法与之类似，不再赘述。

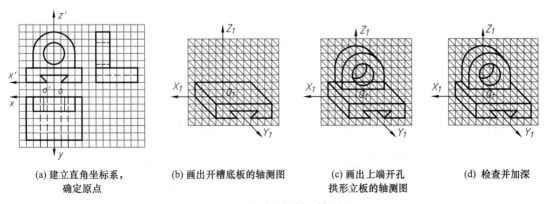

(a) 建立直角坐标系，　　(b) 画出开槽底板的轴测图　　(c) 画出上端开孔　　(d) 检查并加深
　　确定原点　　　　　　　　　　　　　　　　　　　　拱形立板的轴测图

图 5-18　徒手绘制斜二轴测图

第五节　轴测剖视图的画法

为了在轴测图上能同时表达机件的内、外结构形状,可假想用剖切平面将机件的一部分剖去,这种剖切后画出的轴测图称为轴测剖视图。有关剖视图的概念及其画法可参考本书第七章机件的表达方法。

一、剖切平面和剖切位置的确定

在轴测剖视图中,剖切平面应平行于坐标面,通常用平行于坐标面的两个互相垂直的平面来剖切立体,一般不采用全剖,而只剖切立体的 1/4 或 1/8,避免破坏立体的完整性。剖切平面一般应通过机件的对称平面或通过内部孔等结构的轴线。

二、剖面线的画法

（1）用剖切平面剖开机件时,在截断面上应画出剖面线,剖面线一律画成等距、平行的细实线,其方向如图 5-19 所示。

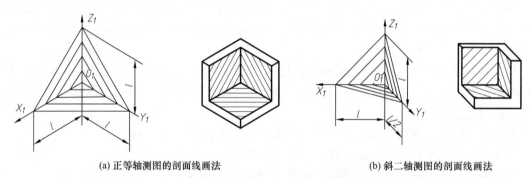

(a) 正等轴测图的剖面线画法　　　　　　(b) 斜二轴测图的剖面线画法

图 5-19　轴测剖视图的剖面线方向

（2）当剖切平面通过零件的肋或薄壁等结构的纵向对称平面时,这些结构都不画剖面符号,而用粗实线将其与邻接部分分开。在轴测图中表现不够清晰时,也允许在肋或薄壁部分用细点表示被剖切部分,如图 5-20 所示。

（3）在轴测图中表示零件中间折断或局部断裂时,断裂处的边界线应画成波浪线,并在可见断裂面内加画细点以代替剖面线,如图 5-21 所示。

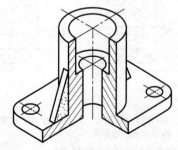

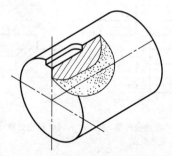

图 5-20　轴测剖视图中的肋板画法　　　　图 5-21　轴测剖视图中的折断画法

（4）在轴测装配图中,当剖切平面通过轴、销、螺栓等实心零件的轴线时,这些零件应按未剖切绘制。

三、轴测剖视图的画法

轴测剖视图通常有以下两种画法:

方法一:先画机件的完整轴测图,然后按所选定的剖切平面位置画出断面轮廓,将被剖去的部分擦掉,在截断面的轴测图上画出剖面线。图 5-22 所示正等轴测剖视图的作图步骤为:

（1）在视图上确定直角坐标系和坐标原点,如图 5-22a 所示。

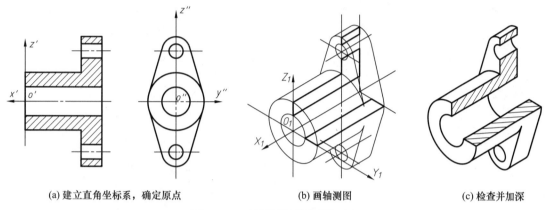

(a) 建立直角坐标系,确定原点　　(b) 画轴测图　　(c) 检查并加深

图 5-22　正等轴测剖视图的画法

（2）画出轴测轴,之后画出物体的完整轴测图,确定剖切平面位置,画出剖切后的截断面,如图 5-22b 所示。

（3）擦去被剖去的部分,在截断面上画出剖面线以及其他可见部分,描粗可见轮廓线,得到该物体的正等轴测剖视图,如图 5-22c 所示。

方法二:先画出截断面的轴测投影,然后画出内部、外部可见部分的轴测投影。该方法可减少不必要的作图线,其作图步骤为:

（1）在视图上确定直角坐标系和坐标原点,如图 5-23a 所示。

（2）画出轴测轴,之后画出截断面的轴测投影,如图 5-23b 所示。

（3）画全内、外部分的可见轮廓线,描粗,即得该物体的斜二轴测剖视图,如图 5-23c 所示。

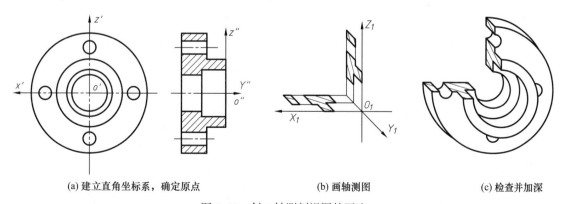

(a) 建立直角坐标系,确定原点　　(b) 画轴测图　　(c) 检查并加深

图 5-23　斜二轴测剖视图的画法

1. 轴间角与轴向伸缩系数之间的关系是什么?
2. 正等轴测图的轴间角和轴向伸缩系数分别是多少?
3. 斜二轴测图的轴间角和轴向伸缩系数分别是多少?
4. 轴测剖视图中,如何对一般的剖切立体进行表达?
5. 用网格纸画正等轴测草图的步骤是什么?

第六章 组合体的视图

对于任何机器零件,一般都可以将其看作是由一个或多个简单的平面立体、曲面立体经过一定的方式组合而成的组合体。本章在学习了第五章内容的基础上,进一步研究组合体三视图的投影特性、组合体画图和读图的基本方法,以及组合体的尺寸标注等问题。

第一节 三视图的形成及其特性

物体的空间结构与形状可由其视图准确、清晰地表达出来。

一、三视图的形成

在三投影面体系中,将物体向投影面投射所得到的图形统称为视图。如图 6-1a 所示,物体的正面投影称为主视图,水平投影称为俯视图,侧面投影称为左视图。

将图 6-1a 所得到的物体的三面投影图,按规定展开画在同一平面内,即得到物体的三视图。对于工程图样,视图主要用来表达物体的形状,没有必要表达物体与投影面之间的距离,因此不必画出投影轴和投影连线,通常视图间的距离也可根据图纸幅面、尺寸标注要求等因素来确定,如图 6-1b 所示。

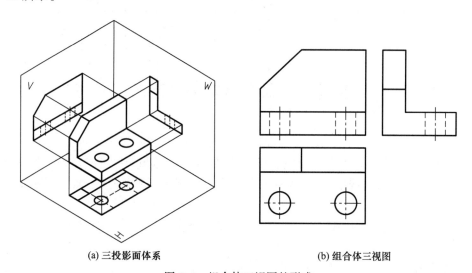

(a) 三投影面体系   (b) 组合体三视图

图 6-1 组合体三视图的形成

画组合体三视图时必须注意:
① 三个视图间的相互位置关系一般固定不变。
② 各视图之间的距离可根据需要适当调整。

121

二、三视图的投影特性

虽然画三视图时不必画出投影轴和投影连线,但三视图间仍应保持位置对应关系并满足投影规律。如图 6-1b 所示,三视图间的位置对应关系是:

① 主视图位于俯视图正上方。

② 左视图位于主视图的正右方。

按照这种位置配置视图时,国家标准规定一律不标注视图的名称。

对照图 6-1a 和图 6-2,还可以看出:

① 主视图反映物体上下、左右的位置关系,即反映物体的高度和长度。

② 俯视图反映物体左右、前后的位置关系,即反映物体的长度和宽度。

③ 左视图反映物体上下、前后的位置关系,即反映物体的高度和宽度。

由此得出三视图之间的投影规律为:

① 主视图与俯视图长对正。

② 主视图与左视图高平齐。

③ 俯视图与左视图宽相等,前后对应。

"长对正、高平齐、宽相等"是画图和读图必须遵循的最基本的投影规律。不仅整个物体的投影要符合这个规律,物体局部结构的投影亦必须符合这个规律。在应用这个投影规律作图时,要注意物体的上、下、左、右、前、后六个部位与视图的关系(图 6-2),如俯视图的下边和左视图的右边都反映物体的前面,俯视图的上边和左视图的左边都反映物体的后面;在俯、左视图上量取宽度时,不但要注意量取的起点,还要注意量取的方向。

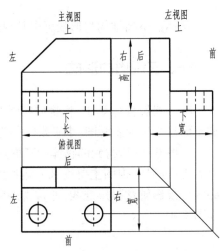

图 6-2　三视图位置对应关系和投影规律

第二节　组合体的组合方式

组合体是由基本立体(简称基本体)经过叠加或挖切形成的,如图 6-3a、b 所示。形成组合体的可能是一个完整的基本立体(如棱柱、棱锥、圆柱、圆锥、球等),也可能是一个不完整的基本立体或是几个基本立体的组合。图 6-4 所示为除了棱柱、棱锥、圆柱、圆锥、球等基本立体外的常见的一些基本立体。

为讨论组合体三视图的绘制方法,首先要分析组合体的空间结构形状及组合方式。

一、组合方式

组合体的构成方式可以分为叠加式、切割式和综合式三种。

图 6-3a 所示的组合体可以看成是由一端带有圆角的长方形底板、空心圆柱及弧形竖板叠加而成的。这种由两个及两个以上的形体组合形成的立体,一般认为是叠加式组合体。

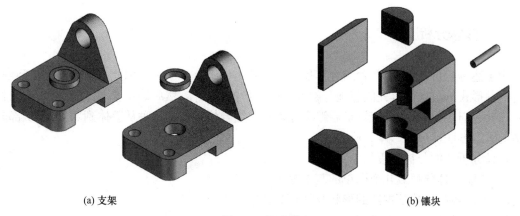

(a) 支架   (b) 镶块

图 6-3　组合体

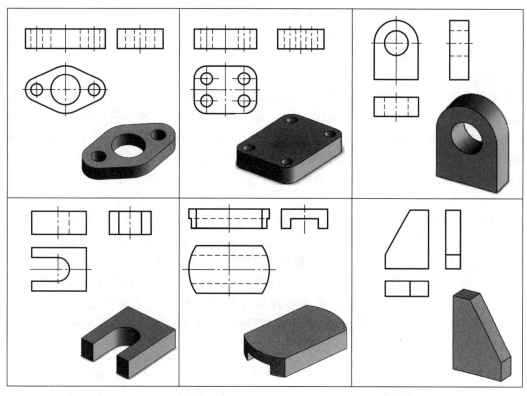

图 6-4　基本立体示例

图 6-3b 所示的组合体,可以看成是由一端为圆柱面的长方体经过逐步挖切而成的,属于切割式组合体。

而图 6-5 所示的组合体,可以看成是由底板、长方块和空心圆柱组合而成的,其中各形体又均属于切割体,因此,该组合体的形成为综合式。

在许多情况下,组合体的构成方式并无严格的界限,同一组合体既可以按叠加式进行分析,有时也可以按切割式或综合式去理解。

图 6-5　组合体综合组合形式

123

二、形体分析

由上述分析可以看出，一种组合体是由几个基本体组合形成的。因此为了便于分析问题，通常将这种形式的组合体首先假想地分解成一些简单的基本体，然后确定基本体的形状、空间相对位置以及它们之间的连接关系，最后综合起来构想组合体整体。这种从整体到部分，再从部分到整体的思维方法被称为形体分析法。

形体分析法的分析过程如下：
① 将组合体分解成几个简单的基本体。
② 确定各简单的基本体的形状及其相对位置。
③ 分析各基本体表面之间的连接关系。
④ 综合构想组合体整体。

对组合体进行形体分析时，需要确定各基本体之间的连接关系。在连接过程中这些基本体的形状和表面要发生变化，因此必须弄清相邻两基本体表面之间的连接关系。通常两基本体之间包括以下几种连接关系。

1. 相交

在多个基本体叠加组合时，两基本体表面相交。在图 6-6a 中，组合体由底板、直立空心圆柱、肋板、耳板及空心圆柱凸台组合而成。其中，底板与肋板表面、耳板的前后面与直立空心圆柱表面、肋板与直立空心圆柱表面、空心圆柱凸台与直立空心圆柱的表面都产生了交线。另外，两形体表面相交结合成一整体后，原形体的部分轮廓线自然消失。因此，在绘制具有交线的组合体的视图时，必须画出这些交线的投影，对消失的轮廓线不予画出，如图 6-6b 所示。

2. 相切

在两个基本体的组合过程中，两基本体表面有时存在光滑相切过渡。如图 6-6a 所示，底板的前、后面与直立空心圆柱的表面相切。在两个基本体结合的表面相切处，表面轮廓线消失。因此，在绘制组合体三视图时必须注意表面相切时轮廓线消失的问题。

在图 6-6b 中，底板的前、后面与直立空心圆柱表面相切，在水平投影上找出底板前、后面与直立空心圆柱面相切的准确位置；将底板顶面的正面和侧面具有积聚性的投影，利用"长对正""宽相等"的对应关系画到切点处；在正面和侧面投影图上两表面相切处不画线。

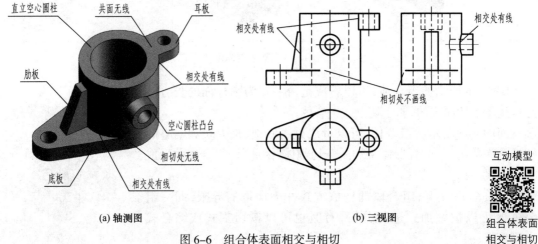

(a) 轴测图　　　　　　　(b) 三视图

互动模型

组合体表面
相交与相切

图 6-6　组合体表面相交与相切

3. 重合

在叠加形成组合体时,若两个基本体的表面处于同一平面上或部分表面重合,两表面的分界线便不存在,原基本体的部分轮廓线也会消失。

如图 6-6a 所示的组合体,直立空心圆柱的顶面与耳板的顶面共面,直立空心圆柱的底面与底板的底面也共面,分界轮廓线就消失了。

对组合体进行形体分析时,考虑到基本体在组合过程中的表面变化,作图时必须注意:

① 两个基本体表面相交时画出交线,相切光滑过渡时不画分界线。

② 两个基本体表面共面时,中间不画分界线。

三、线面分析

在有些组合体的形成过程中,当基本体被平面或曲面截切以后,在其外形上将出现一些新的表面和交线,确定这些表面和交线的形状和空间位置,是画好由截切所形成的组合体视图的关键。

图 6-7a 所示的组合体是由一个长方体左、右及前面分别被两个正垂面 P、Q,一个侧垂面 R 各截去三棱块,又被两个侧平面 T 及正平面 S 切去四棱块而形成的。平面 P(平面 Q)与长方体顶面,前、后端面及左(右)端面相交,截交线是四边形(在两个正垂面上);平面 R 产生的截交线是十边形(在侧垂面上);平面 P(平面 Q)与平面 R 相交,产生一条一般位置的交线 AB。其余交线可自行分析。

在图 6-7b 所示的三视图中,确切地表达出组合体上的线、面及其位置关系,这样可以将空间形状与平面图形进行对应分析,来完成它们之间的转换过程。

这种分析组合体表面上的线、面的形状和相对位置,进行空间与平面之间的投影转换的分析方法,就是线面分析法。因此,线面分析法的分析过程为:

① 确定形成组合体的原基本体的形状。

② 分析截平面的位置及截断面的形状。

③ 分析各表面间交线的位置及投影对应关系。

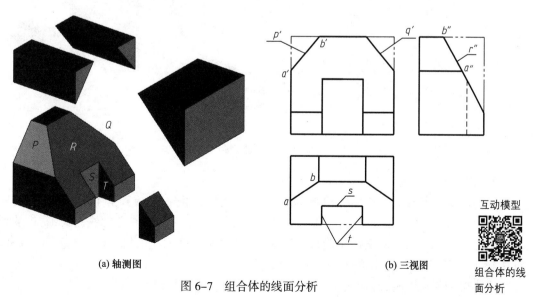

(a) 轴测图   （b) 三视图

图 6-7　组合体的线面分析

互动模型

组合体的线面分析

125

第三节　三视图的画法

画组合体的三视图,就是用主视图、俯视图及左视图三个平面图形表达出组合体的空间结构形状。

当组合体是由多个形体组合而成时,绘制组合体三视图的基本方法就是形体分析法,即按组合体的构成特点,将整体划分为部分,再由部分形成整体。画图时,必须将组合体的结构和表面接触关系正确地反映出来。

绘制由基本体被平面或曲面截切以后形成的组合体时,必须采用线面分析法。作图时,先确定构成组合体的原基本体的形状,然后分析组合体表面上的线、面的形状和相对位置,进行空间与平面之间的投影转换。

现以图 6-8a 所示的组合体(支架)为例,说明画三视图的方法与步骤。

一、形体分析

1. 组合体的构成

图 6-8b 为支架分解图。可假想地将该组合体拆分成 5 个基本体,即直立空心圆柱底板、肋板、耳板(搭子)、水平空心圆柱凸台。可将 5 个基本体逐个画出,从而画出支架三视图。

2. 形状及位置

组成支架的 5 个基本体为:直立空心圆柱居中,左下方是两端分别为内、外圆柱面的底板;三棱柱肋板位于底板之上,直立空心圆柱之左;直立空心圆柱的前端是水平空心圆柱凸台,右上端是搭子。5 个基本体位置分左、中、右分别排开,其形状及相对位置如图 6-8b 所示。

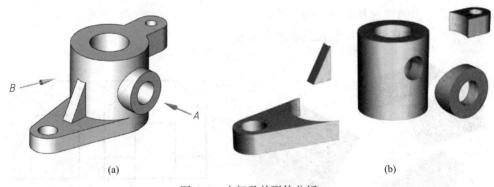

(a)　　　　　　　　　　　　　　　　　　　(b)

图 6-8　支架及其形体分析

3. 组合方式

底板的侧面与直立空心圆柱相切,肋板与底板是叠加组合,肋板和搭子均与直立空心圆柱相交而产生交线,搭子的顶面与直立空心圆柱的顶面共面,二者的分界轮廓线消失,肋板的斜面与直立空心圆柱相交产生的交线是曲线(椭圆的一小部分),水平空心圆柱凸台与直立空心圆柱垂直相交,两孔穿通,产生两圆柱正交的相贯线。

画支架的三视图时,必须注意前面所述的各种组合形式的投影特征。

二、视图选择

在画组合体的视图时,主视图是最主要的视图,选择主视图的投射方向是很重要的。主视图的投射方向确定以后,其他视图的投射方向及各视图间的相互位置也就确定了。如图 6-8a 所示,对于支架的主视图投射方向有 A、B 向及其反方向共四种投射方向可供选择,相应的主视图见图 6-9a~d。

选择主视图时,应遵循下列基本原则:

1. 自然位置安放

选择主视图时,通常将组合体放正,即使物体的主要平面(或轴线)平行或垂直于投影面。如图 6-8 所示的支架,通常使直立空心圆柱的轴线为铅垂位置,并使肋板、底板、搭子的对称平面平行于投影面。

2. 反映形状特征

一般选取最能反映组合体中各个基本体结构形状特征、相对位置关系的视图作为主视图。显然,选取图 6-9a 或图 6-9b 作为主视图较好,组成该支架的各形体及它们间的相对位置关系在此两个视图中表达得最清晰,因而最能反映该支架的结构形状特征。如选取图 6-9c 或图 6-9d 作为主视图,底板、肋板、直立空心圆柱的投影部分重合,且不能反映三者的形状特征及相互位置关系,故应选图 6-9a 或图 6-9b 作为主视图。

3. 视图中细虚线最少

选择主视图时,应考虑尽量使主视图和其他视图有较多的可见部分,使细虚线最少。若采用图 6-9b 作为主视图,则主视图中水平空心圆柱凸台的投影为细虚线,左视图中肋板与底板的投影也将全部变成细虚线,采用图 6-9a 作为主视图,三个视图中的细虚线则明显少。

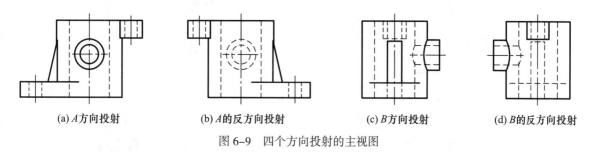

(a) A方向投射　　　(b) A的反方向投射　　　(c) B方向投射　　　(d) B的反方向投射

图 6-9　四个方向投射的主视图

根据以上分析对比,应选择图 6-9a 作为支架的主视图。当主视图选择好以后,俯视图和左视图的投射方向也就确定了。所以,选择主视图时需要做到:自然位置安放,明显反映形状特征,三个视图中的细虚线最少,图面布置匀称。

三、画图步骤

1. 选图幅和比例

根据支架的尺寸大小和复杂程度,先选定适当的比例,大致算出三个视图所占图面的大小,包括视图间的适当间隔,然后选定标准图幅并绘制边框和标题栏。

2. 合理布置视图

布置视图应力求图面匀称,视图之间的距离恰当,各视图既不过于集中,也不过于分散。构思好视图的位置之后,先画出各视图的定位线,一般以对称中心线、轴线、底面和端面作为定位线,也称基准线。

3. 分部分画视图

为保证图面整洁,又便于修改,先用细实线画出底稿,画图时应该注意:

① 先画组合体的主要或较大基本体的主要结构轮廓,后画细节部分。

② 尽量将各形体的三个视图按投影规律联系起来同时画出。

③ 对于投影为圆或多边形的形体,应先从反映实形的视图画起。

④ 对于被切割后形成的表面,一般先从具有积聚性的视图开始画起。

4. 检查、加深

当画好三视图的底稿后,必须对各基本体的形状和位置进行检查,并应注意各形体表面间的接触情况和图线的变化情况。当确定无误后,再按标准图线的宽度加深各视图。具体作图步骤如图 6-10 所示。

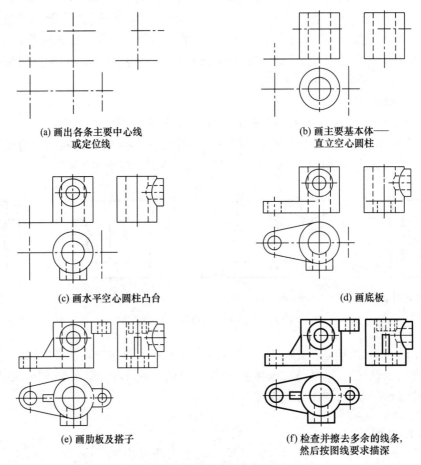

(a) 画出各条主要中心线
或定位线

(b) 画主要基本体——
直立空心圆柱

(c) 画水平空心圆柱凸台

(d) 画底板

(e) 画肋板及搭子

(f) 检查并擦去多余的线条,
然后按图线要求描深

图 6-10　支架三视图作图步骤

四、画图举例

【例 6-1】画出图 6-11 所示组合体的三视图。

128

1. 线面分析

（1）确定原基本体的形状

图 6-11 所示的组合体可认为是由长方体经过多次切割而形成的。

（2）分析截面的位置及形状

正垂面 P、Q 切去了长方体的左上角和右上角；侧垂面 R 切去了长方体的前上角；正平面 S 和两个侧平面 T 切出了四棱柱块。当各截面切割基本体后，形成了不同形状的新平面。正垂面 P 和 Q 均为四边形，侧垂面 R 为十边形，正平面 S 和两个侧平面 T 均为四边形。

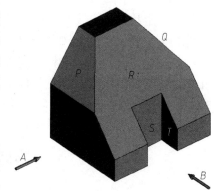

图 6-11　切割形成的组合体

（3）确定立体表面间的交线

在新平面的组合中，正垂面 P、Q 与侧垂面 R 相交，各产生一条一般位置直线，正平面 S 与侧垂面 R 交出一条侧垂线，正平面 S 与两个侧平面 T 交出两条铅垂线，两个侧平面 T 与侧垂面 R 交出两条侧平线。

2. 视图选择

通过对组合体进行分析，由图 6-11 可见，选择 B 向作为主视图投射方向能够很好地反映多个截面的位置及整个组合体的形状，满足选择主视图的基本原则；而采用 A 方向作为主视图投射方向则不能很好地反映截面 R、S 和 T 的位置或形状，且主视图中有细虚线产生。

3. 画三视图

下面给出绘制图 6-11 所示组合体三视图的方法与步骤（图 6-12）。

（1）画出原长方体的三视图，如图 6-12a 所示。

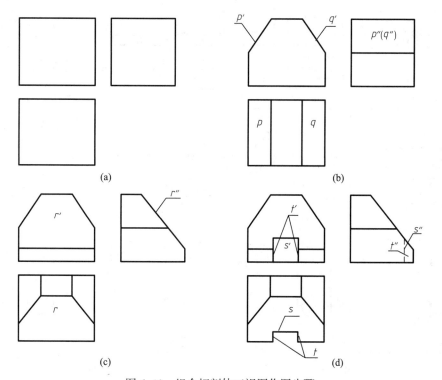

图 6-12　组合切割体三视图作图步骤

互动模型

组合切割体
三视图

129

（2）画出长方体被正垂面 P 和正垂面 Q 切去左、右上角而产生的交线。其中与长方体上顶面的交线为正垂线，与左、右端面的交线也为正垂线，与前端面的交线为正平线，如图 6-12b 所示。

（3）画出侧垂面 R 与长方体表面以及与正垂面 P 和正垂面 Q 之间的交线。其中侧垂面 R 与长方体上顶面的交线为侧垂线，与左、右端面的交线为侧平线，与正垂面 P 和正垂面 Q 之间的交线均为一般位置直线，如图 6-12c 所示。

（4）作出正平面 S 和两个侧平面 T 之间以及与长方体表面、侧垂面 R 之间的交线。其中正平面 S 与长方体底面及侧垂面 R 之间的交线均为侧垂线，与两个侧平面 T 之间的交线为铅垂线；两个侧平面 T 与侧垂面 R 之间的交线为侧平线，如图 6-12d 所示。

第四节　读组合体的视图

读图就是运用正投影原理，根据组合体的三视图，想象出它的空间形状和结构。画图与读图是两个不同的图物转换过程。为了正确迅速地读懂视图，必须掌握读图的基本方法。

一、构思空间形体

1. 掌握常见组合体的投影特点

构成组合体的往往是被挖切后的基本体，然后将它们叠加成为组合体，如图 6-13 所示。掌握常见组合体的投影特点，对于学好组合体读图方法很有必要。

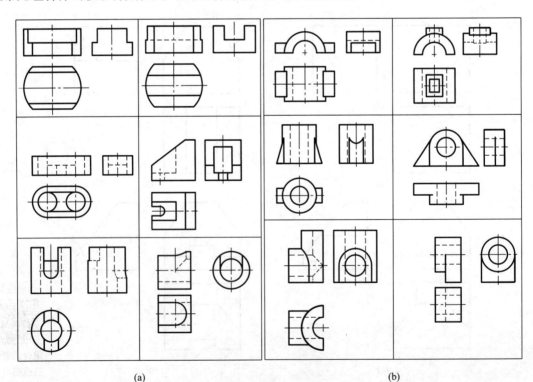

(a)   (b)

图 6-13　常见组合体的特点

2. 几个视图联系起来阅读

通常一个视图只能表示组合体一个侧面的形状,不能表达其全貌。因此,读组合体的视图时,应从主视图入手,将几个视图联系起来读,才能正确地确定组合体的形状和结构。

图 6-14a ~ d 中给出四组视图,它们的主视图均相同,图 a、b 的左视图也相同,图 a、c 的俯视图也相同,但它们却是四种不同形状物体的投影。因此,读图时必须将几个视图结合起来,互相对照,同时进行分析,这样才能正确地想象出该物体的形状。

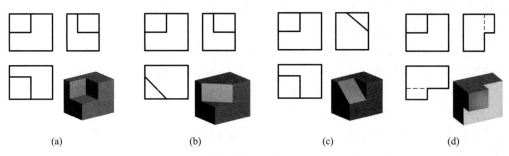

图 6-14　几个视图联系起来阅读后才能确定物体的形状

3. 弄清图线及线框的含义

组合体的三维几何形状是通过每一个视图上的二维图线、线框来表达的。阅读组合体的视图时,首先应明确视图中图线及线框的含义。

(1)组合体视图中的每一个封闭线框,代表的可能是平面或曲面或孔洞的投影;相邻的两个封闭线框则代表着相交的两个面的投影,或有上下、左右、前后位置关系的两个分离面的投影。

图 6-15a 所示的组合体视图,线框 A、D 表示的是曲面的投影,而 B 和 C 表示的是平面的投影;在图 6-15b 中,相邻的线框则表示有上、下或左、右或前、后位置关系的两个面的投影;在图 6-15c、d 所示主视图中,相邻的线框是相交的两个面的投影。

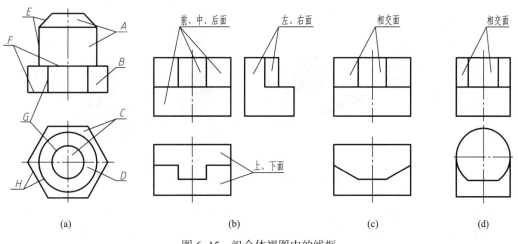

图 6-15　组合体视图中的线框

(2)视图中的每一条图线,可以代表一条交线或代表一个面的投影,通常分以下三种情况:

① 两个平面或曲面相交线的投影。
② 平面或曲面具有积聚性的投影。
③ 回转体转向轮廓线的投影。

如图 6–15a 所示，E 表示曲面转向轮廓线的投影；F 和 H 表示平面或曲面积聚性的投影；而 G 表示平面与平面或平面与曲面交线的投影。

4. 分析视图，抓住特征

分析视图，就是弄清组合体视图中图线和线框含义，以主视图为主，将几个视图结合起来阅读，利用投影规律找出各视图之间图线和线框的对应关系，注意图线、线框所表示的平面及曲面的投影特点。

围成组合体表面的投影面平行面的视图投影特点如下（图 6–15b）：

① 一个视图中的投影反映实形。

② 另外两个视图中的投影则积聚成与投影轴平行的线。

围成组合体表面的投影面垂直面的视图投影特点如下（图 6–15c）：

① 一个视图中的投影积聚成与投影轴倾斜的线段。

② 另外两个视图中的投影为空间平面图形的类似形。

另外还需要注意围成组合体表面的一般位置平面以及回转曲面的三视图的投影特性及视图间的对应关系。

抓住特征，就是利用投影规律首先找到反映组合体形状特征以及各基本体相互位置特征的视图。对于由基本体经截切后形成的组合体，需要找出截切面的位置以及截断面的投影；而对于由基本体组合形成的组合体，需要找出反映每个基本体形状特征的投影及位置特征的投影，最终构思组合体的空间整体形状。

（1）形状特征分析

图 6–16a 所示为一组合体的三视图。首先根据主视图可想象出该物体是由左边水平放置的基本体和右边竖直放置的基本体组合而成的一个反 "L" 形物体，这两个基本体的相互位置关系见图 b，而其形状特征则分别由俯视图和左视图反映出来，参见图 c 和图 d。经过这样的形状特征构思与位置分析，就可完整地想象出该物体的形状。

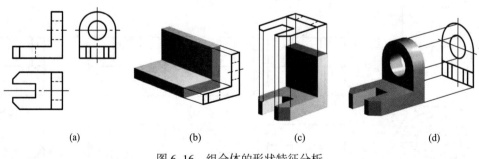

(a)　　　　　(b)　　　　　(c)　　　　　(d)

图 6–16　组合体的形状特征分析

又如图 6–17 所示的 4 个组合体，它们的主视图和俯视图相同，但左视图不同，分别对应于不同的物体，因此左视图反映了四个物体的形状特征。

（2）位置特征分析

在图 6–18a 中给出了组合体的主视图和俯视图。其主视图是反映形状特征较明显的视图，但仅由这两个视图并不能确定上、下两部分的凸、凹特性，可对应图 6–18b、c 所示的两个不同的组合体。若给出左视图，则很容易确定上、下两部分几何形体的结构形状（图 6–18d、e）。这是因为左视图更清楚地反映了上、下两部分的相对位置关系，即最能反映位置特征。

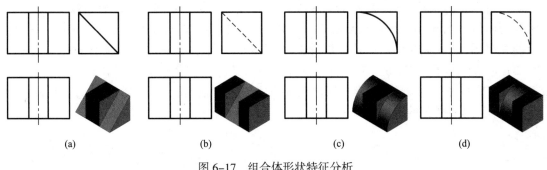

图 6-17　组合体形状特征分析

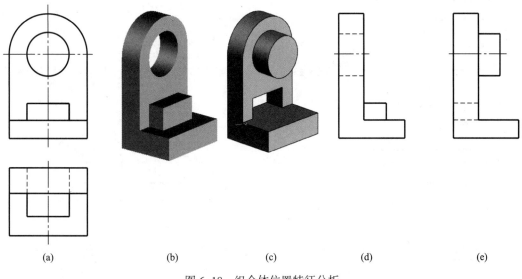

图 6-18　组合体位置特征分析

二、读图的基本方法

1. 形体分析法

对于由几个基本体组合而成的组合体,其画图和读图主要采用形体分析法。画图时将组合体进行形体分解,而读图则是将一个视图按照由轮廓线构成的封闭线框分割成几个平面图形,它们就是各基本体(或其表面)的投影;然后按照投影规律找出它们在其他视图上对应的图形,从而想象出各基本体的形状;同时根据图形特点分析出各基本体的相对位置及组合方式,最后综合想象出整体形状。利用形体分析法读组合体视图的步骤如下:

① 分析视图,划分线框。

② 对照投影,构想形体。

③ 确定位置,想出整体。

图 6-19 所示为一支座的主、俯视图。图 6-20 表示读图与补画三视图的分析过程。

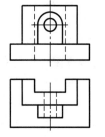

图 6-19　支座的主、俯视图

首先结合主、俯视图的线框分割大致可看出它由三个部分组成。然后分析每一部分所对应的几何形体。图 6-20a 表示该支座的下部为一长方板,根据其高度和宽度可先补画出该长方板的左视图;图 6-20b 表示在长方板的上、后方的另一个长方块的投影及补画出的左视图;图 6-20c 表示在上部长方块前方的一个顶部为半圆形的凸块的投影及补画出的左视图。最后分析三个几何形体之间的位置及组合关系。图 6-20d 所示为将以上三个形体组合,并在后部开槽,在凸块中间穿孔后得到的完整支座三视图。

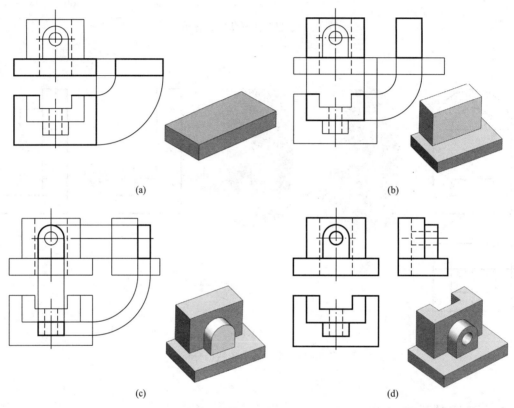

(a)　　　　　　　　　　　　　　　　(b)

(c)　　　　　　　　　　　　　　　　(d)

图 6-20　支座的读图及补图分析——形体分析法

　　图 6-21 所示为一轴承座的三视图,它的形状较复杂,必须结合其三个视图才能读懂。

　　从主视图上进行线框分割,大致可看出它由四个部分所组成。图 6-22 中分别表示轴承座四个组成部分的读图分析过程。

　　图 6-22a 表示其下部底板的三视图。它是一个左端带圆角的长方形板,底部开槽,槽中有一个半圆形搭子,中间有一个圆孔;板的左边还开有一个长圆形孔。

　　图 6-22b 表示其右上方空心圆柱的三视图,从俯、左视图可看出它偏置在底板的后方。

　　图 6-22c 表示在底板和空心圆柱之间加进的一个竖板的三视图,由于它们结合成一个整体,在图中用箭头表明了连接处原有线条的消失以及相切和相交处的画法与投影关系。

　　图 6-22d 表示在空心圆柱、竖板和底板间增加的一块肋板的

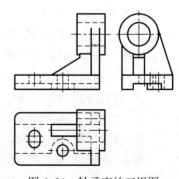

图 6-21　轴承座的三视图

三视图,图中也用箭头表明了连接成整体后原有线段的消失以及肋板与空心圆柱间产生的交线的投影。

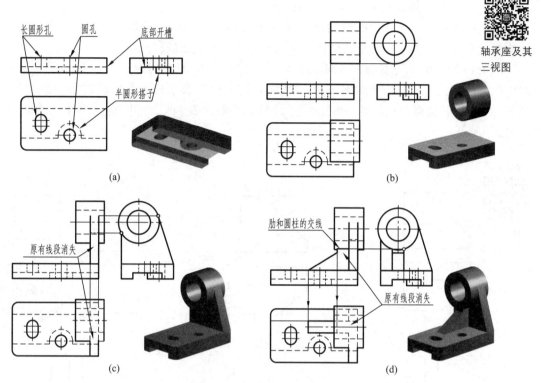

图 6-22　轴承座的读图分析——形体分析法

按以上步骤逐个分析各形体的形状及相对位置,最后就能想象出轴承座的整体形状。

2. 线面分析法

对于切割而成或者比较复杂的组合体,通常在运用形体分析法的基础上,还要根据视图上的图线和线框,分析所表达的线、面空间形状和位置,以想象立体形状,这种方法称为线面分析法。利用线面分析法读组合体视图的一般步骤为:

① 分析截面,想象原形。

② 对照线面,构想形体。

③ 综合线面,想出整体。

【例 6-2】线面分析法应用实例一。

现以图 6-23 所示的组合体主、俯视图,求作左视图为例,说明利用线面分析法进行读图的方法与步骤。

（1）分析截面,想象原形

如图 6-24a 所示,先假想把各视图中的缺口补全,将其构想成一个完整的长方体。

（2）对照线面,构想形体

按投影对应关系,将俯视图划分成 a、b、e 三个封闭的线框和 c、d、f 三条图线,分别与主视图上的 a'、b'、e'、c'、d' 和 f' 对应,如图 6-24b 所示。线框 b 及图线 b'、线框 c' 和图线 c 表明立体分别被一正垂面及一铅

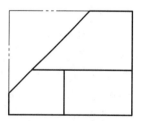
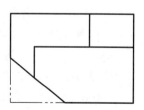

图 6-23　求作左视图

135

垂面截切；从主、俯视图来看，线框 a、e 所代表的表面为具有上下和前后位置关系的两个水平面，而线框 f'、d' 所代表的表面为具有上下和前后位置关系的两个正平面。综合以上信息可知，线框 a、e 和 f'、d' 说明立体分别被一水平面和正平面截切。

按截口找到每一个截面的两面投影以后，再根据平面的投影特性想象出每一个表面对投影面的相对位置及形状。一般先从具有积聚性投影的特殊线面进行分析。

如图 6-24c 所示，立体被一正垂面截切形成截断面 B，俯视图为其类似形，利用投影对应关系作出其左视图；对于截断面 F、E 及截断面 C 的分析以及求作左视图的过程与此类似，分别见图 6-24d、e。值得注意的是，截断面之间（例如截断面 B 和 C 之间）也有交线，作图时应一并求出。

互动模型

线面分析模型及其三视图

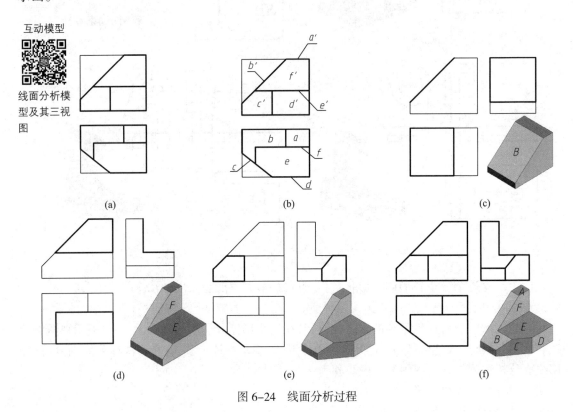

图 6-24　线面分析过程

（3）综合线面，想出整体

想象出每一个表面的形状后，再核对各线面的上下、左右及前后位置关系，最后把这些综合起来就可以想象出立体的整体形状。即长方体先后被正垂面、水平面、正平面和铅垂面截切，从而形成组合体，如图 6-24f 所示。

【例 6-3】线面分析法应用实例二。

【例 6-2】给出了利用线面分析法，分析组合体被截切后截切面的形成以及作图过程。对于图 6-23 所示实例，也可在线面分析法的基础上，利用表面组装法求作其左视图。与图 6-24 不同的是，该方法的思路为：找出组合体已有的所有表面，利用投影对应关系作出这些表面的侧面投影，图 6-25 为其作图过程。

图 6-25a 所示为原图；图 6-25b 所示是将组合体俯视图划分成 a、b、e 三个封闭的线框和 c、d、f 三条图线，对应主视图中的 a'、b'、e'、c'、d'、f'，分别对应于组合体的 6 个表面；图 6-25c

和 d 作出了线框 b 和线框 c' 所对应表面的侧面投影;通过分析图 6-25e 所示的图线 g 和 g',可以补画出作为侧平面的左端面的侧面投影;对于线框 a、e、d'、f' 对应表面的分析及作图,可参见图 6-25f。

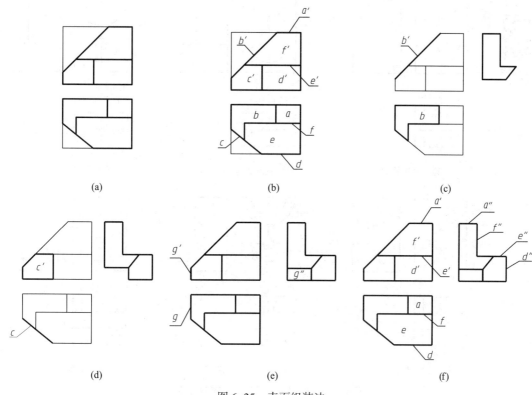

图 6-25　表面组装法

【例 6-4】线面分析法应用实例三。

由图 6-26a 所示架体的主、俯视图,想象整体形状,并补画左视图。

如前所述,视图中的封闭线框代表物体上一个表面的投影,而相邻的或叠合的线框则代表相交的两个表面,或者是具有上下、左右或前后位置关系的平行的两个面的投影。在一个视图中要确定面与面之间的位置关系,需要结合其他视图进行分析。

在图 6-26b 中,主视图中有三个封闭线框 a'、b'、c',对照俯视图,这三个线框所表示的面在俯视图中可能分别对应 a、b、c 三条水平线。如何判断前后对应位置呢?下面给出具体分析过程。

按投影关系对照主、俯视图可知,这个架体主要分成前、中、后三层:前层和后层都被切割掉一块直径较小的半圆板,中层被切割掉一块直径较大的半圆板;另外在中层和后层有一个圆柱形通孔。由于切割掉半圆板后形成的半圆柱槽的主视图和俯视图都可见,所

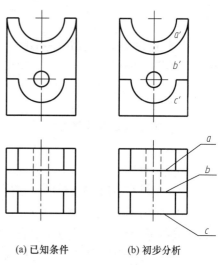

(a) 已知条件　　(b) 初步分析

图 6-26　由主、俯视图补画左视图

137

以必定是具有较低、较小半径槽的层位于最前面,而具有最高、较小半径槽的层位于最后面,于是就可以想象出这个架体的整体形状,并逐步补画出左视图,如图 6-27 所示。

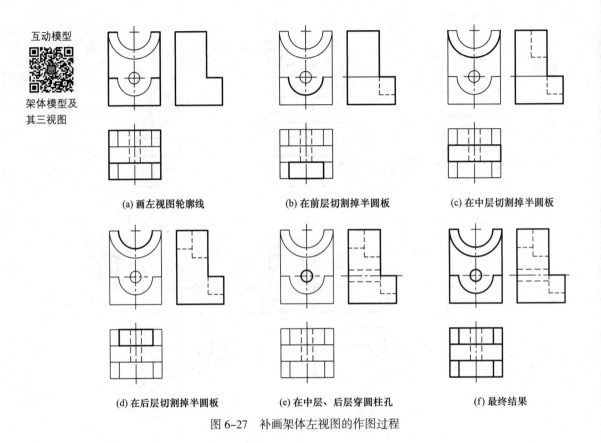

互动模型

架体模型及
其三视图

(a) 画左视图轮廓线　　　(b) 在前层切割掉半圆板　　　(c) 在中层切割掉半圆板

(d) 在后层切割掉半圆板　　　(e) 在中层、后层穿圆柱孔　　　(f) 最终结果

图 6-27　补画架体左视图的作图过程

第五节　组合体的尺寸标注

视图主要用来表达物体的形状,物体的真实大小则是根据图上所标注的尺寸来确定的,之后也是按照图上的尺寸来进行加工制造。因此,标注组合体的尺寸,是准确表达组合体大小的重要组成部分。

一、尺寸标注的要求

国家标准对尺寸标注的要求和方法有明确的规定,标注组合体尺寸时应做到以下几点:
(1)尺寸标注要符合标准　所注尺寸应符合国家标准中有关尺寸注法的规定。
(2)尺寸标注要完整　所注尺寸必须能把组成物体的各形体大小及相对位置完全确定下来,不允许遗漏尺寸,一般也不要有重复尺寸。
(3)尺寸安排要清晰　尺寸的安排应恰当,以便于读图、寻找尺寸和使图面清晰。

二、基本体的尺寸标注

1. 基本体的尺寸

图 6-28 表示 3 个常见的平面体的尺寸注法,如对长方体必须标注其长、宽、高三个尺寸(图 6-28a);对正六棱柱应标注其高度及正六边形的对边距离(图 6-28b);对四棱锥台应标注其上、下端面的长、宽及锥台高度(图 6-28c)。

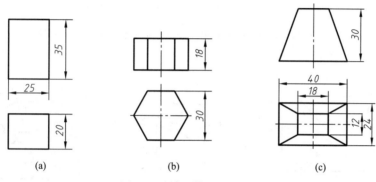

图 6-28　平面体的尺寸注法

图 6-29 表示 4 个常见的回转体的尺寸注法,如对圆柱应标注其直径及轴向长度(图 6-29a);对圆台应标注两端面圆的直径及轴向长度(图 6-29b);对球只需标注一个直径(图 6-29c);对圆环只需标注两个尺寸,即母线圆及中心圆的直径(图 6-29d)。

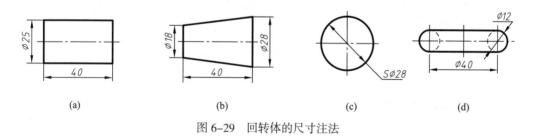

图 6-29　回转体的尺寸注法

2. 切割体的尺寸

当基本体被切割、开槽及与其他形体相贯时,除标注出基本体的尺寸外,对切割与开槽后的基本体,还应标注出截平面的位置尺寸,但不可标注交线尺寸;对相贯的两回转体,应以其轴线为基准标注两形体的相对位置尺寸(图 6-30),其相贯线是自然形成的,不应对相贯线标注尺寸。如图 6-30 所示,在尺寸线上画有"×"的 4 个尺寸均不应注出。

3. 板形体的尺寸

板形体是组合体上的常见形体,典型的板形体及其尺寸注法如图 6-31 所示(未给出反映板厚尺寸的视图及相应的厚度尺寸)。

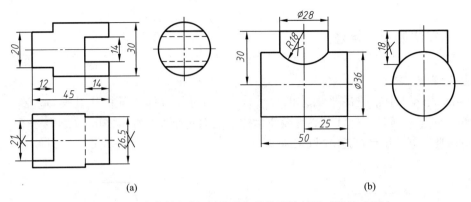

(a)   (b)

图 6-30   基本体被切割、开槽及与其他形体相贯时的尺寸注法

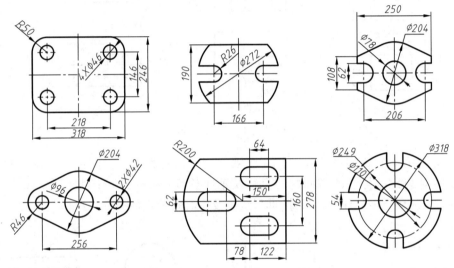

图 6-31   典型的板形体及其尺寸标注

三、组合体的尺寸标注

标注组合体尺寸的基本方法同样是形体分析法。首先根据形体分析法将组合体分解为若干基本体,然后确定尺寸基准;再注出表示各个基本体大小的尺寸以及确定这些基本体间相对位置的尺寸,前者称为定形尺寸,后者称为定位尺寸;最后标注出组合体的整体尺寸。按照这样的方法标注尺寸,较易做到既不遗漏尺寸,也不会无目的地重复标注尺寸。

现以图 6-8a 所示的支架为例说明组合体尺寸标注的步骤。

1. 形体分析

图 6-8 所示的支架由五部分组成,组合后立体表面出现了相交、相切和共面等情况,具体的形体分析参见图 6-8b。

2. 选择尺寸基准

选择尺寸基准就是确定尺寸标注的起始点,对尺寸基准一般有如下要求:

① 在组合体的长、宽、高方向上至少应有一个主要尺寸基准。

② 通常选用主要回转体的轴线、主要基本体的对称面、底面、重要端面等作为主要尺寸

140

基准。

③ 一般都以回转体的轴线作为定形尺寸及定位尺寸的基准。

对于图 6-32 所示的支架,其长、宽、高三个方向上的主要尺寸基准分别为:通过直立空心圆柱轴线的侧平面、通过直立空心圆柱轴线的正平面以及底板底面。

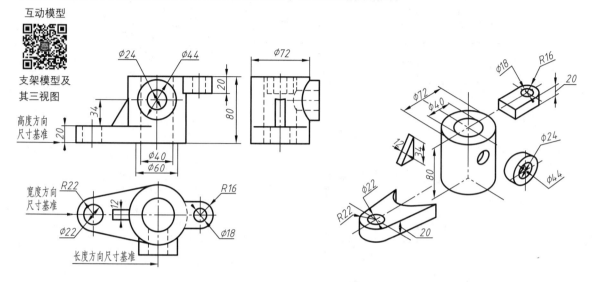

图 6-32　支架的定形尺寸分析

3. 逐个标出各形体的定形尺寸

将支架分析成五个基本体后,分别注出其定形尺寸。在一般情况下,每个基本体的定形尺寸只有少数几个(如 2~4 个),因而比较容易考虑,如直立空心圆柱的定形尺寸 $\phi72$、$\phi40$、80,底板的定形尺寸 $R22$、$\phi22$、20 等。这些尺寸标注在哪个视图上要根据具体情况而定,如直立空心圆柱的尺寸 $\phi40$ 和 80 可标注在主视图上,但在主视图上标注 $\phi72$ 比较困难,故将它标注在左视图上。底板的尺寸 $R22$、$\phi22$ 标注在俯视图上最为适宜,而高度尺寸 20 只能标注在主视图上。其余各基本体的定形尺寸请读者自行分析。

4. 标注出确定各形体之间相对位置的定位尺寸

图 6-33 表示了各形体之间的 5 个定位尺寸,如直立空心圆柱与底板孔、肋板、搭子(耳板)孔之间在长度方向的定位尺寸 80、56、52,水平空心圆柱凸台与直立空心圆柱在高度方向的定位尺寸 28 以及宽度方向的定位尺寸 48。一般来说,两形体之间在长度、高度、宽度方向均应考虑是否有定位尺寸。但当形体之间为简单结合(如肋板与底板上下结合)或具有公共对称面(如直立空心圆柱与水平空心圆柱凸台在长度方向对称)时,在这些方向就不再需要标注定位尺寸。

通过以上分析,将图 6-32 和图 6-33 上的尺寸综合起来,就可将支架上所必需的全部尺寸标注完整。

5. 标注出组合体的总体尺寸

为了表示组合体外形的总长、总宽、总高,一般应标注出相应的总体尺寸。按上述分析,尺寸虽然已经标注完整,但考虑总体尺寸后,为了避免重复标注,还应作适当的调整。有时当物体的端部为同轴线的圆柱和圆孔(如底板的左端;搭子的右端等的形状),则有了定位尺寸后,一般就不再注其总体尺寸。如在图 6-34 中标注了定位尺寸 80 和 52,以及圆弧半径 $R22$ 和 $R16$ 后,就不用标注总长尺寸。

141

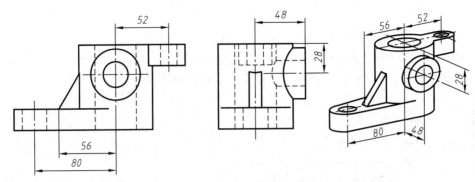

图 6-33　支架的定位尺寸分析

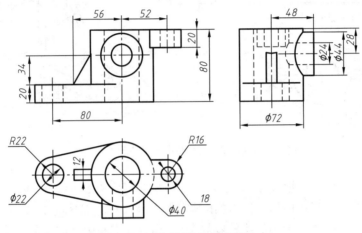

图 6-34　经过调整后的支架尺寸

6. 适当调整尺寸标注位置

标注组合体尺寸时还要考虑各组成部分尺寸的集中标注以及尺寸标注的便捷性等问题。为此,如图 6-34 所示,可将支架的直立空心圆柱和扁平空心圆柱的部分定形尺寸 $\phi60$、$\phi72$ 标注在左视图上;将水平空心圆柱的定形尺寸 $\phi24$、$\phi44$ 以及定位尺寸 48 也集中标注在左视图中。

四、尺寸的布置

组合体的尺寸标注,在满足基本要求的前提下,应灵活掌握、合理布置、力求清晰。为使尺寸标注整齐、清晰,标注组合体的尺寸时应该注意以下几点:

① 同一形体的尺寸,尽量集中标注在表达特征明显的视图上。
② 标注时应使小尺寸在内、大尺寸在外,以避免尺寸线、尺寸界线相交。
③ 尺寸尽量注在两个视图之间,必要时可以注在视图之内。
④ 同轴回转体结构的径向尺寸,最好标注在非圆的视图上。
⑤ 不能标注立体交线尺寸,且尽量不在细虚线上标注尺寸。
⑥ 要整体标注对称结构的尺寸,不能只注一半尺寸。
⑦ 半径必须注在反映圆弧的视图上,且相同圆角只标一次。
⑧ 当组合体的端部为回转面时,应注反映该回转面轴线位置的尺寸和直(半)径。

第六节　组合体的构形设计

组合体构形设计是将基本体按照一定的构形方法,结合组合体的功能要求组合出一个新的几何体,并用适当的图示方法表达出来的设计过程。它是产品设计、建筑设计及其他工程设计的基础。

一、构形原则

1. 以基本体出发进行组合体构形设计

组合体构形设计通常采用平面体、回转体构形。这些基本体的投影特点及其组合关系是构形设计的基础。因此,必须熟练掌握基本体的投影规律以及形体分析法和线面分析法,灵活应用基本体的组合方法。在构形设计过程中,一方面应尽可能地贴合工程实际,体现产品结构形状和功能,培养观察、分析、综合能力。另一方面又不必拘泥于工程化,构形设计的组合体可以是工程产品舍去加工、制造工艺结构后的主要几何轮廓的基本体概括和抽象,也可以是头脑空间想象的结果,以此开拓思维,培养创造力和想象力。图 6-35 所示组合体,是对一房屋几何形状的构形设计。图 6-36 所示是采用组合式构形设计形成的形似飞机的组合体。

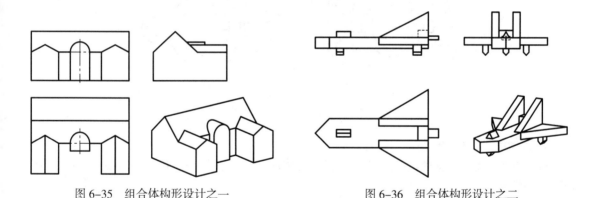

图 6-35　组合体构形设计之一　　　　　　　图 6-36　组合体构形设计之二

2. 构形要力求多样、新颖、独特

在给定的条件下,构成组合体所使用的基本体种类、组合方式和相对位置应尽可能多样和变化,充分发挥空间想象力,突破常规的思维方式,力求构思出新颖、独特的造型方案。例如,按照图 6-37 所给定的主视图进行组合体构形设计,可以将主视图中的 4 个封闭线框分成上、下两部分,每一部分可对应不同的平面体和曲面体,位置也可以不同。

3. 构形设计应遵循美学法则

进行构形设计时,必须遵循"比例与尺度,均衡与稳定,统一与变化"的美学法则。具体如下: ① 比例与尺度:构形设计的组合体各部分之间、各部分与整体之间尺寸大小的比例与尺度尽可能做到合理。② 均衡与稳定:构形设计的组合体各部分之间前后、左右相对的轻重关系要做到均衡,上下部分之间的体量关系要做到稳定。③ 统一与变化:在构形设计时要注意在变化中求统一,使组合体各部分之间和谐一致、主从分明、相互呼应,在统一中求变化,使组合体各部

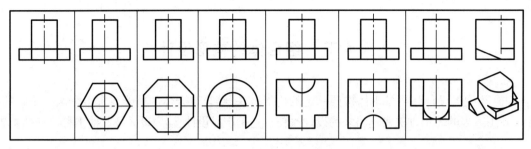

图 6-37　构形设计的多样性变化

分之间节奏明快、重点突出,物体形象自由、活跃、生动。例如图 6-38a 所示的对称组合体,给人以平衡、稳定的感觉;而图 6-38b 所示的前后对称的组合形体由于各部分尺寸设计合理,特别是肋板的增添,从力学和视觉效果上更显得平稳;图 6-36 所示的形似飞机的组合体给人静中有动的感觉。

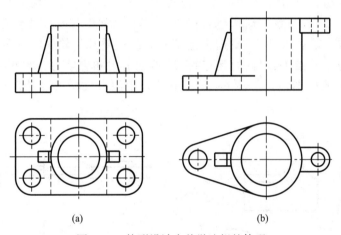

(a)　　　　　　　　　(b)

图 6-38　构形设计中美学法规的体现

4. 方便绘图、易于表达

进行构形设计时,应尽量选用平面体和回转体,一般不选用自由曲面体,以便于视图的绘制和尺寸的标注。

二、构形时的注意事项

进行构形设计时,设计结果不能出现含有悬边和悬面的非正则体,也不能出现封闭的内部空腔,如图 6-39 所示。

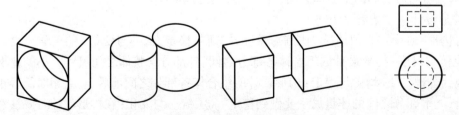

图 6-39　含有悬边和悬面的非正则体和含有封闭的内部空腔的形体

三、组合体构形设计的基本类型

1. 由一个视图进行组合体构形设计

一般一个视图可对应多个空间组合体,因此可以充分发挥空间想象能力,采用发散思维,尽可能多地由一个视图构想可能的组合体。例如根据图 6-40a 所示主视图,通过改变视图中3 个封闭线框所代表的基本体的形状及空间位置,可构想出图 6-40b ~ f 所示的多个组合体。

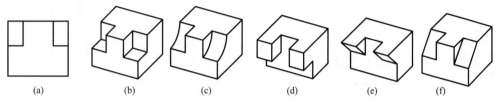

图 6-40　由一个视图进行组合体构形设计

2. 由两个视图进行组合体构形设计

给定物体的两个视图有时也无法唯一确定其结构形状,由此含有多解的两个视图也能进行组合体构形设计练习。例如图 6-41a 和图 6-42a 给出了物体的主视图、俯视图,构形设计结果可包括图 6-41b ~ e、图 6-42b ~ e 所示的组合体。

3. 由几个基本体构建组合体

由几个基本体构建组合体即以先行给定的基本体为基础,通过改变基本体的大小、组合形式、空间位置、相邻表面的连接关系以进行组合体构形设计,从而培养空间想象能力。图 6-43a 给出了 5 个基本体,由此所构建的不同组合体如图 6-43b ~ e 所示。

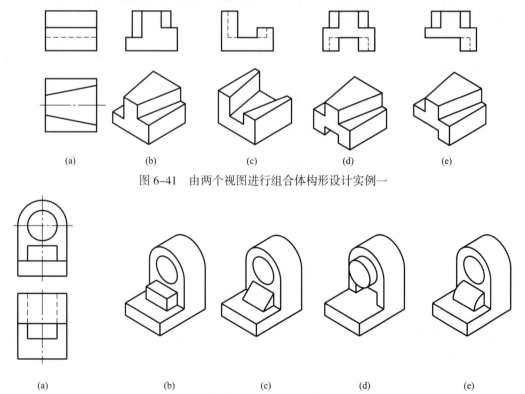

图 6-41　由两个视图进行组合体构形设计实例一

图 6-42　由两个视图进行组合体构形设计实例二

图 6-43

思 考 题

1. 试述三视图的投影特性。

2. 组合体的构成形式有哪几种？各基本体表面间的连接关系有哪些？它们的画法各有何特点？

3. 画组合体视图时,如何选择主视图？怎样才能提高绘图速度？

146

4. 组合体尺寸标注的基本要求是什么？怎样才能满足这些要求？
5. 试述运用形体分析法画图、读图和标注尺寸的方法与步骤。
6. 什么叫线面分析法？试述运用线面分析法读图的方法与步骤。
7. 总结运用形体分析法画图、读图和标注尺寸的体会。
8. 自己设计一个组合体，并注上尺寸。

第七章　机件的表达方法

在生产实际中,由于机件的结构形状多种多样,有些机件的外形和内部都较复杂,如果仍用主视图、俯视图、左视图三个视图就难以将它们的内外形状正确、完整、清晰地表达出来。为了满足这些要求,国家标准中规定了各种画法,如视图、剖视图、断面图、局部放大图、简化画法等,本章将逐一进行介绍。

第一节　视　　图

视图是用正投影法所绘制出的物体的多面投影图,主要用于表达机件的外部结构形状,在视图中应尽量避免使用虚线表达机件的轮廓。视图通常包括基本视图、向视图、局部视图和斜视图。

一、基本视图

当机件的外形复杂时,为了清晰地表示出它的形状,除了前面已介绍的三个视图外,还可再增加三个视图,见图 7-1a,即在原有三个投影面的对面再分别增设一个投影面,得到机件在这三个投影面上的投影。即从右向左投射,得到右视图;从下向上投射,得到仰视图;从后向前投射,得到后视图。加上原来的三个视图,得到六个视图,这六个视图称为基本视图。六个基本视图的展开方法见图 7-1b。

六个基本视图展开后的配置如图 7-2 所示。从图中可以看出,六个基本视图之间有如下关系:

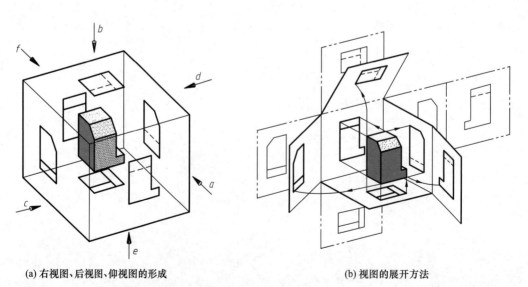

(a) 右视图、后视图、仰视图的形成　　　　　　　　　(b) 视图的展开方法

图 7-1　六个基本视图的形成及视图的展开方法

148

（1）六个基本视图间仍符合"长对正、高平齐、宽相等"的投影关系。即主、俯、仰、后视图等长；主、左、右、后视图等高；左、右、俯、仰视图等宽。

（2）六个基本视图的方位对应关系仍然反映机件的上、下、左、右、前、后的位置关系。尤其要注意左、右、俯、仰视图靠近主视图的一侧代表机件的后面，而远离主视图的一侧则代表机件的前面。

（3）在同一张图样上按上述关系配置的基本视图，一律不标注视图名称。

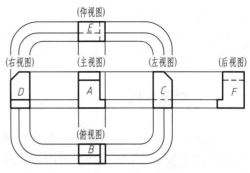

图7-2　六个基本视图间的对应关系

二、向视图

向视图是可以自由配置的基本视图。为了合理利用图纸，如不能按图7-2所示配置视图时，可自由配置，如图7-3所示。向视图必须进行标注，标注时，在视图上方用大写拉丁字母标注"×"，在相应视图附近用箭头指明投射方向，并标注相同的字母，见图7-3。

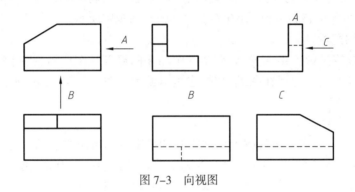

图7-3　向视图

在实际制图时，应根据机件的形状和结构特点按需要选择视图。一般优先选用主、俯、左三个基本视图，然后再考虑其他视图。应在完整、清晰地表达物体形状的前提下，使视图数量最少，力求制图简便。

图7-4 a、b、c为支架的三视图，可看出如采用主、左两视图（图7-4b、d），已经能将零件的各部分完全表达，但零件的左、右部分都一起投射在左视图上，因而细虚线、粗实线重叠，不够清

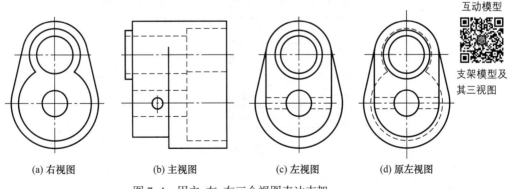

互动模型

支架模型及其三视图

(a) 右视图　　(b) 主视图　　(c) 左视图　　(d) 原左视图

图7-4　用主、左、右三个视图表达支架

晰。如果再采用一个右视图（图 7-4a），便能把零件右边的形状表达清楚，同时在左视图上，表示零件右边孔腔形状的虚线可省略不画（图 7-4c）所示。显然采用图 7-4a、b、c 三个视图表达该零件比采用图 7-4b、d 两个视图的表达方案更为清晰。

三、局部视图

当机件在某个方向有部分形状需要表达，但又没有必要画出整个基本视图时，只把该部分的局部结构向基本投影面进行投射即可。这种将机件的某一部分向基本投影面投射所得的视图称为局部视图。

如图 7-5 所示，画出支座的主、俯两个基本视图后，仍有两侧的凸台形状没有表达清楚，显然为表达这样的局部结构没有必要再画出完整的基本视图（左视图和右视图），故图中采用了 A 和 B 两个局部视图来代替左视图、右视图两个基本视图，这样既可以做到表达完整，又使视图简明，避免重复，读图、画图都很方便。

1. 局部视图的画法

由于局部视图所表达的只是机件某一部分的形状，故需要画出断裂边界，断裂边界用波浪线或双折线表示，如图 7-5 中的 A 向局部视图所示。若表示的局部结构是完整的，且外形轮廓线又成封闭时，断裂边界可省略不画，如图 7-5 中 B 向局部视图所示。

2. 局部视图的配置

局部视图一般按投影关系配置，如图 7-5 中的 A 向局部视图所示，或画在箭头所指部位附近。若不便于按以上方式配置在图纸上时，也可以配置在其他适当位置，如图 7-5 中的 B 向局部视图所示。

3. 局部视图的标注

画局部视图时，一般在局部视图上方用大写的拉丁字母标出视图的名称"×"，在相应的视图附近用箭头指明投射方向，并注上同样的字母。当局部视图按投影关系配置，中间又没有其他图形隔开时，可省略标注，如图 7-5 中的 A 向局部视图可省略标注"A"。

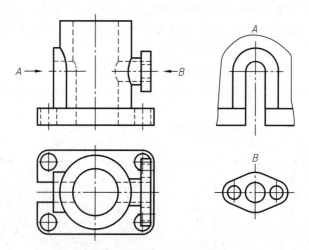

图 7-5　局部视图的画法与标注

四、斜视图

当机件具有倾斜结构(图 7-6)时,在基本视图上就不能反映该部分的实形(图 7-7)。为此,可设置一个平行于倾斜结构的投影面垂直面(图中为正垂面 H_1)作为新投影面,将倾斜结构向该投影面投射,即可得到反映其实形的视图。这种将机件向不平行于任何基本投影面的平面投射所得的视图称为斜视图。

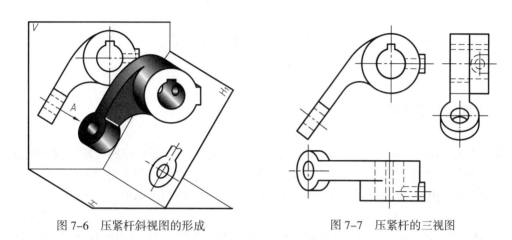

图 7-6 压紧杆斜视图的形成   图 7-7 压紧杆的三视图

1. 斜视图的画法

斜视图主要用来表达机件上倾斜部分的实形,故其余部分不必全部画出,断裂边界用波浪线或双折线表示。当所表达的结构是完整的,且外形轮廓线又成封闭时,波浪线可省略不画。

2. 斜视图的配置

斜视图一般按投影关系配置,见图 7-8a,必要时也可配置在其他适当位置。在不致引起误解时,允许将图形旋转放置,如图 7-8b 所示。

互动模型

压紧杆的模型及其三视图

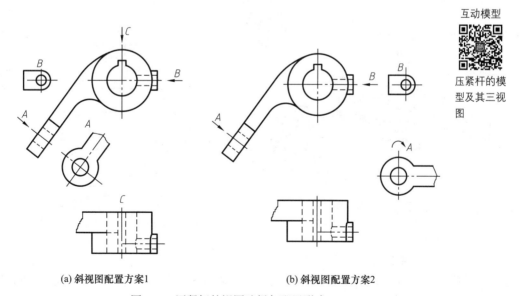

(a) 斜视图配置方案1   (b) 斜视图配置方案2

图 7-8 压紧杆的视图选择与配置形式

3. 斜视图的标注

斜视图必须进行标注,其标注方法与局部视图相同。经过旋转后放置的斜视图,必须标注旋转符号"⌒或⌒",表示该视图名称的大写拉丁字母应靠近旋转符号的箭头端,见图7-8b。

布置斜视图后,在俯视图上倾斜部分的投影可以不画,用波浪线断开,如图7-8a中 C 向局部视图所示。零件右边的凸台用 B 向局部视图表达,这样可省略一个左视图(或右视图)。采用一个主视图、一个斜视图和两个局部视图表达该零件,更为清晰、合理。图7-8b为该机件斜视图的另外一种配置方案,明显优于图 7-8a 所示的方案。

第二节　剖　视　图

一、剖视的概念与画法

机件上不可见部分的投影在视图中用细虚线表示(图7-4)。若机件的内部结构较复杂,在视图中就会出现较多细虚线,这些细虚线往往与其他线条重叠在一起而影响图形的清晰,不便于读图及标注尺寸。因此,国家标准规定可采用剖视图来表达机件的内部形状。

1. 基本概念

假想用剖切面剖开机件,将处在观察者和剖切面之间的部分移去,而将其余部分向投影面投射所得到的图形称为剖视图(简称剖视)。如图7-9所示,采用正平面作为剖切面,在底座的对称平面处假想将它剖开,移去前面部分,使零件内部的孔、槽等结构显示出来,将后部分向投影面投射,从而得到主视剖视图,见图7-10。这样原来不可见的内部结构在剖视图上成为可见部分,细虚线可以画成实线。由此可见,剖视图主要用于表达零件内部或被遮挡部分的结构。

互动模型

剖切模型

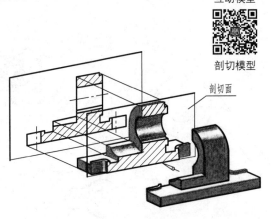

图 7-9　剖视的概念

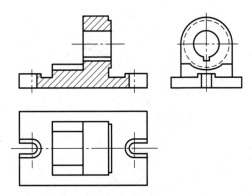

图 7-10　剖视图的画法

2. 剖视图的画法

(1)剖切位置的确定

一般用平面剖切机件,剖切平面应通过机件内部孔、槽等的对称面或轴线,且使其平行或垂直于某一投影面,以便使剖切后的孔、槽的投影反映实形。

（2）剖面符号

在剖视图中,剖切面与机件的接触部分称为剖面区域。在剖面区域上要画上剖面符号以表示机件所用的材料。对于各种不同的材料,国家标准规定了不同的剖面符号,见表7-1。

表 7-1　剖　面　符　号

金属材料(已有规定剖面符号者除外)		线圈绕组元件		混凝土	
非金属材料(已有规定剖面符号者除外)		转子、电枢、变压器和电抗器等的叠钢片		钢筋混凝土	
木材	纵剖面	型砂、填砂、砂轮、陶瓷及硬质合金刀片、粉末冶金等		砖	
	横剖面	液体		基础周围的泥土	
玻璃及供观察用的其他透明材料		木质胶合板(不分层数)		格网(筛网、过滤网等)	

画剖视图时,既可在某一个视图上采用剖视,亦可根据需要同时在几个视图上采用剖视,它们之间是独立的,彼此不受影响。如图7-11所示的定位块,其外形简单,而内部结构比较复杂,因此在主视图上采用剖视以表示零件中间的横向孔及上部的槽等结构。该零件的其他结构还需另外用两个剖切平面 *A* 及 *B* 来剖切(图7-12),在图7-12中相应画出 *A—A*、*B—B* 剖视图。其中 *A—A* 剖视图放在左视图位置;*B—B* 剖视图从投射方向看应该画在右视图位置,但是为了合理利用图纸,可将它布置在图上所示的位置。

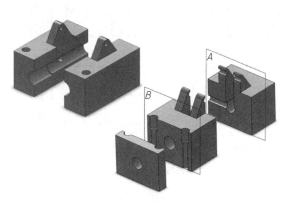

图 7-11　定位块的剖切

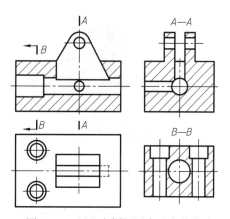

图 7-12　用几个剖视图表达定位块

3. 剖视图的标注

国家标准规定用剖切符号表示剖切面的起、止和转折位置及投射方向,要求尽可能不与图形的轮廓线相交。剖切位置用短粗实线表示,线宽为(1～1.5)d(d 为粗实线宽度)。投射方向用箭头或短粗实线表示。剖视图的标注规定如下：

（1）一般应在剖视图的上方用字母标出剖视图的名称"×—×"。在相应的视图上用剖切符号表示剖切位置，其两端用箭头表示投射方向，并注上同样的字母，如图 7-12 中的 *B*—*B* 剖视图所示。

（2）当剖视图按投影关系配置，中间又没有其他图形隔开时，可省略箭头，如图 7-12 中的 *A*—*A* 剖视图所示。

（3）当剖切面通过零件的对称面或基本对称面，且剖视图按投影关系配置，中间又没有其他图形隔开时，可省略标注，如图 7-10 所示。

注意这里的"标注"是对剖视图的标注，而不是对机件尺寸的标注。

4. 画剖视图的注意事项

画剖视图时，必须注意以下事项：

（1）由于剖切是假想的，因此当零件的一个视图画成剖视图后，其他视图仍应完整地画出，见图 7-10。若需在一个零件上作几次剖切，每次剖切都应认为是对完整零件进行的，即与其他剖切无关，见图 7-12。

（2）对已在剖视图中表达清楚的结构，在其他视图中表达该结构的细虚线一般省略不画。但对尚未表达清楚的结构，应画出必要的细虚线。如图 7-12 中俯视图所示。

（3）对基本视图配置所作的规定同样适用于剖视图，即剖视图既可按投影关系配置在与剖切符号相对应的位置（如图 7-12 中的 *A*—*A* 剖视图），必要时也允许配置在其他适当的位置（如图 7-12 中的 *B*—*B* 剖视图）。

（4）在表达同一零件的不同剖视图中，剖面线方向及间距应一致。

（5）剖切面后的可见轮廓线都必须用粗实线画出，不能漏画，如图 7-13c 所示的漏线错误。

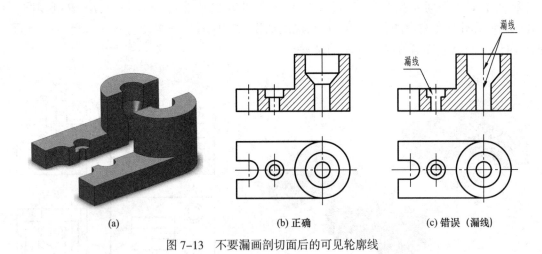

图 7-13　不要漏画剖切面后的可见轮廓线

二、剖视图的种类

画剖视图时，可以将整个视图全部画成剖视图，也可以将视图中的一部分画成剖视图。国家标准将剖视图分为全剖视图、半剖视图和局部剖视图三种。现分述如下：

（一）全剖视图

用剖切面完全地剖开零件所得的剖视图称为全剖视图,如图 7–12、图 7–13 等均为全剖视图。当零件的外形比较简单(或外形已在其他视图上表达清楚)而内部结构较复杂时,常采用全剖视图来表达零件的内部结构。

1. 单一剖切面

可采用一个剖切面剖开机件而获得剖视图,如图 7–13b 所示。

（1）平行于基本投影面的单一剖切面。图 7–10、图 7–13b 中的主视图均是用单一剖切面剖开机件所得的剖视图。

（2）不平行于基本投影面的单一剖切面。如图 7–14 所示,采用倾斜的单一剖切面剖开,得到 *A—A* 剖视图,用以表达支架顶部的台面和圆柱孔,这种剖切面不平行于基本投影面的剖视图称为斜剖视图。

斜剖视图可按投影关系配置在与剖切符号相对应的位置,也可将剖视图移至图纸上的适当位置。在不致引起误解时,还允许将图形旋转,但旋转后必须标注旋转符号"⌒或⌒",如图 7–14 中的"⌒ *A—A*"剖视图所示。

2. 几个平行的剖切面

当机件上具有几种不同的结构要素如孔、槽,而它们的中心平面互相平行且在同一方向(与中心面垂直的方向)投影无重叠时,可用几个平行的剖切面剖开机件,此时得到的剖视图称为阶梯剖视图(简称阶梯剖),如图 7–15 所示。

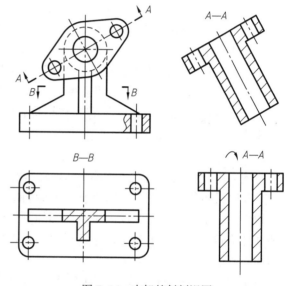

图 7–14 支架的斜剖视图

画阶梯剖视图时应注意:

（1）各剖切面的转折处必须是直角,且转折线相对应,如图 7–15b 所示。

（2）画剖视图时不允许画出剖切面转折处的交线,如图 7–16a 所示。

（3）阶梯剖中不应出现不完整的要素,如图 7–16b 所示。只有当不同的孔、槽在剖视图中具有公共的对称中心线时,才允许剖切面在孔、槽中心线或轴线处转折,如图 7–16c 所示。

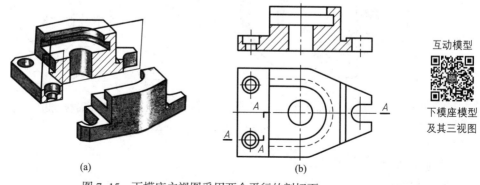

互动模型

下模座模型及其三视图

(a)　　　　(b)

图 7–15　下模座主视图采用两个平行的剖切面

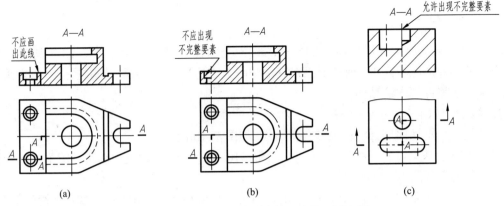

图 7-16　采用几个平行的剖切面剖切时的画法

（4）剖切面转折处不应与视图中的轮廓线重合，剖切符号应尽量避免与轮廓线相交。

3. 几个相交的剖切面

用几个相交的剖切面剖开机件所得到的剖视图称为旋转剖视图（简称旋转剖）。这时剖切面间的交线必须垂直于某一个投影面，通常垂直于某一个基本投影面。

当机件的内部结构形状具有回转结构且沿机件的某一回转轴线分布，用一个剖切面不能完全表达（孔、槽等内部结构不在同一平面上）时，可采用几个相交于回转轴线的剖切面剖开机件。

图 7-17 所示为一端盖，若采用单一剖切面，零件上四个均匀分布的小孔就不能全部剖切到。此时可再作一个相交于零件轴线的倾斜剖切面来剖切其中的一个小孔，即采用两个相交的剖切面。为了在剖视图上反映被剖切到的倾斜结构的实形，可将倾斜剖切面剖开的结构及其有关部分旋转到与选定的投影面平行后再进行投射，这样就可以在同一剖视图上表达出两个相交剖切面所剖切到的结构的实形。

旋转剖的标注如下：必须用带字母的剖切符号表示出剖切平面的起、止和转折位置以及投射方向，在剖视图上方注出名称"×—×"，如图 7-17 所示。

互动模型

端盖模型及
其三视图

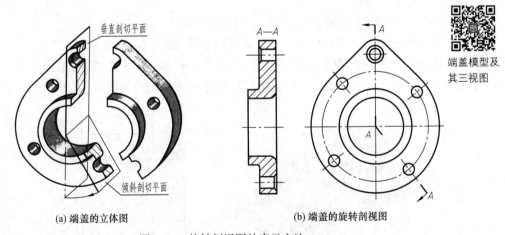

(a) 端盖的立体图　　　　　　　(b) 端盖的旋转剖视图

图 7-17　旋转剖视图的表示方法

画旋转剖时应注意以下几点：

（1）在剖切面后的其他结构（图 7-18 中倾斜的油孔）仍按原来位置投射画出。

156

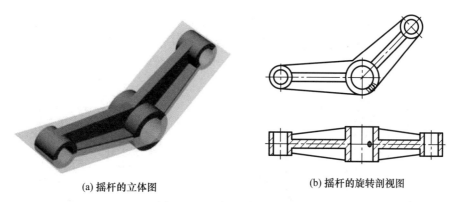

(a) 摇杆的立体图   (b) 摇杆的旋转剖视图

图 7-18　摇杆的旋转剖视图

（2）旋转剖适用于表达具有回转轴的机件,因此,画图时两剖切面的交线应与机件上的回转轴线重合。

（3）应按照先剖切,再旋转,再投射的过程形成旋转剖。

（4）对于有多个相交轴的机件,应展开绘制旋转剖,如图 7-19 所示。

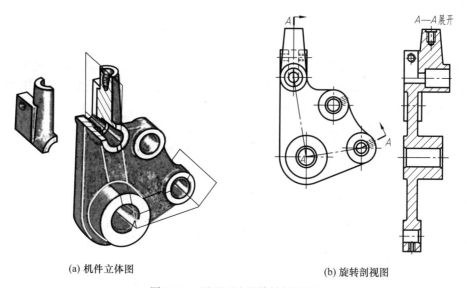

(a) 机件立体图   (b) 旋转剖视图

图 7-19　展开画法的旋转剖视图

（二）半剖视图

当机件具有对称平面时,可将图形的一半用以表达内部结构而画成剖视,将图形的另一半用以表达外部形状而画成视图,剖视与视图以对称中心线分界,这样画出的图形称为半剖视图,如图 7-20 所示。

图 7-20a 所示长槽夹具座的前面有两个螺孔和一个"U"形槽,若在主视图上用细虚线表达其内部结构则不够清晰。如将主视图画成如图 7-20b 所示全剖视图,则其外形螺孔和"U"形槽又无法表达。根据该零件对称的特点,可将半个视图和半个剖视图以对称中心线为界合成为一个图形(即半剖视图)。为使视图清晰,在画成视图的一半中,表示内部结构的细虚线一

般可省略不画（图 7-20c）。当机件的内、外结构都需要表达，同时该零件对称（或接近于对称，其不对称部分已另有图形表达清楚）时，则在垂直于对称平面的投影面上的视图可以采用半剖视图。

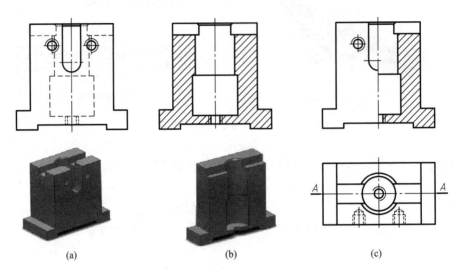

(a)　　　　　　　　　　(b)　　　　　　　　　　(c)

图 7-20　用半剖视图表达长槽夹具座

　　各基本视图均可画成半剖视图，如图 7-21 所示。但须注意，并不是所有对称的零件都有必要画成半剖视图，如图 7-11 所示的零件，虽然该零件前后接近于对称，但由于左、右两侧的外形较简单，因而 A—A 和 B—B 剖视图均画成全剖视图；在俯视图上，虽然其内部具有孔腔，但由于它的结构已经在主视剖视图上表达清楚，因此俯视图可以不剖画出。

　　半剖视图的标注方法与全剖视图相同，如图 7-20c 和图 7-21 所示。

互动模型

机件模型及
其三视图

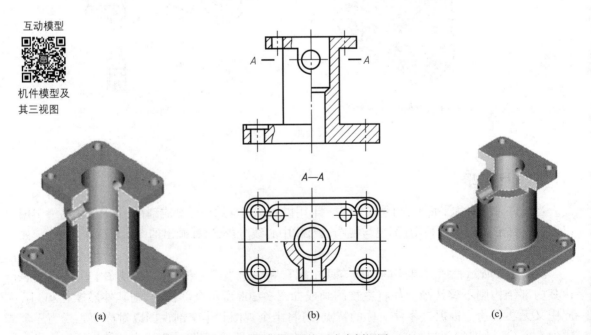

(a)　　　　　　　　　　(b)　　　　　　　　　　(c)

图 7-21　主、俯视图均画成半剖视图

画半剖视图时必须注意：

① 半剖视图必须以表示对称平面的点画线作为分界线,不能绘制成粗实线。

② 对已表达清楚的内部结构,半个视图中的虚线应省略不画。

③ 若需要对半剖视图进行尺寸标注,应标注整体结构的尺寸而不能只标注一半。

（三）局部剖视图

用剖切面将机件的局部剖开,以表达部分的内部结构,剖切与不剖部分以波浪线分界,这样所画出的剖视图称为局部剖视图,如图 7-22 所示。

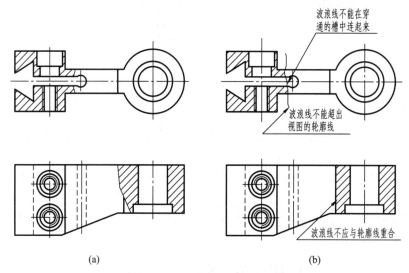

(a)   (b)

图 7-22 用局部剖视图表达压滚座

如图 7-22a 所示的压滚座,在主视图上只有左端的孔需要剖开表示,显然画成全剖视图或半剖视图都是不合适的。这时可假想用一个通过左端孔轴线的剖切面将零件局部剖开,然后进行投射。图 7-22a 中俯视图上右端的孔,以及图 7-21b 中主视图上底部和顶部左端的孔,也同样画成局部剖视图。在局部剖视图上,视图和剖视图部分用波浪线分界。波浪线可认为是断裂面的投影,因此波浪线不能在穿通的孔或槽中连起来,也不能超出视图的轮廓线及与视图上的其他线重合,图 7-22b 中给出了几种错误画法。

图 7-23 所示为一轴承座,从主视图方向看,零件下部的外形较简单,可以剖开以表示其内腔,但上部必须表达圆形凸缘及三个螺孔的分布情况,故不宜采用剖视,左视图则相反,上部宜剖开以表示其内部不同直径的孔,而下部则要表达零件左端的凸台外形,因而在主、左视图上均根据需要而画成相应的局部剖视图。在这两个视图上尚未表达清楚的长圆形孔等结构及右边的凸耳,可采用 B 向视图和 A—A 局部剖视图表示。

综上分析可以看出,局部剖视图是一种较为灵活的表达方法,常应用于下列情况：

（1）零件的外形虽简单,但只需局部地表示其内形,不必或不宜画成全剖视图（图 7-22a）。

（2）零件的内、外形均需表达,但因不对称而不能或不宜画成半剖视图（图 7-23）。

（3）当不需要画出整个视图时,可将局部剖视图单独画出,如图 7-23 中的 A—A 剖视图所示。

当局部剖视图采用的是单一剖切面,且剖切位置明显时,可省略标注,如图 7-22 所示。但如果剖切位置不够明显,则应该进行标注,如图 7-23 中的 A—A 剖视图所示。

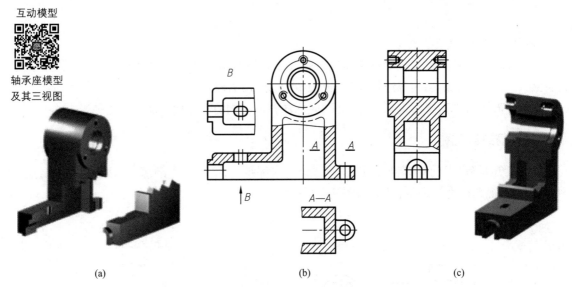

(a)　　　　　　　　　　(b)　　　　　　　　　　(c)

图 7-23　用局部剖视图表达轴承座

画局部剖视图时必须注意：

① 局部剖视图用波浪线或双折线分界,同一视图中不宜采用过多的局部剖视图,避免图形过于破碎。

② 波浪线不能与图形上的任何图线重合,并且既不能穿空而过,也不能超出视图的轮廓线,如图 7-22b 所示。

③ 对局部剖视图一般不需要进行标注,若采用倾斜的或多个平面剖切时,则必须进行标注。

第三节　断　面　图

机件上常有肋板、轮辐、轴上键槽和孔等结构,当需要表示其局部的断面形状时,可假想用一个剖切面把机件的某处切断,只画出该剖切面与机件接触部分的图形,该图形称为断面图,简称断面。

图 7-24a 所示轴的左端有一键槽,右端有一个孔,在主视图上能表示它们的形状和位置,但不能表达其深度。此时,可假想用两个垂直于轴线的剖切面,分别在键槽和孔处将轴剖开,然后画出剖切处断面的形状,并加上断面符号,见图 7-24b。从这两个断面上,可清楚地表达出键槽的深度和轴右端的孔是一个通孔。

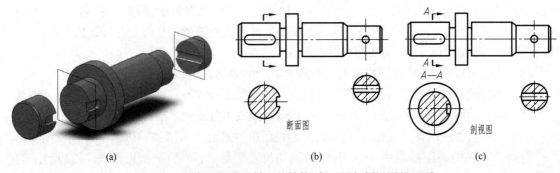

(a)　　　　　　　　　　(b)　　　　　　　　　　(c)

图 7-24　用断面图表达轴上的结构、断面图与剖视图的区别

断面图与剖视图的区别在于：断面图是零件上剖切处断面的投影，而剖视图则是剖切后零件的投影，如图 7-24c 中的 *A—A* 即为剖视图。在轴的主视图上标注尺寸时，可注上直径符号 ϕ 表示其各段均为圆柱，因此在这种情况下画出剖视图是不必要的。

断面图分为移出断面图和重合断面图两种。

一、移出断面图

1. 移出断面图的画法

画在视图外的断面图称为移出断面图（简称移出断面）。移出断面的轮廓线用粗实线绘制。为了便于读图，移出断面应尽量配置在剖切符号或剖切面迹线的延长线上，见图 7-24b。剖切面的迹线是剖切面与投影面的交线，用细点画线表示，如图 7-24b 右边通孔处的竖直点画线所示。

图 7-25 为一衬套，主视图采用全剖视，再加上一些断面和局部视图（键槽的局部视图在习惯上可不必标注）就可将该零件的形状表达清楚。由于考虑到局部视图的配置及图形安排需紧凑，也可以将移出断面 *A—A* 和 *B—B* 配置在其他适当的位置。在不致引起误解时，也允许将移出断面的图形旋转放置，如图 7-26 所示。

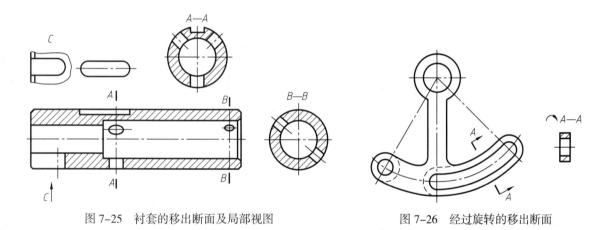

图 7-25　衬套的移出断面及局部视图　　　　　图 7-26　经过旋转的移出断面

在一般情况下，在断面图上仅表达出剖切后断面的形状。但当剖切面通过回转面形成的孔或凹坑的轴线时，则这些结构应按剖视图绘制，如图 7-24b 中轴上右端孔的断面图和图 7-25 中的 *B—B* 断面图所示。图 7-25 中 *A—A* 断面图中的键槽，由于它不是回转面，因此画出缺口，而其余均匀分布的三个圆孔则按剖视图画出。但当剖切面通过非圆孔会导致出现完全分离的断面图时，则这些结构应按剖视图绘制（图 7-26）。

2. 移出断面图的标注

国家标准对移出断面图的标注规定如下：

（1）在移出断面图上一般应用剖切符号表示剖切位置，用箭头表示投射方向，并注上字母"×—×"。在断面图的上方应用同样的字母标出相应的名称"×—×"；经过旋转的移出断面图，还要标注旋转符号"⌒"或"⌒"（图 7-26）。

（2）配置在剖切符号延长线上的不对称移出断面图，由于剖切位置已很明确，可省略标注字母，如图 7-24b 左端键槽处的断面图所示。

（3）不配置在剖切符号延长线上的对称移出断面图（图7-25中的 *A*—*A* 断面图），以及按投影关系配置的不对称移出断面图（图7-25中的 *B*—*B* 断面图），均可省略箭头。

（4）配置在剖切面迹线延长线上的对称移出断面图可不必标注，如图7-24b中表示右端通孔的断面图所示。

二、重合断面图

1. 重合断面图的画法

在不影响图形清晰时，可将断面图画在视图里面，这种断面图称为重合断面图。如图7-27a所示的拨叉，其中间连接板和肋的断面形状采用两个断面图来表达。由于这两个结构剖切后的图形较简单，因此将断面图直接画在视图内的剖切位置上并不影响图形的清晰，且能使图形的布局紧凑。肋的断面图在这里只需表示其端部形状，因此画成局部的，习惯上可省略波浪线。重合断面图的轮廓线用细实线绘制。当视图中的轮廓线与重合断面的图形重叠时，视图中的轮廓线仍应连续画出，不可间断，如图7-27b中角钢的重合断面图所示。

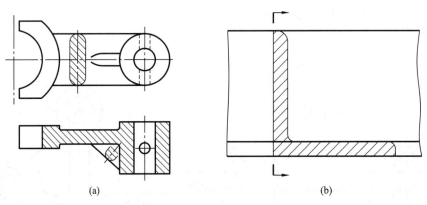

(a)   (b)

图7-27　重合断面图的画法

2. 重合断面图的标注

由于重合断面图是直接画在视图内的剖切位置处的，因此标注时可一律省略字母。对称的重合断面图可不必标注，见图7-27a；不对称的重合断面只需画出剖切符号及箭头，见图7-27b。

从上面的分析可看出，重合断面图和移出断面图的基本画法相同，其区别仅是在图上的放置位置不同以及采用的线型不同。

第四节　局部放大图、简化画法及其他规定画法

为了满足对机件表达的需要，国家标准还规定了局部放大图、简化画法、规定画法和其他表示方法。现将一些常用的介绍如下。

一、局部放大图

零件上的一些细小结构,在视图上常由于图形过小而表达不清,或标注尺寸有困难,这时可将过小部分的图形放大表达。如图7-28中轴上的退刀槽和挡圈槽以及图7-29中端盖孔内的槽等。将零件的部分结构用大于原图形所采用的比例放大画出的图形称为局部放大图。

局部放大图可画成视图、剖视图、断面图,它与被放大部位的表达方式无关(图7-28、图7-29)。局部放大图应尽量放置在被放大部位的附近。

绘制局部放大图时,一般应用细实线圈出被放大的部位。当同一零件上有几个被放大的部位时,必须用罗马数字依次标明被放大的部位,并在局部放大图的上方标注出相应的罗马数字和所采用的比例(图7-28)。当零件上被放大的部位仅一个时,在局部放大图的上方只需注明所采用的比例(图7-29)。

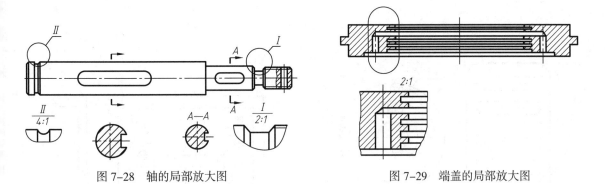

图7-28 轴的局部放大图　　　　　　　　图7-29 端盖的局部放大图

这里需特别指出,局部放大图上标注的比例是指该图形与零件实际大小之比,而不是与原图形之比。为简化作图,国家标准规定在局部放大图表达完整的情况下,允许在原视图中简化画出被放大部位的图形。

二、简化画法

(1)对于零件上的肋、轮辐及薄壁等,如按纵向剖切,即剖切面通过这些结构的基本轴线或对称面时,在这些结构的剖视图上都不画剖面符号,而用粗实线将它与其邻接部分分开。图7-30a中剖切面通过肋的对称面,在剖视图上肋均不画剖面符号,而用粗实线将它与邻接部分分开。

(2)当零件回转体上均匀分布的肋、轮辐、孔等结构不处于剖切面上时,可将这些结构旋转到剖切面上画出,如图7-30b所示。

(3)在不致引起误解时,对于对称零件的视图可只画一半(图7-31)或四分之一,并在对称中心线的两端画出两条与其垂直的平行细实线。

(4)当零件具有若干相同结构(如齿、槽等),并且这些结构按一定规律分布时,只需画出几个完整的结构,其余用细实线连接(图7-32),但在零件图中必须注明该结构的总数。

(5)若干直径相同且成规律分布的孔(圆孔、螺孔、沉孔等),可以仅画出一个或少量几个,其余只用点画线表示其中心位置,并在零件图中注明孔的总数(图7-33)。

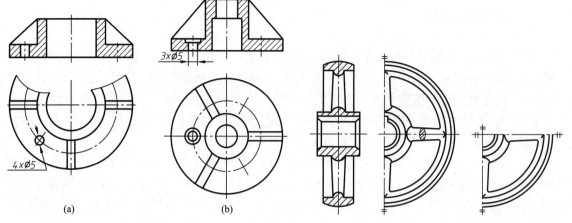

图 7-30　均匀分布的肋与孔等的简化画法

(a)　　(b)

图 7-31　对称零件的简化画法

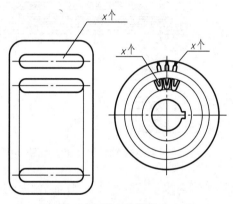

图 7-32　相同要素的简化画法

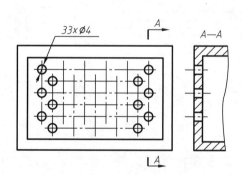

图 7-33　规律分布的孔的简化画法

（6）当回转体零件上的平面不能充分表达时,可用平面符号（相交的两条细实线）表示。如图 7-34 所示形体,其轴端为圆柱体被平面切割,由于不能在这一视图上明确地表明它是一个平面,所以需加上平面符号。如其他视图已经把这个平面表示清楚,则平面符号可以省略。

（7）零件上的滚花部分,一般采用在轮廓线附近用粗实线局部画出的方法表示,如图 7-35a 所示。也可省略不画,而是在零件图上或技术要求中注明其具体要求（图 7-35b）。

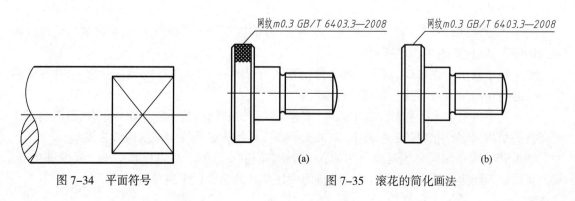

图 7-34　平面符号

(a)　　(b)

图 7-35　滚花的简化画法

（8）较长的零件,如轴、杆、型材、连杆等,且沿长度方向的形状一致或按一定规律变化时,可以断开后缩短绘制,如图7-36所示。

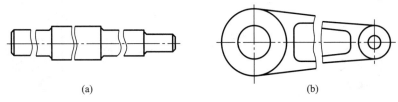

图 7-36　较长零件的简化画法

（9）类似图7-37所示零件上较小的结构,如在一个图形中已表示清楚,则在其他图形中可以简化或省略,即不必按投影画出所有的线条。

（10）零件上斜度不大的结构,如在一个图形中已表达清楚,则在其他图形中可以只按小端画出（图7-38）。

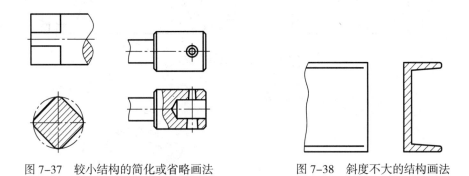

图 7-37　较小结构的简化或省略画法　　　图 7-38　斜度不大的结构画法

（11）在不致引起误解时,零件图中的小圆角、锐边的小倒圆或45°小倒角允许省略不画,但必须注明尺寸或在技术要求中加以说明（图7-39）。

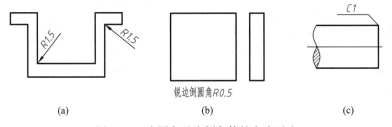

图 7-39　小圆角及小倒角等的省略画法

（12）在不致引起误解时,图样中允许省略剖面符号,也可采用涂色代替剖面符号,但剖切位置和断面图的标注必须遵照本章所述的规定（图7-40）。

（13）圆柱形法兰和类似零件上均匀分布的孔可按图7-41所示的方法表示。

（14）图形中的过渡线应按图7-42绘制。在不致引起误解时,过渡线与相贯线允许简化,例如用圆弧或直线来代替非圆曲线（图7-42、图7-43）。

（15）与投影面倾斜角度小于或等于30°的圆或圆弧,其投影可用圆或圆弧代替椭圆,如图7-44所示,俯视图上各圆的中心位置按投影来决定。

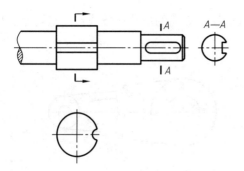

图 7-40 剖面符号的省略画法

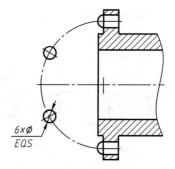

图 7-41 圆柱形法兰上均布孔的画法

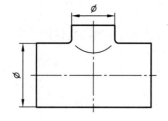

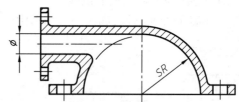

图 7-42 过渡线的简化画法

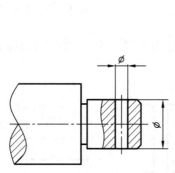

图 7-43 相贯线的简化画法

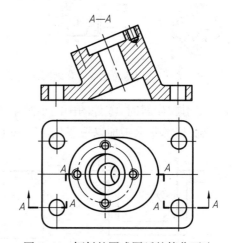

图 7-44 倾斜的圆或圆弧的简化画法

三、其他规定画法

（1）允许在剖视图的剖面区域中再作一次局部剖视。采用这种表达方法时,两个剖面区域的剖面线应同方向、同间隔,但要互相错开,并用引出线标注其名称,如图 7-45 中的 *B—B* 剖视图所示。

（2）在需要表示位于剖切面前的结构时,这些结构按假想投影的轮廓线（即用双点画线）绘制,如图 7-46 中零件前面的长圆形槽在 *A—A* 剖视图上的画法所示。

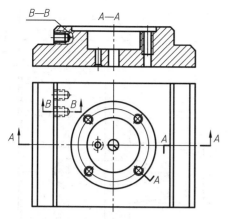

图 7-45 在剖视图的断面中再作一次局部剖

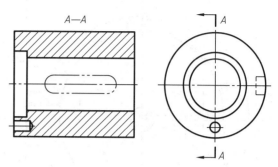

图 7-46 剖切面前的结构的规定画法

第五节 综合表达举例

在绘制机械图样时,应根据零件的具体情况而综合运用视图、剖视图、断面图等各种表达方法,使得零件各部分的结构与形状均能表达得确切与清晰,而图形数量又较少,因此同一个零件往往可以选用几种不同的表达方案。在确定表达方案时,还应结合尺寸标注等问题一起考虑。图 7-47 为一泵体,其表达方法分析如下:

1. 分析零件形状

泵体的上部分主要由直径不同的两个圆柱、向上偏心的圆柱形内腔、左右两个凸台以及背后的锥台等组成;下部分是一个长方形底板,底板上有两个安装孔;中间部分为连接块,它将上、下两部分连接起来。

2. 选择主视图

通常选择最能反映零件特征的投射方向(如图 7-47 箭头所示)作为主视图的投射方向。由于泵体最前面的圆柱直径最大,它遮挡了后面直径较小的圆柱,为了表达它的形状和左、右两端的螺孔以及底板上的安装孔,主视图上应采用剖视图,但泵体前端的大圆柱及均布的三个螺孔也需要表达,考虑到泵体是左右对称的,因而选用了半剖视图以达到内、外结构都能得到表达的要求(图 7-48)。

3. 选择其他视图

如图 7-48 所示,选择左视图表达泵体上部沿轴线方向的结构。为了表达内腔形状应采用剖视图,但若作全剖视图,则由于下面部分都是实心体,没有必要作全部剖切,因而采用局部剖视图,这样可保留一部分外形,便于读图。底板及中间连接块和其两边的肋,可在俯视图上作全剖视来表达,剖切位置选在图上的 A—A 处较为合适。

4. 标注尺寸帮助表达形体

零件上的某些细节结构,还可以利用所标注的尺寸来帮助表达,例如泵体后面的圆锥形凸台,在左视图上标注尺寸 $\phi 35$ 和 $\phi 30$ 后,在主视图上就不必再画虚线;又如主视图上尺寸 $2 \times \phi 6$ 后面加上"通孔"两字后,就不必再另画剖视图去表达该两孔了。

图 7-47 泵体

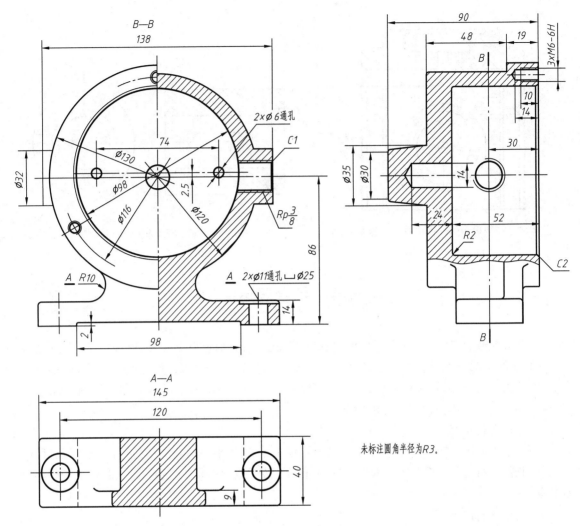

图 7-48　泵体的表达方法

在前面章节介绍了视图上的尺寸标注方法,这些基本方法同样适用于剖视图。但在剖视图上标注尺寸时,还应注意以下几点:

(1)在同一轴线上的圆柱和圆锥的直径尺寸,一般应尽量标注在剖视图上,避免标注在投影为同心圆的视图上,如图 7-49 中表示直径的 7 个尺寸和图 7-48 中左视图上的 $\phi 14$、$\phi 30$、$\phi 35$ 等。但在特殊情况下,当在剖视图上标注直径尺寸有困难时,可以注在投影为圆的视图上。如泵体的内腔是具有偏心距为 2.5 的圆柱面,为了明确表达内腔与外圆柱的轴线位置,其直径尺寸 $\phi 98$、$\phi 120$、$\phi 130$ 等应标注在主视图上。

(2)当采用半剖视后,有些尺寸不能完整地标注出来,则尺寸线应略超过圆心或对称中心线,此时仅在尺寸线的一端画出箭头,如图 7-49 中的直径 $\phi 45$、$\phi 32$、$\phi 20$ 和图 7-48 主视图上的直径 $\phi 120$、$\phi 130$、$\phi 116$ 等。

(3)在剖视图上标注尺寸,应尽量把外形尺寸和内部结构尺寸分开标注在视图的两侧,这样既清晰又便于读图,如图 7-49 中表示外部长度的尺寸 60、15、16 注在视图的下部,表示内孔长度的尺寸 5、38 注在上部。又如图 7-48 中的左视图上,将外形尺寸 90、48、19 和内形尺寸 52、24 分开标注。为了使图形清晰、查阅方便,一般应尽量将尺寸注在视图外。但如果将泵体左视图的内形尺寸 52、24 注到视图的下面,则尺寸界线会引得过长,且穿过下部不剖部分的图形,这样反而不够清晰,因此这时可考虑将尺寸注在图形内部。

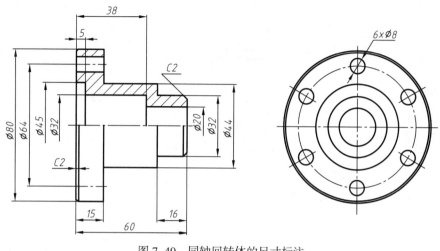

图 7-49　同轴回转体的尺寸标注

（4）如必须在剖面线中注写尺寸数字时,则应在数字处将剖面线断开,如图 7-48 左视图中的孔深 24。

第六节　第三角画法简介

国家标准规定我国一般应采用第一角画法绘制图样,即将物体放置于第一分角内,使物体处于观察者与投影面之间进行投射,见图 7-50a,然后按规定展开投影面,其视图配置如图 7-50b 所示,俯视图画在主视图的下面。

美国等国家则采用第三角画法,且 ISO 标准规定,第一角画法和第三角画法等效使用。因此,有必要了解第三角画法。第三角画法将物体放置于第三分角内,并使投影面处于观察者与物体之间而得到多面正投影,见图 7-51a,其视图配置如图 7-51b 所示,俯视图画在主视图的上方。

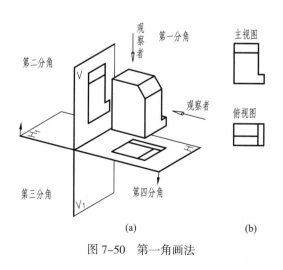

图 7-50　第一角画法

由此可见,这两种画法的主要区别是视图的配置关系不同。与采用第一角画法类似,采用第三角画法也可以将物体向六个基本投影面投射而得到六个基本视图,其视图配置关系以主视图为基准,如图 7-52 所示。

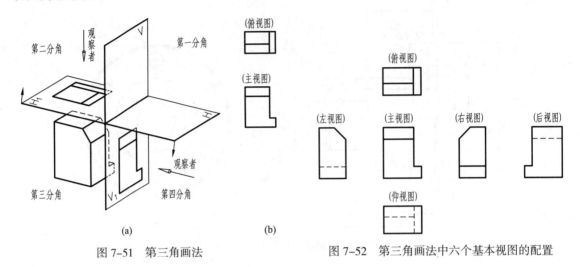

图 7-51　第三角画法

图 7-52　第三角画法中六个基本视图的配置

必须注意第一角画法和第三角画法的读图习惯有所不同。第一角画法的识别符号如图 7-53a 所示,第三角画法的识别符号如图 7-53b 所示。

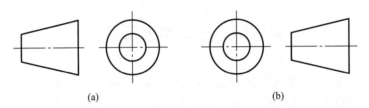

(a)

(b)

图 7-53　第一角画法和第三角画法的识别符号

思 考 题

1. 基本视图有哪几个? 它们的名称是什么? 如何配置? 在图纸上是否应标注出各视图的名称?

2. 如果选用基本视图尚不能清楚地表达机件时,按国家标准规定还有几种视图可以用来表达?

3. 斜视图和局部视图在图中如何配置和标注?

4. 局部视图与局部斜视图的断裂边界用什么表示? 画波浪线时要注意些什么? 什么情况下可省略波浪线?

5. 剖视图与断面图有何区别?

6. 剖视图有哪几种? 要得到这些剖视图,按国家标准规定有哪几种剖切方法?

7. 在剖视图中,剖切面后的虚线应如何处理?

8. 在剖视图中,什么地方应画上剖面符号? 剖面符号的画法有什么规定?

9. 剖视图应如何进行标注? 什么情况下可省略标注?

10. 剖切面纵向通过机件的肋、轮辐及薄壁时,这些结构该如何画出?

11. 半剖视图中,外形视图和剖视图之间的分界线为何种图线?能否画成粗实线?

12. 断面图有哪几种?断面图在图中应如何配置?应如何标注?何时可省略标注?在什么情况下应按剖视图绘制?

13. 试述局部放大图的画法、配置与标注方法。

14. 国家标准所规定的简化画法和规定画法有哪些?

第八章 零 件 图

组成机器或部件的最基本的构件称为零件。图 8-1 所示为磨床上自动送料机构的减速箱,它由箱体、箱盖、锥齿轮轴、蜗杆、蜗轮、锥齿轮以及滚动轴承、螺钉、螺母等零件(部分零件图 8-1 中未示出)组合而成。

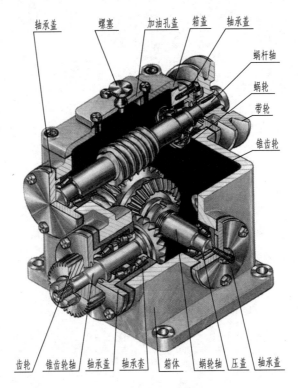

图 8-1　减速箱结构图

表示一个具体零件的工程图样称为零件图。在机械工业生产中,零件的制造和检验都是根据零件图的要求来进行的。即根据零件图上所表明的材料、尺寸和数量等要求进行备料,根据图样上提供的各部分的形状、大小和质量要求制定出合理的加工方法和检验手段。

本章将主要介绍零件的分类、零件图的作用与内容、零件的视图与尺寸、绘图的方法与步骤、零件测绘、工艺结构、技术要求及读零件图等内容。

第一节　零件的分类

根据零件在机器或部件上的作用,一般可将零件分为:

1. 标准件

紧固件(螺栓、螺母、垫圈、螺钉等)、轴承等为标准件。这些标准件使用特别广泛,其形式、规格、材料等都有统一的国家标准,查阅有关标准即能得到全部尺寸,使用时可从市场上买到或到标准件厂定做,不必画出其零件图。

2. 一般零件

如箱体、盘、轴、支架等零件为一般零件,它们的形状、结构、大小都必须按部件的功能和结构要求进行设计。按照机器上一般零件的结构特点可将它们分成轴套类、盘盖类、叉架类和箱体类四种类型。一般零件都需画出零件图以供制造。

除此以外,还有齿轮、蜗轮、蜗杆等零件广泛应用在各种传动机构中,国家标准只对这类零件的部分功能结构(如齿轮的轮齿部分)实行了标准化,并有规定画法,其余结构需自行设计,这类零件一般要画出零件图。

第二节　零件图的作用与内容

在机器制造过程中,必须先制造出所有的零件,而制造和检验零件又必须依据零件图。一张完整的零件图如图 8-2、图 8-3、图 8-4 所示,应包括以下内容:

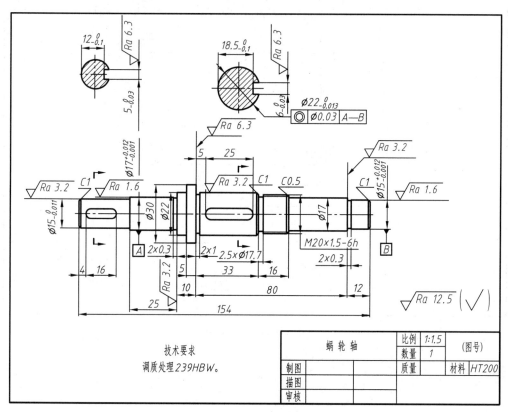

图 8-2　蜗轮轴零件图

1. 一组视图

根据国家标准和相关规定,用正投影法完整、清晰地表达出零件内部结构、外部形状的一组视图,根据需要可以采用外形视图、剖视图、断面图、局部放大图等各种表达方法。

2. 完整尺寸

零件图上应正确、完整、清晰、合理地标注零件制造、检验时所需的结构形状尺寸和位置尺寸,以满足零件的加工、检验和装配需要。

3. 技术要求

零件图中必须用规定的符号、数字和文字,标注或说明零件制造、检验或装配过程中应达到的各项要求,如表面结构、尺寸公差、几何公差、热处理、表面处理等要求。

4. 标题栏

在零件图的右下角,采用标题栏填写出该零件的名称、数量、材料、比例、图号,以及制图、描图、审核人员签名等内容。

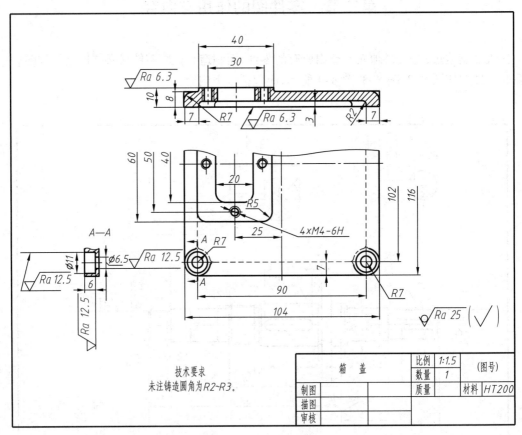

图 8-3　箱盖零件图

174

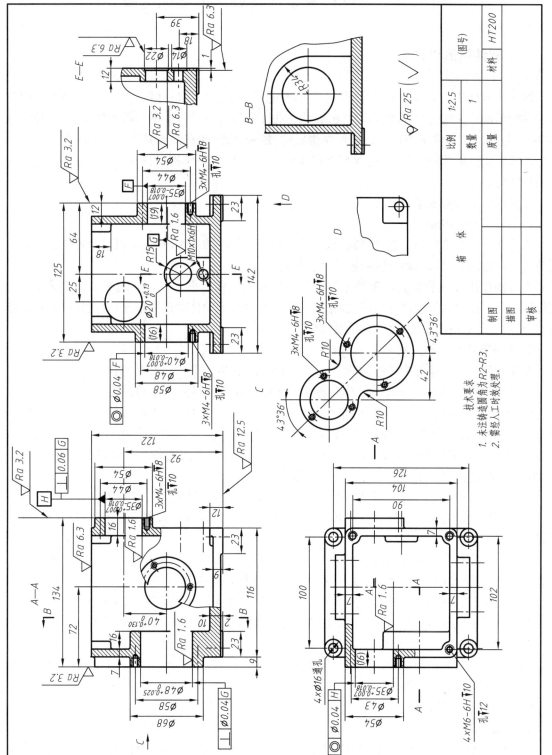

图 8-4 箱体零件图

175

第三节　零件构形设计与表达方案的选择

一、零件构形设计

对一个零件进行几何形状造型、尺寸大小确定、工艺结构制定、材料选择等的一系列过程称为零件构形设计。在绘制和阅读零件图时,应首先了解零件在部件中的功能和作用,与相邻零件的关系;想象出该零件是由什么几何形体构成的,是否合理,还有没有其他形体构成方案。在重点分析零件几何形状的过程中,需要分析和考虑零件尺寸、工艺结构、材料等因素,最终确定零件的整体结构。

零件构形设计的依据为:

1. 保证零件的功能

因为部件具有确定的功能和性能指标,零件是组成部件的基本单元,所以每个零件都具有一项或几项功能,如支承、传动、连接、定位、密封等。

零件的作用和功能是确定零件主体结构与形状的主要依据之一。如图 8-1 所示减速箱的箱体就起支承和包容传动件的作用,根据其功用及所包容传动件的排列情况,可设计成具有方形内腔、轴承孔及对应的单、双面凸台以及安装底板等形状。

2. 考虑整体相关的关系

整体相关是确定零件主体结构的另一个主要依据,它包括下列几方面内容:

（1）相关零件的结合方式满足功能要求　部件中各零件间按一定的方式相结合,应结合可靠,拆装方便。结合的两零件间可能是相对静止的,也可能有相对运动关系;相邻零件间某些部位要求相互靠紧,而有些部位则必须留有空隙等。由此看出,对零件需要设计相应的结构。如图 8-1 所示,为使箱盖与箱体表面靠紧,设有周边凸缘;同时为使箱盖与箱体表面靠紧、连接牢固,箱盖上设计有光孔,箱体对应部位设计有螺孔。

（2）外形与内形相呼应　零件内形若为回转体,外形也应是相应的回转体;内形为方形,外形也应该是相应的方形。实际零件一般应内、外形呼应,且壁厚均匀,便于制造、节省材料、减轻重量。

（3）相邻零件形状相互协调　尤其对于外部相邻零件,形状应当一致。如图 8-1 所示箱体和箱盖的外观统一,给人以整体美感。相邻零件的接触面形状应保持一致。

（4）与安装和使用条件相适应　箱体类、支架类零件均起支承作用,故都设有安装底板,其安装底板的形状应根据安装空间位置条件来确定。如图 8-1 所示箱体的底板为方形。

3. 符合加工、制造工艺要求的结构

确定了零件的主体形状和结构之后,考虑到制造、装配、使用等问题,零件的局部构形也必须合理。一般来说,加工、制造工艺要求是确定零件局部结构型式的主要依据之一。表 8-1 中列出了零件常用的一些局部结构。

4. 美观的外形

美观的外形是零件局部构形的另一个主要依据。工程设计人员所设计的产品欲在商品竞争中取得优势,产品外观造型也能起到很重要的作用。产品外形会影响人们的心理、情绪等,关系到生产效率和产品质量。美观的产品造型会使人心情愉快,减少疲劳,引起操作和使用产品的兴趣,利于操作者提高生产质量和效率。不同的产品外形会产生不同的视觉效果,如产品局部结构采用圆角过渡,能给人以精致、柔和、舒适的感觉;而适当厚度和形状的支承肋板结构则给人以牢固、稳定、轻巧的印象;侧立的平面和棱线会赋予产品挺拔有力的视觉效果;相邻零件一致的外形会产生整体感,但有时外观不一更会显得活泼。因此设计零件时,需要做到各个部分的比例协调与呼应,对不同的主体零件灵活采用均衡、稳定、对称、统一、变异等美学法则。

5. 良好的经济性

设计一个好的产品,应从其使用性能、工艺条件、生产效率、材料来源等诸方面进行综合分析和考虑,在选择材料和加工方法,确定结构形状、尺寸数值和标注形式以及拟定技术要求时需要达到正确、合理的要求。最终设计出的产品应尽可能做到形状简单、制造容易、材料来源方便且价格低廉,以降低成本,提高生产效率。

表 8-1 零件常用的局部结构

类别	合理	不合理	说明
铸造圆角	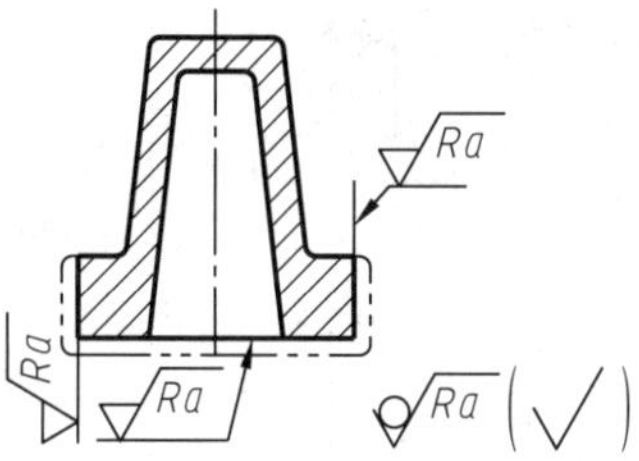	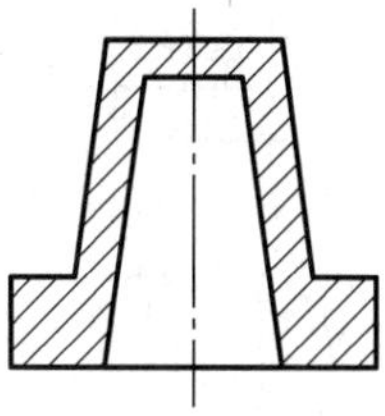	为防止铸造砂型落砂,避免铸件冷却时产生裂纹,两铸造表面相交处均应以圆角过渡。铸造圆角半径一般取壁厚的 0.2～0.4 倍。同一铸件上的圆角半径种类应尽可能少。两相交铸造表面之一经切削加工,则应画成夹角
斜度	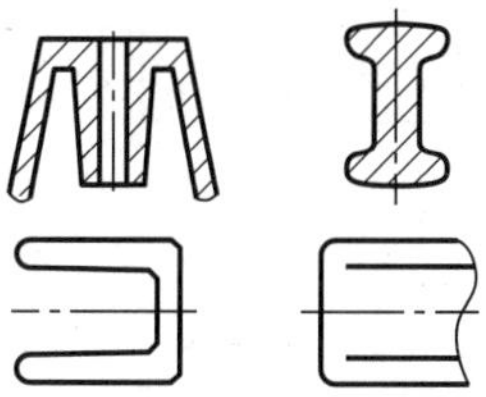	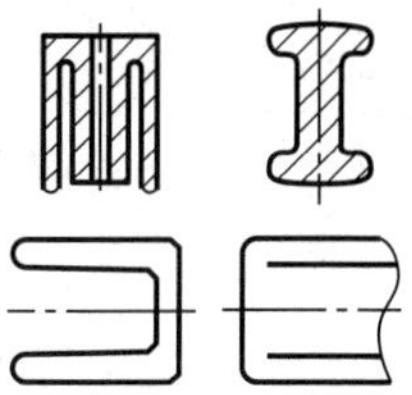	为便于起模,铸件壁沿脱模方向应设计出起模斜度。斜度不大的结构,如在一视图中已表达清楚,其他视图可按小端画出
壁厚		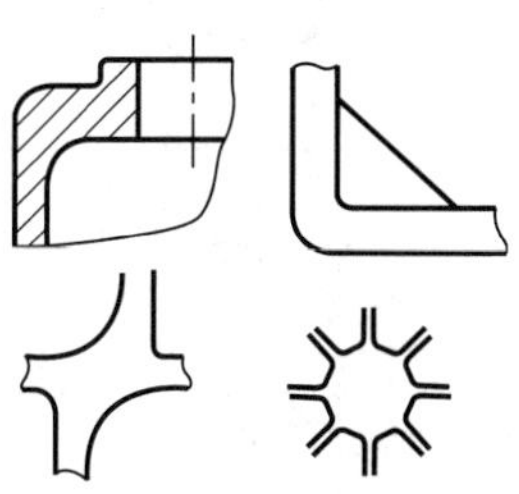	为避免冷却时产生内应力而造成裂纹或缩孔,铸件壁厚应尽量均匀一致,不同壁厚间应均匀过渡
倒角	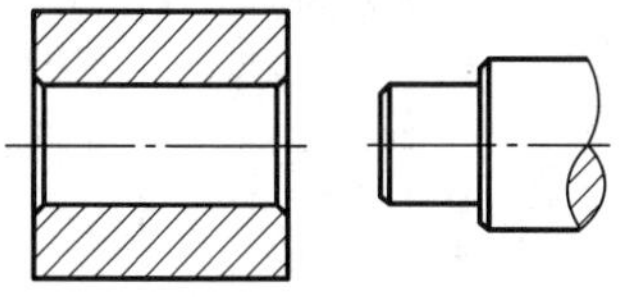	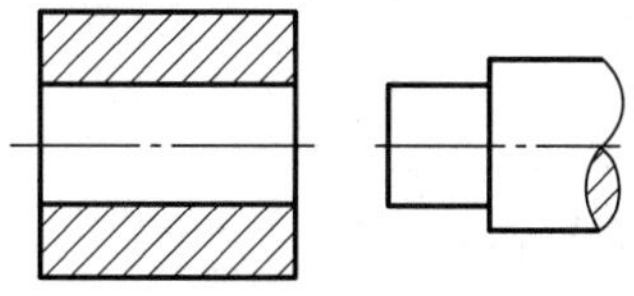	为便于装配,且保护零件表面不受损伤,一般在轴端、孔口、轴肩和拐角处加工出倒角

类别	合理	不合理	说明
凸台、凹槽、凹坑和沉孔	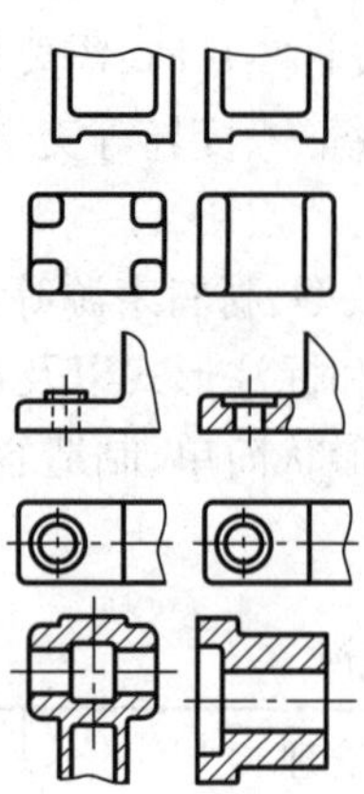	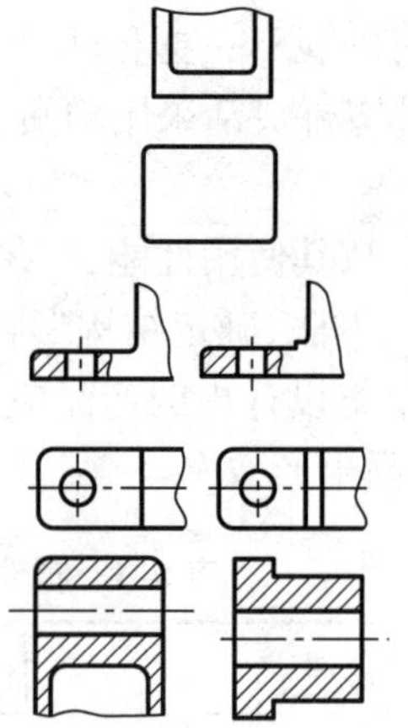	为了保证加工表面的质量,节省材料,降低制造成本,应尽量减少加工面。常在零件上设计出凸台、凹槽、凹坑或沉孔
退刀槽和越程槽	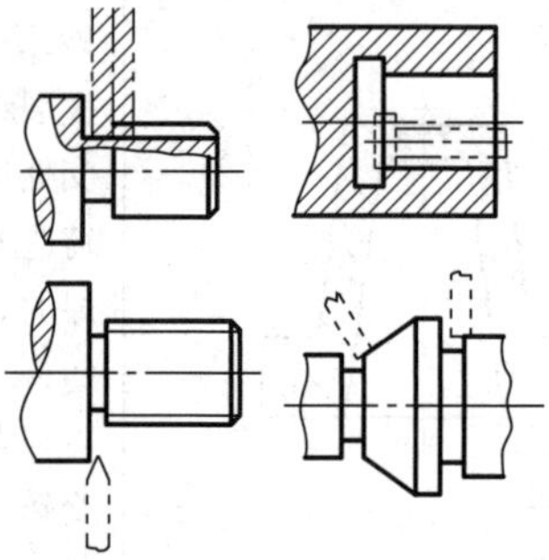	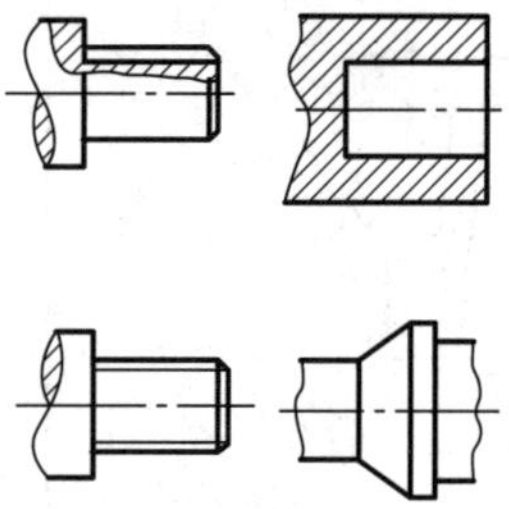	为在加工时便于退刀,且在装配时与相邻零件保证靠紧,在台肩处应加工出退刀槽或越程槽
键槽	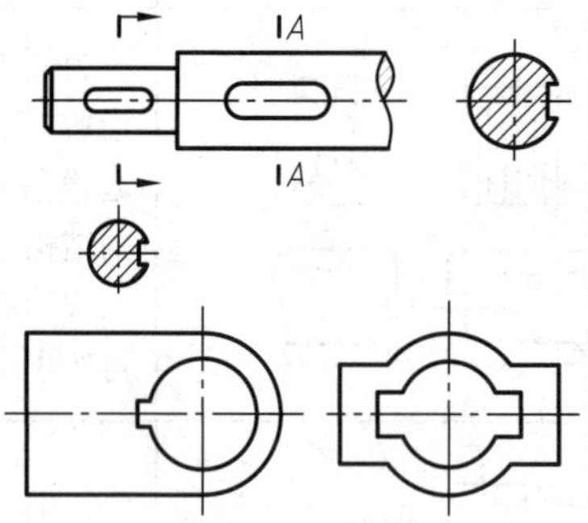	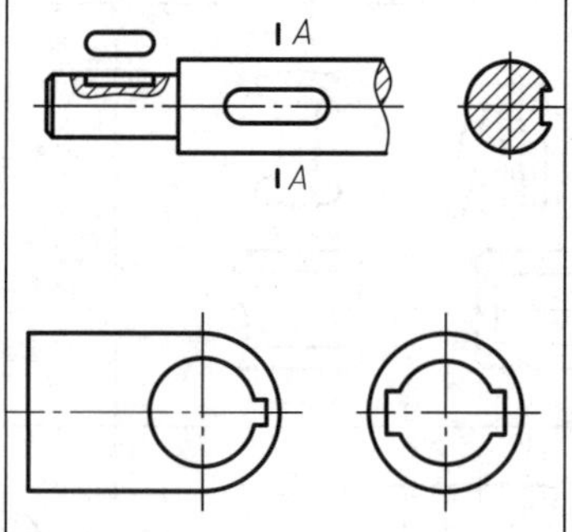	在同一轴上的两个键槽应在同侧,便于一次装夹加工。不要因加工键槽而使局部过于单薄,致使强度减弱。必要时可增加键槽处的壁厚
钻孔	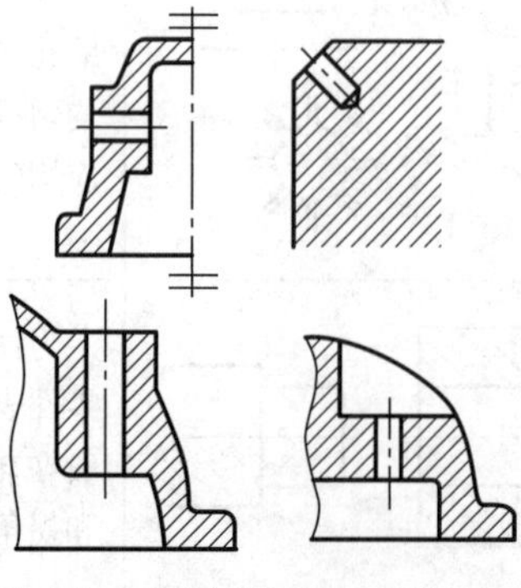	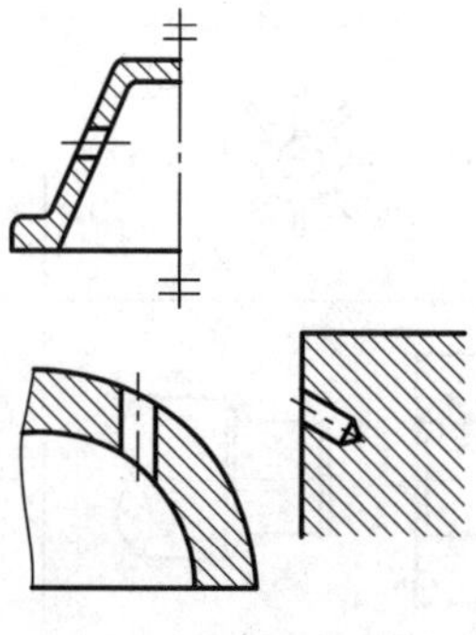	应使孔的轴线垂直于零件表面,以保证钻孔精度,避免钻头折断。在曲面、斜面上钻孔时,一般应在孔端做出凸台、凹坑或平面

二、视图选择的一般原则

表达一个零件所选用的一组视图,应能正确、完整、清晰、简明地表达各组成部分的内、外部结构与形状,便于标注尺寸和技术要求,且绘图简便。这需要在仔细分析零件结构特点的基础上,适当地选用国家标准所规定的各种表达方法以形成较合理的表达方案。

(一)主视图的选择

零件图中主视图是最主要的视图,处于核心地位,应选择表示物体内、外部形状和结构信息量最多的那个视图作为主视图。选择时通常应先确定零件的安放位置,再确定主视图投射方向。选择主视图时应遵循下列原则:

1. 零件位置确定原则

(1)安装和工作位置原则 结构和形状较为复杂的箱体类或叉架类零件,在机器(部件)中起主体作用,有较大的加工面和较多的加工工序。选择主视图时,应使这些零件的摆放位置尽量符合零件在机器上的安装位置或工作位置(图8-4),并使安装基准面在下。这样既便于结合零件在实际工作中的位置读图,又便于指导安装以及从装配图中拆画零件图。

(2)加工位置原则 主体结构由回转体构成的轴套、盘盖类零件,加工方法主要采用在车床上车削或磨床上磨削加工,加工时零件轴线水平放置夹持(零件在主要工序中的装夹位置)。不论这类零件在机器(部件)中的工作位置如何,主视图选择应遵循轴线水平放置的加工位置原则。这样既便于工人加工时读图操作,又便于加工时进行测量。

2. 确定主视图投射方向原则(形状特征原则)

对于主视图的选择,在满足安装和工作位置原则或加工位置原则的前提下,应以最能反映零件形体特征、各部分结构的组成以及相对位置的方向作为主视图投射方向。特别是对于那些结构形状复杂、工作及加工位置不定的叉架类及箱体类零件,在主视图上应尽可能多地表达零件的内、外结构与形状以及各组成形体之间的相对位置关系。

(二)其他视图的选择

其他视图用于补充表达主视图尚未表达清楚的结构。其选择原则包括以下几点:

(1)根据零件的复杂程度和内、外结构的情况全面考虑所需要的其他视图,使每个视图有重点表达的内容,在表达清楚的前提下,采用的视图数目尽量少,以免烦琐、重复。

(2)优先考虑用基本视图以及在基本视图上所作的剖视图。采用局部视图或斜剖视图时应尽可能按投影关系配置在相关视图附近。

(3)要考虑合理地布置视图位置,既要使图样清晰匀称,便于标注尺寸及技术要求,充分利用图幅,又能减轻阅读者的视觉疲劳。

三、零件的构形分析及表达分析

在考虑零件的表达方法之前,必须先了解零件上各结构的作用和要求。下面以减速箱中的蜗轮轴、箱盖、箱体以及一支架为例对轴套类、盘盖类、箱体类和叉架类零件进行构形分析和表达分析。

（一）轴套类零件的构形分析和表达分析

1. 结构特征

（1）轴套类零件的各组成部分多是同轴线的回转体,且轴向尺寸长、径向尺寸短,从总体上看是细而长的回转体(图 8-5)。

（2）根据设计和工艺要求,这类零件常带有键槽、销孔、轴肩、螺纹、挡圈槽、退刀槽、倒角、中心孔等结构。

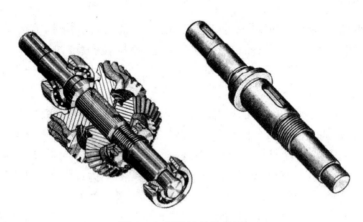

图 8-5　蜗轮轴结构分析

2. 常用的表达方案

（1）轴套类零件一般在车床或磨床上加工,选择主视图时,多按加工位置将轴线水平放置。

（2）画图时一般将小直径的一端朝右,平键键槽朝前,半圆键键槽朝上。采用垂直于轴线的方向作为主视图的投射方向。

（3）轴上的键槽、销孔等常采用移出断面图、局部剖视图、局部视图表达,既表达清楚了结构形状,又便于尺寸标注;轴上的螺纹退刀槽、砂轮越程槽等局部细小的槽、孔结构常采用局部放大图进行表达。

3. 实例分析

图 8-5 为减速箱中的蜗轮轴,轴左端连接送料装置,轴上装有蜗轮和锥齿轮,它们和轴均用键连接在一起,因此轴上有键槽。为了保证传动可靠,轴上零件均用轴肩确定其轴向位置。为了防止锥齿轮、蜗轮轴向移动,还采用了调整片、垫圈和圆螺母加以固定,所以轴上有螺纹段。为了使轴承、蜗轮能靠紧在轴肩上以及便于车削与磨削,轴肩处有退刀槽或砂轮越程槽。轴的两端均有倒角,以去除金属锐边,并便于轴上零件的装配。

通过蜗轮轴的结构分析,可进一步确定它的表达方法(图 8-6)。

（1）主视图的选择

蜗轮轴的基本形体是由直径不同的圆柱组成,用垂直于轴线的方向作为主视图投射方向,这样既可把各段圆柱的相对位置和形状表示清楚,也能反映出轴肩、退刀槽、倒角、圆角等结构。

为了符合轴在车削或磨削时的加工位置原则,

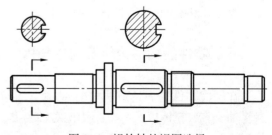

图 8-6　蜗轮轴的视图选择

将轴线水平横放,并把直径较小的一端放在右面。

键槽转向正前方,以便于主视图能反映平键的键槽形状和位置。如果轴上开有半圆键键槽,则通常将此键槽朝上,并用局部剖视图表示键槽的形状。

（2）其他视图的选择

轴的各段圆柱,在主视图上标注直径尺寸后已能将它们表达清楚。为了表示键槽的深度,分别采用两个移出断面图（图8-6）。至此,蜗轮轴的全部结构形状已表达清楚。

图8-7为表达车床尾座的顶尖套筒的一组视图。顶尖套筒是一个空心圆柱,其主视图采用全剖视图,为了表示右端面均匀分布的三个螺孔,以及两个销孔的位置,绘制了 B 向视图。由于销孔深度可用标注尺寸的方法表达,因此图上不必表达它的深度。为了表达顶尖套筒下面一条长槽及后面的沉孔,又增添了 A—A 断面图。

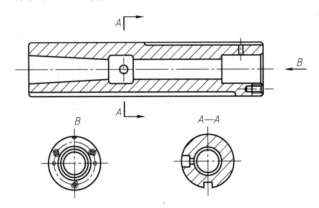

图 8-7　顶尖套筒的视图选择

（二）盘盖类零件的构形分析和表达分析

1. 结构特征

盘盖类零件既包括与壳体仿形的薄板状构件,如图8-8所示;也包括主体部分大多由回转体组成的构件,其形状特征为轴向尺寸小,径向尺寸大,一般有一个端面是与其他零件相连接的重要接触面,如图8-9所示。盘盖类零件主要在车床和铣床上加工。

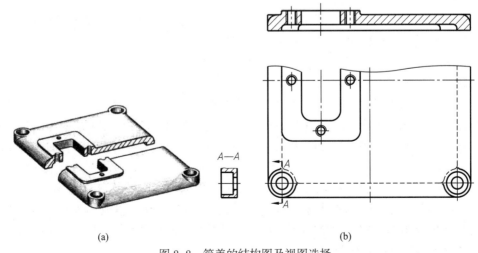

(a)　　　　　　　　　　　　　(b)

图 8-8　箱盖的结构图及视图选择

为了使盘盖类零件能与其他零件连接,常设计有光孔、键槽、肋板、轮辐、螺孔、止口、凸台、圆角等结构。

2. 常用的表达方案

根据盘盖类零件的形状和结构特点,常用表达方案如下:

(1)主要在车床上加工的盘盖,选择主视图时一般将轴线水平放置。对于加工时并不以车削为主的箱盖,可按工作位置放置。

(2)通常采用两个视图表达,主视图常采用剖视图表示孔槽等结构和各组成部分的相对位置,另一视图表示外形轮廓和孔、轮辐等的分布,如图8-8、图8-9所示。

3. 实例分析

(1)薄板状盘盖类零件

图8-8a为减速箱箱盖的结构图,它基本上是一个平板形零件。箱盖四角设计成圆角,并有装入螺钉的沉孔。箱盖底面需要与箱体密切接合,因此必须经过切削加工,而为了减少加工面积,四周又做成凸缘。箱盖顶面上设计有带有加油孔的长方形凸台,凸台上还有四个螺孔,以安装加油孔盖。箱盖顶面的四个棱边为了美观做成圆角。

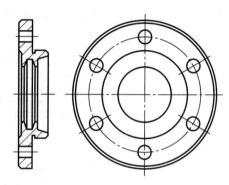

图8-9 轴承盖的视图选择

了解了箱盖的作用及其结构后,下面分析箱盖的工程图样表达方法:

① 主视图的选择 画主视图时一般将箱盖按安装位置放置。为了表达箱盖厚度的变化和加油孔、螺孔的形状和位置,主视图采用全剖视图。

② 其他视图的选择 采用俯视图是为了表示箱盖的外形和箱盖上加油孔、凸台、沉孔等结构形状和位置。此外采用 A—A 局部剖视图可表达沉孔的深度(当然也可采用标注尺寸的方法,把沉孔深度表达清楚,而不画 A—A 剖视图)。

(2)主体为同轴回转体的盘盖类零件

机器上还有一些端盖、轴承盖、压盖等零件,它们基本上是圆盘形零件。其主要结构是同轴的圆柱体和圆柱孔,此外常有均匀分布在盘面的同一圆周上的用来安装螺钉的光孔,图8-9所表达的轴承盖就是这类零件。

① 主视图的选择 轴承盖主要在车床上加工,画图时根据加工位置将轴线水平横放,主视图一般采用全剖视图,以表示凸缘、内孔、毛毡密封槽等结构。

② 其他视图的选择 左视图主要用来表达光孔的分布位置。

(3)轮式盘盖类零件

类似于手轮的零件也属于盘盖类零件,但结构比较复杂。图8-10所示为车床尾座的手轮,它由轮毂、轮辐和轮缘组成,轮毂和轮缘不在同一平面内,均匀分布的三根轮辐成 120° 夹角与轮毂和轮缘相连,其中有一根轮辐和轮毂连接处设计有通孔,用以装配手柄。手轮中心的轴孔加工出键槽与丝杠相连。

① 主视图的选择 这类零件主要在车床上加工,根据加工位置原则,使主视图中轴线水平横放。表达时通常采用两个基本视图,主视图全剖以表示轮宽和各组成部分的相对位置;轮辐是呈辐射状均匀分布的结构,按照规定画法,不论剖切面是否通过轮辐,都将这些结构旋转到剖切面的位置上剖切并画出剖视图。

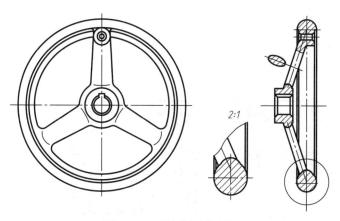

图 8-10　手轮的视图选择

② 其他视图的选择　右视图（或采用左视图）表示轮廓形状和轮辐的分布。常用断面图表示轮辐的断面形状。

（三）箱体类零件的构形分析和表达分析

箱体类零件的主体部分一般是壁厚基本均匀的壳体，用来支承、包容和保护运动件或其他零件，因此结构较复杂。制造箱体类零件时，一般先铸造出壁厚均匀的毛坯件，再进行多种切削加工。图 8-11 是减速箱箱体的结构图。

图 8-11　减速箱箱体的结构图

1. 结构特点

（1）常有较大的内腔、轴承孔、凸台和肋等结构。

（2）为了将箱体安装在机座上，常有安装底板、安装孔、螺孔、销孔等。

（3）为了防尘、箱体密封以及使箱体内的运动零件得到润滑，箱壁上常有安装箱盖、轴承盖、油标、放油螺塞等零件的凸台、凹坑、螺孔等结构。

2. 常用的表达方案

（1）箱体类零件结构复杂，而且加工位置多变，常按工作位置放置绘制主视图，以最能反映形状特征、主要结构和各组成部分相互位置关系的方向作为主视图投射方向。

（2）根据结构的复杂程度，以数量最少的原则选用其他视图。除了主视图以外，表达箱体类零件通常还要采用两个或两个以上视图，并适当选用剖视图、局部视图、断面图等表达方式，每个视图都应该有其表达的重点内容。

3. 实例分析

图 8-12 为减速箱箱体的表达方案,具体为:

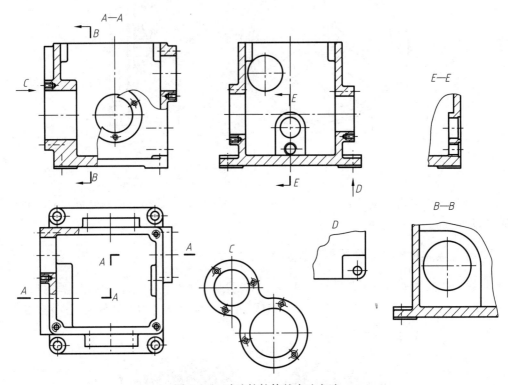

图 8-12　减速箱箱体的表达方法

（1）沿蜗轮轴线方向作为主视图投射方向。主视图采用 *A—A* 阶梯局部剖视图,主要表示锥齿轮轴轴孔和蜗杆轴右轴孔的大小以及蜗轮轴轴孔前、后凸台上螺孔的分布情况。

（2）左视图采用全剖视图,主要表达蜗杆轴孔与蜗轮轴轴孔之间的相对位置与安装油标和螺塞的内凸台形状。

（3）俯视图主要表达箱体顶部和底板的形状,并用局部剖视图表示蜗杆轴左轴孔的大小。

（4）采用 *B—B* 局部剖视图表达锥齿轮轴轴孔内部凸台的形状;用 *E—E* 局部剖视图表示油标孔和螺塞孔的结构形状;采用 *D* 向视图表示底板底部凸台的形状。

（5）采用 *C* 向视图表达左面箱壁凸台的形状和螺孔位置,其他凸台和附着的螺孔可结合尺寸标注表达;箱体顶部端面和箱盖连接螺孔及底板上的四个安装孔没有剖切到,也可结合标注尺寸确定其深度。

（四）叉架类零件的构形分析和表达分析

叉架类零件主要起支承和连接作用,结构形状变化较大。

1. 结构特点

叉架类零件的形状结构按其功能不同可分为工作主体、安装底板和连接板三个部分。图 8-13 所示为底座立体图及零件图,其中,工作主体一般为空心圆柱,安装底板上常有凸台、沉孔、圆角等结构,连接板多由薄板和肋板组成。

(a) 立体图

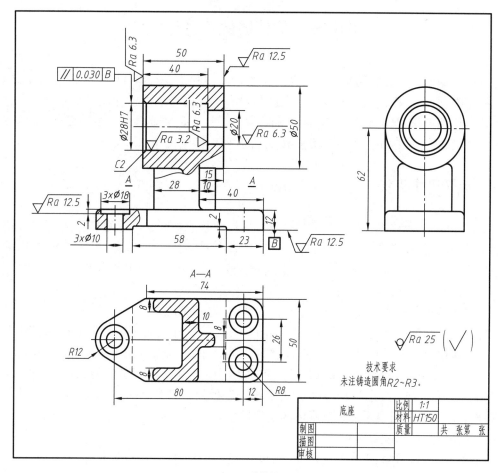

(b) 零件图

图 8-13　底座的表达方法

2. 常用的表达方案

（1）叉架类零件加工位置多变,进行视图表达时常以工作位置放置,主视图主要用来表达整体形状特征以及三个组成部分的结构和相互位置关系。

（2）常采用局部视图、局部剖视图、阶梯剖视图以及断面图等表达方式,各视图表达重点要突出。

3. 实例分析

图 8-13 所示底座由安装底板、工作主体及 "]" 形连接板组成。安装底板上有沉孔结构,底面开槽;工作主体是带阶梯孔的圆柱;连接板由三块薄板和一块肋板组成,以连接工作主体和安装底板。底座的表达方案为:

（1）进行视图表达时将底座以工作位置放置,主视图采用局部剖视图,既表达三个组成部分的相互位置,又表达主体部分阶梯孔结构及安装底板上的沉孔结构。

（2）俯视图采用 A—A 全剖视图,一方面表达安装底板的形状,另一方面也可以表达连接板的断面形状。

（3）左视图采用外形视图,主要表达底座整体外部形状。

第四节　零件图的尺寸标注

零件图上的尺寸是确定结构、加工、测量和检验零件的依据。零件图尺寸标注的要求是:正确、完整、清晰、合理。标注尺寸时,既要考虑设计要求,又要考虑使用和加工工艺要求。也就是零件既能很好地工作,又能便于制造、测量和检验。设计人员需要具备丰富的设计、制造方面的知识和实践经验,并对零件的作用有所了解,才能合理地标注尺寸。

一、选择尺寸基准

在标注尺寸时,应首先选择合理的尺寸基准。尺寸基准是度量尺寸的起点,是零件在机器中或在加工、测量和检验时,用以确定其位置的点、线、面。标注尺寸时,应从尺寸基准出发,使加工过程中尺寸的测量和检验都能顺利进行。尺寸基准分为设计基准和工艺基准。

（1）设计基准　在机器或部件中确定零件工作位置的基准。

（2）工艺基准　在加工或测量时确定零件结构位置的基准。

在标注尺寸时最好将设计基准和工艺基准统一起来,这样既能保证设计要求,又能满足工艺要求。在一般情况下,零件有长、宽、高三个方向上的尺寸,在每个方向上至少要有一个主要的尺寸基准,如图 8-14 所示的齿轮泵泵体尺寸。有时为了加工、测量和检验方便,必须在同一个方向上增加一个或几个辅助尺寸基准,主要尺寸基准与辅助尺寸基准之间应有尺寸联系。从选择的尺寸基准出发,标注出组成零件各基本体的定位尺寸和定形尺寸。

零件结构常用的基准要素有:

（1）基准面　安装面、重要的支承面、端面、装配接合面、零件的对称面等。

（2）基准线　零件上回转面的轴线、零件结构的位置线和对称线等。

如图 8-14 所示,选择底面作为高度方向的主要尺寸基准,并由此标注出尺寸 65,确定上边齿轮孔轴线的位置;然后,再将上边齿轮孔轴线作为高度方向辅助尺寸基准,由此标注出尺寸 28.76,确定下边齿轮孔轴线的位置。

二、标注尺寸的原则

在零件图上标注尺寸时需要遵守下列原则。

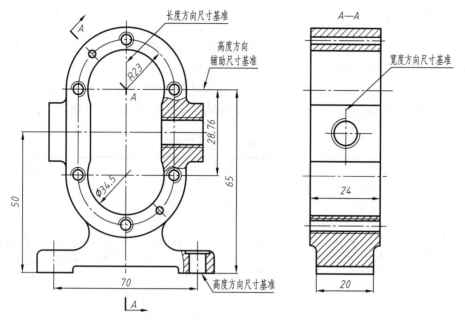

图 8-14　齿轮泵泵体的视图与尺寸

（一）考虑设计要求

（1）功能尺寸应直接标注出。所谓功能尺寸是指零件上有配合要求、影响零件精度、保证机器性能、具有互换性的尺寸，即通常所说的零件的重要尺寸。如零件在装配中用到的配合尺寸、相对位置尺寸、零件与外部进行安装所使用的尺寸等。对这种尺寸一般有较高的加工要求，直接标注出来便于保证零件的加工质量。如图 8-14 中的中心距 28.76，孔径尺寸 $\phi34.5$ 和宽度尺寸 24 等，它们都是重要尺寸。

（2）功能尺寸要相互一致。常见的功能尺寸包括线面叠合的轴向联系尺寸、轴孔配合的径向联系尺寸和确定位置的一般联系尺寸等。如图 8-14 中的径向联系尺寸 $\phi34.5$，一般联系尺寸 70、R23 等。

（3）避免注成封闭的尺寸链。图中在同一方向按一定顺序依次连接起来的尺寸称为尺寸链，尺寸链中的每个尺寸都是尺寸链中的一环。如果尺寸链中的所有环都注上尺寸而成为封闭形式则称封闭尺寸链。由于各段尺寸加工都有一定误差，如图 8-15 各组成环 A、B、C 的误差分别是 ΔA、ΔB、ΔC，则封闭环 L 的误差 $\Delta L=\Delta A+\Delta B+\Delta C$ 是各组成环误差的总和，而且封闭尺寸链的误差将随着组成环的增多而加大，导致不能满足设计要求。因此在标注尺寸时，一般在尺寸链中选择不重要的环作为封闭环，不注尺寸或注上尺寸后打上括弧作为参考尺寸，使制造误差都集中到封闭环上去，从而保证重要尺寸的精度。如图 8-2 中将左端轴 $\phi15^{\ 0}_{-0.011}$ 的伸出长度作为封闭环，并未标注它的长度。

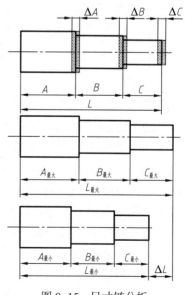

图 8-15　尺寸链分析

187

（二）考虑工艺要求

对于不影响设备工作性能,也不影响零件配合性质和精度的非功能尺寸,在标注时往往要考虑加工顺序和测量方便性,且便于安装和操作安全等要求。

（1）按加工顺序标注尺寸。尺寸标注必须尽可能地考虑加工次序,便于加工和测量。表 8-2 所示为蜗轮轴的加工次序,根据这一次序该轴的尺寸标注如图 8-2 所示。

表 8-2　蜗轮轴的加工次序

序号	说明	图例	序号	说明	图例
1	取 $\phi32$ 圆钢,落料,车两端长度为 154,打中心孔	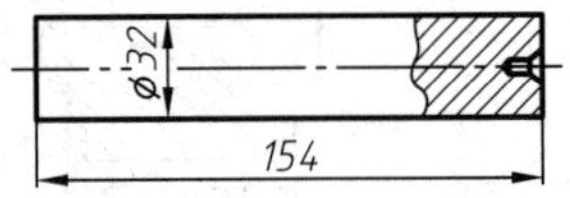 $\phi32$；154	4	精车左端,直径 $\phi17^{+0.5}_{0}$,$\phi15^{+0.5}_{0}$,$\phi22$。轴向尺寸分别为 25、10、5	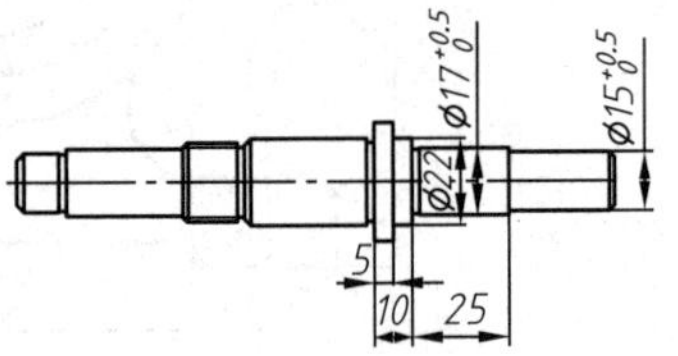 $\phi17^{+0.5}_{0}$；$\phi15^{+0.5}_{0}$；$\phi22$；5；10；25
2	粗车右端直径 $\phi24$ 长 92,左端直径 $\phi24$ 长 57	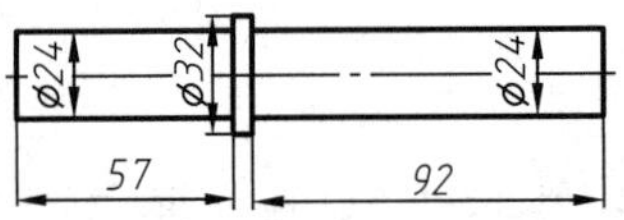 $\phi24$；$\phi32$；$\phi24$；57；92	5	铣键槽	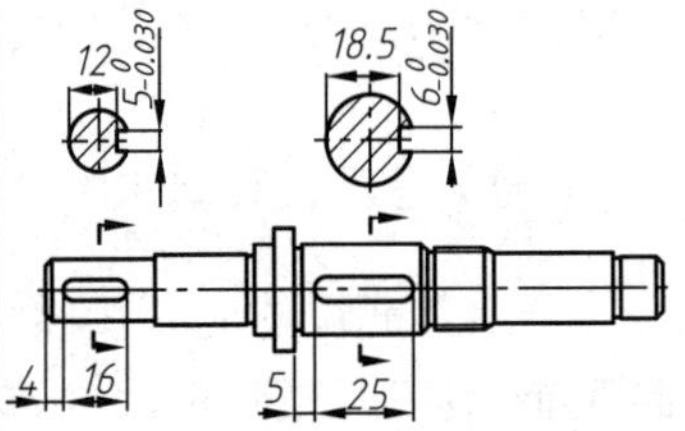 $12^{0}_{-0.030}$；$5^{0}_{-0.030}$；18.5；$6^{0}_{-0.030}$；4；16；5；25
3	精车右端直径 $\phi15^{+0.5}_{0}$,$\phi22^{+0.5}_{0}$,$\phi17$,$\phi30$,加工螺纹 $M20\times1.5$,割退刀槽,倒角,保证长度尺寸 $80+12=92$	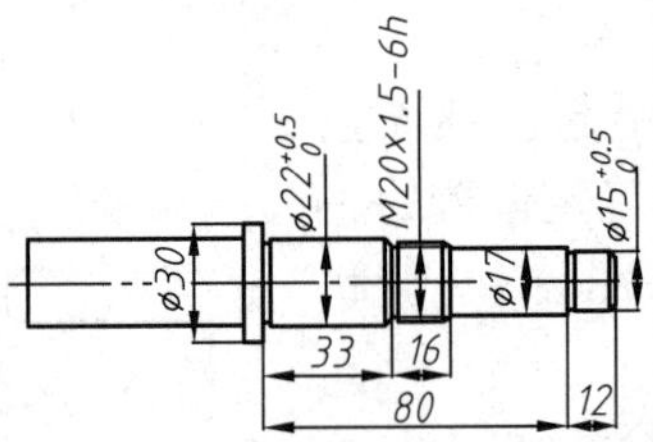 $\phi30$；$\phi22^{+0.5}_{0}$；$M20\times1.5\text{-}6h$；$\phi17$；$\phi15^{+0.5}_{0}$；33；16；80；12	6	磨外圆达到公差要求	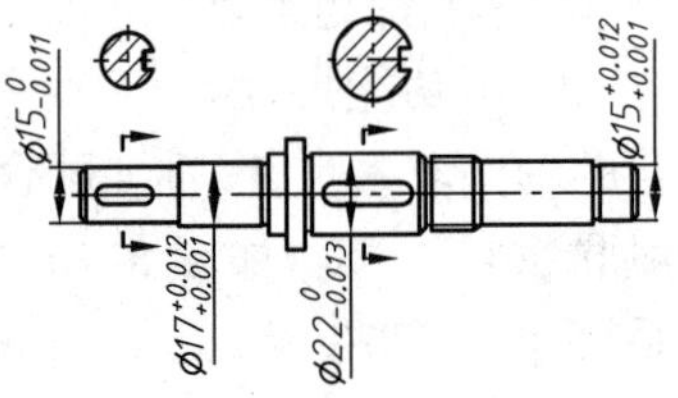 $\phi15^{0}_{-0.011}$；$\phi17^{+0.012}_{+0.001}$；$\phi22^{0}_{-0.013}$；$\phi15^{+0.012}_{+0.001}$

（2）按加工方法集中标注。当零件需要经过多种工序加工时,同一工序用到的尺寸应一起考虑,标注时应尽可能集中,如制造毛坯用的尺寸和切削加工用的尺寸要分别考虑。如图 8-4 中箱体的长度 116、宽度 104、壁厚 7、内部凸缘尺寸 16;安装底板的长度与箱体相同,宽度为 142,凸台尺寸 23 均为毛坯制造时用到的尺寸。其他切削加工用的尺寸也应一起考虑,标注时尽量集中。零件上加工面与非加工面之间一般只能有一个联系尺寸,如箱体左边的凸台端面与箱壁（也是安装底板端面）只有一个联系尺寸 9。

（3）与相关零件的尺寸要协调。如图 8-4 中箱体顶部四个螺孔的中心距 90 和 102 应与图 8-3 中箱盖上沉孔的中心距一致。箱体上蜗杆轴轴孔和蜗轮轴轴孔之间距离 $40^{+0.130}_{0}$ 应与蜗杆、蜗轮的中心距一致。箱体各凸台端面上螺孔的位置与各轴承盖上螺孔的位置要一致等。

188

（4）尺寸标注要便于测量。图 8-2 所示键槽的深度尺寸通常不从轴线（设计基准）而从相应的圆柱素线注出，如尺寸 $18.5_{-0.1}^{0}$ 和 $12_{-0.1}^{0}$。

（5）按典型结构的尺寸标注方法进行标注。零件上常见的典型结构，如键槽、退刀槽、锥销孔、螺孔、销孔、沉孔、中心孔、滚花等的尺寸标注，应按规定的或习惯的方法标注。典型结构的尺寸标注参见表 8-3。

表 8-3　典型结构的尺寸注法

零件结构类型		标注方法	说明
螺孔	通孔	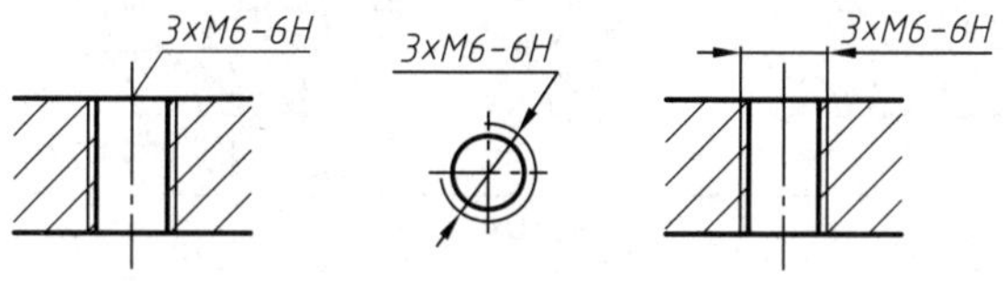	3×M6 表示三个直径为 6，规律分布的螺孔。可以旁注，也可直接注出
	不通孔	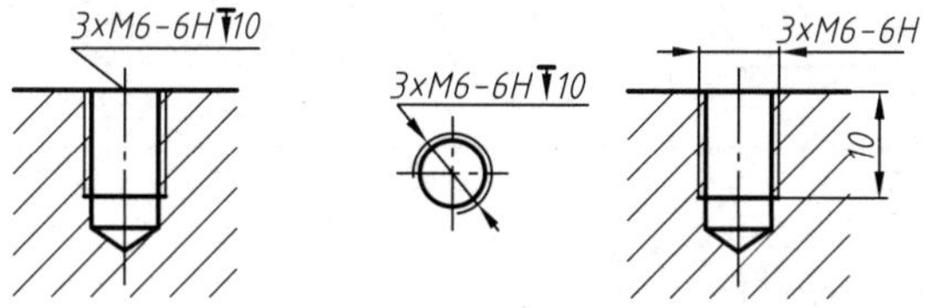	螺孔深度可与螺孔直径连注，也可分开注出
		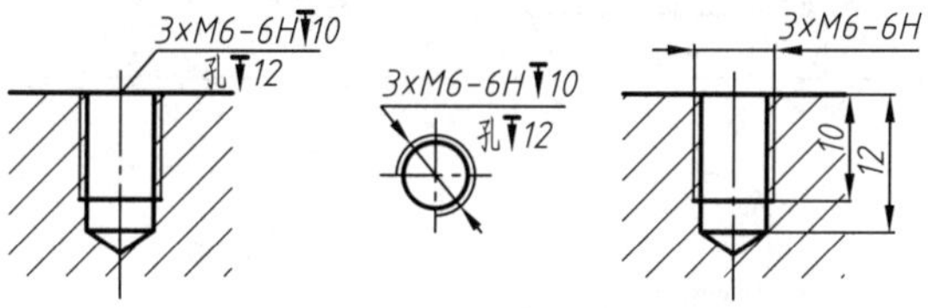	需要注出孔深时，应明确标注孔深尺寸
光孔	一般孔	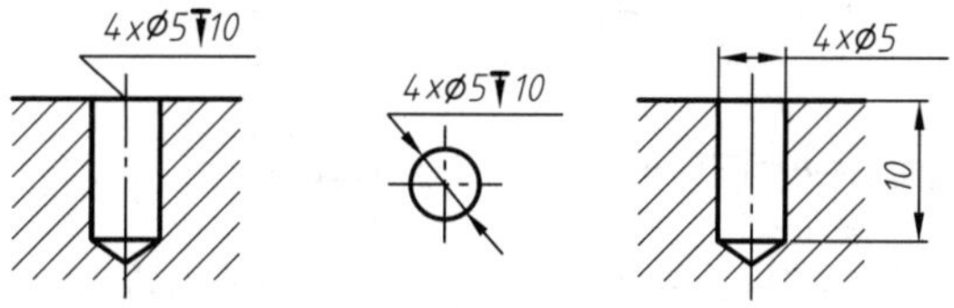	$4×\phi5$ 表示 4 个直径为 5 的规律分布的光孔。孔深可与孔径连注，也可分开注出
	精加工孔	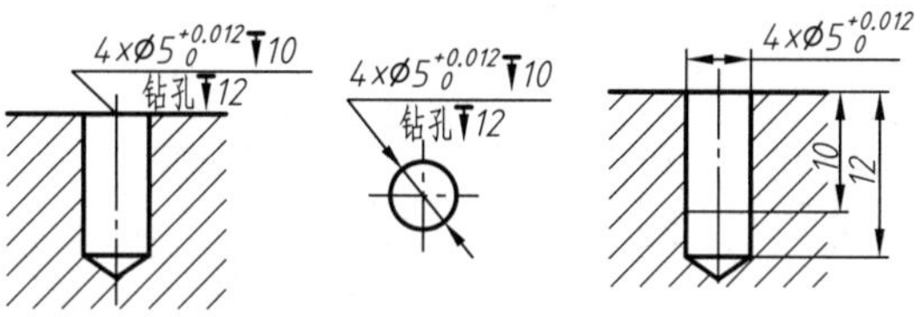	光孔 $\phi5$ 深为 12，钻孔后需精加工至 $\phi5_{0}^{+0.012}$，深度为 10
	锥销孔	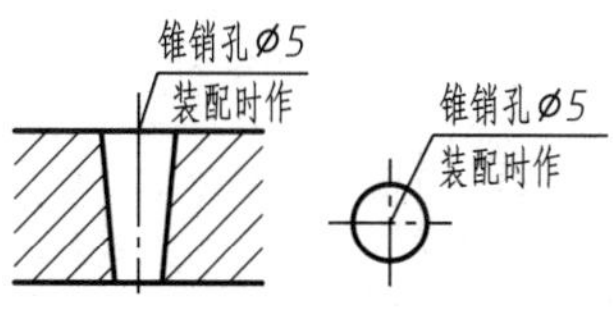	$\phi5$ 为与锥销孔相配的圆锥销小头直径。锥销孔通常是相邻两零件装配后一起加工的

189

零件结构类型		标注方法	说明
沉孔	锥形沉孔	$6\times\phi7$ $\vee13\times90°$　$6\times\phi7$ $\vee13\times90°$　$90°$ $\phi13$ $6\times\phi7$	$6\times\phi7$ 表示6个直径为7的、规律分布的孔。锥形部分尺寸可以旁注,也可直接注出
	柱形沉孔	$4\times\phi6$ $\sqcup\phi10\overline\downarrow3.5$　$4\times\phi6$ $\sqcup\phi10\overline\downarrow3.5$　$\phi10$ 3.5 $4\times\phi6$	$4\times\phi6$ 的意义同上。柱形沉孔的直径为10,深度为3.5,均需注出
	锪平面	$4\times\phi7\sqcup\phi16$　$4\times\phi7\sqcup\phi16$　$\phi16\sqcup$ $4\times\phi7$	锪平面 $\phi16$ 的深度不需标注,一般锪平到不出现毛面为止
键槽	平键键槽	L A $A-A$ $D-t_1$ b	标注 $D-t_1$ 便于测量
	半圆键键槽	ϕ A $A-A$ b $D-t_1$ A	标注直径,便于选择铣刀,标注 $D-t_1$ 便于测量
锥轴、锥孔		D d L　d D L	当锥度要求不高时,这样标注便于制造木模
		$1:5$ D L　$1:5$ D L	当锥度要求准确并为保证一端直径尺寸时的标注形式
退刀槽及砂轮越程槽		$\frac{I}{2:1}$ $45°$ $R0.5$ $45°$ b a　I　D $b\times a$　D b	为便于选择割槽刀,退刀槽宽度应直接注出。直径 D 可直接注出,也可注出切入深度 a

零件结构类型	标注方法	说明
倒角	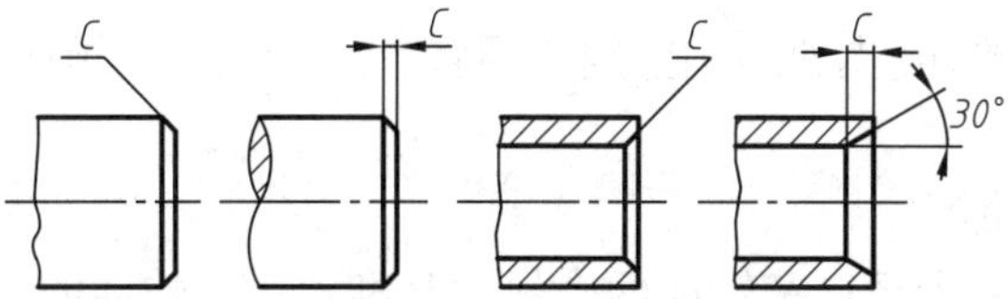	倒角45°时可与倒角的轴向尺寸 C 连注;倒角不是45°时,要分开标注
滚花	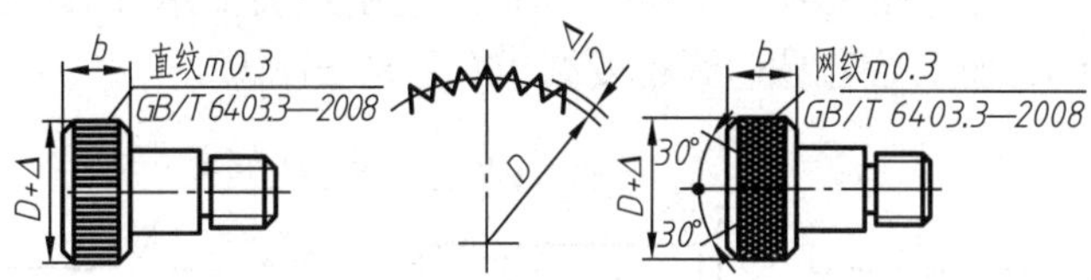	滚花有直纹与网纹两种标注形式。滚花前的直径尺寸为 D ,滚花后的直径为 $D+\Delta$, Δ 应按模数 m 查相应的标准确定
平面	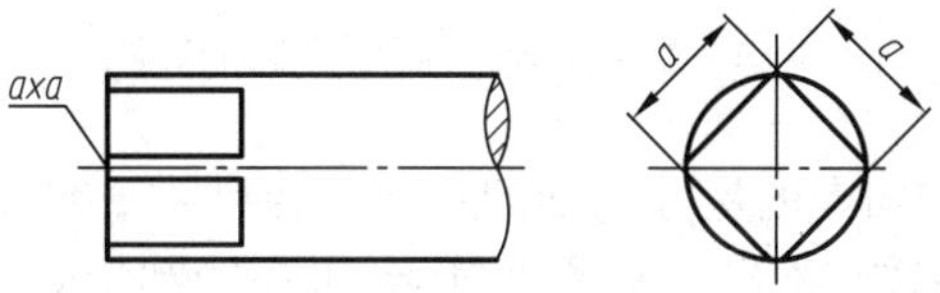	在没有表示正方形实形的图形上,该正方形的尺寸可用 $a \times a$ (a 为正方形边长)表示;否则要直接标注
中心孔	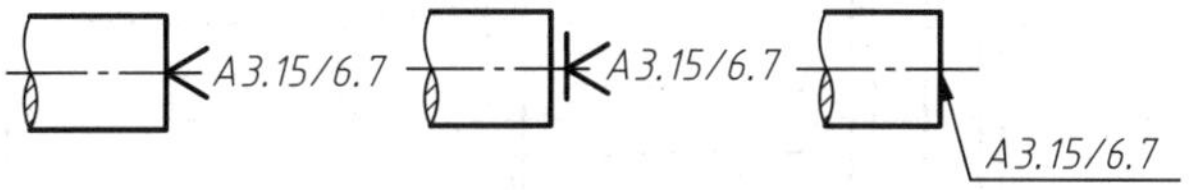	中心孔是标准结构,如需在图纸上表明中心孔要求,可用符号表示。左图为完工零件上要求保留中心孔的标注示例。中图为在完工零件上不可以保留中心孔的示例。右图为在完工零件上是否保留中心孔都可以的标注示例
		中心孔分为 A 型、B 型、C 型等。B 型、C 型为有保护锥面的中心孔,C 型还带螺纹。标注示例中 A3.15/6.7 表明采用 A 型中心孔, d=3.15、D_1=6.7

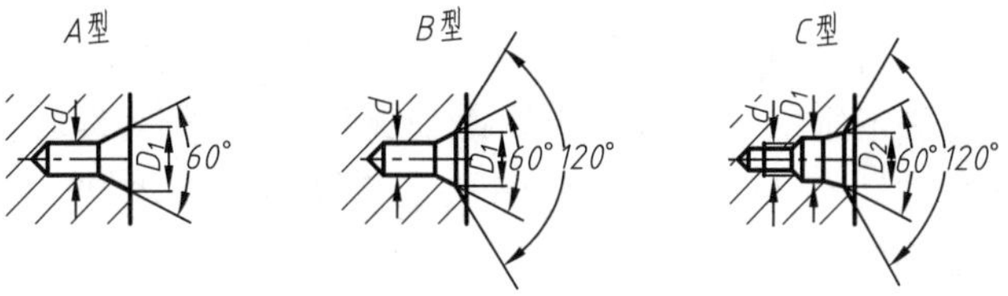

三、典型零件的尺寸标注

下面以蜗轮轴、箱盖、箱体、支架为例分别介绍轴套类、盘盖类、箱体类和叉架类零件尺寸标注的特点。

1. 轴套类零件的尺寸标注

（1）轴套类零件一般具有径向和轴向两个尺寸基准。为了转动的平稳及齿轮的正确啮合，各段圆柱均要求在同一轴线上，因此径向（也就是高度和宽度方向）尺寸基准就是轴线。通常以轴线为尺寸基准标出一系列直径尺寸。由于加工时两端用顶尖支承，因此轴线亦是工艺基准。工艺基准与设计基准重合，加工后容易达到精度要求（图 8-16）。

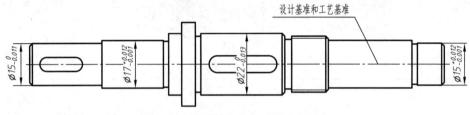

图 8-16　蜗轮轴径向主要尺寸和基准

（2）轴套类零件在长度方向上的尺寸基准即轴向主要尺寸基准，通常选用重要的轴肩、端面或加工面等。蜗轮轴上装有蜗轮、锥齿轮和滚动轴承，锥齿轮和蜗轮的轴向定位十分重要，蜗轮的轴向位置由蜗轮轴的定位轴肩来确定，因此选用这一定位轴肩作为轴向尺寸的主要设计基准（图 8-17）。

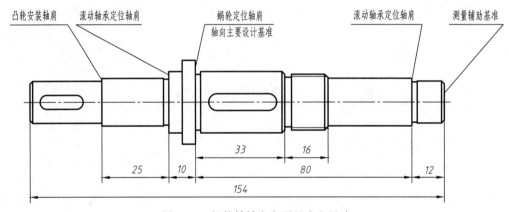

图 8-17　蜗轮轴轴向主要基准和尺寸

（3）标注各段的轴向尺寸时，首先考虑重要的尺寸直接注出。以轴向尺寸基准出发，标注尺寸 10 决定左端滚动轴承定位轴肩，再以尺寸 25 决定凸轮的安装轴肩。尺寸 80 决定右端滚动轴承定位轴肩，并以尺寸 12 决定轴的右端面。再以此为测量辅助基准，标注轴的总长 154。从蜗轮定位轴肩出发标注的尺寸还有 33，并以尺寸 16 决定螺纹的长度，蜗轮、调整片、锥齿轮、垫圈和圆螺母必须安装在此范围内。

（4）蜗轮轴上键槽、螺纹退刀槽以及倒角的标注需遵循有关规定，参见表 8-3。

（5）图 8-17 中凸轮安装轴段较为次要，应该空出不注，否则就形成了封闭的尺寸链。

蜗轮轴完整的尺寸标注参见图 8-2。

2. 盘盖类零件的尺寸标注

主体为同轴回转体的盘盖类零件以及轮式盘类零件,一般具有径向和轴向两个尺寸基准;而薄板状盘盖类零件,多有长、宽、高三个方向尺寸基准。下面以图 8-3 所示的箱盖为例,介绍盘盖类零件尺寸标注的特点。

(1)确定长度和宽度方向主要尺寸基准时,考虑到箱盖前后对称,左右除长方形凸台和加油孔外也基本对称,所以长度和宽度方向均以对称平面为主要尺寸基准,在俯视图上标注出四个沉孔的中心距 90 和 102。由于长方形凸台偏居左方,因此标注凸台对称面的定位尺寸 25,再以凸台对称面为辅助基准,标注螺孔的定位尺寸 30 和 50;加油孔尺寸 20 和 40。

(2)确定高度方向主要尺寸基准时,考虑到箱盖底面与箱体接触,且为加工面,因此高度方向的设计和测量基准均为底面,由此标注出箱盖高度 8,凸台高度 10 和箱盖内面高度 3。

3. 箱体类零件的尺寸标注

下面以图 8-4 所示的箱体为例,介绍箱体类零件尺寸标注的特点。

(1)高度方向主要尺寸基准的确定和尺寸标注

由于箱体的底面是安装面,因此可作为高度方向的设计基准,加工时也以底面为基准,加工各轴孔和其他平面,因此底面又是工艺基准,故将其作为高度方向主要尺寸基准,如图 8-18 所示。由底面注出尺寸 92 以确定蜗杆轴孔的位置;以尺寸 39 和 18(见图 9-4 中的 *E—E* 局部剖视图)分别确定油标孔和螺塞孔的位置。为了确保蜗杆和蜗轮的中心距,以蜗杆轴孔的轴线作为辅助基准标注尺寸 $40^{+0.130}_{0}$,从而确定蜗轮轴孔在高度方向的位置。

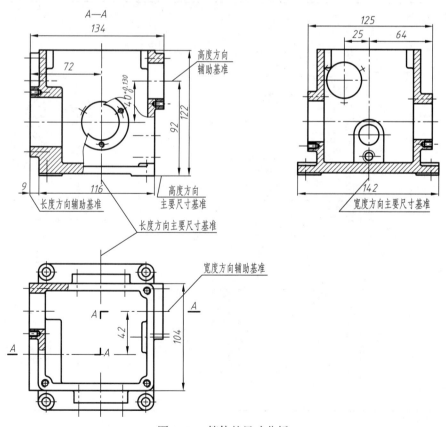

图 8-18　箱体的尺寸分析

（2）长度方向主要尺寸基准的确定和尺寸的标注

长度方向以蜗轮轴线为主要尺寸基准,标注尺寸72用来确定箱体左端凸台的位置,然后以此为辅助基准,再以尺寸134确定箱体右端凸台的位置,以尺寸9确定安装底板在长度方向的位置。

（3）宽度方向主要尺寸基准的确定和尺寸的标注

宽度方向选用前后基本对称面作为主要尺寸基准。以尺寸104、142确定箱体宽度和安装底板宽度,以尺寸64确定前凸台的端面位置,再以尺寸125确定后凸台端面位置。标注尺寸25用来确定蜗杆轴孔在宽度方向的位置,并作为辅助基准,用尺寸42确定圆锥齿轮轴轴孔的轴线位置。

4. 叉架类零件的尺寸标注

下面以图8-19所示的底座为例,介绍叉架类零件尺寸标注的特点。

（1）长度方向主要尺寸基准选用工作主体(即 ϕ50 的圆柱体)右端面,该端面为加工面。以该端面为基准,通过尺寸15和40确定安装底板右端面的位置,并以底板右端面作为辅助基准,利用尺寸23确定安装底板底面长方槽在长度方向上的位置。同样以安装底板右端面为辅助基准,借助于尺寸12和80确定安装底板上三个沉孔在长度方向上的位置。

（2）宽度方向主要尺寸基准选择底座前后对称面,并以对称注法标注出安装底板的宽度尺寸50和右边两个沉孔在宽度方向的中心距尺寸26。

（3）高度方向主要尺寸基准选用安装底板底面,该面为加工面。以此为基准,直接标注出工作主体在高度方向上的重要尺寸62及安装底板的厚度12。

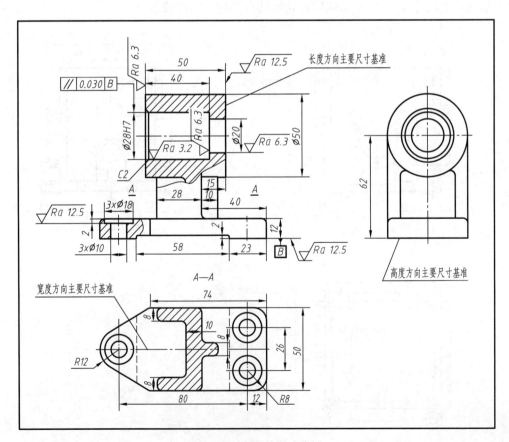

图8-19　底座的尺寸分析

第五节　零件图上的技术要求

　　为了提高机械设备的质量,必须保证各零件的制造精度。在零件图中除了视图和尺寸之外,还要标注出技术要求,它是制造和检验零件的重要技术数据之一。

　　技术要求主要包括表面微观结构、极限与配合、几何公差、热处理以及用文字表述的其他有关加工和制造的要求。上述技术要求应按照有关国家标准规定的代(符)号或用文字正确地注写出来。关于极限与配合、金属材料与热处理、零件结构要素与加工规范等技术要求,请参见附录3、附录4和附录5。

一、表面微观结构（GB/T 3505—2009、GB/T 131—2006）

（一）表面微观结构的概念

　　零件在加工制造过程中,由于受机床和刀具振动、材料的不均匀等因素的影响,其表面总会形成微观不平特征,如图8-20所示。这种微观不平特征会严重影响零件的耐磨性、抗腐蚀性、密封性、抗疲劳性等,在零件图或产品技术文档中必须对其提出要求。

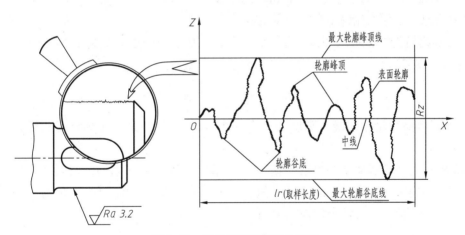

图 8-20　零件表面微观不平特征

1. 三种表面轮廓和传输带

　　对实际表面微观几何特征的研究是用轮廓法进行的。平面与零件实际表面相交的交线称为微观实际轮廓,图8-21表示的是零件的微观实际轮廓以及从实际轮廓中分离出来的粗糙度轮廓、波纹度轮廓和形状轮廓。

　　划分零件表面轮廓的基础是波长(即尺度),每一种轮廓都定义于一定的波长范围内,并被称为该轮廓的传输带,用截止短波长值和截止长波长值表示。应用截止短波长值对表面轮廓进行滤波能排除掉比短波长值更小的微观不平成分;同样道理,应

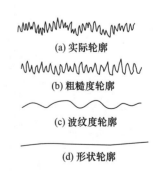

(a) 实际轮廓

(b) 粗糙度轮廓

(c) 波纹度轮廓

(d) 形状轮廓

图 8-21　零件表面微观不平特征

用截止长波长值对表面轮廓进行滤波能排除掉比长波长值更大的微观不平成分。截止波长值有三种,分别用 λs、λc 和 λf 表示,$\lambda s < \lambda c < \lambda f$。由此零件表面的三种轮廓定义为:

（1）原始轮廓 表面实际轮廓经 λs 轮廓滤波器后所得到的总的轮廓。

（2）粗糙度轮廓 是对原始轮廓应用 λc 轮廓滤波器滤掉长波成分后形成的轮廓。

（3）波纹度轮廓 是对原始轮廓应用 λc 轮廓滤波器滤掉短波成分,λf 轮廓滤波器滤掉长波成分后形成的轮廓。

粗糙度轮廓、波纹度轮廓及原始轮廓构成了零件的表面特征,国家标准以这三个轮廓为基础,建立了一系列参数,定量描述对零件表面的要求,这些参数可用专用仪器进行测量,以评定零件表面是否符合设计要求。

2. 术语及定义

（1）中线 具有几何轮廓形状并划分轮廓的基准线。实际上中线就是轮廓坐标系的 X 坐标轴,与之垂直的是轮廓高度 Z 轴。三个轮廓各自都有其中线。

（2）取样长度 用于判断被评定轮廓的不规则特征的 X 轴上的长度。

（3）评定长度 用于评定被评定轮廓的 X 轴方向上的长度,它包含一个或几个取样长度。

国家标准规定,表示零件表面微观几何特征的表面结构参数有三种,分别为 R 参数、W 参数和 P 参数,其中:

（4）R 参数 在粗糙度轮廓上计算所得的参数。

（5）W 参数 在波纹度轮廓上计算所得的参数。

（6）P 参数 在原始轮廓上计算所得的参数。

（7）表面粗糙度轮廓的算术平均偏差 Ra 在一个取样长度内,轮廓高度 $Z(x)$ 绝对值的算术平均值,参见图 8-22。

$$Ra = \frac{1}{lr} \int_0^{lr} |Z(x)| \, \mathrm{d}x$$

（8）表面粗糙度轮廓的最大高度 Rz 在一个取样长度内,最大轮廓峰高和最大轮廓谷深之和。

Ra 和 Rz 是常用的表面结构参数,国家标准均给出了两者的系列值和取样长度。

表 8-4 为国家标准规定的 Ra 的系列值。表 8-5 为国家标准规定的 Ra 值对应的取样长度 lr 值。表 8-6 为不同加工方法所对应的 Ra 值。

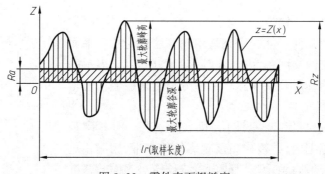

图 8-22 零件表面粗糙度

表 8–4　*Ra* 系 列 值　　　　　μm

Ra	0.012	0.2	3.2	
	0.025	0.4	6.3	50
	0.05	0.8	12.5	100
	0.1	1.6	25	

表 8–5　*Ra* 对应的取样长度 *lr* 值

Ra/μm	*lr*/mm	*Ra*/μm	*lr*/mm
>0.006 ~ 0.02	0.08	>2.0 ~ 10.0	2.5
>0.02 ~ 0.1	0.25	>10.0 ~ 80.0	8.0
>0.1 ~ 2.0	0.8		

表 8–6　不同加工方法所对应的 *Ra* 值　　　　μm

加工方法	*Ra* 值（第一系列）													
	0.012	0.025	0.05	0.10	0.20	0.40	0.80	1.60	3.2	6.3	12.5	25	50	100
砂模铸造										√	√	√	√	
金属模铸造								√	√	√	√	√	√	
压力铸造						√	√	√	√	√				
热轧										√	√	√	√	
冷轧				√	√	√	√	√	√	√				
刨削						√	√	√	√	√	√	√		
钻孔								√	√	√	√	√		
镗孔						√	√	√	√	√	√	√		
铰孔				√	√	√	√	√	√	√	√			
滚铣						√	√	√	√	√	√	√		
端铣						√	√	√	√	√				
车外圆						√	√	√	√	√	√	√		
车端圆						√	√	√	√	√	√	√		
磨外圆		√	√	√	√	√	√	√						
磨平面		√	√	√	√	√	√	√	√	√				
研磨	√	√	√	√	√	√	√							
抛光	√	√	√	√	√	√	√	√						

（二）表面结构图形符号及代号

1. 表面结构图形符号及含义

表示零件表面结构的图形符号画法及含义参见表 8-7。

表 8-7　表面结构图形符号的画法及含义

图形符号	意义及说明
	基本图形符号，表示表面可用未指定工艺方法获得，当通过一个注释解释时可单独使用。$d=\dfrac{1}{10}\,h$，$H_1=1.4\,h$，d 为线宽，h 为字高，H_2 取决于标注内容（最小值为 $3\,h$）
	扩展图形符号，表示表面用去除材料的方法获得。例如车、铣、磨、剪切、抛光、腐蚀、电火花加工、气割等
	扩展图形符号，表示表面用不去除材料的方法获得。例如铸、锻、冲压变形、热轧、冷轧、粉末冶金等，或者是用于保持原供应状况的表面（包括保持上道工序的状况）
	完整图形符号，在上述三个符号的长边上均可加一横线，用于标注有关参数和说明
	工件轮廓各表面的图形符号，在上述三个完整图形符号上均可加一小圆圈，表示所有表面具有相同的表面结构要求，标注在图样中工件的封闭轮廓线上
	a——注写表面结构的单一要求，包括参数代号和极限值，必要时注写传输带或取样长度等。例如：0.025–0.8/Rz 6.3（传输带标注），–0.8/Rz 6.3（取样长度标注）。传输带或取样长度后应有一斜线 "/"，之后是参数代号，空一格之后注写极限值。 b——注写表面结构的第二个要求。 c——注写加工方法、表面处理、涂层或其他加工工艺要求等，如车、磨、镀等。 d——注写表面纹理和方向。 e——注写加工余量

2. 表面结构完整图形符号的组成

为了明确表面结构要求，除了标注表面结构参数和数值之外，必要时应标注补充要求，包括传输带、取样长度、加工工艺、表面纹理及方向、加工余量等。为了保证表面的功能特征，应对表面结构参数规定不同的要求。

在完整图形符号中,对表面结构的单一要求和补充要求的注写方式参见表 8-7 中最下一栏的标注。

3. 标注定义的 R 参数

给出表面结构要求时,应标注其参数代号和极限值,并包括要求解释这两项元素所涉及的重要信息,如传输带、评定长度或满足评定长度要求的取样长度个数和极限值判断规则。为了简化标注,对这些信息定义了默认值,当其中某一项采用默认值时,不需要注写。

标注表面结构参数时应使用完整图形符号。在完整图形符号中注写了参数代号、极限值等要求后则成为表面结构代号。下面举例说明 R 参数的标注,其他类型参数的标注与之类似。

(1)参数代号的标注

参数代号由字母和数字组成。例如:Ra、$Ra3$、$Ramax$、$Ra3max$。代号中的大、小写字母和数字应采用同一字号。

(2)评定长度(ln)的标注

评定长度以取样长度的个数表示,国家标准中默认的评定长度为 5 个取样长度,此时在 Ra 之后不标注取样长度个数;若评定长度为 3 个取样长度,则应在 Ra 之后标注 "3",即 $Ra3$。

(3)极限值判断规则的标注

表面结构要求中给定的极限值判断规则有 16% 规则和最大规则。16% 规则是测量某个表面结构参数的数值时,所有实测值中超过极限值的个数少于 16% 则为合格;最大规则就是所有实测值都不超过极限值则为合格。

16% 规则为默认规则;采用最大规则时参数代号中应加注 "max"。例如 "$Rzmax$"、"$Ra3max$"。

(4)传输带和取样长度的标注

传输带的标注用截止长、短波波长(单位:mm)表示,截止短波波长在前,截止长波波长在后,并用连字符 "-" 隔开,例如 0.008-0.8。

如果采用默认的传输带,则在参数代号前不标注传输带。如果两个截止波长中有一个为默认值,则只标注另一个,并应保留连字符,例如 -0.8 表示短波波长为默认值,长波波长为 0.8。

(5)单向极限或双向极限的标注

标注表面结构要求时,必须明确所标注的表面结构参数是上极限值还是下极限值;上、下极限值都标注称为双向极限,只标注上极限值或只标注下极限值的称为单向极限。

① 表面结构参数的双向极限标注

在完整图形符号中表示双向极限时应在参数代号前标注上极限代号,上限值在上方用 "U" 表示,下限值在下方用 "L" 表示。上、下极限值是 16% 规则或最大规则的极限值。如果同一个参数具有双向极限要求,在不引起歧义的情况下,可以不加 U、L。

上、下极限值可以用不同的参数代号和传输带表达。

② 表面结构参数的单向极限标注

当只标注参数代号、参数值和传输带时,它们应默认为参数的上限值(16% 规则或最大规则的极限值);如果是单项下限值,则应在参数代号前加 L。

(三)表面结构代号的注写

表面结构代号的注写及意义见表 8-8。

表 8-8　表面结构代号的注写及意义

1	$\sqrt{Ra\ 3.2}$	表示采用去除材料的方法获得的表面,单向上限值(默认),默认传输带,R 轮廓,粗糙度算术平均偏差极限值为 3.2 μm,评定长度为 5 个取样长度(默认),"16% 规则",表面纹理没有要求
2	$\sqrt{Rzmax\ 3.2}$	表示采用不去除材料的方法获得的表面,单向上限值(默认),R 轮廓,粗糙度最大高度极限值为 3.2 μm,"最大规则",其余参数采用默认设置
3	$\sqrt{Ra\ 3\ 3.2}$	表示采用去除材料的方法获得的表面,评定长度为 3 个取样长度,其余参数设置同上 1
4	$\sqrt{0.08-0.8/Ra\ 3.2}$	表示采用去除材料的方法获得的表面,单向上限值(默认),传输带 0.08-0.8 mm,粗糙度算术平均偏差极限值为 3.2 μm,其余参数均采用默认设置
5	$\sqrt{-0.8/Ra\ 3\ 3.2}$	表示采用去除材料的方法获得的表面,单向上限值(默认),取样长度等于传输带的长波波长值,为 0.8 mm;传输带的短波波长值为默认值(0.002 5 mm),其余参数设置同上 3
6	$\sqrt{\begin{array}{l}U\ Rz\ 0.8\\L\ Ra\ 0.2\end{array}}$	表示采用去除材料的方法获得的表面,双向极限值,上限值为 Rz 0.8,下限值为 Ra 0.2,极限值都采用"16% 规则"
7	$\sqrt{\begin{array}{l}Ra\ 1.6\\-2.5/Rzmax\ 6.3\end{array}}$	表示通过磨削加工获得的表面,两个单向上限值: (1)Ra 1.6 (2)−2.5/Rzmax 6.3

（四）表面结构要求在图样的参数代号和传输带的表达

1. 概述

表面结构要求对每一表面一般只标注一次,并尽可能注在相应的尺寸及其公差的同一视图上。除非另有说明,所标注的表面结构要求是对完工零件表面的要求。

2. 表面结构符号、代号的标注位置与方向

（1）标注原则

根据 GB/T 4458.4 中的规定,表面结构符号、代号的标注位置与方向总的原则是使表面结构的注写和读取方向与尺寸的注写和读取方向一致,参见图 8-23。即注写在水平线上时,代号、符号的尖端应向下;注写在竖直线上时,代号、符号的尖端应向右;注写在倾斜线上时,应通过指引线引出水平标注。而表面结构参数的注写要求同尺寸数字的注写要求一致。

（2）标注在轮廓线上或指引线上

表面结构要求可标注在轮廓线或指引线上,其符号应从材料外指向表面并接触表面,必要时,表面结构符号用带箭头或黑点的指引线引出标注,如图8-24、图8-25a、b所示。

（3）标注在特征尺寸的尺寸线上

在不至于引起误解的情况下,表面结构要求可以标注在给定的尺寸线上,见图8-25c、d。

（4）标注在几何公差框格的上方

见图8-26。

（5）直接标注在延长线上或用带箭头的指引线引出标注

参见图8-24、图8-27。

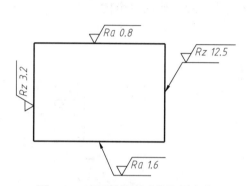

图8-23　表面结构要求的注写方向

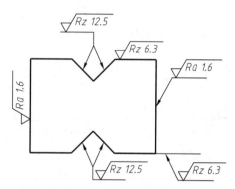

图8-24　表面结构要求在轮廓线上的标注

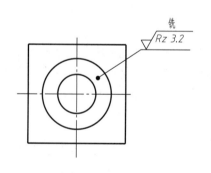

(a) 用带黑点的指引线引出标注

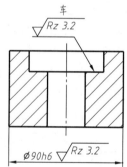

(b) 用带箭头的指引线引出标注

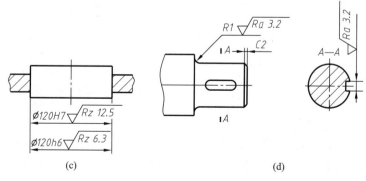

(c)　　　　　　　　　　　　(d)

图8-25　表面结构要求标注在尺寸线上

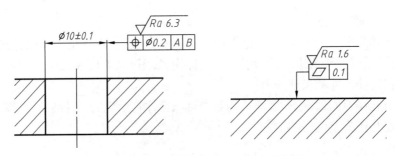

图 8-26　表面结构要求标注在几何公差框格的上方

（6）标注在圆柱或棱柱表面上

圆柱和棱柱表面的表面结构要求只标注一次（图 8-27），如果每个棱柱表面有不同的表面结构要求，则应分别单独标注（图 8-28）。

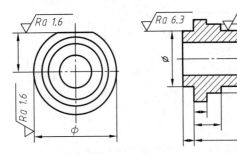

图 8-27　圆柱表面结构要求的注法

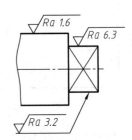

图 8-28　棱柱表面结构要求的注法

3. 表面结构要求的简化注法

（1）有相同表面结构要求的简化注法

如果工件的全部或多个表面有相同的表面结构要求，则其表面结构要求可统一标注在图样标题栏附近。此时（除全部表面有相同要求的情况）表面结构要求的代号后面应有：

——在圆括号内给出无任何其他标注的基本图形符号（图 8-29）。

——在圆括号内给出不同的表面结构要求（图 8-30）。

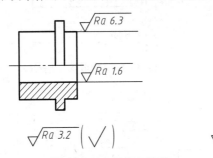

图 8-29　大多数表面有相同表面结构
要求的简化注法（一）

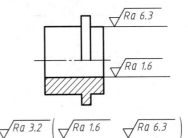

图 8-30　大多数表面有相同表面
结构要求的简化注法（二）

（2）多个表面有共同要求的注法

当多个表面具有相同的表面结构要求或图纸空间有限时，可以采用简化注法。

① 用带字母的完整图形符号的简化注法　可用带字母的完整图形符号，以等式的形式，在图形或标题栏附近，对有相同表面结构要求的表面进行简化标注（图 8-31）。

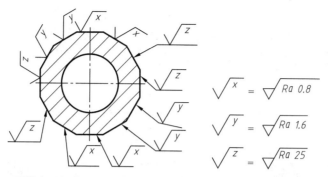

图 8-31 用带字母的完整图形符号对有相同表面结构要求的表面采用简化注法

② 只用表面结构符号的简化注法 根据被标注表面所用工艺方法的不同,相应地使用基本图形符号、应去除材料或不允许去除材料的扩展图形符号在图中进行标注,再在标题栏附近以等式的形式给出对多个表面共同的表面结构要求,参见图 8-32。

4. 由两种或多种工艺方法获得的同一表面的注法

由几种不同的工艺方法获得的同一表面,当需要明确每一种工艺方法的表面结构要求时,可在国家标准规定的图线上标注相应的表面结构代号。图 8-33 表示同时给出镀覆前后的表面结构要求的注法。

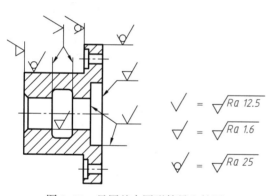

图 8-32 只用基本图形符号和扩展
图形符号的简化注法

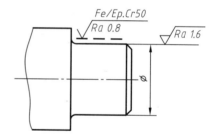

图 8-33 同时给出镀覆前后的表面
结构要求的注法

二、极限与配合的基本概念及标注方法

(一)互换性

在成批或大量生产中,由于受机床精度、测量等诸多因素的影响,零件的尺寸和形状等不可能加工得绝对准确,总会产生一些误差。若在加工好的同一批零件中,不经修配就能立即装到机器上去,并能保证使用性能(如工作性能、零件间配合的松紧程度等),这种性质称为互换性。由于互换性原则在机器制造中的应用,大大地简化了零件、部件的制造和装配过程,使产品的生产周期显著缩短,不但提高了劳动生产率,降低了生产成本,便于维修,而且也保证了产品质量的稳定性。

为了满足互换性要求,图样上常注有公差与配合、几何公差等技术要求。图 8-34a 为滑动轴承装配图,图上注有配合代号。图 8-34b 为其下轴衬的零件图,图上有些尺寸注有极限偏差。在设计时,要合理地确定各类公差才能使所绘制的图样符合生产实际的需要,并可适当降低加工成本。

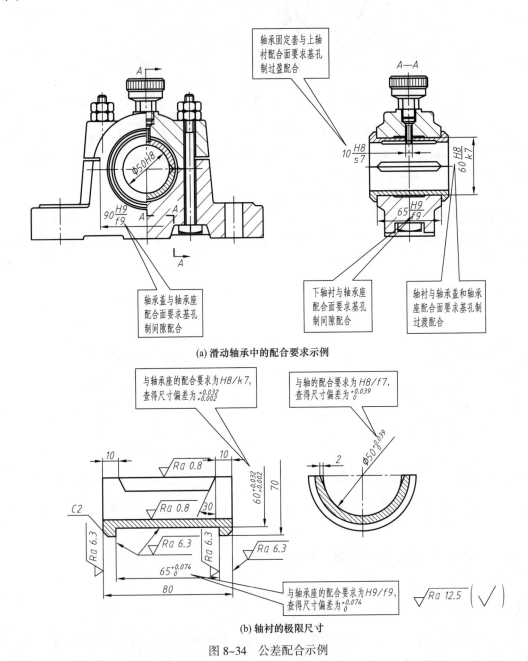

(a) 滑动轴承中的配合要求示例

(b) 轴衬的极限尺寸

图 8-34　公差配合示例

（二）公差基本概念

1. 公差的有关术语和定义（GB/T 1800.1—2020）

尺寸要素　由一定大小的线性尺寸或角度尺寸确定的几何形状。

公称尺寸 由图样规范定义的理想形状要素的尺寸,如图 8-34a 中的 $\phi 60$、90 等。

组成要素 属于工件的实际表面或表面模型的几何要素。

实际尺寸 拟合组成要素的尺寸,实际尺寸通过测量得到。

极限尺寸 尺寸要素的尺寸所允许的极限值。

上极限尺寸 尺寸要素所允许的最大尺寸。

下极限尺寸 尺寸要素所允许的最小尺寸。如图 8-34b 中所标注的 $\phi 60^{+0.032}_{+0.002}$,其中上极限尺寸是 $\phi 60.032$,下极限尺寸是 $\phi 60.002$。

偏差 某一尺寸减其公称尺寸所得的代数差。

上极限尺寸和下极限尺寸减其公称尺寸所得到的代数差分别称为上极限偏差和下极限偏差,统称为极限偏差。国家标准规定:孔的上极限偏差、下极限偏差代号分别用 ES、EI 表示;轴的上极限偏差、下极限偏差代号分别用 es、ei 表示,如图 8-35、图 8-36 所示。

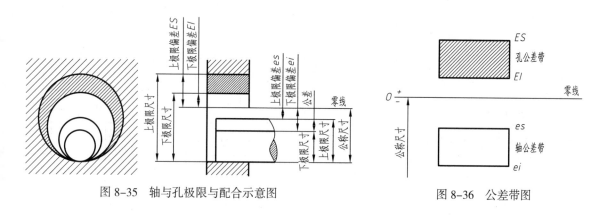

图 8-35 轴与孔极限与配合示意图   图 8-36 公差带图

尺寸公差(简称公差) 零件尺寸所允许的变动量。公差 = 上极限尺寸 – 下极限尺寸 = 上极限偏差 – 下极限偏差。

【例 8-1】尺寸 $\phi 60^{+0.032}_{+0.002}$ 中:

上极限偏差 es= 上极限尺寸 – 公称尺寸 =60.032-60=+0.032

下极限偏差 ei= 下极限尺寸 – 公称尺寸 =60.002-60=+0.002

【例 8-2】尺寸 $\phi 60^{+0.032}_{+0.002}$ 中:

公差 =60.032-60.002=+0.032-(+0.002)=0.030

2. 公差与公差带图

图 8-35 为极限与配合的示意图,它表明了上述各术语的关系。在实际工作中,常将示意图抽象简化为公差带图(图 8-36)。公差带图中的零线及公差带的定义如下:

零线 在公差带图中,表示公称尺寸的一条直线为零线,以其为基准确定偏差和公差。通常零线沿水平方向绘制,正偏差位于其上,负偏差位于其下。

公差带图 由代表上极限偏差和下极限偏差或上极限尺寸和下极限尺寸的两条直线所限定的一个区域称为公差带,以公称尺寸为零线来表示公差带位置时称为公差带图。

3. 标准公差

标准公差是国家标准规定的用以确定公差带大小的标准化数值。标准公差等级代号用符号 IT 和数字组成,如 IT7。标准公差等级分 IT01、IT0、IT1 至 IT18 共 20 级,其中 IT01 和 IT0 在工业中很少用到。随着公差等级数字的增大,尺寸的精确程度逐渐降低,公差数值逐渐增大。其中

IT01 级尺寸精度最高,IT18 级尺寸精度最低。

同一公称尺寸,公差等级愈高,标准公差数值愈小,尺寸精确程度愈高。国家标准把 ≤ 500 mm 的公称尺寸分为 13 个尺寸分段,按不同的公差等级列出各段公称尺寸的公差值。属于同一公差等级的公差在不同的尺寸分段中数值不同,但应认为具有相同的精确程度,例如当公称尺寸在 >30 ~ 50 mm 尺寸分段时,IT7 级的标准公差值是 0.025 mm;而当公称尺寸在 >400 ~ 500 mm 尺寸分段时,IT7 级的标准公差值是 0.063 mm。它们的标准公差数值虽不同,但标准公差等级都是 IT7 级,可认为它们在使用和制造上具有同等的精确程度。

表 8-9 列出了公称尺寸至 500 mm 的标准公差数值。

表 8-9　标准公差数值(GB/T 1800.1—2020 摘录)

公称尺寸		标准公差等级																			
		IT01	IT0	IT1	IT2	IT3	IT4	IT5	IT6	IT7	IT8	IT9	IT10	IT11	IT12	IT13	IT14	IT15	IT16	IT17	IT18
大于	至	μm													mm						
—	3	0.3	0.5	0.8	1.2	2	3	4	6	10	14	25	40	60	0.1	0.14	0.25	0.4	0.6	1	1.4
3	6	0.4	0.6	1	1.5	2.5	4	5	8	12	18	30	48	75	0.12	0.18	0.3	0.48	0.75	1.2	1.8
6	10	0.4	0.6	1	1.5	2.5	4	6	9	15	22	36	58	90	0.15	0.22	0.36	0.58	0.9	1.5	2.2
10	18	0.5	0.8	1.2	2	3	5	8	11	18	27	43	70	110	0.18	0.27	0.43	0.7	1.1	1.8	2.7
18	30	0.6	1	1.5	2.5	4	6	9	13	21	33	52	84	130	0.21	0.33	0.52	0.84	1.3	2.1	3.3
30	50	0.6	1	1.5	2.5	4	7	11	16	25	39	62	100	160	0.25	0.39	0.62	1	1.6	2.5	3.9
50	80	0.8	1.2	2	3	5	8	13	19	30	46	74	120	190	0.3	0.46	0.74	1.2	1.9	3	4.6
80	120	1	1.5	2.5	4	6	10	15	22	35	54	87	140	220	0.35	0.54	0.87	1.4	2.2	3.5	5.4
120	180	1.2	2	3.5	5	8	12	18	25	40	63	100	160	250	0.4	0.63	1	1.6	2.5	4	6.3
180	250	2	3	4.5	7	10	14	20	29	46	72	115	185	290	0.46	0.72	1.15	1.85	2.9	4.6	7.2
250	315	2.5	4	6	8	12	16	23	32	52	81	130	210	320	0.52	0.81	1.3	2.1	3.2	5.2	8.1
315	400	3	5	7	9	13	18	25	36	57	89	140	230	360	0.57	0.89	1.4	2.3	3.6	5.7	8.9
400	500	4	6	8	10	15	20	27	40	63	97	155	250	400	0.63	0.97	1.55	2.5	4	6.3	9.7

4. 基本偏差系列与公差等级

基本偏差为国家标准规定的用以确定公差带相对于零线位置的上极限偏差或下极限偏差。一般靠近零线的那个偏差为基本偏差,且对孔和轴均分别规定了 28 个基本偏差,其代号用英文字母(一个或两个)按顺序表示,大写的字母表示孔的基本偏差代号,小写的字母表示轴的基本偏差代号。图 8-37 表示孔和轴的基本偏差系列。

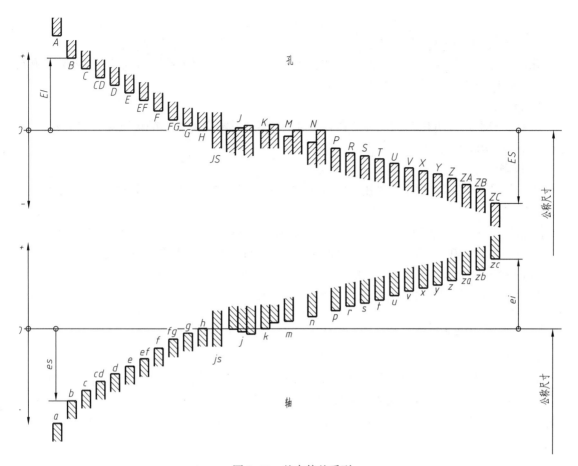

图 8-37　基本偏差系列

　　轴的基本偏差从 a 到 h 为上极限偏差(es),且为负值,绝对值依次减小。其中 h 的上极限偏差(es)等于零。各级标准公差的公差带在 js 位置时,基本偏差完全对称分布在零线的两侧,其上极限偏差和下极限偏差均为 IT/2,因此在图 8-37 中 js 未标出基本偏差。从 j 到 zc,基本偏差为下极限偏差(ei),其中 j 为负值,而 k 到 zc 为正值,其绝对值依次增大。

　　一般来说(从图 8-37 中也可以看出),孔的基本偏差是从轴的基本偏差换算得到的。孔的基本偏差与轴的基本偏差绝对值相同,而符号相反。所以孔和轴的基本偏差正好对称地分布在零线的两侧,即孔的基本偏差是轴的基本偏差相对于零线的倒影。

　　原则上,公差等级与基本偏差无关,但有少数基本偏差对不同公差等级使用不同的数值,例如 j,js(J,JS)就是这种情况,又如 k 在 3 mm< 公称尺寸 ≤ 500 mm,IT4 到 IT7 级范围内使用一种数值,而在其他公差等级范围内全部为零,所以在图 8-37 中,k 的基本偏差分成高低不同的两个部分。

　　在图 8-37 中,同一字母代号表示的基本偏差不变,但不同公差等级的公差带宽度有所变化,故图中公差带相对于基本偏差所对应的另一端画成开口。

　　根据公称尺寸可从标准表中(附录 3)查得孔和轴极限偏差数值。另外,已知孔和轴的基本偏差数值,再根据标准公差值即可计算出孔、轴的另一极限偏差。

　　对于孔,其另一极限偏差(上极限偏差 ES 或下极限偏差 EI)为:

$$ES=EI+IT \quad 或 \quad EI=ES-IT$$

　　对于轴,其另一极限偏差(下极限偏差 ei 或上极限偏差 es)为:

$$ei=es-IT \quad 或 \quad es=ei+IT$$

5. 公差带的表示

孔、轴的公差带可用公差带代号（基本偏差字母结合公差等级数字）表示。例如，对于孔可表示为H8、F8、K7、P7；对于轴可表示为h7、f7、k6、p6。

6. 带公差尺寸的表示

带有公差的尺寸可用公称尺寸后跟所要求的公差带或（和）对应的极限偏差值表示，例如32H7，100g6，$100^{-0.012}_{-0.034}$，$100g6 \left(^{-0.012}_{-0.034}\right)$。

7. 极限偏差表

当公称尺寸确定后，根据零件配合的要求选定基本偏差和公差等级，即可从表中查得孔或轴的极限偏差值。

【例8-3】对于孔ϕ50H8，根据基本偏差系列可知其基本偏差值为零，在标准公差表中查得：当公称尺寸为50时，IT8的标准公差值为0.039，此即为孔的上极限偏差，标注为$\phi 50^{+0.039}_{0}$。

【例8-4】对于轴ϕ50h7，在公称尺寸为50时，查得标准公差值为0.025，该轴的上极限偏差为0，则下极限偏差为–0.025，标注为$\phi 50^{0}_{-0.025}$。

（三）配合与基准制

1. 配合

所谓配合，就是公称尺寸相同、相互结合的孔和轴公差带之间的关系。因为孔和轴的实际尺寸不同，装配后可能出现不同的松紧程度，即出现"间隙"（图8-38a）或"过盈"（图8-38b）。当孔的尺寸减去相配合的轴的尺寸之差为正时是间隙，为负时是过盈。通常在装配图中标出配合尺寸，零件图上不标注。

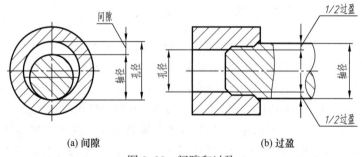

(a) 间隙　　　　　　　　　　　　　　(b) 过盈

图8-38　间隙和过盈

根据零件间的要求，国家标准将配合分为三类：

（1）间隙配合　具有间隙（包括最小间隙等于零）的配合。此时，孔的公差带在轴的公差带之上。

（2）过盈配合　具有过盈（包括最小过盈等于零）的配合。此时，孔的公差带在轴的公差带之下。

（3）过渡配合　可能具有间隙或过盈的配合。此时，孔的公差带与轴的公差带相互交叠。

2. 基准制

当公称尺寸确定后，为了得到孔与轴之间各种不同性质的配合，需要制定其公差带间的相互关系。如果孔和轴的尺寸都可以任意变动，则配合情况变化极多，不便于零件的设计和制造，为此国家标准规定了两种配合制度（图8-39）。

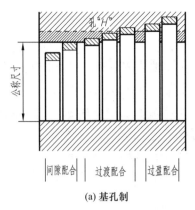

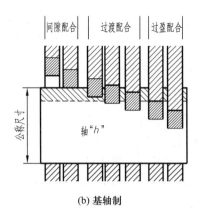

(a) 基孔制   (b) 基轴制

图 8-39　基孔制和基轴制

（1）基孔制　基本偏差为一定的孔的公差带，与不同基本偏差的轴的公差带形成各种配合的一种制度称基孔制。基孔制的孔为基准孔，基准孔的基本偏差代号为 H，其下极限偏差为零。

（2）基轴制　基本偏差为一定的轴的公差带，与不同基本偏差的孔的公差带形成各种配合的一种制度称基轴制。基轴制的轴为基准轴，基准轴的基本偏差代号为 h，其上极限偏差为零。

在图 8-39 中，基准孔和基准轴的公差带内画了虚线，表示不同公差等级的公差带宽度不同，它与某一基本偏差的轴（孔）相配，其中有的配合可能为过渡配合，有的可能为过盈配合。

3. 配合代号

配合代号用相同的公称尺寸后跟孔、轴公差带表示。孔、轴公差带写成分数形式，分子为孔的公差带代号，分母为轴的公差带代号，例如 52H7/g6 或 $52\dfrac{H7}{g6}$。

【例 8-5】孔和轴间的配合为 ϕ30H7/p6，可分别查孔的极限偏差表和轴的极限偏差表。对于 ϕ30 的孔，H7 对应的偏差为（$^{+0.021}_{0}$）；而对于 ϕ30 轴，p6 对应的偏差为（$^{+0.035}_{+0.022}$）。由此可知孔和轴的配合为过盈配合。

（四）公差配合的选用

1. 基准制的选择

在实际生产中选用基孔制还是基轴制，要从机器的结构、工艺要求、经济性等方面综合考虑，一般情况下应优先选用基孔制。当与标准件形成配合时，应按标准件确定基准制。例如轴与滚动轴承内圈配合时选择基孔制，孔与滚动轴承外圈配合时应选择基轴制。

2. 公差等级的选择

公差等级的高低不仅影响产品的性能，还影响加工的经济性。考虑到孔的加工较轴的加工困难，因此选用公差等级时，通常孔的公差等级比轴的公差等级低一级。在一般机械中（如机床、纺织机械等），重要的精密部位用 IT5、IT6，常用的用 IT6～IT8，次要部位用 IT8～IT9。

3. 公差带和配合的优先选用（GB/T 1800.1—2020）

即使采用基孔制或基轴制，由于孔和轴各自不同的公差带结合后所形成的配合形式还是过多，难以使用。因此，国家标准规定了优先和常用的配合。使用时请查阅有关标准，应优先采用优先配合，其次采用常用配合，最后选用一般用途的配合。

（五）尺寸公差与配合的标注

在零件图上一般标注公称尺寸和公差带代号或极限偏差值，也可同时标注公差带代号及极限偏差值,例如对于孔标注 $\phi 40H7$ 或 $\phi 40^{+0.025}_{0}$ 或 $\phi 40H7(^{+0.025}_{0})$,对于轴标注 $\phi 40g6$ 或 $\phi 40^{-0.009}_{-0.025}$ 或 $\phi 40g6(^{-0.009}_{-0.025})$。

在装配图上一般标注公称尺寸和配合代号,例如孔和轴装配后标注 $\phi 40H7/g6$ 或 $\phi 40\dfrac{H7}{g6}$。

表 8–10 中列举了图样上标注公差、配合的示例。标注极限偏差时,偏差数值字号比公称尺寸数值的字号要小一号,偏差数值前必须注出正负号(偏差为零时例外)。上、下极限偏差的小数点必须对齐,小数点后的位数也必须相同,如 $\phi 60^{-0.010}_{-0.029}$、$\phi 60^{0}_{-0.019}$。极限偏差数值可由极限偏差数值表(附录 3 中附表 3.3、附表 3.4)查得,表中所列数值的单位为 μm(微米),标注时必须换算成 mm(毫米)(1μm=1/1 000 mm)。

表 8–10　公差与配合标注示例

装配图		零件图	
基孔制	（φ40 H7/g6 装配图示意）	基准孔	（φ40H7，φ40+0.025,0 零件图示意）
		轴	（φ40g6，φ40-0.009,-0.025 零件图示意）
基轴制	（φ40 K7/h6 装配图示意）	基准轴	（φ40h6，φ40 0,-0.016 零件图示意）
		孔	（φ40K7，φ40+0.007,-0.018 零件图示意）

在装配图上一般标注配合代号,以上两种形式在图上均可标注。例如 $\phi 40\dfrac{H7}{g6}$ 表示公差等级为 IT7 级的基准孔,与公差等级为 IT6 级、基本偏差代号为 g 的轴配合;$\phi 40\dfrac{K7}{h6}$ 表示公差等级为 IT6 级的基准轴,与公差等级为 IT7 级、基本偏差代号为 K 的孔配合

零件图上一般标注极限偏差值或公差带代号,也可在公差带代号后用括号加注极限偏差值。填写极限偏差值时,上极限偏差应注在公称尺寸的右上方,下极限偏差应与公称尺寸注在同一基线上。若上极限偏差或下极限偏差等于零,用数字"0"标出,且与下极限偏差或上极限偏差的小数点前的个位数对齐,如 $\phi 40^{+0.025}_{0}$

若上、下极限偏差的数值相同而符号相反,则在公称尺寸后加注"±"号,再填写一个数值即可,字号大小与公称尺寸数值字号大小相同,见图 8–40。

三、几何公差

凡构成机器零件几何特征的点、线、面称为要素,它们是构成零件几何形体的基本单元。几何公差是指零件的实际

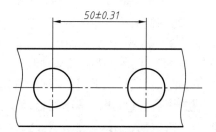

图 8–40　上、下极限偏差数值相同时的标注示例

要素相对于其几何理想要素的偏离情况,包括尺寸的偏离、要素形状和相对位置的偏离等。几何误差包括形状、方向、位置和跳动误差。为了保证机器和零件的质量,必须限制零件几何误差的最大变动量,该最大变动量称为几何公差,所允许的变动量的值称为公差值。

在图样上几何公差标注方式有两种:一种是用框格的方式标注,主要针对精度要求高的要素;另一种是将国家标准规定的未注几何公差值在图样的技术要求中加以说明,未注几何公差值是工厂中常用设备能保证的精度值。

国家标准对几何要素的基本概念、术语、符号、标注方法和公差值等做了规定,下面给予简单介绍。

(一) 术语及定义

1. 要素类

要素:零件上实际存在的几何特征,如点、线、面或导出的几何特征,如中心线、中心面等。要素中的点指圆心、球心、中心点、交点等;线指素线、曲线、轴线、中心线等;面指平面、曲面、圆柱面、圆锥面、球面、中心面等。

实际要素:零件上实际存在的要素,由无数个点组成,分实际轮廓要素和实际中心要素。

被测要素:给出几何公差的要素,见图8-41。

单一要素:仅对其本身给出几何公差要求的要素,见图8-41。

基准要素:用来确定被测要素的方向或(和)位置或(和)跳动要求的要素,见图8-42。

关联要素:对其他要素有功能(方向、位置、跳动)要求的要素,见图8-42。

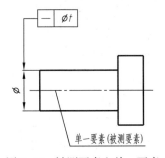

图8-41 被测要素和单一要素

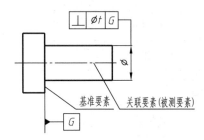

图8-42 基准要素和关联要素

单一基准要素:作为基准使用的单一要素,如图8-42中的基准 G。

理想基准要素:确定要素间几何关系的依据,分别称为基准点、基准线和基准面。

组合基准要素:作为单一基准使用的一组要素。如图8-43中由基准 A 和基准 B 组成的公共基准要素。

2. 几何公差类

形状公差:单一实际要素的形状所允许的变动全量。

方向公差:关联实际要素对基准在方向上所允许的变动全量。

位置公差:关联实际要素对基准在位置上所允许的变动全量。

跳动公差:关联实际要素绕基准回转一周或连续回转时所允许的最大跳动量。

3. 公差原则

公差原则是确定尺寸(线性和角度尺寸)公差和几何公差之

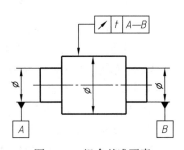

图8-43 组合基准要素

间相互关系的原则,包括独立原则和相关要求。

独立原则:图样上给定的每一个尺寸公差和几何(形状、方向和位置)公差是相互独立的,应分别满足要求。如果对尺寸公差和几何(形状、方向、位置)公差之间的相互关系有特定要求,应在图样上注出。

相关要求:图样上给定的尺寸公差和几何公差相互有关的公差要求。相关要求有几种,标注时用附加符号表示。

(二)几何公差符号、附加符号和标注

1. 几何公差的几何特征和符号

几何公差分类、几何特征符号见表 8–11。

表 8–11　几何公差的分类与几何特征符号

公差类别	几何特征	符号	基准要求	公差类别	几何特征	符号	基准要求
形状公差	直线度	—	无	位置公差	位置度	⊕	有或无
	平面度	▱			同心度(用于中心点)	◎	有
	圆度	○					
	圆柱度	⌀			同轴度(用于轴线)		
	线轮廓度	⌒					
	面轮廓度	⌓			线轮廓度	⌒	
方向公差	平行度	∥	有		面轮廓度	⌓	
	垂直度	⊥			对称度	=	
	倾斜度	∠		跳动公差	圆跳动	↗	
	线轮廓度	⌒			全跳动	⌰	
	面轮廓度	⌓					

2. 几何公差的框格标注

(1)公差框格与基准符号

① 被测要素和公差框格

在工程图样上标注的、用于表达几何公差要求的公差框格如图 8–44 所示。其绘制要求如下:框格用细实线绘制,框格中的文字、数字与尺寸数字同高。框格分为两格或多格,第一格为正方形,其后各格视要求而定。框格中从左到右第一格和第二格依次填写几何特征符号、几何公差

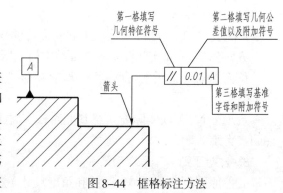

图 8–44　框格标注方法

值及附加符号,第三格及以后各格填写基准字母和附加符号。如果不涉及基准,则框格只有两格。

公差值的单位为 mm,在框格中不注写。公差带为圆形、圆柱形时,需在公差值前加"ϕ",为球形时需加"$S\phi$"。公差值由国家标准规定,可查看有关资料。

附加符号有多种,其含义和注法可参考国家标准。

公差框格用带箭头的指引线与被测要素的轮廓线或其延长线相连,指引线可引自框格的任意一侧,箭头指向并垂直于被测要素。

② 基准符号

标注在图样上的基准符号由大写英文字母、正方形框格、连接线和三角形组成。其中大写英文字母表示与被测要素相关的基准,并注写在正方形框格内;连接线连接框格和涂黑的或空白的三角形;框格、连接线、三角形均用细实线绘制,参见图 8-45。表示基准的字母还应填写在公差框格内。

(2)被测要素标注方法和要求

① 当公差涉及轮廓线或轮廓面时,公差框格上的指引线箭头指向该要素的轮廓线,也可指向轮廓线的延长线,但必须与尺寸线明显错开,如图 8-46 所示。

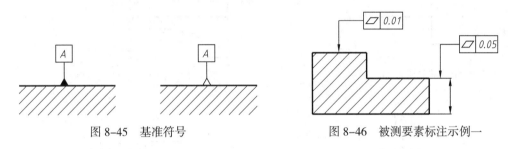

图 8-45　基准符号　　　　　　　　图 8-46　被测要素标注示例一

② 当公差涉及要素的中心线、中心面或中心点时,箭头应位于相应尺寸线的延长线上,见图 8-47。

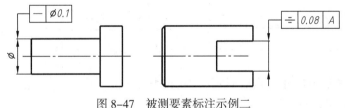

图 8-47　被测要素标注示例二

③ 公差框格的箭头也可指向引出线的水平线,带黑点的引出线引自被测面,见图 8-48。

④ 当公差涉及圆锥体的中心线时,指引线应对准圆锥体的大端或小端的尺寸线,也可以在图中圆锥体投影范围的任意处添加一空白尺寸,将框格标注的箭头绘制在尺寸线的延长线上,如图 8-49 所示。

⑤ 对同一个要素有一个以上的几何特征公差要求时,可将多个框格上下相连,整齐排列,如图 8-50 所示。

⑥ 若干个分离要素有相同的几何公差要求时,可用同一公差框格加多条指引线标注,如图 8-51 所示。

(3)基准要素的常用标注方法及要求

① 当基准要素是轮廓线或轮廓面时,基准三角形放置在要素的轮廓线或其延长线上,必须与尺寸线明显地错开,参见图 8-52。

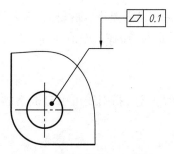

图 8-48　被测要素标注示例三

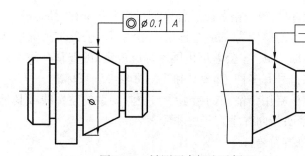

图 8-49　被测要素标注示例四

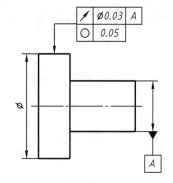

图 8-50　被测要素标注示例五

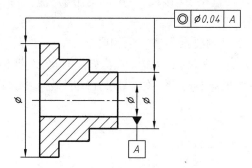

图 8-51　被测要素标注示例六

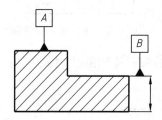

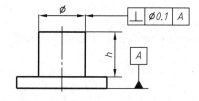

图 8-52　基准要素标注示例一

② 当基准要素是由尺寸要素所确定的轴线、中心平面或中心点时,基准三角形放置在该尺寸线的延长线上,参见图 8-53。

③ 如果没有足够的位置标注基准要素尺寸的两个箭头,则其中一个箭头可用基准三角形代替,参见图 8-53。

④ 基准三角形也可放置在轮廓面引出线的水平线上,参见图 8-54。

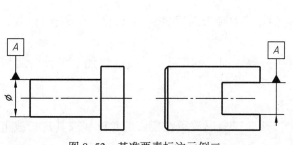

图 8-53　基准要素标注示例二

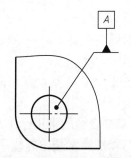

图 8-54　基准要素标注示例三

214

【例 8-6】轴套（图 8-55）几何公差标注。

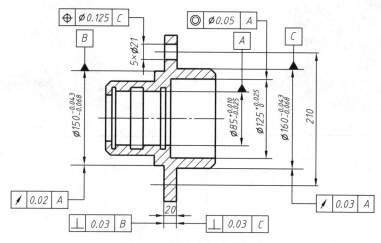

图 8-55　轴套几何公差标注

从图 8-55 上的几何公差标注可知：

（1）$\phi 160_{-0.068}^{-0.043}$圆柱面对 $\phi 85_{-0.025}^{+0.010}$圆柱孔轴线 A 的径向跳动公差为 0.03。

（2）$\phi 150_{-0.068}^{-0.043}$圆柱面对 $\phi 85_{-0.025}^{+0.010}$圆柱孔轴线 A 的径向跳动公差为 0.02。

（3）厚度为 20 的安装板的左端面对 $\phi 150_{-0.068}^{-0.043}$圆柱面轴线 B 的垂直度公差为 0.03。

（4）安装板右端面对 $\phi 160_{-0.068}^{-0.043}$圆柱面轴线 C 的垂直度公差为 0.03。

（5）$\phi 125_{0}^{+0.025}$圆柱孔的轴线与 $\phi 85_{-0.025}^{+0.010}$圆柱孔轴线 A 的同轴度公差为 $\phi 0.05$。

（6）$5 \times \phi 21$ 孔对由直径尺寸 $\phi 210$ 确定，与基准 C 同轴并均匀分布的理想位置度公差为 $\phi 0.125$。

第六节　零件测绘方法

根据已有的零件画出零件图的过程称为零件测绘。零件测绘在生产中是经常会遇到的工作，如在机器维修中，需更换机器内的某一零件而无备件和图样时，就要对零件进行测绘，画出零件图。工程技术人员在对机器进行设计、仿造、改装时也常会遇到零件的测绘问题。

一、零件测绘的方法与步骤

1. 了解测绘对象

先了解测绘零件的名称、在机器中的作用、结构特点、材料和制造方法等，例如图 8-56a 所示的底座。

2. 对测绘零件进行形体分析，选择表达方案

底座的表达方案如图 8-13 所示，主视图投射方向如图 8-56b 所示。

3. 绘制视图（图 8-56c）

测绘的首要工作一般是在机器所在的现场，采用目测的方法徒手绘制零件视图。画视图的步骤与画零件工作图基本相同，不同之处就是画视图时是目测零件各部分的比例关系，不用绘图仪器而是徒手画出各视图。为了便于徒手绘图和提高效率，视图也可画在网格纸上。

(a) 底座

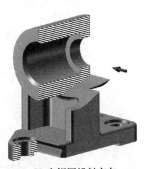

(b) 主视图投射方向

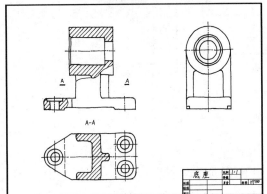

(c) 绘制底座视图

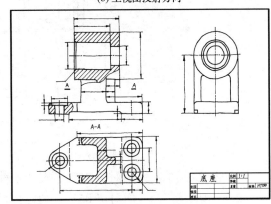

(d) 画出尺寸线和尺寸界线

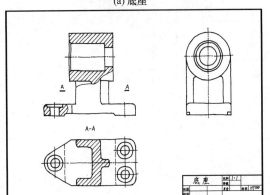

(e) 量注尺寸

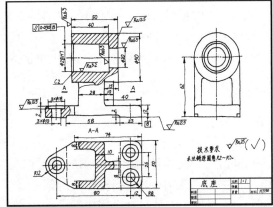

(f) 标注技术要求,完成草图

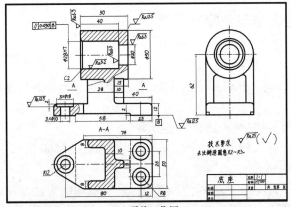

(g) 零件工作图

图 8-56 底座的测绘

4. 确定尺寸基准及画出各类尺寸的尺寸线和尺寸界线（图 8-56d）

底座的底面为安装面,因此以底面作为高度方向的主要尺寸基准;长度方向则以空心圆柱右端面为主要尺寸基准;宽度方向选用前后对称面作为主要尺寸基准。

5. 量注尺寸（图 8-56e）

测量各类尺寸,逐一填写在相应的尺寸线上。测量尺寸时应注意以下三点:

（1）相互配合的两零件的配合尺寸,一般只在一个零件上测量,如有配合要求的孔与轴的直径,相互旋合的内、外螺纹的大径等。

（2）对一些重要尺寸,仅靠测量还不行,尚需通过计算来校验,如一对啮合齿轮的中心距等。有的尺寸应取国家标准中规定的数值,对于不重要的尺寸可取整数。

（3）零件上已标准化的结构尺寸,如倒角、圆角、键槽、退刀槽等结构和螺纹的大径等尺寸,需查阅有关标准来确定。零件上与标准零部件（如挡圈、滚动轴承等）相配合的轴与孔的尺寸,可通过标准零部件的型号查表确定,一般不需要测量。

6. 确定并标注有关的技术要求

参见图 8-56f。

7. 画零件工作图

画零件工作图之前应对零件草图进行复核,检查零件的表达是否完整,尺寸有无遗漏、重复,相关尺寸是否恰当、合理等。然后对草图进行修改、调整和补充,最后确定最佳方案,选择适当的比例完成零件工作图的绘制（图 8-56g）。

二、过渡线的画法

零件的铸造、锻造表面的相交处,由于存在制造圆角,因此交线不够明显,在零件图上仍需画出表面的理论交线,但在交线两端或一端留出空白,称为过渡线,如图 8-57 所示。

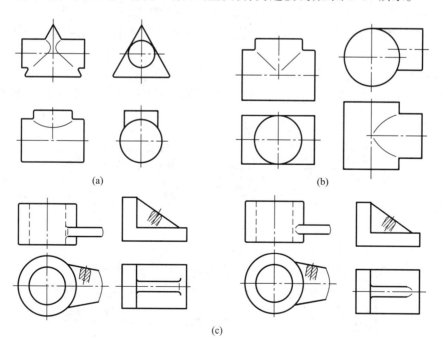

图 8-57 过渡线画法

（1）两曲面相交时,轮廓线相交处画出圆角,曲面交线端部与轮廓线间留出空白(图 8-57a)。

（2）两曲面有相切部位时,切点附近应留空白(图 8-57b)。

（3）肋板过渡线画法如图 8-57c 所示。

三、零件的尺寸测量

1. 常用量具

图 8-58 所示为几种常用的量具。对于精度要求不高的尺寸一般用直尺(钢尺)、外卡钳和内卡钳测量。测量较精确的尺寸,则用游标卡尺、千分尺或其他精密量具。

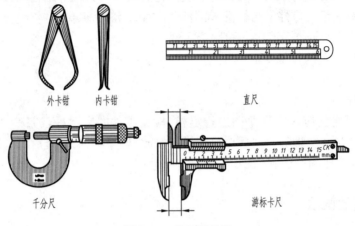

图 8-58　常用的量具

2. 一般测量方法(图 8-59)

（1）测量长度及内、外径一般使用直尺、内卡钳、外卡钳或游标卡尺、千分尺等(图 8-59a)。用钢尺、游标卡尺和千分尺测量尺寸时,可直接从刻度上读出尺寸数字,用内、外卡钳测量时,须借助直尺才能读出数值。

（2）测量壁厚尺寸时,也常用钢尺,内、外卡钳及高度游标尺等。

（3）测量孔的中心距及孔的定位尺寸时一般要用到钢尺、游标卡尺等(图 8-59b)。

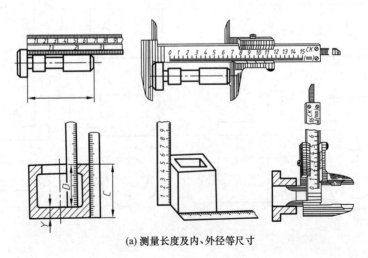

(a) 测量长度及内、外径等尺寸

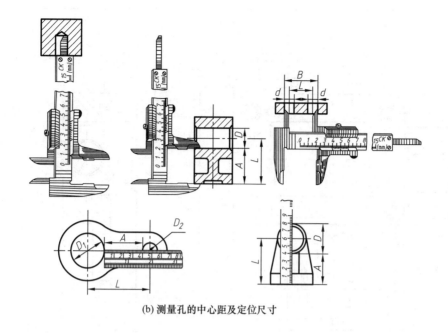

(b) 测量孔的中心距及定位尺寸

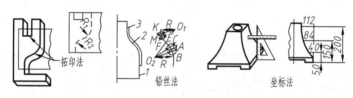

(c) 测量一般曲线及曲面轮廓

图 8-59　测量方法示例

（4）测量一般曲线及曲面的轮廓，可用铅丝法、拓印法和坐标法。当要求比较准确时，就须用专门的测量仪测量（图 8-59c）。

测量时也常用到一些专用量具，如圆角规、量角规和螺纹规等。

第七节　读零件图的方法

读零件图的目的是根据零件图想象出零件的结构形状，分析零件的结构、尺寸和技术要求，以及零件的材料、名称等内容，据此确定加工方法和工序以及测量和检验方法。下面以轴座（图 8-60）为例说明读零件图的一般方法。

一、了解零件在机器中的作用

1. 看标题栏

从标题栏可了解零件的名称为轴座，据此可想象零件的作用；材料为 HT200，可确定其毛坯为铸造件；根据画图比例 1∶4 及零件各要素相应尺寸可了解零件的实际大小。

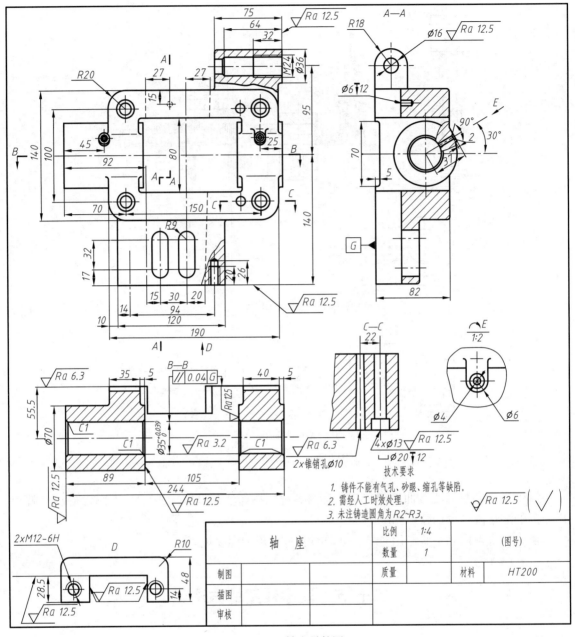

图 8-60 轴座零件图

2. 了解零件的作用

由名称知该零件主要用来支承传动轴,因此轴孔是其主要结构,该零件结构较复杂,表达时用了三个基本视图和三个局部视图。

3. 看其他技术资料

看其他技术资料时,尽可能参看装配图及其相关零件图等技术文件,进一步了解该零件的功用以及它与其他零件的关系。

二、分析视图,想象零件形状

分析视图,确认零件结构形状,具体方法如下。

（一）形体分析

由主视图结合其他视图大体了解到轴座结构可分为中间的中空长方形板及其连接的左、右两空心圆柱,下部凸台,上部凸耳四部分,根据需要在有些部位进行了开槽与穿孔。因此该零件大致由空心圆柱、连接安装板、凸台、凸耳四部分组成。

（二）结构形状及作用分析

轴座的中间部分为左、右两空心圆柱,它们是主轴孔,也是轴座的主要结构。两空心圆柱用一中空长方形板连接起来,长方形板的四角有四个孔,为轴座安装用的螺孔,另外还有一个用于定位的锥销孔(见 C—C 剖视图),因此长方形板为其安装部分。长方形板下部有一长方形凸台,其上有两个长圆孔和螺孔,是与其他零件进行连接的结构。轴座上部有一凸耳,凸耳上有带螺纹的阶梯孔,用于连接其他零件。

（三）表达分析

由于该零件加工工序较多,表达时使零件以工作位置放置,采用最能反映零件结构形状的方向为主视图投射方向。主视图表达了上述四部分的主要形状及其上下、左右位置,再参照其他视图可确定各部分的详细形状和前后位置。

依据各视图上标注的视图名称寻找剖切位置,可以看出,A—A 剖视图为阶梯剖,与主视图一起反映了空心圆柱、长方形板、凸台和凸耳的形状和它们的上下和前后位置;从空心圆柱上的局部剖视图和 E 向视图可了解凸台及油孔的结构;B—B 剖视图为通过空心圆柱轴线的全剖视图,主要表达了左右轴孔的结构、长方形板和下部凸台后面的凹槽及凹槽右侧的斜面;C—C 局部剖视图表达了螺孔和定位锥销孔的深度和距离;D 向视图表达了凹槽和两个小螺孔的结构。

（四）尺寸和技术要求分析

首先寻找带公差的尺寸、主要加工尺寸,再观察标有表面粗糙度符号的表面,了解哪些表面是加工面,哪些表面是非加工面。然后分析尺寸基准,了解哪些是定位尺寸和零件的其他主要尺寸。从轴座零件图可以看出带有公差的尺寸 $\phi 35^{+0.039}_{0}$ 是轴孔的直径尺寸,轴孔的表面粗糙度 Ra 值为 3.2,左、右两轴孔的轴线与后表面 G（安装定位面）的平行度公差为 0.04,可见轴孔直径是零件上最主要的尺寸,其轴线是确定零件上其他表面的主要尺寸基准。标注了表面粗糙度代号的表面还包括后面、底面、轴孔的端面、凹槽的侧面和底面、凸耳上圆柱孔表面,其他表面铸造成形后均不再加工。从高度方向的主要尺寸基准——轴孔轴线出发标注的尺寸有 140 和 95。高度方向的辅助基准为底面,由此标出的尺寸有 17 等。宽度方向从主要尺寸基准——轴孔轴线注出尺寸 55.5 以确定后表面位置,并以后表面为辅助基准注出 82 以及 48、28.5、14 等尺寸。长度方向的主要尺寸基准为轴孔的左端面,以尺寸 89、92、70、244 等来确定另一端面、凹槽面、连接孔轴线等辅助基准。注写的技术要求均为对铸件的一般要求。

（五）综合归纳

经以上分析可以了解轴座零件的所有信息,该零件是一个中等复杂的铸件,其上装有传动轴及其他零件,起支承作用。图 8-61 为轴座的直观图。

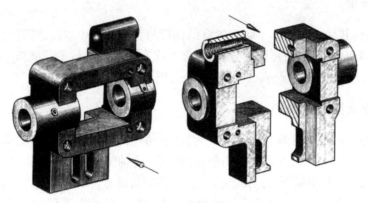

图 8-61　轴座

思 考 题

1. 零件图在生产中起什么作用?它应该包括哪些内容?

2. 零件图视图选择的原则是什么?怎样选定主视图?简述视图选择的方法和步骤。

3. 常见的零件按其结构形状不同大致可分成哪四类?它们通常具备哪些结构特点?其视图选择分别有哪些特点?

4. 零件上的哪一些面和线常用作尺寸基准?在零件图上标注尺寸的基本要求是什么?在本课程学习中"零件图上的尺寸要标注合理"包含哪些内容?

5. 零件构形设计时应考虑哪几个方面的问题?零件上一般常见的工艺结构有哪些?试简述零件上的倒角、退刀槽、沉孔、螺孔、键槽等常见结构的作用、画法和尺寸注法。

6. 试简述画零件图和读零件图的步骤和方法。

7. 在零件测绘中,最简单的常用量具有哪些?试简述使用它们测量零件尺寸的方法。

第九章　标准件与常用件

在各种机器和设备上,除一般零件外,还广泛使用螺栓、螺钉、螺母、垫圈、键、销、滚动轴承等零件或组件。由于这些零件应用广泛,需求量大,为了便于专业化生产,提高生产效率,国家标准对零件的结构、型式、画法、尺寸精度等全部进行了标准化,这些零件称为标准件。另外还有一些零件应用也很广泛,如齿轮、弹簧等,国家标准对这些零件的部分结构、参数进行了标准化,这些零件称为常用件。

本章将介绍标准件和常用件的有关基本知识、规定画法、代号(参数)和标记。

第一节　螺纹及其规定画法和标注

螺纹是零件上常见的一种结构,有外螺纹和内螺纹两种,一般成对使用。起连接作用的螺纹称连接螺纹,起传动作用的螺纹称传动螺纹。

一、螺纹的形成及要素

(一)螺纹的形成

螺纹都是根据螺旋线的形成原理制造得到的。图 9-1a 为车削外、内螺纹的情况,工件绕轴线作等速回转运动,刀具沿轴线作等速移动且切入工件一定深度即能切削出螺纹。对于加工直径比较小的内螺纹,也可以先用钻头钻孔,再用丝锥攻螺纹,因为钻头的钻尖顶角为 118°,所以不通孔的锥顶角应画成 120°,如图 9-1b 所示。

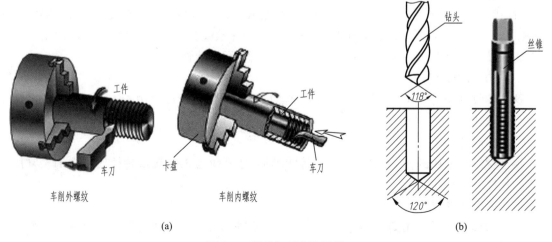

(a)　　　　　　　　　　　　　　　　　　(b)

图 9-1　螺纹加工方法示例

（二）螺纹的要素

螺纹由牙型、直径、线数、螺距和旋向 5 要素确定。螺纹的类型很多，国家标准规定了一些标准的牙型、公称直径和螺距。凡是上述 5 要素都符合标准的称为标准螺纹；牙型符合标准，但公称直径和螺距不符合标准的称为特殊螺纹；牙型不符合标准的称为非标准螺纹。下面介绍螺纹的要素。

1. 牙型

在通过螺纹轴线的剖面上，螺纹的轮廓形状称为螺纹牙型。常用的牙型有三角形、梯形、锯齿形等，如图 9-2 所示。不同的螺纹牙型有不同的用途，并由不同的代号表示。

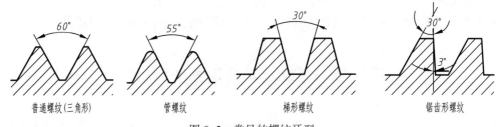

普通螺纹(三角形)　　　　管螺纹　　　　　　梯形螺纹　　　　　锯齿形螺纹

图 9-2　常见的螺纹牙型

（1）普通螺纹

普通螺纹是常用的连接螺纹，牙型为三角形，牙型角为 60°，螺纹特征代号为 M。普通螺纹又分为粗牙和细牙两种，它们的代号相同。一般连接都用粗牙螺纹。当螺纹的大径相同时，细牙螺纹的螺距和牙型高度较粗牙的小，因此细牙螺纹适用于薄壁零件的连接。

（2）管螺纹

管螺纹主要用于管路连接，牙型为三角形，牙型角为 55°。管螺纹有两类：

① 非密封管螺纹　螺纹特征代号为 G，其内、外螺纹均为圆柱螺纹，内、外螺纹旋合后无密封能力，常用于电线管等不需要密封的管路中的连接。若另加密封结构后，可用于较高压力的管路系统。其外螺纹又分为 A 级（下极限偏差小）和 B 级两种，内螺纹则无 A、B 级之分。

② 密封管螺纹　这类螺纹有三种：圆锥内螺纹（锥度 1∶16），特征代号为 Rc；圆柱内螺纹，特征代号为 Rp；圆锥外螺纹，特征代号为 R_1 或 R_2，R_1 表示与圆柱内螺纹相旋合的圆锥外螺纹；R_2 表示与圆锥内螺纹相旋合的圆锥外螺纹。内、外螺纹旋合后有密封能力，常用于压力在 1.57 MPa 以下的管道，如日常生活中用的水管、煤气管、润滑油管等。

（3）60°圆锥管螺纹

这种螺纹牙型为三角形，牙型角为 60°，螺纹特征代号为 NPT，常用于汽车、航空、机床行业的中、高压液压及气压系统中。

（4）梯形螺纹

梯形螺纹为常用的传动螺纹，牙型为等腰梯形，牙型角为 30°，螺纹特征代号为 Tr。常用于机床的丝杠，双向传递运动。

（5）锯齿形螺纹

锯齿形螺纹也是常用的传动螺纹，牙型为不等腰梯形，一边牙型角为 30°，另一边牙型角为 3°，螺纹特征代号为 B。工程上常用于螺旋千斤顶，单向传递力。

224

2. 直径

螺纹的直径有大径(d或D)、小径(d_1或D_1)、中径(d_2或D_2)之分(GB/T 14791—2013),如图9-3所示。普通螺纹和梯形螺纹的大径又称公称直径。螺纹的顶径是与外螺纹或内螺纹牙顶相切的假想圆柱或圆锥的直径,即外螺纹的大径或内螺纹的小径;螺纹的底径是与外螺纹或内螺纹牙底相切的假想圆柱或圆锥的直径,即外螺纹的小径或内螺纹的大径。

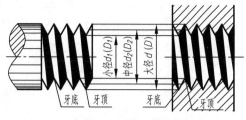

图9-3 螺纹的直径

3. 线数

工件上螺旋线的条数即为线数,螺纹有单线和多线之分,线数用n表示。沿一条螺旋线形成的螺纹称单线螺纹,如图9-4a所示;沿两条或两条以上螺旋线形成的螺纹称多线螺纹,如图9-4b所示。连接螺纹大多为单线螺纹。

4. 螺距和导程

螺纹相邻两牙在中径线上对应两点间的轴向距离称为螺距,用P表示。沿同一条螺旋线旋转一周,轴向移动的距离称为导程,用Ph表示,如图9-4所示。单线螺纹的螺距等于导程,多线螺纹的导程等于螺距乘以线数,即$Ph=n \times P$。

5. 螺纹的旋向

螺纹有右旋和左旋之分,如图9-5所示。顺时针旋转时旋入的螺纹,称右旋螺纹;逆时针旋转时旋入的螺纹,称左旋螺纹。从正面看竖直螺旋体,左边高即为左旋螺纹,右边高即为右旋螺纹。工程上常用右旋螺纹。

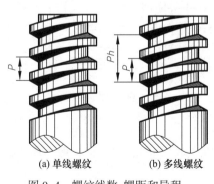

图9-4 螺纹线数、螺距和导程

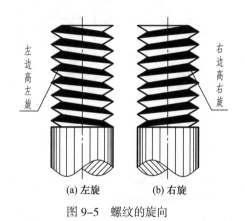

图9-5 螺纹的旋向

二、螺纹的规定画法

在螺纹件的实际生产中,没有必要画出螺纹的真实投影,为了便于绘图,GB/T 4459.1—1995《机械制图 螺纹及螺纹紧固件表示法》对螺纹和螺纹紧固件的画法都做了明确规定。

1. 外螺纹

外螺纹的规定画法如图9-6所示。具体要求如下:

(1)螺纹大径采用粗实线画,小径采用细实线画到倒角内,终止线用粗实线画。

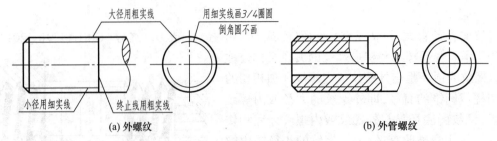

图 9-6　外螺纹的规定画法

（2）在投影为圆的视图中,大径画粗实线圆,小径用细实线画约 3/4 圈圆,倒角圆省略不画。

对表示外螺纹小径的细实线,一般按大径的 0.85 倍画出。在剖视图中螺纹的终止线仅画出大径和小径之间的一段粗实线,剖面线画到粗实线为止。

2. 内螺纹

内螺纹的规定画法如图 9-7 所示。具体要求如下:

（1）若内螺纹孔未被剖切,则在螺纹轴线的视图上,大径、小径和终止线等均画细虚线。

（2）在从螺纹轴线处剖切的剖视图中,螺纹的小径、终止线用粗实线画,大径用细实线画,剖面线画到粗实线为止。

（3）在投影为圆的视图中,可见螺纹的小径画粗实线圆,大径采用细实线画约 3/4 圈圆,倒角圆省略不画。

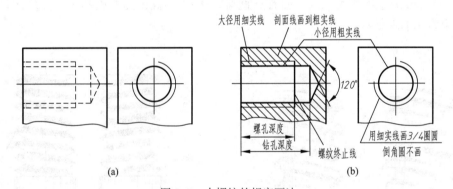

图 9-7　内螺纹的规定画法

内螺纹的钻孔深度一般要比螺孔深度长约 0.5d, 120° 的锥角也要画出,但一般不需要标注。

3. 内、外螺纹连接画法

内、外螺纹连接的规定画法如图 9-8 所示。具体要求如下:

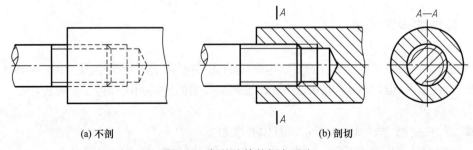

图 9-8　螺纹连接的规定画法

226

（1）不剖时,内、外螺纹的旋合部分以及内螺纹大小径和钻孔均画成细虚线。

（2）剖切后,螺纹旋合部分按外螺纹规定画法画出,其余部分仍按各自的规定画法画出;且表示螺纹大径或小径的粗、细实线必须对齐画在同一直线上。

（3）在管螺纹连接画法中,当圆柱内螺纹与圆锥外螺纹连接时,螺纹旋合部分按圆柱螺纹绘制。

三、螺纹的种类及标注

1. 螺纹的种类

螺纹按用途可分为连接螺纹和传动螺纹两类,前者主要起连接作用,后者用于传递运动和动力。螺纹种类、特征代号与标注见表 9-1。

2. 螺纹的标注

不同种类的螺纹其画法基本一致,但用途各不相同。如普通螺纹主要用于连接零件;梯形螺纹用于传递动力;管螺纹用于管件的连接和密封等。因此为了便于区分不同种类和规格的螺纹,还必须在螺纹图样上进行标注,见表 9-1。

（1）普通螺纹

普通螺纹标注尺寸时是从大径引出尺寸界线,尺寸线上标注的内容及顺序如下:

| 螺纹特征代号 | 公称直径 | × | Ph 导程 P 螺距 | — | 公差带代号 | — | 旋合长度代号 | — | 旋向代号 |

（2）梯形螺纹和锯齿形螺纹

梯形螺纹和锯齿形螺纹标注尺寸时也是从大径引出尺寸界线,尺寸线上标注的内容及顺序如下:

| 螺纹特征代号 | 公称直径 | × | 螺距 / 导程（P 螺距） | — | 中径公差带代号 | — | 旋合长度代号 | — |

| 旋向代号 |

（3）管螺纹

管螺纹必须采用从大径轮廓线上引出的标注方法（旁注法）。标注内容及顺序如下:

| 螺纹特征代号 | 尺寸代号 | 公差等级代号 | — | 旋向代号 |

3. 有关螺纹标注的说明

（1）公称直径或尺寸代号

普通螺纹、梯形螺纹和锯齿形螺纹的公称直径均为螺纹的大径。各种管螺纹的尺寸代号都不是螺纹的大径,而近似等于管子的孔径。

（2）螺距

粗牙普通螺纹和管螺纹不必标注螺距。细牙普通螺纹、单线梯形螺纹和锯齿形螺纹必须标注螺距。多线普通螺纹应标注"Ph 导程 P 螺距",多线梯形螺纹应标注"导程 P 螺距"。

（3）公差带代号

普通螺纹必须标注中径和顶径的公差带代号,它由数字（公差等级）和字母（基本偏差代号）组成。大、小写字母分别表示内、外螺纹的公差带代号。标注时中径在前,顶径在后,如外螺纹为 5g6g。当中径和顶径的公差带代号相同时,只需标注一个代号,如内螺纹为 6H。

表 9–1　螺纹种类、特征代号与标注

螺纹类别	外形图	螺纹特征代号	标记方法	标注图例	说明
连接螺纹 粗牙普通螺纹	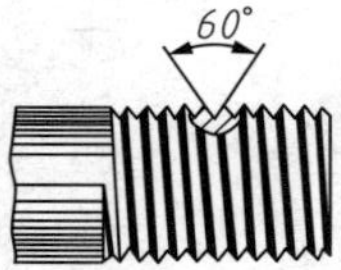 牙型为三角形，牙型角为60°（60°）	M	M12-6h-S — 短旋合长度代号 — 外螺纹中径和顶径（大径）公差带代号 — 公称直径 — 螺纹特征代号	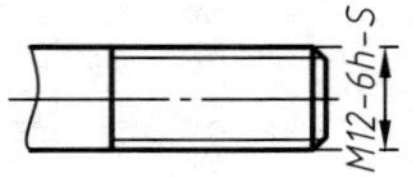 M12-6h-S	用于一般机件间的紧固连接，粗牙普通螺纹不标注螺距，细牙普通螺纹必须标注明螺距
连接螺纹 细牙普通螺纹		M	M20×2-6H-LH — 左旋 — 内螺纹中径和顶径（小径）公差带代号 — 螺距 — 公称直径 — 螺纹特征代号	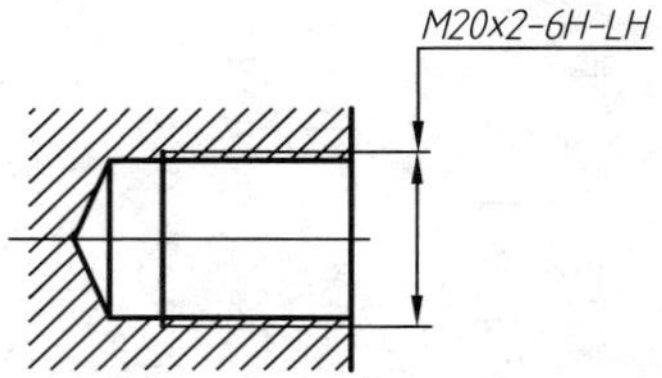 M20×2-6H-LH	
连接螺纹 55°非密封管螺纹	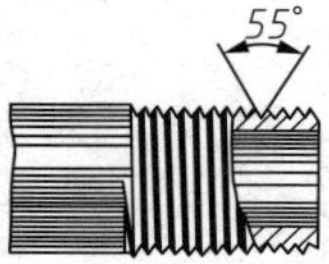 牙型为三角形，牙型角55°（55°）	G	G1A — 外螺纹公差等级代号 — 尺寸代号 — 螺纹特征代号	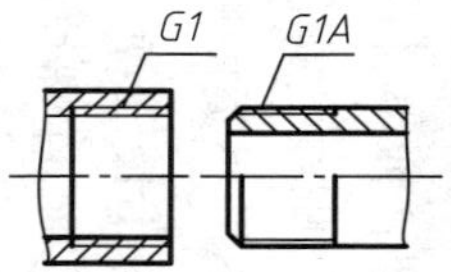 G1　G1A	用于连接管道。外螺纹公差等级代号有 A、B 两种，内螺纹公差等级仅一种，不必标注其代号

228

续表

螺纹类别		外形图	螺纹特征代号	标记方法	标注图例	说明
连接螺纹	55°密封管螺纹	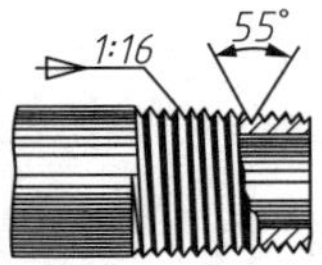 牙型为三角形，牙型角55°（1:16）	Rc Rp R₁ R₂	R₁1/2 （尺寸代号、螺纹特征代号）	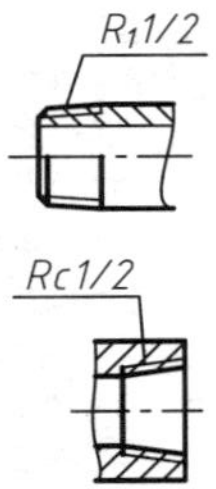 R₁1/2、Rc1/2	圆锥内螺纹的螺纹特征代号为Rc；圆柱内螺纹的螺纹特征代号为Rp；与圆柱内螺纹配合圆锥外螺纹特征代号为R₁，与圆锥内螺纹配合时为R₂
	60°圆锥管螺纹	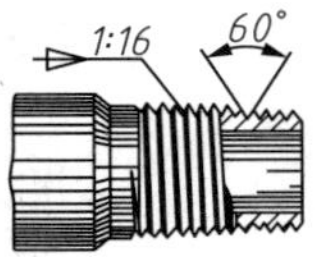 牙型为三角形，牙型角60°（1:16）	NPT	NPT3/4 （尺寸代号、螺纹特征代号）	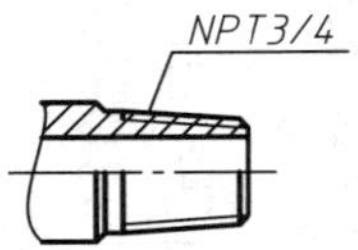 NPT3/4	用于中、高压液压及气压系统的管道连接
传动螺纹	梯形螺纹	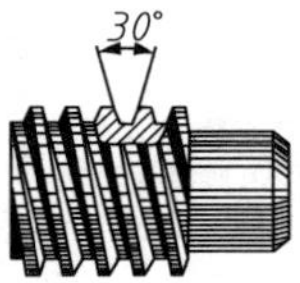 牙型为等腰梯形，牙型角30°	Tr	Tr22×10 P5 -7e-L （长旋合长度代号、外螺纹中径公差带代号、螺距、导程、公称直径（大径）、螺纹特征代号）	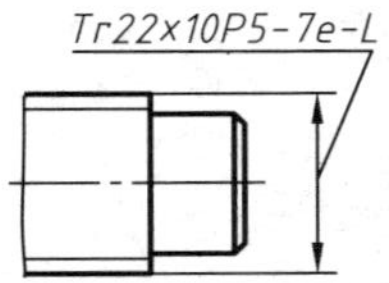 Tr22x10P5-7e-L	梯形螺纹螺距或导程必须注明

对于管螺纹,只有非密封外管螺纹的公差等级分 A、B 两级,应该标记,其余的管螺纹只有一种公差等级,故不加标记。

（4）旋合长度代号

旋合长度是指两个相互旋合的螺纹,沿螺纹轴线方向相互旋合部分的长度。普通螺纹的旋合长度分短、中、长三个等级,分别用 S、N、L 表示。梯形螺纹和锯齿形螺纹只有中等和长旋合长度。长旋合长度螺纹旋合后稳定性好,且具有足够的连接强度,但加工精度高,一般情况下均采用中等旋合长度。中等旋合长度代号 N 不必标注。

普通螺纹公差带按短、中、长三组旋合长度给出了精密、中等及粗糙三种精度。对于不同旋合长度组的螺纹,应采用不同的公差等级,以保证同一精度下螺纹配合精度和加工难易程度协调一致,见表 9-2。表中带 * 的公差带为第一选择,无符号的公差带为第二选择,有（ ）者为第三选择,有□者用于商品螺纹（大量生产的精制紧固件螺纹）。

（5）旋向代号

右旋螺纹不标旋向,左旋螺纹需标注代号"LH"。对于左旋的 55°非密封管螺纹的外螺纹应在公差等级代号后加注"—LH",其余的左旋管螺纹均应在旋合长度代号后加注"LH"。

表 9-2　普通螺纹选用的公差带

螺纹种类		内螺纹			外螺纹		
公差质量		精密	中等	粗糙	精密	中等	粗糙
旋合长度	S	4H	*5H,（5G）	—	（3h4h）	（5h6h）,（5g6g）	—
	N	5H	□6H,*6G	7H,7（G）	*4h,（4g）	6h,□6g,*6f,*6e	（8e）,8g
	L	6H	*7H,（7G）	8H,（8G）	（5g4g）,（5h4h）	（7h6h）,（7g6g）,（7e6e）	（9g8g）,（9e8e）

4. 非标准螺纹的画法及标注

如图 9-9 所示,非标准螺纹必须画出牙型并标注全部尺寸。

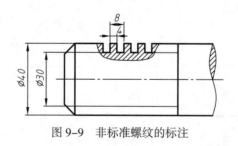

图 9-9　非标准螺纹的标注

第二节　螺纹紧固件及其连接画法

螺纹紧固件的种类很多,包括螺栓、双头螺柱、螺钉、螺母和垫圈等,如图 9-10 所示。这类零件的结构型式和尺寸均已标准化,一般由标准件厂大量生产,使用单位可按要求根据有关标准选用。

图 9-10　螺纹紧固件

六角头螺栓　双头螺柱　1型六角螺母　1型六角开槽螺母　圆螺母

圆柱头内六角螺钉　圆柱头开槽螺钉　开槽沉头螺钉　紧定螺钉

平垫圈　弹簧垫圈　锁紧垫圈

一、螺纹紧固件的标记与画法

1. 螺纹紧固件的标记

螺纹紧固件的结构型式及尺寸已标准化,各紧固件均有相应规定的标记,其完整的标记内容包括由名称、标准编号、尺寸、性能等级或材料等级、热处理、表面处理等,一般情况下只需标记前三项内容。表 9-3 中列出了常用螺纹紧固件的图例及标记。

表 9-3　常用螺纹紧固件的图例及标记

名称及国标号	图例	标记及说明
六角头螺栓—A 和 B 级 GB/T 5782—2016	$M12$　60	螺栓　GB/T 5782　$M12 \times 60$ 表示 A 级六角头螺栓,螺纹规格 d=M12,公称长度 l=60 mm
双头螺柱(b_m=1.25d) GB/T 898—1988	$M12$　10　50	螺柱　GB/T 898　$M12 \times 50$ 表示 B 型双头螺柱,两端均为粗牙普通螺纹,螺纹规格 d=M12,公称长度 l=50 mm
开槽沉头螺钉 GB/T 68—2016	60　$M10$	螺钉　GB/T 68　$M10 \times 60$ 表示开槽沉头螺钉,螺纹规格 d=M10,公称长度 l=60 mm
开槽长圆柱端紧定螺钉 GB/T 75—2018	$M5$　25	螺钉　GB/T 75　$M5 \times 25$ 表示开槽长圆柱端紧定螺钉,螺纹规格 d=M5,公称长度 l=25 mm

名称及国标号	图例	标记及说明
1 型六角螺母—A 和 B 级 GB/T 6170—2015		螺母　GB/T 6170　M12 表示 A 级 1 型六角螺母,螺纹规格 D=M12
1 型六角开槽螺母—A 和 B 级 GB/T 6178—1986		螺母　GB/T 6178　M16 表示 A 级 1 型六角开槽螺母,螺纹规格 D=M16
平垫圈—A 级 GB/T 97.1—2002		垫圈　GB/T 97.1　12–140HV 表示 A 级平垫圈,公称尺寸(螺纹规格) d=12 mm,性能等级为 140HV 级
标准型弹簧垫圈 GB/T 93—1987		垫圈　GB/T 93　20 表示标准型弹簧垫圈,规格(螺纹大径) 为 20 mm

2. 螺纹紧固件的画法

由于常用的螺纹紧固件均属标准件,其有关的尺寸和图样可根据标记在附录 2 中查出,所以一般不需画出这些螺纹紧固件的零件图。图 9-11 所示为螺栓和螺母的图形及尺寸。如需要时可采用比例画法,即按与螺纹大径成一定比例来确定其他各部分尺寸,见表 9-4。

图 9-11　螺栓和螺母

表 9-4　螺栓、螺母、垫圈的比例画法

	图形	比例尺寸
六角头螺栓	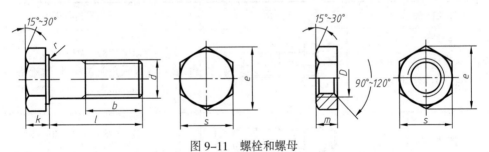	d、l 由结构确定 b=2d e=2d k=0.7d c=0.15d d_1=0.85d

232

	图形	比例尺寸
六角螺母		$e=2d$ $m=0.8d$ d 为螺纹大径
垫圈		$d_2=2.2d$ $h=0.15d$ $d_1=1.1d$ d 为螺纹大径

二、螺纹紧固件连接画法

螺纹紧固件连接的基本形式有螺栓连接、双头螺柱连接、螺钉连接,如图9-12所示。具体采用哪种连接方式则按需要而选定。

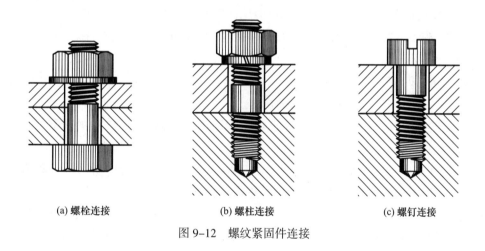

(a) 螺栓连接　　　　　(b) 螺柱连接　　　　　(c) 螺钉连接

图9-12　螺纹紧固件连接

画螺纹紧固件连接图时,应遵守下列规定:

(1)相邻两零件的接触面只画一条粗实线,不接触面必须画两条粗实线。

(2)相邻两金属零件的剖面线方向应相反,或方向相同而间距不等。但同一零件在各视图中的剖面线方向和间距要一致。

(3)在剖视图中,当剖切平面通过标准件或实心件的轴线时,这些零件均按不剖绘制。

1. 螺栓连接

螺栓连接常用的连接件有螺栓、螺母、垫圈,如图9-13a所示。螺栓连接用于被连接件都不太厚,能加工成光孔(光孔直径比螺栓大径略大),且要求连接力较大的情况。连接时,要先将螺栓穿入被连接件的孔内,然后套上垫圈,拧紧螺母,即可将两零件连接起来。

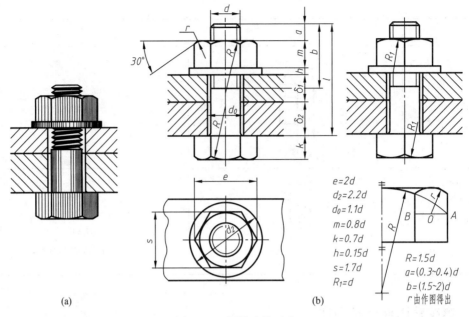

图 9–13　螺栓连接画法

$e=2d$
$d_2=2.2d$
$d_0=1.1d$
$m=0.8d$
$k=0.7d$
$h=0.15d$
$s=1.7d$
$R_1=d$

$R=1.5d$
$a=(0.3{\sim}0.4)d$
$b=(1.5{\sim}2)d$
r 由作图得出

　　绘制螺栓的连接图时可根据螺栓、螺母、垫圈的标记,在有关标准中查出其型式、直径等尺寸,习惯上常采用比例画法。即除被连接件厚度 δ_1 和 δ_2、螺栓直径 d 外,其他所有尺寸都可取与大径 d 成一定的比例关系来画。其画法和近似比例如图 9–13b 所示。

　　但应注意,按比例关系计算出的画图尺寸不能作为螺栓的尺寸进行标注。

　　此外,螺栓的公称长度 l 则应根据被连接两零件的厚度 δ_1、δ_2 和查出的螺母厚度 m、垫圈厚度 h 等值来确定,即 $l=\delta_1+\delta_2+h+m+a$(一般取 $a=0.3d$)。计算得出 l 值后,再从螺栓相应的标准长度系列中选取接近的 l 值,即为螺栓的公称长度。

　　在画螺栓连接图时,有些错误较常出现,应引起注意,请参见图 9–14 中的文字提示部分。

　　2. 双头螺柱连接

　　双头螺柱连接中常用的紧固件有双头螺柱、螺母、垫圈,如图 9–15a 所示。一般用于被连接件之一较厚,或由于结构上的限制不宜用螺栓连接的情况。通常在较厚的零件上制成螺孔,在另一较薄的零件上制成光孔。连接时,先将螺柱的旋入端全部旋入被连接件的螺孔中,穿过另一被连接件的光孔,然后套上垫圈、拧紧螺母,即可将两零件连接起来。

　　绘制双头螺柱的连接图时,同样常采用比例画法,其画法与螺栓连接画法基本相同。即除连接件的厚度 δ、螺柱旋入端长度 b_m 及螺柱公称直径 d 外,其他所有尺寸都可取与大径 d 成一定的比例关系来画。其画法和近似比例如图 9–15b 所示。

　　在图 9–15b 中,左视图中细实线圆圈出的部位为画双头螺柱连接图时必须注意的规定画法:

　　(1)旋入端的螺纹终止线必须与两连接件接触面平齐。

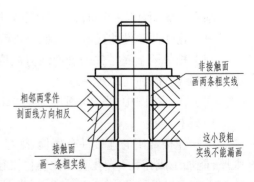

非接触面
画两条粗实线

相邻两零件
剖面线方向相反

这小段粗
实线不能漏画

接触面
画一条粗实线

图 9–14　螺栓连接图中的画法

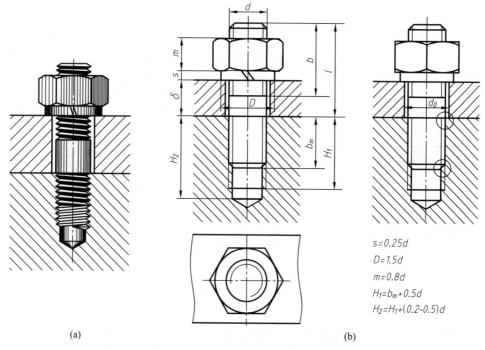

$$s=0.25d$$
$$D=1.5d$$
$$m=0.8d$$
$$H_1=b_m+0.5d$$
$$H_2=H_1+(0.2\sim0.5)d$$

(a)   (b)

图 9–15　双头螺柱连接画法

（2）旋入端的内螺纹与外螺纹的大、小径线要对齐。

紧固端的长度为有效长度 l，可按 $l=\delta+s+m+0.3d$ 计算（其中 δ 为钻孔零件的厚度，m 为螺母厚度，s 为垫圈厚度）。计算得出 l 值后，再从螺柱相应的标准长度系列中选取接近的 l 值，即为螺柱的有效长度或公称长度。

双头螺柱的旋入端长度 b_m 是由带螺孔的被连接件的材料所决定的，国家标准规定了四种长度，见表 9–5。

表 9–5　双头螺柱旋入端长度参考值

被旋入零件的材料	旋入端长度 b_m	国标
钢、青铜	$b_m=d$	GB/T 897—1988
铸铁	$b_m=1.25d$ $b_m=1.5d$	GB/T 898—1988 GB/T 899—1988
铝	$b_m=2d$	GB/T 900—1988

3. 螺钉连接

螺钉的种类较多，有内六角螺钉、开槽圆柱头螺钉、开槽沉头螺钉、开槽盘头螺钉及起定位作用的紧定螺钉等。其结构尺寸可查阅有关的标准，并按需选用。

螺钉连接适用于连接受力不大且不经常拆装的零件，其连接画法如图 9–16a 所示。其中的一个被连接零件要制成螺孔，而其余的零件需要加工成光孔。连接时，将螺钉的螺杆一端穿过光孔，旋入被连接件的螺孔中，即可将零件连接起来。

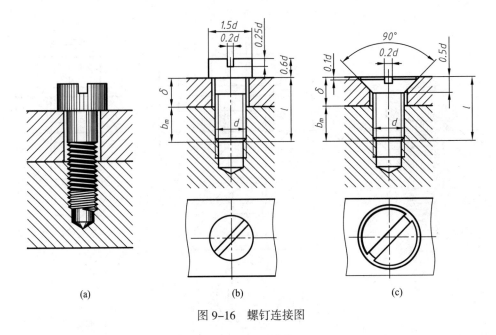

(a)   (b)   (c)

图 9–16　螺钉连接图

　　螺钉连接部分的画法与双头螺柱旋入端的画法基本一致,圆柱头螺钉和沉头螺钉连接的规定画法如图 9–16b、c 所示。紧定螺钉主要用于防止两相配零件之间发生相对运动,紧定螺钉端部形状有平端、锥端、凹端、圆柱端等,其画法如图 9–17 所示。

　　画螺钉连接图时,还要注意以下两点:

　　(1)螺钉的螺纹终止线必须画在两被连接件接触面之上。

　　(2)螺钉头部槽口,在反映螺钉轴线的视图上,应垂直于投影面画出;在投影为圆的视图上,应倾斜 45°画出。

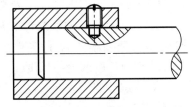

　　为了便于作图,在装配图中,螺纹紧固件也允许按简化的比例画法绘制,如图 9–18 所示。

图 9–17　紧定螺钉连接画法

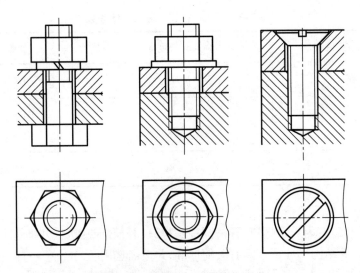

图 9–18　紧固件连接的简化画法

第三节 键、销及其连接画法

一、键及其连接

键用来连接轴与轴上传动件(如齿轮、带轮等),以便与轴一起转动传递扭矩和旋转运动,这种连接称为键连接。

1. 键的型式、标记及画法

键的种类很多,常用键的型式有普通平键、半圆键和钩头楔键等,如图 9-19 所示,其中普通平键最为常见。键也是标准件,普通平键的剖面尺寸、键槽尺寸等见附录 2 中附表 2-7、附表 2-8。

普通平键　　　　　半圆键　　　　　钩头楔键

图 9-19　键

表 9-6 为以上三种键的标准编号、画法及标记示例,未列入该表的其他各种键可参阅有关标准。

2. 键槽及键连接画法

图 9-20a、b 中,分别展示了平键连接件中轴和轮毂上键槽的画法及尺寸注法,平键和键槽的剖面尺寸及其极限偏差见附录 2 中附表 2-7。图 9-20c 所示为普通平键连接的装配画法。

在画键槽及键连接图时,应注意以下几点:

(1)应已知轴的直径 d、键的型式,然后根据 d 查阅标准选取键和键槽的剖面尺寸。键的长度按轮毂长度在标准长度系列中选用。

(2)当剖切平面通过轴线及键的对称面时,轴上键槽采用局部剖视,而键按不剖画出。

(3)键的顶面和轮毂槽的底面之间有间隙,应画两条线。

(4)当剖切平面垂直于轴线时,键和轴上也要画剖面线。

半圆键连接的画法与平键连接画法类似,如图 9-21a 所示。

钩头楔键的连接画法如图 9-21b 所示。钩头楔键的顶面有 1:100 的斜度,装配后其顶面与轮毂槽底面为接触面,应画成一条线,侧面为不接触面,画两条线。

此外,还有一种花键,如图 9-22 所示,它常与轴制成一体,连接比较可靠,对中性好,能传递较大的动力。花键的齿形有矩形、渐开线形等。其中矩形花键应用较广,它的结构和尺寸都已标准化。矩形花键的画法和尺寸标注如图 9-23 所示。

对外花键,在反映花键轴线的视图上,大径用粗实线、小径用细实线绘制并在断面图中画出一部分齿形或全部齿形,如图 9-23a 所示。花键工作长度的终止端和尾部长度的末端均用细实线绘制,并与轴线垂直,尾部则画成斜线,一般与轴线成 30°,必要时可按实际情况画出。

表 9-6 键的标准编号、画法和标记示例

名称	标准编号	图例	标记示例
普通型平键	GB/T 1096—2003	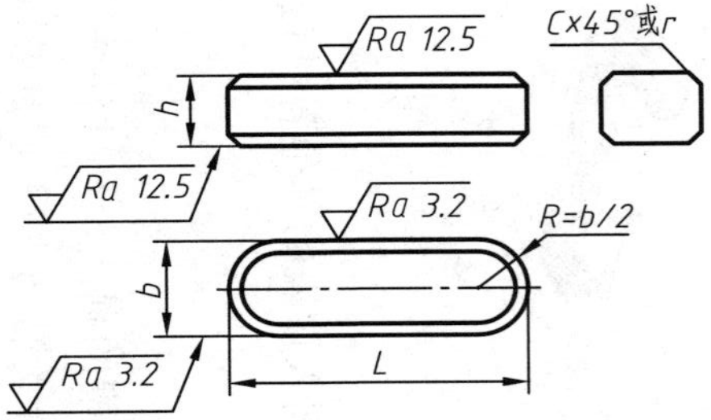	b=18 mm, h=11 mm, L=100 mm 的 A 型普通平键： GB/T 1096 键 18×11×100（A 型平键可不标出 A，B 型或 C 型则必须在规格尺寸前标出 B 或 C）
普通型半圆键	GB/T 1099.1—2003	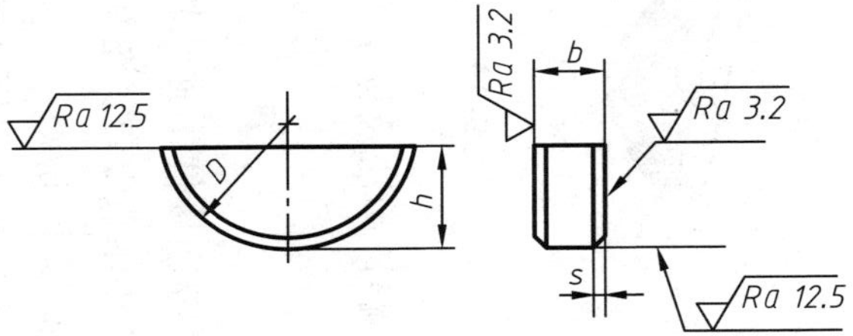	b=6 mm, h=10 mm, D=25 mm 的普通型半圆键： GB/T 1099.1 键 6×10×25
钩头型楔键	GB/T 1565—2003	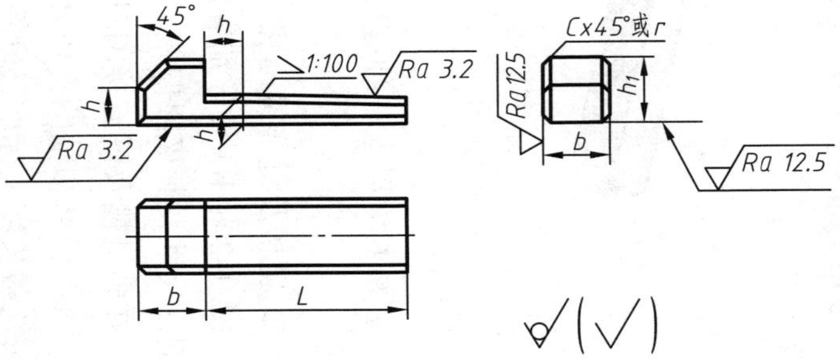	b=18 mm, h=11 mm, L=100 mm 的钩头楔键： GB/T 1565 键 18×100

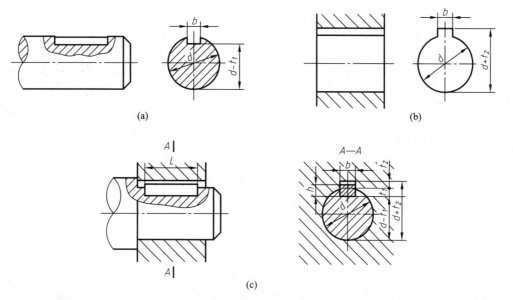

(a)

(b)

(c)

图 9-20　普通平键连接

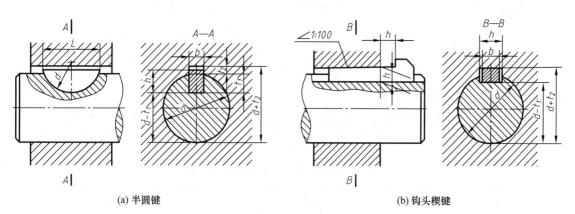

(a) 半圆键

(b) 钩头楔键

图 9-21　半圆键与钩头楔键连接画法

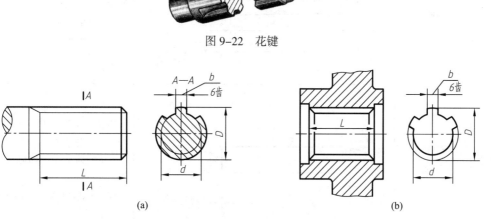

图 9-22　花键

(a)

(b)

图 9-23　矩形花键的画法和尺寸标注

对内花键,在反映花键轴线的剖视图中,大径及小径均用粗实线绘制,并在局部视图上画出一部分齿形或全部齿形,如图9-23b所示。

矩形花键连接用剖视表示时,其连接部分按外花键的画法画出,如图9-24所示。

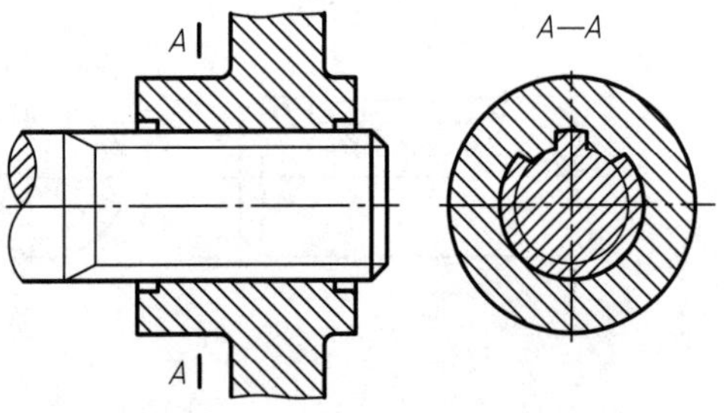

图9-24 矩形花键的连接画法

二、销及其连接

销的种类较多,通常用于零件间的连接与定位。常用的销有圆锥销、圆柱销、开口销等,如图9-25所示。开口销与槽型螺母配合使用,起防松作用。销还可作为安全装置中的过载剪断元件。

| 圆锥销 | 圆柱销 | 开口销 |

图9-25 销

1. 销的画法及标记

销是标准件,使用时应按有关标准选用,标准摘录见附录2中附表2-9、附表2-10。

表9-7列出了以上三种销的标准编号、画法和标记示例,其他类型的销可参阅有关标准。

表9-7 销的标准编号、画法和标记示例

名称	标准编号	图例	标记示例
圆锥销	GB/T 117—2000	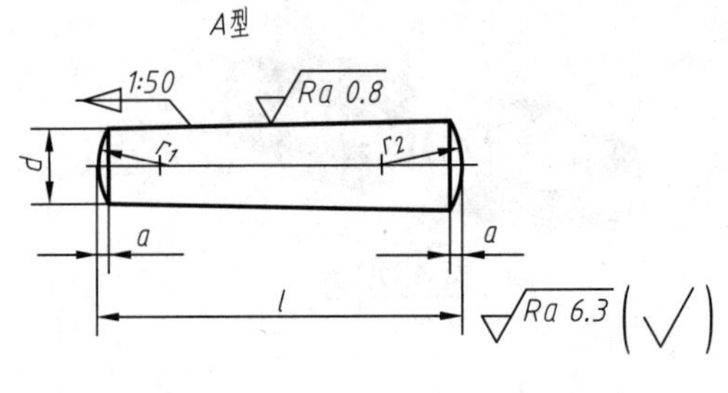 A型 1:50 $\sqrt{Ra\ 0.8}$ r r2 d a a l $\sqrt{Ra\ 6.3}$ ($\sqrt{}$)	公称直径d=10 mm,公称长度l=60 mm,材料为35钢,热处理硬度28~38HRC,表面氧化处理的A型圆锥销: 销 GB/T 117 10×60
圆柱销	GB/T 119.1—2000	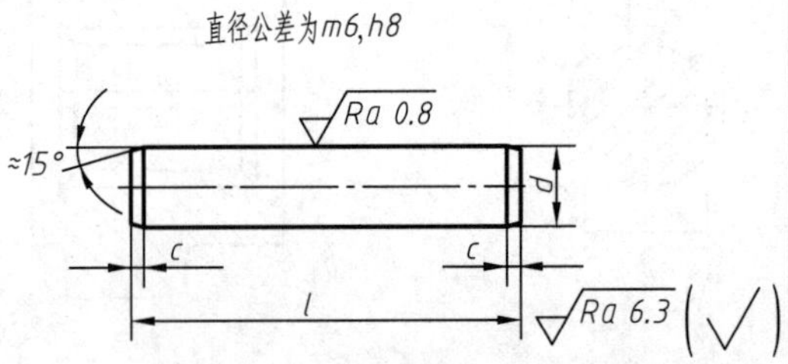 直径公差为m6,h8 $\sqrt{Ra\ 0.8}$ ≈15° d c c l $\sqrt{Ra\ 6.3}$ ($\sqrt{}$)	公称直径d=10 mm,公差为m6,长度l=30 mm,材料为35钢,不经淬火、不经表面处理的圆柱销: 销 GB/T 119.1 10m6×30

名称	标准编号	图例	标记示例
开口销	GB/T 91—2000		公称（规格）d=5 mm，长度 l=50 mm，材料为低碳钢，不经表面处理的开口销： 销 GB/T 91 5×50

2. 销连接的画法

图 9-26a 所示为圆柱销孔及圆锥销孔的加工方法，图 9-26b 所示为销孔尺寸注法，图 9-26c 所示为圆柱销、圆锥销的连接画法和标记。

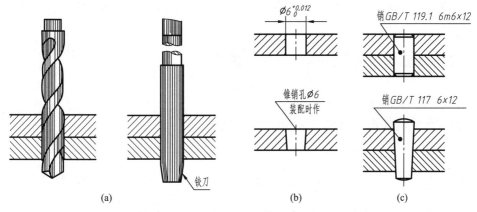

图 9-26 销孔的加工方法、尺寸注法和圆柱销、圆锥销的连接画法及标记

第四节 齿轮、蜗杆、蜗轮

齿轮是机械传动中广泛应用的零件，它用来将主动轴的转动传递给从动轴，从而完成动力传递、转速及旋向的改变。

图 9-27 所示为减速箱的传动系统图。动力经 V 形带轮传入，并经由蜗杆、蜗轮、锥齿轮和圆柱齿轮传出。从图中可以看出：

圆柱齿轮——用于两平行轴间的传动。

锥齿轮——用于两相交轴间的传动。

蜗杆、蜗轮——用于两垂直交叉轴间的传动。

齿轮轮齿按方向和形状不同分为直齿、斜齿、人字齿等。齿形轮廓（称为齿廓）曲线有渐开线、摆线、圆弧等，一般采用渐开线齿廓。齿轮的一般结构见图 9-28。

下面分别介绍几种齿轮传动的特点及其画法。

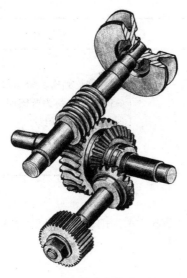

图 9-27 减速箱传动系统

图 9-28 齿轮的结构图

一、齿轮的基本参数和基本尺寸间的关系

1. 直齿圆柱齿轮各部分名称和尺寸关系

直齿圆柱齿轮的外形为圆柱形,齿向与齿轮轴线平行。图 9-29 为相互啮合的两直齿圆柱齿轮各部分名称和代号。

（1）齿顶圆直径 d_a　轮齿顶部的圆周直径。

（2）齿根圆直径 d_f　轮齿根部的圆周直径。

（3）分度圆直径 d 和节圆直径 d'[①]　分度圆直径是齿顶圆和齿根圆之间的一个圆的直径。对于标准齿轮,在该圆的圆周上齿厚(s)和齿槽宽(e)相等,且当正确安装时有 $d=d'$。

（4）齿距 p　分度圆上相邻两齿对应点（图 9-29 中两点 A、B）间的弧长称齿距。如以 z 表示齿轮的齿数,显然有

$$\pi d = zp \quad 即 \quad d = zp/\pi$$

两啮合齿轮的齿距应相等。对于标准齿轮,齿厚 s 和齿槽宽 e 均为齿距 p 的一半,即

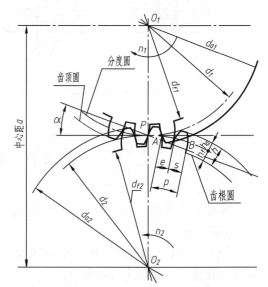

图 9-29 直齿圆柱齿轮各部分名称和代号

---

① O_1 和 O_2 分别为两啮合齿轮的回转中心,两齿轮的齿廓在 O_1O_2 连线上的啮合接触点为点 P（称节点）。分别以 O_1、O_2 为圆心,以 O_1P、O_2P 为半径作出两个圆,这两个圆称为节圆,其直径以 d' 表示。齿轮传动可以假想是这两个圆在作无滑动地滚动。分度圆是设计、制造齿轮时计算各部分尺寸所依据的圆,也是分齿的圆。在标准齿轮的分度圆的圆周上,齿厚 s 和齿槽宽 e 相等。分度圆直径以 d 表示。一对正确安装的标准齿轮,其分度圆是相切的,也就是此时分度圆与节圆重合,两圆直径相等,即 $d=d'$。

$$s=e=p/2$$

（5）模数 m　模数是齿距 p 与 π 的比值，即 $m=p/\pi$。由此可见两啮合齿轮的模数应相等。不同模数的齿轮要用不同模数的刀具去制造。为了便于设计和加工，渐开线圆柱齿轮应采用表9-8中所列的模数系列。

表9-8　标准模数系列　　　　　　　　　　　　　　　mm

第一系列	1	1.25	1.5	2	2.5	3	4	5	6	8	10	12	16	20	25	32	40	50
第二系列	1.125	1.375	1.75	2.25	2.75	3.5	4.5	5.5	（6.5）	7	9	11	14	18	22	28	36	45

注：在选用模数时，应优先选用第一系列；其次选用第二系列；括号内的模数尽可能不选用。

（6）齿高　从齿顶到齿根的径向距离为齿高 h，$h=h_a+h_f$。齿顶高 h_a 是从齿顶圆到分度圆的径向距离；齿根高 h_f 是从分度圆到齿根圆的径向距离。

（7）压力角 α　节点 P 处两齿廓间作用力方向（齿廓曲线的公法线方向）与 P 点瞬时速度方向（P 点处两节圆公切线方向）之间的夹角称为压力角。我国标准规定压力角为20°。

（8）传动比 i　主动齿轮转速 n_1（r/min）与从动齿轮转速 n_2（r/min）之比称为传动比，即 $i=n_1/n_2$。由于转速与齿数成反比，主、从动齿轮单位时间里转过的齿数相等，即 $n_1z_1=n_2z_2$。因此传动比也等于从动齿轮齿数 z_2 与主动齿轮齿数 z_1 之比。即

$$i=n_1/n_2=z_2/z_1$$

（9）中心距 a　两圆柱齿轮轴线之间的最短距离。

直齿圆柱齿轮上各部分间的关系和尺寸计算公式见表9-9。

表9-9　直齿圆柱齿轮的尺寸计算公式

名称及代号	公式	名称及代号	公式
模数 m	$m=p/\pi$（大小按设计需要而定）	齿根圆直径 d_f	$d_{f1}=m(z_1-2.5)$；$d_{f2}=m(z_2-2.5)$
压力角 α	$\alpha=20°$	齿距 p	$p=\pi m$
分度圆直径 d	$d_1=mz_1$；$d_2=mz_2$	齿厚 s	$s=p/2$
齿顶高 h_a	$h_a=m$	齿槽宽 e	$e=p/2$
齿根高 h_f	$h_f=1.25m$	中心距 a	$a=(d_1+d_2)/2=m(z_1+z_2)/2$
全齿高 h	$h=h_a+h_f=2.25m$	传动比 i	$i=n_1/n_2=z_2/z_1$
齿顶圆直径 d_a	$d_{a1}=m(z_1+2)$；$d_{a2}=m(z_2+2)$		

注：以上 d_a、d_f、a 的计算公式适用于外啮合直齿圆柱齿轮传动。

2. 斜齿圆柱齿轮的基本参数和尺寸关系

斜齿圆柱齿轮的轮齿做成螺旋形，这种齿轮传动平稳，适用于较高转速的传动。

斜齿圆柱齿轮的轮齿倾斜以后，它在端面上的齿形和垂直于轮齿方向的法向上的齿形不同。图9-30所示的斜齿圆柱齿轮，它的分度圆柱面的展开图如图9-31所示，图中 πd 为分度圆周长，β 为螺旋角，表示轮齿的倾斜程度。垂直于轴线的平面上的齿距和模数称为端面齿

距 p_t 和端面模数 m_t；垂直于轮齿螺旋线方向的法面上的齿距和模数称为法向齿距 p_n 和法向模数 m_n。

图 9-30　斜齿圆柱齿轮的分度圆柱面

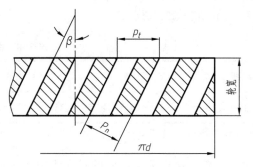

图 9-31　斜齿圆柱齿轮分度圆柱面的展开图

从图 9-31 可知 $p_n = p_t \cos \beta$，因此，$m_n = m_t \cos \beta$。

法向模数 m_n 是斜齿圆柱齿轮的主要参数，应取标准值（表 9-8）。

斜齿圆柱齿轮各部分尺寸的计算公式见表 9-10。标准的法向压力角 $=20°$。

表 9-10　斜齿圆柱齿轮的尺寸计算公式

名称及代号	公式	名称及代号	公式
端面齿距 p_t	$p_t = \pi d/z$	齿顶圆直径 d_a	$d_a = d + 2m_n$
法向齿距 p_n	$p_n = p_t \cos \beta$		
端面模数 m_t	$m_t = p_t/\pi$		
法向模数 m_n	$m_n = p_n/\pi = m_t \cos \beta$	齿根圆直径 d_f	$d_f = d - 2.5m_n$
分度圆直径 d	$d = m_t z$		
齿顶高 h_a	$h_a = m_n$		
齿根高 h_f	$h_f = 1.25 m_n$	中心距 a	$a = \dfrac{1}{2}(d_1 + d_2) = m_n(z_1 + z_2)/2\cos \beta$
全齿高 h	$h = h_a + h_f = 2.25 m_n$		

注：以上 d_a、d_f、a 的计算公式适用于外啮合斜齿圆柱齿轮传动。

3. 直齿锥齿轮的基本参数和尺寸关系

直齿锥齿轮主要用于垂直相交的两轴之间的传动。由于锥齿轮的轮齿分布在圆锥面上，所以轮齿的一端大，另一端小，沿齿宽方向轮齿大小均不相同，故轮齿全长上的模数、齿高、齿厚等都不相同。

规定以大端的模数和分度圆来决定其他各部分的尺寸。因此一般所说的直齿锥齿轮的齿顶圆直径 d_a、分度圆直径 d、齿顶高 h_a、齿根高 h_f 等都是对大端而言的，如图 9-32 所示。直齿锥齿轮各部分尺寸计算公式见表 9-11。直齿锥齿轮大端的模数系列与圆柱齿轮模数系列（表 9-8）相同。

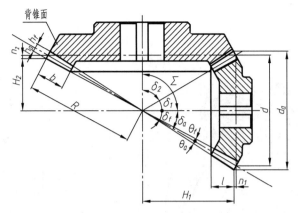

图 9-32　直齿锥齿轮各部分名称

表 9-11　直齿锥齿轮的尺寸计算公式

名称及代号	公式	名称及代号	公式
分锥角：δ_1（小齿轮）；δ_2（大齿轮）	$\tan\delta_1 = z_1/z_2$；　$\tan\delta_2 = z_2/z_1$（$\delta_1 + \delta_2 = 90°$）	齿根角 θ_f	$\tan\theta_f = 2.4\sin\delta/z$
		顶锥角 δ_a	$\delta_a = \delta + \theta_a$
		根锥角 δ_f	$\delta_f = \delta - \theta_f$
分度圆直径 d	$d = mz$	齿宽 b	$b \leqslant R/3$
齿顶圆直径 d_a	$d_a = m(z + 2\cos\delta)$	齿顶高的投影 n	$n = m\sin\delta$
齿顶高 h_a	$h_a = m$	齿面宽的投影 l	$l = b\cos\delta_a/\cos\theta_a$
齿根高 h_f	$h_f = 1.2m$	从锥顶到大端顶圆的距离 H	$H_1 = (mz_2/2) - n_1$ $H_2 = (mz_1/2) - n_2$
全齿高 h	$h = h_a + h_f = 2.2m$		
锥距 R	$R = mz/2\sin\delta$		
齿顶角 θ_a	$\tan\theta_a = 2\sin\delta/z$		

注：除 δ_1、δ_2、H_1、H_2 外，大小齿轮的计算方法相同。

4. 蜗杆、蜗轮的主要参数和尺寸计算

蜗杆、蜗轮用于垂直交叉两轴间的传动，一般情况下蜗杆运动为主运动，蜗轮运动为从运动，如图 9-33 所示。这种传动的优点是：传动比大、机构紧凑、传动平稳，缺点是传动效率较低。蜗杆外形近似于梯形螺杆，齿体为螺纹，有单头、多头和左、右旋之分；蜗轮形似斜齿圆柱齿轮，为了增加它与蜗杆的接触，提高寿命，蜗轮的轮齿部分常做成凹弧形，如图 9-33 所示。蜗杆的螺纹与蜗轮的轮齿相互啮合，当蜗杆转动时即推动蜗轮转动。单头螺杆旋转一周，蜗轮只转过一个齿，故此种传动可以获得较大的传动比，其传动比是：

i = 蜗杆转速 n_1 / 蜗轮转速 n_2 = 蜗轮齿数 z_2 / 蜗杆头数 z_1

一对互相啮合的蜗杆、蜗轮必须具有相同的模数和压力角。规定在通过蜗杆轴线并垂直于蜗轮轴线的主平面内，蜗杆、蜗轮的模数及压力角为标准值。

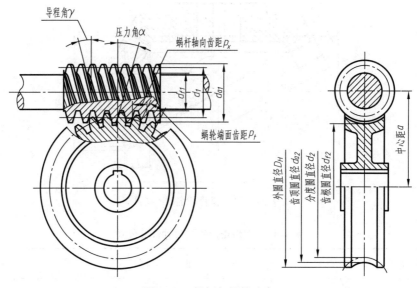

图 9-33　蜗杆与蜗轮啮合

蜗杆、蜗轮的基本参数同圆柱齿轮相比,除模数 m、齿数 z、压力角 α 外,还增加了蜗杆直径系数 q、导程角 γ 和蜗轮的螺旋角 β 三个参数。

(1)蜗杆直径系数 q　蜗杆直径系数是蜗杆分度圆直径(d_1)与模数(m)的比值($q=d_1/m$)。

蜗轮的齿形主要取决于蜗杆的齿形,一般蜗轮是用形状和尺寸与蜗杆相同的蜗轮滚刀来加工的。但是由于模数相同的蜗杆,其直径可以不等,因而螺旋线的导程角也不同,这样需要用不同的滚刀来加工。为了减少滚刀的数量,便于标准化,不仅要规定标准模数,还以蜗杆直径系数 q 的形式规定了对应的分度圆直径。我国标准规定,每一种模数对应一个或几个 q 值,见表 9-12。

表 9-12　标准模数和蜗杆的直径系数(部分)

m/mm	1	1.25	1.6	2	2.5	3.15	4	5	6.3	8	10	12.5	16
q	18.000	16.000	12.500	9.000	8.960	8.889	7.875	8.000	7.936	7.875	7.100	7.200	7.000
		17.920	17.500	11.200	11.200	11.270	10.000	10.000	10.000	10.000	9.000	8.960	8.750
			14.000	14.200	14.286	12.500	12.600	12.689	12.500	11.200	11.200	11.250
			17.750	18.000	17.778	17.750	18.000	17.778	17.500	16.000	16.000	15.625

(2)导程角 γ　蜗杆分度圆柱面上的螺旋线升角为导程角,$\tan \gamma =$ 导程(T)/分度圆周长(πd_1)$=z_1 p_x /\pi d_1 = z_1 \pi m/\pi d_1 = z_1 m/(mq)=z_1/q$],如图 9-34 所示。

一对相互啮合的蜗杆、蜗轮的导程角 γ 和螺旋角 β 的大小相等,螺旋方向相同,即 $\beta =\gamma$。为便于计算,将 z_1、q、γ 之间关系列于表 9-13 中。

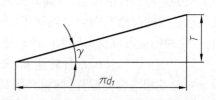

图 9-34　导程角和导程、分度圆直径的关系

246

表 9-13　蜗杆导程角 γ 和 z_1、q 的对应值

q	γ				q	γ			
	$z_1=1$	$z_1=2$	$z_1=4$	$z_1=6$		$z_1=1$	$z_2=2$	$z_3=4$	$z_4=6$
7.000	8°07′48″	15°56′43″	29°44′42″		12.500	4°34′26″	9°05′25″	17°44′41″	
7.100	8°01′02″	15°43′55″	29°23′46″		12.600	4°32′16″	9°01′10″	17°36′45″	
7.200	7°50′26″	15°31′27″	29°03′17″		12.698	4°30′10″	8°57′02″	17°29′04″	
7.875	7°14′13″	14°15′00″	26°53′40″		14.000	4°05′08″	8°07′48″	15°56′43″	
7.936	7°10′53″	14°08′39″	26°44′53″		14.200	4°01′42″	8°01′02″	15°43′55″	
8.000	7°07′30″	14°02′10″	26°33′54″		14.286	4°00′15″	7°58′11″	15°38′32″	
8.750	6°31′11″	12°52′30″	24°34′02″		15.625	3°39′43″			
8.960	6°22′06″	12°34′59″	24°03′26″		15.750	3°37′59″			
8.889	6°25′08″	12°40′49″	24°13′40″		16.000	3°34′35″			
9.000	6°20′25″	12°31′44″	23°57′45″	33°41′24″	17.500	3°16′14″			
10.000	5°42′38″	11°18′36″	21°48′05″	30°57′50″	17.750	3°13′28″			
11.200	5°06′08″	10°07′29″	19°39′14″	28°10′43″	17.778	3°13′10″			
11.250	5°04′47″	10°04′50″	19°34′23″		17.920	3°11′38″			
11.270	5°04′15″	10°03′48″	19°32′29″	28°01′50″	18.000	3°10′47″			

（3）中心距 a　蜗杆和蜗轮两轴的中心距 a 和模数 m、蜗杆直径系数 q、蜗轮齿数 z_2 的关系为：

$$a=m(z_2+q)/2$$

蜗杆、蜗轮各部分名称、代号及计算公式见图 9-33 及表 9-14、表 9-15。

表 9-14　蜗杆的尺寸计算公式

名称及代号	公式	名称及代号	公式
分度圆直径 d_1	$d_1=mq$	轴向齿距 p_x	$p_x=\pi m$
齿顶高 h_a	$h_a=m$	螺牙导程 T	$T=z_1 \cdot p_x$
齿根高 h_f	$h_f=1.2m$	导程角 γ	$\tan\gamma=\dfrac{z_1 \cdot m}{d_1}=\dfrac{z_1}{q}$
全齿高 h	$h=h_a+h_f=2.2m$		
齿顶圆直径 d_{a1}	$d_{a1}=d_1+2h_a=m(q+2)$	轴向齿形角 α	$\alpha=20°$
齿根圆直径 d_{f1}	$d_{f1}=d_1-2h_f=d_1-2.4m$ $=m(q-2.4)$	蜗杆螺纹部分长度 l	当 $z_1=1\sim2$ 时，$l\geqslant(11+0.06z_2)m$
			当 $z_1=3\sim4$ 时，$l\geqslant(12.5+0.09z_2)m$

表 9–15　蜗轮的尺寸计算公式

名称及代号	公式	名称及代号	公式
分度圆直径 d_2	$d_2=mz_2$	外径 D_4	当 $z_1=1$ 时，$D_4\leqslant d_{a2}+2m$
齿顶圆直径 d_{a2}	$d_{a2}=d_2+2m=m(z_2+2)$		当 $z_1=2\sim3$ 时，$D_4\leqslant d_{a2}+1.5m$
齿根圆直径 d_{f2}	$d_{f2}=d_2-2.4m=m(z_2-2.4)$		当 $z_1=4$ 时，$D_4\leqslant d_{a2}+m$
中心距 a	$a=\dfrac{1}{2}(d_1+d_2)=m(q+z_2)/2$	齿宽 b	当 $z_1\leqslant3$ 时，$b\leqslant0.75d_{a1}$
			当 $z_1\leqslant4$ 时，$b\leqslant0.67d_{a1}$
齿顶圆弧面半径 r_a	$r_a=\dfrac{d_{f1}}{2}+0.2m=\dfrac{d_1}{2}-m$	包角 2γ	$2\gamma=45°\sim140°$
齿根圆弧面半径 r_f	$r_f=\dfrac{d_{a1}}{2}+0.2m=\dfrac{d_1}{2}+1.2m$		

二、齿轮的规定画法

1. 直齿圆柱齿轮画法

（1）单个直齿圆柱齿轮画法

如图 9–35 所示，单个直齿圆柱齿轮轮齿部分应按下列规定绘制：

① 分度圆、分度线用细点画线画出，分度线应超出轮廓线约 2 mm。

② 齿顶圆和齿顶线用粗实线画出。

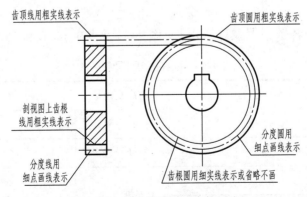

图 9–35　单个直齿圆柱齿轮画法

③ 齿根圆用细实线画出或省略，齿根线在剖开时用粗实线画出，不剖时可省略不画。

（2）直齿圆柱齿轮的啮合画法

直齿圆柱齿轮啮合时，应按下列规定绘制：

① 在投影为圆的视图上的画法（图 9–36a）。两齿轮啮合时，其节圆（或分度圆）相切，用细

248

点画线绘制;啮合区内的齿顶圆均用粗实线绘制(必要时允许省略);齿根圆均用细实线绘制(一般可省略不画)。

② 在通过轴线的剖视图上的画法(图9-36b、d)。在轮齿啮合部分,两分度线重合,用细点画线画出;齿根线均画成粗实线;齿顶线的画法为:一个齿轮(常为主动轮)的齿顶线画成粗实线,另一个齿轮的齿顶线画成细虚线(也可省略不画)。

③ 在外形视图上的画法(图9-36c)。啮合区内的齿顶线和齿根线不必画出,分度线用粗实线绘制。

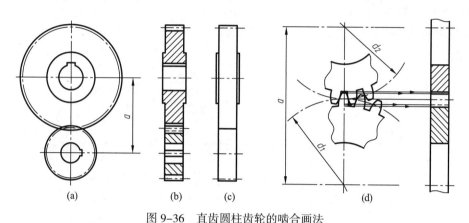

(a)　　　　(b)　(c)　　　　　　(d)

图9-36　直齿圆柱齿轮的啮合画法

2. 斜齿圆柱齿轮画法

(1)单个斜齿圆柱齿轮画法

如图9-37所示,斜齿圆柱齿轮的画法基本上与直齿圆柱齿轮的画法相同。反映斜齿圆柱齿轮轴线的视图常采用半剖视图或局部剖视图,当需要表示齿线的形状时,可用三条与齿线方向一致的细实线表示。

(2)斜齿圆柱齿轮的啮合画法

如图9-38所示,相互外啮合的一对斜齿圆柱齿轮,旋向应该相反(如一个为右旋,则另一个为左旋),但模数、螺旋角应分别相等。其啮合部分的画法也与直齿圆柱齿轮啮合画法相同。

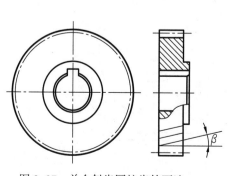

图9-37　单个斜齿圆柱齿轮画法

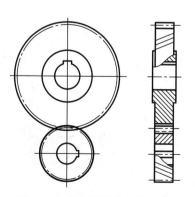

图9-38　斜齿圆柱齿轮的啮合画法

3. 直齿锥齿轮画法

（1）单个直齿锥齿轮的画法

如图 9-39 所示，主视图常采用全剖视，在投影为圆的视图上规定用粗实线画出大端和小端的齿顶圆；用细点画线画出大端分度圆。齿根圆及小端分度圆均不必画出。

单个直齿锥齿轮的作图步骤如图 9-40 所示，首先定出分度圆直径和分锥角（图 9-40a）；其次画出齿顶线（圆）和齿根线，并定出齿宽 b（图 9-40b）；再次作出其他投影轮廓（图 9-40c）；最后加深，画剖面线，擦去作图线。

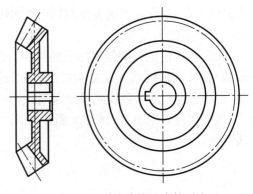

图 9-39　单个直齿锥齿轮画法

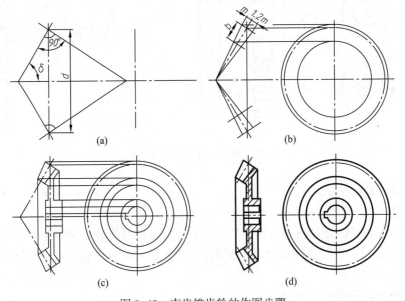

(a)　　　　　　　　　(b)

(c)　　　　　　　　　(d)

图 9-40　直齿锥齿轮的作图步骤

（2）直齿锥齿轮的啮合画法

如图 9-41 所示，直齿锥齿轮轮齿部分和啮合区的画法与直齿圆柱齿轮的画法类同。

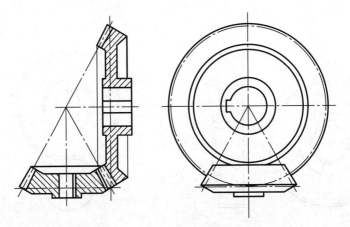

图 9-41　直齿锥齿轮的啮合画法

4. 蜗杆、蜗轮的画法

蜗轮通常用剖视图来表示,如图 9-42a 所示。蜗杆一般用一个主视图和一个表示轴向齿形的剖面图来表示,如图 9-42b 所示。蜗杆、蜗轮轮齿部分的画法均与圆柱齿轮类同。图 9-43a 所示为蜗杆、蜗轮啮合的剖视画法,当剖切平面通过蜗轮轴线并与蜗杆轴线垂直时,蜗杆齿顶用粗实线绘制,蜗轮齿顶用细虚线绘制或省略不画。图 9-43b 所示为蜗杆、蜗轮啮合的外形视图画法。

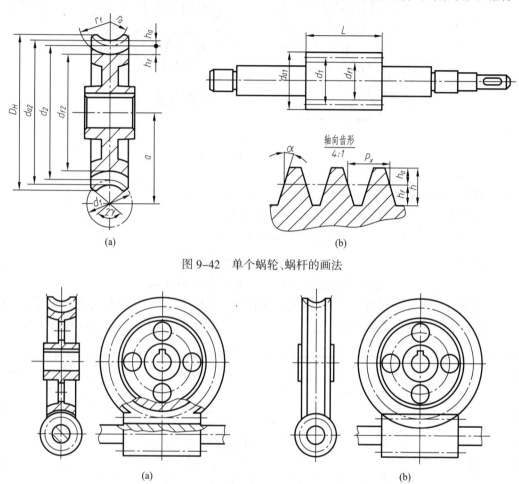

图 9-42　单个蜗轮、蜗杆的画法

图 9-43　蜗杆、蜗轮的啮合画法

三、齿轮的测绘

1. 直齿圆柱齿轮的测绘

根据测量齿轮来确定其主要参数并画出零件工作图的过程称为齿轮测绘。测绘时应首先确定模数,现以测绘图 9-27 所示减速箱传动系统中的直齿圆柱齿轮为例,说明齿轮测绘的一般方法和步骤。

（1）数出齿数 $z=40$。

（2）测量实际齿顶圆直径 $d_{a(实)}$,对具有偶数齿的齿轮可直接量得齿顶圆直径,如 $d_{a(实)}=41.9$ mm。对具有奇数齿的齿轮,可先测出孔径 d_z 和孔壁到齿顶间的距离 $H_顶$,如图 9-44b 所示,再计算出齿顶圆直径 $d_{a(实)}$:

$$d_{a(实)}=2H_{顶}+d_z$$

（3）根据 $d_{a(实)}$ 近似计算模数 m：

$$m=d_a/(z+2)$$

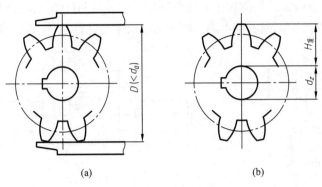

(a)   (b)

图 9-44 测量齿顶圆直径

对照表 9-8 取标准值 $m=1$（最相近者）。

（4）根据表 9-9 所示的公式计算齿轮各部分尺寸：

$$d=mz=1\ \text{mm} \times 40=40\ \text{mm}$$

$$d_a=m(z+2)=1\ \text{mm} \times (40+2)=42\ \text{mm}$$

$$d_f=m(z-2.5)=1\ \text{mm} \times (40-2.5)=37.5\ \text{mm}$$

（5）测量其他各部分尺寸，并绘制该齿轮工作图（图 9-45）。其尺寸标注如图所示，齿根圆直径一般在加工时由其他参数控制，故可以不标注。齿轮的模数、齿数等参数要列表说明。

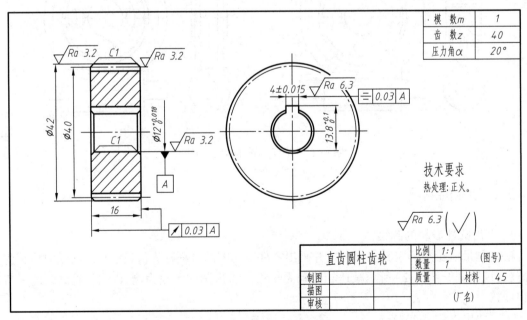

图 9-45 直齿圆柱齿轮工作图

2. 斜齿圆柱齿轮的测绘

测绘斜齿圆柱齿轮与测绘直齿圆柱齿轮不同之处在于需确定斜齿圆柱齿轮的螺旋角 β。下面举例说明测绘的一般方法和步骤。

（1）数出齿数 $z=21$。

（2）量出实际齿顶圆直径 $d_{a(实)}$ 和齿根圆直径 $d_{f(实)}$。

$$d_{a(实)}=79.86 \text{ mm}, \quad d_{f(实)}=65.40 \text{ mm}$$

（3）计算法向模数 m_n。由于 $d_a-d_f=4.5m_n$，所以 $m_n=(d_a-d_f)/4.5=(79.86-65.40)/4.5 \approx 3.21 \text{ mm}$ 对照表 9-8，取最接近的标准模数 $m_n=3$。

（4）数出与之啮合的另一齿轮的齿数为 48，测出两齿轮的中心距为 120.75 mm。

（5）计算螺旋角 β，由

$$\cos\beta=m_n(z_1+z_2)/2a=3(21+48)/(2 \times 120.75)=0.857\,1$$

得
$$\beta=31°$$

当无法测绘单个斜齿圆柱齿轮中心距时，可应用测得的齿顶圆直径计算其螺旋角 β

$$\cos\beta=m_n \cdot z/d=m_n \cdot z/(d_a-2m_n)$$

但由于齿顶圆直径的精度不高，因此计算出来的 β 角不够精确。

（6）根据 β、m_n，按表 9-10 计算各部分尺寸（略）。

（7）测量其他部分尺寸，绘制该齿轮的工作图并标注尺寸，如图 9-46 所示。

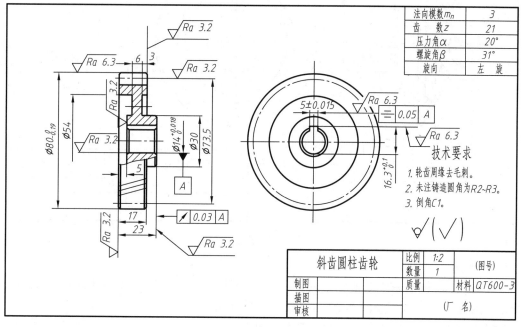

图 9-46　斜齿圆柱齿轮工作图

3. 直齿锥齿轮的测绘

如图 9-47 所示，减速箱传动系统中一对垂直相交的直齿锥齿轮的测绘步骤如下：

（1）数出两齿轮的齿数 $z_1=30$，$z_2=21$。

（2）计算分锥角：

$$\tan\delta_1=z_1/z_2=30/21 \approx 1.429$$

得
$$\delta_1 \approx 55°$$

$$\delta_2=90°-\delta_1=90°-55°=35°$$

如果测绘单个直齿锥齿轮,可先测出顶锥角 δ_a 和齿顶角 θ_a,然后根据 $\delta=\delta_a-\theta_a$ 计算出分锥角 δ。θ_a 一般可通过测量背锥和齿顶母线的夹角 τ_a,再根据 $\theta_a=90°-\tau_a$ 求出,如图 9–47 所示。

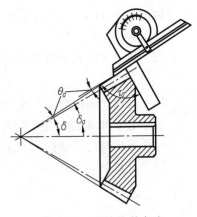

图 9–47 测量 θ_a 的方法

(3)测量大端实际齿顶圆直径 $d_{a1(实)}=62.3$ mm;小端实际齿顶圆直径 $d_{a2(实)}=45.28$ mm。

(4)计算大端模数 m。

$$m=d_{a1}/(z_1+2\cos\delta_1)=62.3/(30+2\cos 55°)\text{mm} \approx 2\text{ mm}$$

由表 9–8 查得标准模数也为 2。

(5)按表 9–11 计算齿轮各部分尺寸(略)。

(6)测量其他部分尺寸,画出该齿轮工作图并标注尺寸,如图 9–48 所示。

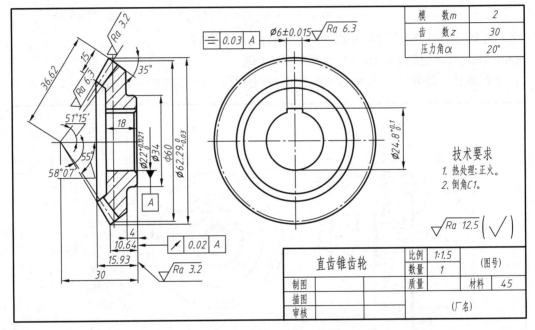

模　数 m	2
齿　数 z	30
压力角 α	20°

技术要求

1. 热处理:正火。
2. 倒角 $C1$。

直齿锥齿轮		比例	1:1.5		
		数量	1		(图号)
制图		质量		材料	45
描图					
审核				(厂名)	

图 9–48　直齿锥齿轮工作图

4. 蜗杆、蜗轮的测绘

测绘蜗杆、蜗轮时,首先要确定下列一些参数:模数 m、蜗杆直径系数 q、蜗杆导程角 γ、蜗轮螺旋角 β、中心距 a。以测绘图 9–27 所示减速箱传动系统中的一对蜗杆、蜗轮为例,说明其测绘的一般方法和步骤。

(1)数出蜗杆头数 $z_1=1$,蜗轮齿数 $z_2=26$。量得蜗杆实际齿顶圆直径 $d_{a1(实)}=32$ mm,用皮尺测得 $4p_{x(实)}=25$ mm(图 9–49),$p_{x(实)}=25/4=6.25$ mm。

(2)确定模数 m。

$$m=p_x/\pi \approx 6.25/3.14 \approx 1.99\text{ mm}$$

对照表 9–12 取标准模数为 2。

$$q=\frac{d_{a1}}{m}-2=\frac{32}{2}-2=14$$

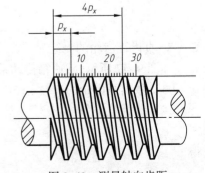

图 9–49　测量轴向齿距

254

（3）确定蜗杆直径系数 q。

再查表 9-12，当 m=2 时，有 q=14.000，这与计算结果相同，故该蜗杆为标准蜗杆。

（4）确定蜗杆的导程角 γ 和蜗轮的螺旋角 β。

根据 z_1=1，q=14，由表 9-13 查得 γ=β=4°05′08″。

（5）计算中心距 a。

$$a=m（q+z_2）/2=2（14+26）/2\ \text{mm}=40\ \text{mm}$$

（6）根据以上参数计算各部分尺寸（略）。

（7）测量其他部分尺寸，画出该蜗轮、蜗杆的工作图并标注尺寸，如图 9-50、图 9-51 所示。

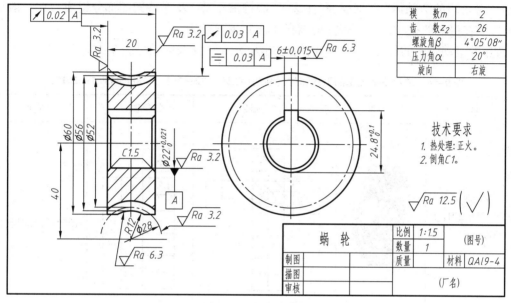

图 9-50　蜗轮工作图

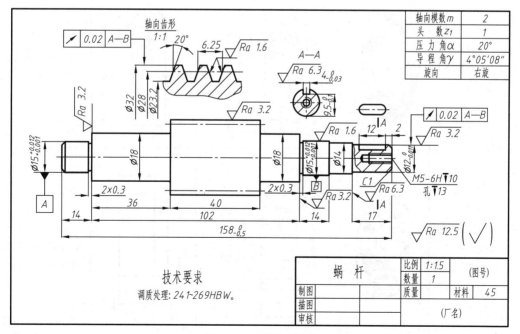

图 9-51　蜗杆工作图

第五节　滚 动 轴 承

　　滚动轴承是一种支承旋转轴的组件。它具有摩擦小、结构紧凑的优点,被广泛地使用在机器或部件中。滚动轴承也是标准件,由专门工厂生产,可根据型号选购。

　　1. 滚动轴承的结构和规定画法(GB/T 4459.7—2017)

　　滚动轴承的种类很多,但其结构大体相同。一般由外(上)圈、内(下)圈和排列在内(上)、外(下)圈之间的滚动体(有钢球、圆柱滚子、圆锥滚子等)及保持架四部分组成。在一般情况下,外圈装在机器的孔内,固定不动;内圈套在轴上,随轴转动。

　　常用的滚动轴承的代号、结构形式、简化画法、示意画法及应用见表9–16。

表9–16　常用滚动轴承的形式和规定画法(GB/T 272—2017、GB/T 4459.7—2017)

代号	结构	规定画法	特征画法	应用
深沟球轴承 (GB/T 276—2013) 60000型		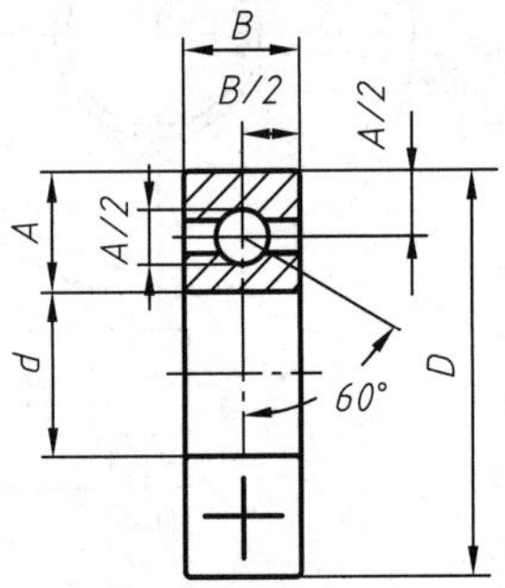	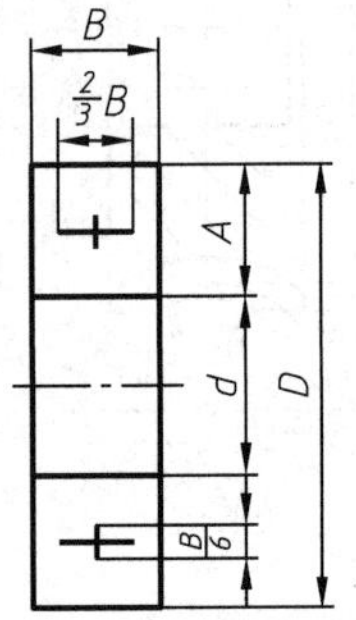	适用于主要承受径向载荷的场合
推力球轴承 (GB/T 301—2015) 51000型	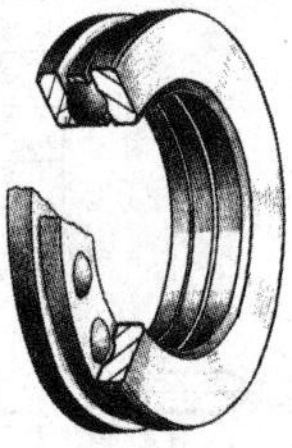	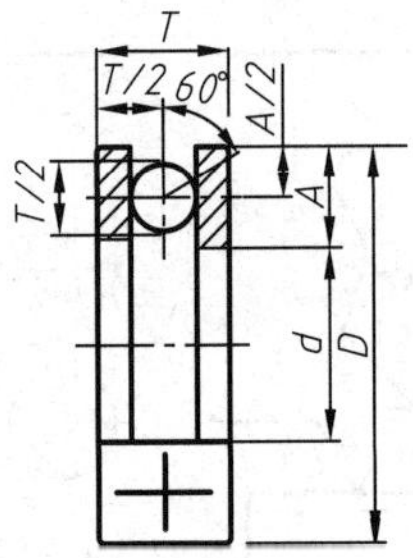	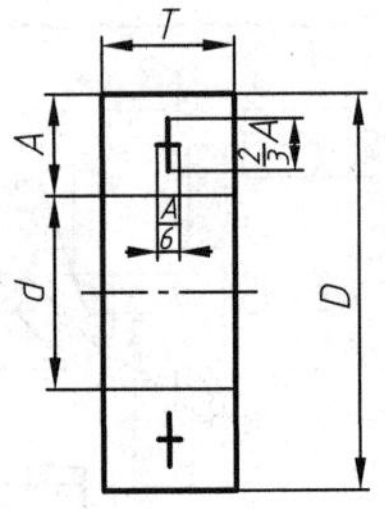	适用于承受轴向载荷的场合
圆锥滚子轴承 (GB/T 297—2015) 30000型		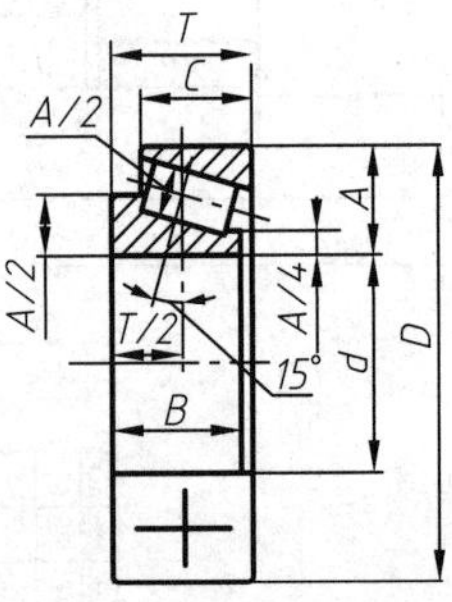	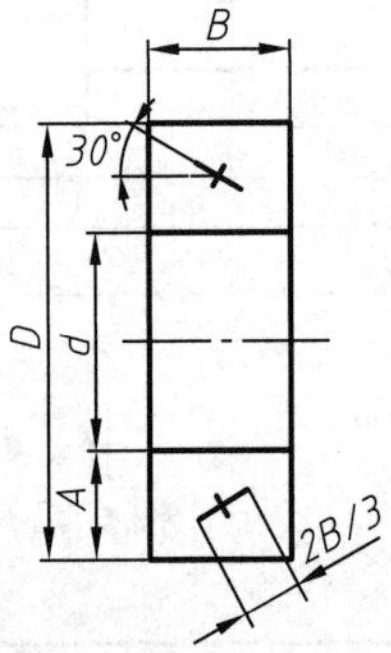	适用于同时承受径向和轴向载荷的场合

2. 滚动轴承的代号

滚动轴承的代号可查阅标准 GB/T 272—2017,它由前置代号、基本代号、后置代号构成。前置代号、后置代号是当轴承在结构形状、尺寸、公差、技术要求等改变时,在其基本代号左、右添加补充的代号。后置代号由轴承公差等级代号和轴承游隙代号等组成,当游隙为基本组和公差等级为 0 级时,可省略。基本代号一般由类型代号、尺寸系列代号(包括宽度或高度系列代号和直径系列代号)和内径代号组成。

例如:轴承型号为 51105,它所表示的意义为:

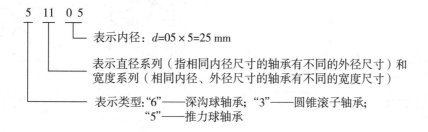

5　11　0　5
　　　　└── 表示内径:$d=05 \times 5=25$ mm
　　└────── 表示直径系列(指相同内径尺寸的轴承有不同的外径尺寸)和宽度系列(相同内径、外径尺寸的轴承有不同的宽度尺寸)
　└──────── 表示类型:"6"——深沟球轴承;"3"——圆锥滚子轴承;"5"——推力球轴承

第六节　弹　　簧

弹簧的用途很广,属于常用件,主要用于减振、夹紧、承受冲击、储存能量(如钟表发条)和测力等。其特点是受力后能产生较大的弹性变形,去除外力后能恢复原状。常用的螺旋弹簧按其用途可分为压缩弹簧(图 9–52a)、拉伸弹簧(图 9–52b)和扭转弹簧(图 9–52c)。

(a) 压缩弹簧　　　　　(b) 拉伸弹簧　　　　　(c) 扭转弹簧

图 9–52　常用的螺旋弹簧

下面仅介绍圆柱螺旋压缩弹簧的尺寸计算和画法。

1. 圆柱螺旋压缩弹簧的规定画法

GB/T 4459.4—2003 中规定了弹簧的画法,现只说明圆柱螺旋压缩弹簧的规定画法。

(1)弹簧在平行于轴线的投影面上的视图中,各圈转向轮廓线的投影画成直线,如图 9–53 所示。

(2)有效圈数在四圈以上的弹簧,中间各圈可省略不画。当中间部分省略后,可适当缩短图形的长度,但表示弹簧轴线和弹簧钢丝(简称簧丝)断面中心线的三条细点画线仍应画出,如图 9–53 所示。

（3）在装配图中,被弹簧挡住的结构一般不画出,可见部分应从弹簧的外轮廓线或从簧丝剖面的中心线画起,如图 9-54 所示。

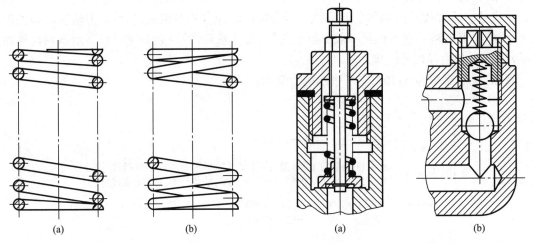

图 9-53　圆柱螺旋压缩弹簧的画法　　　　图 9-54　装配图中弹簧的画法

（4）在装配图中,弹簧被剖切时,如簧丝剖面的直径在图形上等于或小于 2 mm 时,剖面可以涂黑表示,如图 9-54a 所示;也可用示意画法,如图 9-54b 所示。

（5）螺旋弹簧的旋向有左、右之分,但均可画成右旋,对必须保证的旋向要求应在"技术要求"中注明。

2. 圆柱螺旋压缩弹簧的标记（GB/T 2089—2009）

（1）标记方法

弹簧的标记由类型代号、规格、精度代号、旋向代号和标准号组成,规定如下:

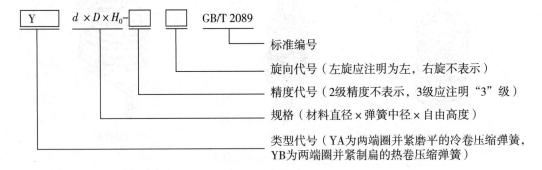

$$Y\quad d \times D \times H_0\text{-}\square\ \square\quad GB/T\ 2089$$

标准编号

旋向代号（左旋应注明为左,右旋不表示）

精度代号（2级精度不表示,3级应注明"3"级）

规格（材料直径×弹簧中径×自由高度）

类型代号（YA为两端圈并紧磨平的冷卷压缩弹簧,YB为两端圈并紧制扁的热卷压缩弹簧）

（2）标记示例

【例 9-1】YA 型弹簧,材料直径为 1.2 mm,弹簧中径为 8 mm,自由高度为 40 mm,精度为 2级,左旋弹簧。

标记:YA　1.2×8×40—左　GB/T 2089

【例 9-2】YB 型,材料直径 30 mm,弹簧中径 150 mm,自由高度为 320 mm,精度为 3 级,右旋弹簧。

标记:YB　30×150×320—3　GB/T 2089

有关弹簧参数请查阅有关标准。

3. 圆柱螺旋压缩弹簧的作图

圆柱螺旋压缩弹簧的作图步骤见图 9-55。

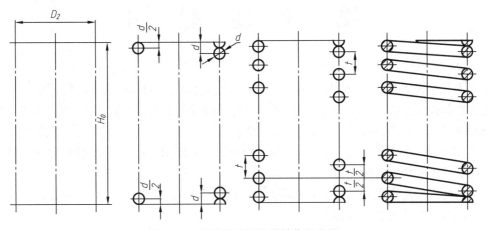

图 9-55　圆柱螺旋压缩弹簧作图步骤

思 考 题

1. 直齿圆柱齿轮的基本要素是什么? 如何根据这些基本要素计算齿轮的其他几何尺寸?

2. 试述直齿圆柱齿轮及其啮合的规定画法。在啮合区内,画图时应注意什么?

3. 普通平键、圆柱销、深沟球轴承如何标记? 根据规定标记,如何查表得出其他尺寸? 试述其装配时的规定画法。

4. 常用的圆柱螺旋压缩弹簧的规定画法包括哪些内容?

5. 为什么要对广泛使用的零件,如螺纹紧固件、键、销、滚动轴承等实行标准化?

6. 螺纹的要素有哪些? 它们的含义是什么? 内、外螺纹连接,它们的要素应该符合哪些要求?

7. 试述螺纹的规定画法(包括内、外螺纹及其连接)。

8. 常用的标准螺纹有哪几种? 如何标注? 如何查表?

9. 常用的螺纹紧固件(如六角头螺栓、六角螺母、平垫圈、螺钉、双头螺柱)如何标记? 如何通过规定标记查阅有关标准或附表得出各结构要素的尺寸?

10. 如何绘制单件螺钉、螺栓、双头螺柱(包括近似的比例画法和查表画法)和连接图形? 在画连接图时,要注意哪三项装配时的规定画法?

第十章 装 配 图

装配图是用来表达机器或部件的图样。在设计部件或机器时,通常先按设计要求画出装配图以表达机器或部件的工作原理、传动路线和零件间的装配关系,并通过装配图表达各零件的作用、结构和它们之间的相对位置和连接方式,以便拆画出零件图。在装配过程中也要根据装配图把零件装配成部件和机器。此外在机器或部件使用以及维修时也都需要使用装配图,因此装配图是生产中的重要技术文件。

本章将讨论装配图的内容、机器或部件的特殊表达方法、装配图的画法、读装配图和由装配图拆画零件图及部件测绘等内容。

第一节 装配图的内容

图 10-1 是滑动轴承的立体图。滑动轴承是机器设备中支承轴传动的部件,它由轴承座、轴承盖、上轴衬、下轴衬、螺栓、螺母、油杯等零件装配而成。轴承座与轴承盖通过两组螺栓和螺母紧固,压紧上、下轴衬,轴承盖上部的油杯用来给轴衬加润滑油,轴承座下部的底板在滑动轴承安装时起支承和固定作用。

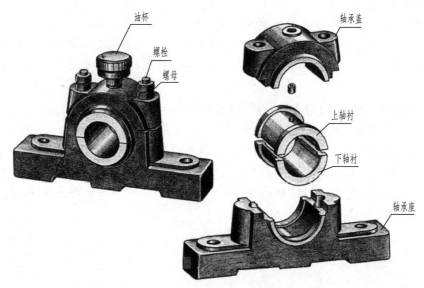

图 10-1 滑动轴承立体图

滑动轴承装配图如图 10-2 所示。从该图可以看出一张完整的装配图应具有下列内容:

（1）一组视图 根据装配图的规定画法和表达方法所画出的一组视图,用来表达机器或部件的工作原理、结构形状、装配关系、连接情况及主要零件的结构形状等。图 10-2 所示的装配图选用了两个基本视图。

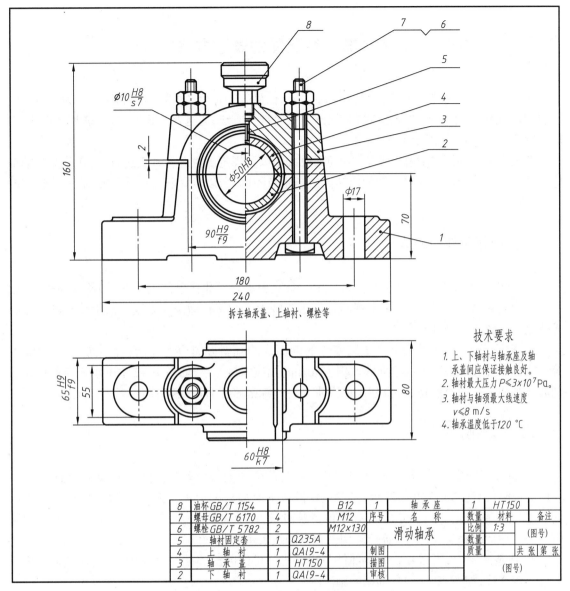

拆去轴承盖、上轴衬、螺栓等

技术要求

1. 上、下轴衬与轴承座及轴
   承盖间应保证接触良好。
2. 轴衬最大压力 $P \leqslant 3 \times 10^7$ Pa。
3. 轴衬与轴颈最大线速度
   $v \leqslant 8$ m/s
4. 轴承温度低于120 ℃

8	油杯GB/T 1154	1		B12	1		轴承座	1	HT150	
7	螺母GB/T 6170	4		M12	序号		名 称	数量	材料	备注
6	螺栓GB/T 5782	2		M12×130			滑动轴承	比例 1:3		(图号)
5	轴衬固定套	1	Q235A					数量		
4	上 轴 衬	1	QA19-4			制图		质量		共 张 第 张
3	轴 承 盖	1	HT150			描图				
2	下 轴 衬	1	QA19-4			审核			(图号)	

图 10-2 滑动轴承装配图

（2）必要尺寸 在装配图上并不标注所有零件的所有尺寸,而是根据装配图拆画零件图以及装配、检验、安装、使用机器的需要,注出反映机器或部件的性能、规格、安装情况、部件或零件间的相对位置、配合要求和机器的总体大小等尺寸。

（3）技术要求 用文字或符号注写出机器或部件的质量、装配、使用等方面的要求。如图 10-2 中"1.上、下轴衬与轴承座及轴承盖间应保证接触良好"等。

（4）零件的序号、标题栏与明细栏 为了生产准备及编制其他技术文件和管理上的需要,在装配图上按一定格式将零、部件进行编号并填写明细栏。在标题栏中的内容包括机器或部件的名称、图号、比例、制图、描图及审核等。

第二节　装配图的表达方法

装配图以表达工作原理、装配关系为主,力求做到表达正确、完整、清晰和简练。为了达到以上要求,需很好地掌握各种表达方法和视图方案的选择方法,先选好主视图,再考虑其他视图,然后再综合分析确定一组图形。

前面介绍的视图、剖视图、断面图、局部放大图以及规定画法等各种表达方法,在装配图中都完全适用。但因装配图与零件图的表达内容与重点不同,所以,适用于装配图的还有一些特有的表达方法。

一、相邻零件的表达

1. 两相邻零件的接触面和配合面只用一条线表示。而非接触的两平面,即使间隙很小,也必须画出两条线。如图 10-2 中主视图轴承盖与轴承座的接触面画一条线。而螺栓与轴承盖的光孔是非接触面,因此画两条线。

2. 相邻两个(或两个以上)金属零件的剖面线的倾斜方向应相反,或者方向一致、间隔不等。同一零件在各视图上的剖面线倾斜方向和间隔应保持一致,如图 10-2 中轴承盖与轴承座的剖面线画法。剖面厚度在 2 mm 以下的图形允许以涂黑来代替剖面符号。

二、假想画法

1. 在装配图中,当需要表示某些零件的运动范围和极限位置时,可用细双点画线画出这些零件的极限位置。如图 10-3 所示,当三星轮板在位置 *I* 时,齿轮 *2*、*3* 都不与齿轮 *4* 啮合;处于位置 *II* 时,运动由齿轮 *1* 经 *2* 传至 *4*;处于位置 *III* 时,运动由齿轮 *1* 经 *2*、*3* 传至 *4*,这样齿轮 *4* 的转向与前一种情况相反,图中 *II*、*III* 位置用细双点画线表示。

2. 在装配图中,当需要表达本部件与相邻零部件的装配关系时,可用细双点画线画出相邻部分的轮廓线,如图 10-3 中主轴箱的画法。

三、夸大画法

在装配图中,如绘制直径或厚度小于 2 mm 的孔或薄片以及较小的斜度和锥度,允许该部分不按比例而夸大画出,如图 10-4a 中垫片的画法。

四、简化画法

1. 装配图中若干相同的零件组与螺栓连接等,可仅详细地画出一组或几组,其余只需表示装配位置,见图 10-4a、b。

2. 装配图中的滚动轴承允许采用图 10-4 所示的简化画法。图 10-4a 所示为滚动轴承的规定画法,图 10-4b 所示为滚动轴承的特征画法。

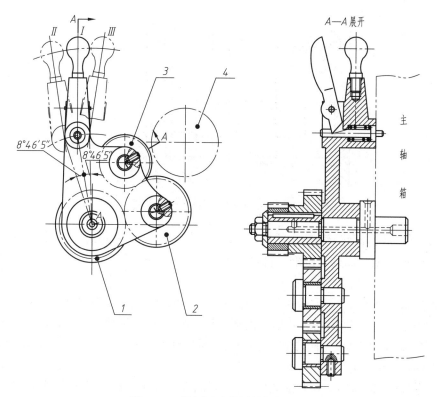

图 10-3　摇杆运动范围的假想画法

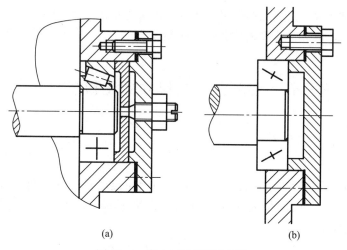

(a)　　　　　　　　　　　(b)

图 10-4　夸大画法及简化画法

同一轴上相同型号的轴承,在不致引起误解时可只完整地画出一个(图 10-5)。

3. 装配图中零件的工艺结构如圆角、倒角、退刀槽等允许不画。如螺栓头部、螺母的倒角及因倒角产生的曲线允许省略,见图 10-4a、b。

4. 装配图中,当剖切面通过的某些组合件为标准产品(如油杯、油标、管接头等)或该组合件已由其他图形表示清楚时,则可以只画出其外形,如图 10-2 中的油杯所示。

5. 在装配剖视图中,当不致引起误解时,剖切面后不需表达的部分可省略不画。

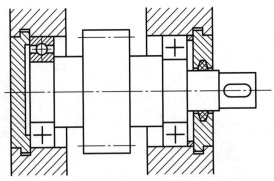

图 10-5　同一轴上相同型号滚动轴承的简化画法

6. 可沿零件的结合面剖切画出剖视图。假想用剖切面沿零件的结合面剖切,画出剖视图以表达内部结构,此时结合面处不画剖面符号。图 10-2 俯视图中右半部是沿轴承盖和轴承座的接合面剖切,结合面上不画剖面线。

7. 可采用拆卸画法。假想将某一零件或几个零件拆卸后再绘制视图,以显示主要装配关系或主要零件,也可采用拆卸画法表达其内部结构。如图 10-2 中拆去轴承盖、上轴衬等的俯视图。但应注意,拆卸画法是一种假想的表达方法,所以在其他视图上,仍需完整地画出各零件的投影。需要说明时可加注"拆去件 × × 等"。

8. 实心零件的画法如下:在装配图中,对于紧固件以及实心轴、手柄、连杆、拉杆、球、键等实心零件,若剖切面通过其基本轴线或对称面时,则这些零件均按不剖绘制,如图 10-2 中主视半剖视图中的螺栓和螺母所示。

9. 可采用单独画法。在装配图中可以单独画出某零件的视图,但必须在所画视图的上方注出该零件的视图名称,在相应视图的附近用箭头指明投射方向,并注上同样的字母。

第三节　装配图上的尺寸标注和技术要求

一、尺寸标注

装配图主要用来表达零件之间的装配关系,一般不依据它来加工零件,所以不必像零件图那样注出全部定形、定位尺寸,而是根据需要,注出与装配、检验、安装、调试等有关的尺寸。装配图上包括以下五种尺寸:

1. 性能尺寸

反映该部件或机器规格和工作性能的尺寸,这种尺寸在设计时要首先确定,它是设计机器、了解和选用机器的依据。如图 10-2 中轴孔尺寸 ϕ50H8 和中心高 70。

2. 装配尺寸

表示零件间装配关系和工作精度的尺寸,一般有下列几种:

(1) 配合尺寸　表示零件间有配合要求的一些重要尺寸。如图 10-2 中轴承盖与轴承座的配合尺寸 90H9/f9 等。

(2) 相对位置尺寸　装配时需要保证的零件间较重要的距离、间隙尺寸等。如图 10-2 中轴承孔轴线到基面的距离70。

3. 安装尺寸

将部件安装在机器上或将机器安装在基础上需要用到的尺寸。如图10-2中安装孔尺寸$\phi17$和它们的孔距尺寸180。

4. 外形尺寸

表示机器或部件总长、总宽、总高的尺寸。外形尺寸是包装、运输、安装和进行厂房设计时所需的尺寸,如图10-2中的外形尺寸240、160、80。

5. 其他重要尺寸

不属于上述中的任一种,但在设计或装配时需要保证的尺寸,如图10-2中轴承盖和轴承座之间的间隙尺寸2。

必须指出,并不是每张装配图上都具有上述五种尺寸,并且装配图上的一个尺寸有时兼有几种意义,因此,应根据具体情况来考虑装配图上的尺寸标注。

二、装配图上的技术要求

在装配图上一般应注写以下几方面的技术要求:

(1)装配后的密封、润滑等要求。

(2)有关性能、安装、调试、使用、维护等方面的要求。

(3)有关试验或检验方法的要求。

装配图上的技术要求一般用文字注写在图纸下方空白处,也可以另编技术文件,附于图纸后。

第四节　装配图中零部件的序号

对装配图中的所有零部件都必须编号,以便读图时根据编号对照明细栏,找出各零部件的名称、材料以及在图上的位置,同时也为图样管理、生产准备工作提供方便。

一、零部件序号及编排方法

序号是装配图中对各零件或部件按一定顺序给出的编号。代号是按照零件或部件在整个产品中的隶属关系编制的号码。常用的序号编写方法有两种:

1. 将所有标准件的数量、标记按规定标注在图上,标准件不用编号,而将非标准件按顺序编号。

2. 将装配图上所有零件包括标准件在内按顺序编号,如图10-2所示。

装配图上编写序号时应遵守以下各项规定:

(1)装配图中相同的各组成部分只应有一个序号或代号,一般只标注一次,必要时多处出现的相同组成部分允许重复标注。

(2)装配图中零部件序号的编写方法有三种:

① 在水平的基准线(细实线)上注写序号,序号字号比该装配图中所注尺寸数字的字号大

一号,见图 10-6a。

②　在圆（细实线）内注写序号,序号字号比该装配图中所注尺寸数字的字号大一号或两号,见图 10-6b。

③　在指引线的零件端的附近注写序号,序号字号比该装配图中所注尺寸数字的字号大一号或两号,见图 10-6c。

（3）同一装配图编注序号的形式应一致。

（4）指引线应自所指部分的可见轮廓内引出,并在末端画一圆点,如图 10-6 所示。若所指部分（很薄的零件或涂黑的剖面）内不便画圆点时,可在指引线末端画出箭头,并指向该部分的轮廓（图 10-7）。

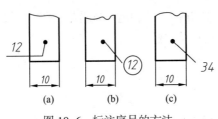

图 10-6　标注序号的方法

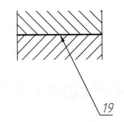

图 10-7　指引线的末段画箭头

（5）指引线间相互不能相交,当通过剖面线的区域时,指引线不应与剖面线平行。必要时指引线允许画成折线,但只允许曲折一次（图 10-8）。

（6）对于一组紧固件或装配关系清楚的零件组,可以采用公共指引线（图 10-9）。

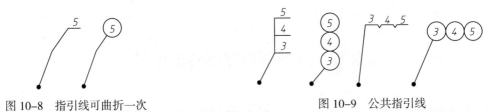

图 10-8　指引线可曲折一次　　　　　　图 10-9　公共指引线

（7）零件或部件的序号应标注在视图的外面,并应按水平或竖直方向排列整齐。序号应按顺时针或逆时针方向顺序排列。在整个图上无法连续时,可只在每个水平或竖直方向顺序排列。

（8）标准化的部件（如滚动轴承、电动机、油杯等）在装配图上只注写一个序号。

二、明细栏

明细栏是机器或部件中全部零部件的详细目录,其内容一般有序号、名称、数量、材料以及备注项目。明细栏一般配置在装配图的标题栏上方,空间受限时可在标题栏左方接着画明细栏。明细栏外框线及竖直分栏线为粗实线,内格水平线和顶线画细实线,零件序号自下而上填写,明细栏中的序号与装配图上所编序号必须一致。学习时推荐使用的标题栏及明细栏格式如图 10-10 所示。

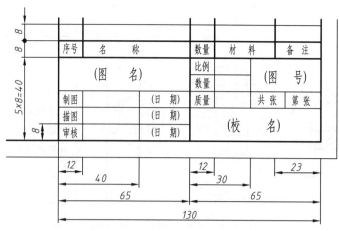

图 10-10　装配图上标题栏及明细栏

第五节　装配工艺结构

为满足机器的性能要求,便于拆装,在设计机器时应考虑装配工艺结构的合理性。表 10-1 中列出了装配体上几种常见的工艺结构。

表 10-1　装配体上几种常见的工艺结构

		图例		说明
		合理	不合理	
接触面	长度方向			两零件应避免在同一方向上同时有两对表面接触,孔或轴上带有倒角或退刀槽、越程槽,可保证装配时有良好的接触
	轴线方向			
	半径方向			

图例	说明
密封装置 填料箱密封　　密封圈密封　　毡圈密封	为防止内部的液体或气体向外渗漏,同时也防止外面的灰尘等异物进入机器,常采用密封装置
防松装置 双螺母防松 弹簧垫圈防松　　止动垫圈防松　　开口销防松	为避免紧固件由于机器工作时的振动而变松,需采用防松装置
滚动轴承的固定 用端盖的凸缘固定外圈　　用螺母和止动垫圈固定内圈	为防止滚动轴承轴向窜动,可根据工作的需要,对内、外圈采用不同形式的固定
定位销的安装	为使两零件在拆装时易于定位,并保证一定的装配精度,常采用销定位

	图例		说明
	不合理	合理	
便于拆装	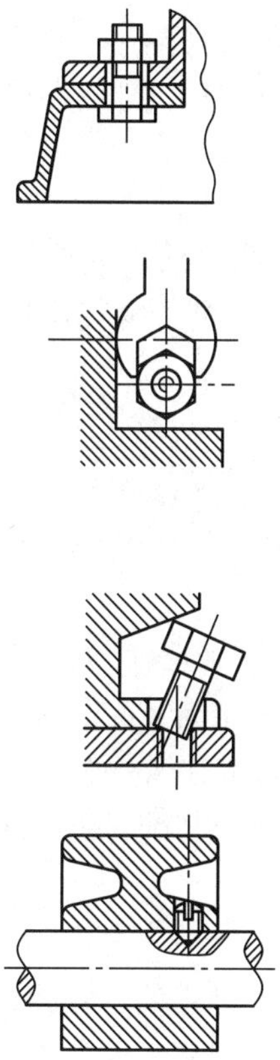	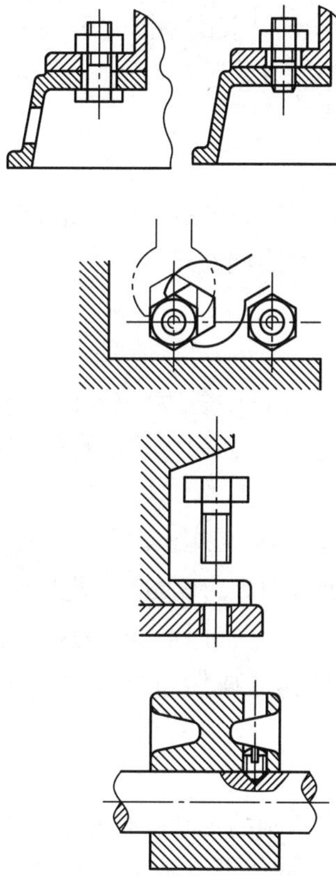	为便于拆装,必须留出装拆螺栓的空间与扳手的空间或加手孔和工具孔
轴上零件的定位与固定	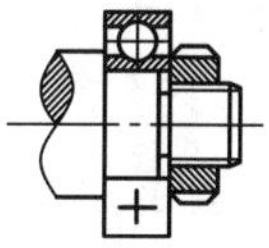 圆螺母 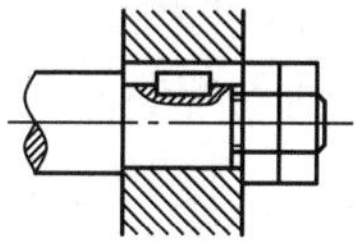	 双螺母 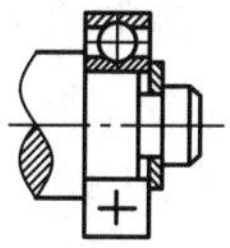	一般常采用键连接、轴端螺母、挡圈来固定
		弹性挡圈	
	轴端挡圈	锁紧挡圈	

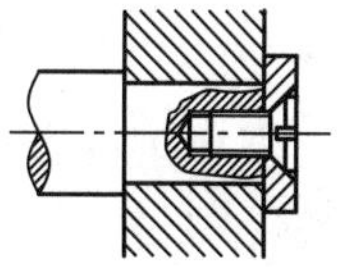

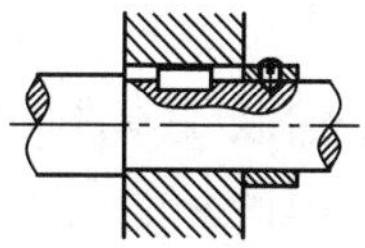

第六节　部件测绘和装配图画法

一、部件测绘

根据现有机器或部件,画出零件和部件装配草图并进行测量,然后绘制装配图和零件图的过程称为测绘。测绘工作对推广先进技术、改进现有设备、保养维修等都有重要作用,测绘工作的一般步骤如下:

1. 了解和分析测绘对象

了解部件的用途、工作原理、结构特点和零件间的装配关系。测绘前首先要对部件进行分析研究,阅读有关的说明书、资料,参阅同类产品图纸以及向有关人员了解使用情况和改进意见。

2. 拆卸零部件和测量尺寸

拆卸零件的过程也是进一步了解部件中各零件作用、结构、装配关系的过程。拆卸前应仔细研究拆卸顺序和方法,对不可拆的连接零件和过盈配合的零件尽量不拆,并应选择适当的拆卸工具。

常用的测量工具及测量方法见前文零件测绘部分。一些重要的装配尺寸,如零件间的相对位置尺寸、极限位置尺寸、装配间隙等要先进行测量,并做好记录,以使重新装配时能保持原来的要求。拆卸后要将各零件编号(与装配示意图上编号一致),扎上标签并妥善保管,避免散失、错乱。还要防止生锈,对精度高的零件应防止碰伤和变形,以便测绘后重新装配时仍能保证部件的性能和要求。

3. 画装配示意图

装配示意图是在部件拆卸过程中所画的记录图样。它的主要作用是避免零件拆卸后人员忘记拆卸顺序,是重新装配和绘制装配图的依据。画装配示意图时,一般用简单的线条和符号表达各零件的大致轮廓,如图 10-11 所示减速箱装配示意图中的箱体,甚至可用单线来表示零件的基本特征,如图 10-11 中的轴承盖、螺钉等。画装配示意图时,通常对各零件的表达不受前后层次的限制,尽量把所有零件集中在一个图形上。如确有必要,可增加其他图形。画装配示意图时,一般可从主要零件着手,由内向外扩展,按装配顺序把其他零件逐个画上。例如画减速箱装配示意图时,可先画蜗轮轴及蜗杆轴,再画蜗轮、锥齿轮、轴承等其他零件,两相邻零件的接触面之间最好画出间隙,以便区别。对轴承、弹簧、齿轮等零件,可按《机械制图》国家标准中规定的符号绘制。图形画好后,给零件编上序号,并列表注明各零件名称、数量、材料等。对于标准件要及时确定其尺寸规格,连同数量直接注写在装配示意图上。

4. 画零件草图

测绘时,受工作条件限制常常需要徒手绘制各零件的图样。徒手画草图的方法见本书前面章节的论述。零件草图是画装配图的依据,因此它的内容和要求与零件图是一致的。零件的工艺结构,如倒角、退刀槽、中心孔等要全部表达清楚。画零件草图时要注意配合零件的公称尺寸要一致,测量后同时标注在有关零件的草图上,并确定其公差配合要求。有些重要尺寸如箱体上安装传动齿轮的轴孔中心距,要通过计算与齿轮的中心距一致。标准结构的尺寸应查阅有关手册确定。一般尺寸测量后通常都要圆整,重要的直径要取标准值,安装滚动轴承的轴径要与滚动轴承内径尺寸一致。

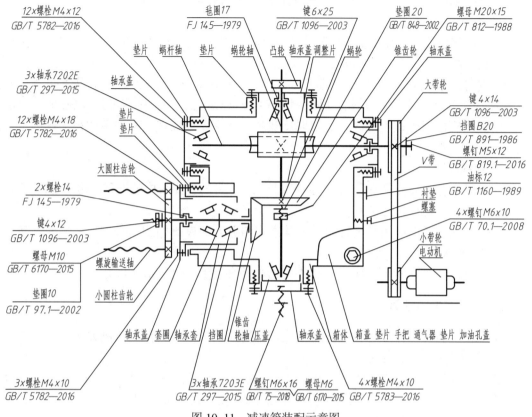

图 10-11　减速箱装配示意图

5. 画装配图和零件图

根据零件草图和装配示意图画出装配图。在画装配图时,应对零件草图上出现的差错予以纠正。根据画好的装配图及零件草图再画零件图,对草图中的尺寸配置等可做适当调整和重新布置。

二、装配图的画法

(一)概述

在进行机器设计、组装、使用、维修和技术革新等各种生产活动时,都涉及画装配图的问题。画装配图就是要表达清楚机器或部件的工作原理、各组成零件的安装及配合关系,标注好机器或部件的各种尺寸与技术要求等,画装配图是工程技术人员应具备的技能。

在机械设计中画装配图,应按设计要求定出机器或部件的结构方案;对现有的机器设备或部件画出其装配图,应在画装配图之前弄清楚所要画的机器或部件的用途、性能要求、工作原理、零件的数量及组成情况等,然后通过测绘画出;对于已有零件图,根据零件图拼画装配图的情况,应先将各零件间的相互连接关系确认清楚,然后再开始画图。

（二）装配图的视图选择

首先选好主视图，同时兼顾其他视图，通过综合分析确定一组视图。

1. 主视图选择

（1）一般将机器或部件按工作位置放置或将其放正，即使装配体的主要轴线、主要安装面等呈水平或竖直位置。

（2）选择最能反映机器或部件的工作原理、传动路线、零件间装配关系及主要零件的主要结构的视图作为主视图。当不能在同一视图上反映以上内容时，则应经过比较，取一个能较多反映上述内容的视图做主视图。通常取反映零件间主要或较多装配关系的视图作为主视图为好。

2. 其他视图选择

（1）考虑还有哪些装配关系、工作原理以及主要零件的主要结构还没有表达清楚，再确定选择哪些视图以及相应的表达方法。

（2）尽可能地考虑应用基本视图以及基本视图上的剖视图（包括拆卸画法、沿零件接合面剖切的画法）来表达有关内容。

（3）要考虑合理地布置视图位置，使图样清晰并有利于图幅的充分利用。

（三）绘制装配图举例

下面结合实例——"台虎钳"部件装配图绘制来具体介绍装配图的绘制方法。

1. 弄清台虎钳的工作原理

台虎钳是一种用于夹持工件便于进行加工的夹具，其装配立体图见图10-12，用扳手转动丝杠8，丝杠带动套螺母7和活动钳身1一起左右运动，使两钳口板之间的距离减小或增大，从而夹紧或松开工件。在台虎钳上共有四条装配线：

（1）垫圈5、丝杠8、套螺母7、固定钳身6、垫圈9、圆环10和销11装配在一起。

（2）紧固螺钉2、活动钳身1、套螺母7和丝杠8装配在一起。

（3）将两个钳口板用螺钉分别固定在固定钳身和活动钳身上。

（4）活动钳身1、固定钳身6间进行装配。

2. 确定装配图表达方案

根据前述"装配图的视图选择"原则选择主视图及其他视图，确定台虎钳装配图表达方案。

台虎钳的主视图应取对称轴线处于水平工作位置的方向作为主视图投射方向。部件的6种零件集中装配在丝杠上，而且该部件前后对称，因此，可使剖切面通过丝杠轴线剖开部件得到全剖的主视图。这样，大部分零件在主视图上都可表达出来，能够将零件之间的装配关系、相互位置以及工作原理清晰地表达出来。左端圆锥销连接处可用局部剖视图表达装配连接关系。

当台虎钳的主视图确定后，再选用左视图和俯视图及几个局部视图来表达台虎钳。可使套螺母轴线及活动钳身位于固定钳身上安装孔的轴线位置，然后半剖画出左视半剖视图。这样，在半个剖视图上表达了零件6、1、2、7之间的装配连接关系；在半个外形视图上表达了台虎钳的外形。俯视图可取外形图，重点表达台虎钳的外形，并在外形图上取局部视图，表达出钳口板的螺钉连接关系。画主视图和俯视图时，也应使套螺母及活动钳身位于固定钳身上安装孔的轴线位置，以保证视图之间的投影对应关系。

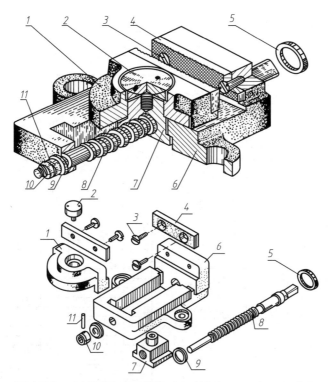

1—活动钳身；2—紧固螺钉；3—螺钉；4—钳口板；5—垫圈；6—固定钳身；

7—套螺母；8—丝杠；9—垫圈；10—圆环；11—销

图 10-12　台虎钳装配立体图

3. 绘图步骤

（1）确定图幅。对于复杂的部件，可以采用较大的比例绘图，反之用较小的比例绘图。然后按确定的各视图表达方案估算图幅大小，要计入尺寸标注、序号编排、标题栏、明细栏和技术要求注写的位置。先画出图框，然后从各装配干线入手，布置视图并绘出各视图的基准线，如图 10-13a 所示。

（2）绘制主要零件的轮廓线。从主要零件、主要视图开始画起，逐步绘制视图，在画图时要考虑有关零件的定位和相互遮挡问题。如图 10-13b 所示，先画主体零件即固定钳身。

（3）画次要零件和细节部分　逐步画出其他次要零件和细节部分，并画出所选用的辅助视图。一般画装配剖视图应从里往外画，并按每条装配干线上零件的装配关系逐个画出。即先画丝杠、活动钳身、套螺母，接着画紧固螺钉、钳口板，然后画螺钉、圆环、销、垫圈。如图 10-13c 所示。

（4）检查全图、描深。检查时一定要细心，各视图对照检查，无误后描深图线。

（5）进行尺寸标注、画剖面符号、注写公差配合代号。

（6）编写零件序号、填写明细栏和标题栏、加注技术要求等，完成后的装配图如图 10-13d 所示。

273

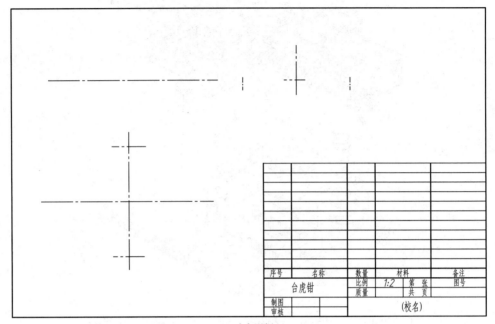

序号	名称	数量	材料		备注
	台虎钳	比例	1:2	第 张	图号
		质量		共 页	
制图				(校名)	
审核					

(a) 确定图幅

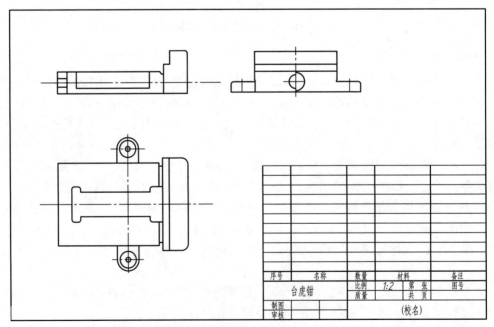

序号	名称	数量	材料		备注
	台虎钳	比例	1:2	第 张	图号
		质量		共 页	
制图				(校名)	
审核					

(b) 绘制主要零件(固定钳身)的轮廓线

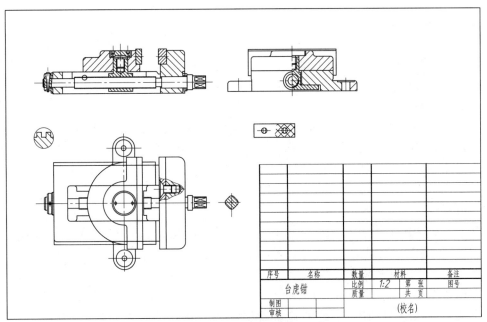

序号	名称	数量	材料		备注
	台虎钳	比例	1:2	第 张	图号
		质量		共 页	
制图					
审核			(校名)		

(c) 画次要零件和细节部分

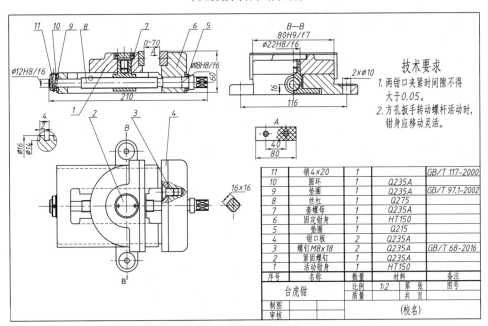

技术要求

1. 两钳口夹紧时间隙不得大于0.05。
2. 方孔扳手转动螺杆活动时，钳身应移动灵活。

11	销4×20	1		GB/T 117-2000
10	圆环	1	Q235A	
9	垫圈	1	Q235A	GB/T 97.1-2002
8	丝杆	1	Q275	
7	套螺母	1	Q235A	
6	固定钳身	1	HT150	
5	垫圈	1	Q215	
4	钳口板	2	Q235A	
3	螺钉M8×18	2	Q235A	GB/T 68-2016
2	紧固螺钉	1	Q235A	
1	活动钳身	1	HT150	
序号	名称	数量	材料	备注
	台虎钳	比例 1:2	第 张	图号
		质量	共 页	
制图				
审核			(校名)	

(d) 绘制尺寸、明细栏等,完成装配图

图 10-13 绘制台虎钳装配图的步骤

第七节　读装配图与拆画零件图

一、读装配图

在设计、制造、装配、检验、使用、维修和技术交流等生产活动中，都需要读装配图。读装配图一般按如下步骤进行。

（1）概括了解

主要了解部件的名称、性能、作用、大小，以及装配体中零件的一般情况等。

首先从标题栏入手，了解部件的名称。再结合生产实际经验了解其性能和作用。

从序号中可以了解该部件共有多少个零件。明细栏中列出了所有零件的名称、数量、材料、规格和标准代号等。还可以了解哪些是标准件，哪些是一般零件。

（2）分析视图及表达方法

分析装配图中用了几个视图来表达，确定主视图及各视图之间的投影关系。即确定每个视图的投射方向、剖切位置、表达方法，分析各视图所表达的主要内容。

（3）分析工作原理及装配关系

即了解机器或部件是怎样工作的，运动和动力是如何传递的。弄清各有关零件间的连接方式和装配关系，搞清部件的传动、支承、调整、润滑和密封等情况。

（4）分析零件的结构形状

分析零件的目的是弄清每个零件的主要结构形状和作用，以及进一步地了解各零件间的连接形式和装配关系。

首先从主要零件开始，区分不同零件的投影范围。即根据各视图的对应关系，及同一零件在各个视图上的剖面线方向和间隔都相同的规则，区分出该零件在各个视图上的投影范围，按照相邻零件的作用和装配关系构思其结构，并依次逐个进行分析确定。

对于部件装配图中的标准件，可由明细栏确定其规格、数量和标准代号，如螺柱、螺母、滚动轴承等的有关资料可从手册中查到。

（5）分析尺寸和技术要求

分析装配图中所标注的尺寸，对弄清部件的规格、零件间的配合性质、安装连接关系和外形大小有着重要的作用。分析技术要求可了解装配、调试、安装等注意事项。

下面以机油泵为例说明读装配图的方法和步骤。

（1）概括了解

读装配图时可先从标题栏和有关资料了解它的名称和用途。从明细栏和所编序号中，了解各零件的名称、数量、材料和它们所在的位置，以及标准件的规格、标记等。

如图 10-14 所示，部件名称是机油泵，可知它是液压传动或润滑系统中输送液压油或润滑油的一个部件，是产生一定工作压力和流量的装置。对照明细栏和序号可以看出机油泵由泵体、主动齿轮和从动齿轮、主动轴和从动轴、泵盖等零件组成，另外还有螺栓、销等标准件。机油泵装配图用四个视图表达。主视图采用局部剖视图，表达了机油泵的外形及两齿轮轴系的装配关系。左视图采用全剖视图表达机油泵的进出油路及溢流装置。俯视图中用局部剖视图表示机油泵的泵体、泵盖外形。另外还用单独零件的单独画法表达泵体连接部分的断面形状。

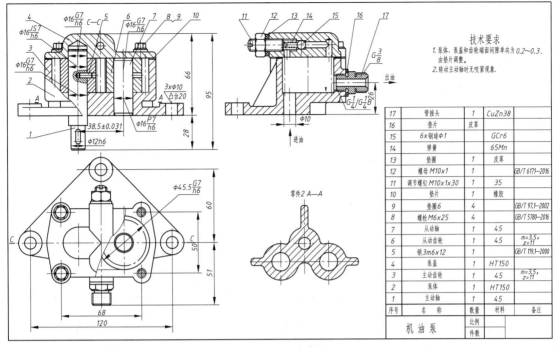

技术要求
1. 泵体、泵盖和齿轮端面间隙单向为0.2~0.3，由垫片调整。
2. 转动主动轴时无咬紧现象。

序号	名称	数量	材料	备注
17	管接头	1	CuZn38	
16	垫片	皮革		
15	6×钢球φ1		GCr6	
14	弹簧		65Mn	
13	垫圈	1	皮革	
12	螺母 M10×1	1		GB/T 6171—2016
11	调节螺钉 M10×1×30	1	35	
10	垫片	1	橡胶	
9	垫圈6	4		GB/T 97.1—2002
8	螺栓 M6×25	4		GB/T 5780—2016
7	从动轴	1	45	
6	从动齿轮	1	45	m=3.5, z=11
5	销3m6×12	1		GB/T 119.1—2000
4	泵盖	1	HT150	
3	主动齿轮	1	45	m=3.5, z=11
2	泵体	1	HT150	
1	主动轴	1	45	
序号	名称	数量	材料	备注

机油泵　比例　　件数

图 10-14　机油泵装配图

（2）分析工作原理和装配关系

从图 10-14 中看出，机油泵有两条装配干线。可从主视图中看出，主动轴 1 的下端伸出泵体外，通过链连接与传动件相接。主动轴在泵体轴孔中，其配合为间隙配合，故主动轴可在孔中转动。从动齿轮 6 装在从动轴 7 上，其配合为间隙配合，故从动齿轮可在从动轴上转动。从动轴 7 装在泵体轴孔中，其配合为过盈配合，从动轴 7 与泵体轴孔之间没有相对运动。第二条装配干线是安装在泵盖上的安全装置，它是由钢球 15、弹簧 14、调节螺钉 11 和螺母 12 组成，该装配干线中的运动件是钢球 15 和弹簧 14。

通过以上装配关系，可以描绘出机油泵的工作原理（图 10-15）：在泵体内装有一对啮合的直齿圆柱齿轮，主动轴下端伸出泵体外，以连接动力。右面是从动齿轮，滑装在从动轴上。泵体底端后侧φ10 通孔为进油孔，泵体前侧带锥螺纹的通孔为出油孔。当主动齿轮带动从动齿轮转动时，齿轮后边形成真空，油在大气压的作用下进入进油管，填满齿槽，然后被带到出油孔处，把油压入出油管，送往各润滑管路中。泵盖上的装配干线是一套安全装置。当出油孔处油压过高时，油就沿油道进入泵盖，顶开钢球，在沿通向进油孔的油道回到进油孔处，从而保持油路中油压稳定。油压的高低可以通过弹簧和调节螺钉进行调节。

（3）分离零件

一般从主要零件开始分离零件，再扩大到其他零件。

可以从三个基本视图中得出泵体的形状轮廓，可利用主视图、左视图和俯视图中的剖面线方向、疏密程度来分离泵体的投影。采用相同的分析方法可得

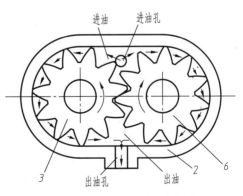

图 10-15　机油泵原理示意图

277

出其他零件的形状结构。

（4）尺寸分析

通过分析装配图上的配合尺寸,可为所拆画的零件图的尺寸标注、技术要求的注写提供依据。

（5）总结归纳

在以上分析的基础上,还需从装拆顺序、安装方法、技术要求等方面进行分析和考虑,以加深对整个部件的进一步认识,从而获得对整台机器或部件的完整概念。

上述仅概括地介绍了读装配图的方法和步骤,实际上读图的步骤往往是交替进行的。要提高读图能力,必须通过不断的读图实践。

二、拆画零件图

图 10-16 是从机油泵装配图中拆画出的泵体零件图。由装配图拆画零件图是设计工作中的一个重要环节,应在全面读懂装配图的基础上进行。一般可按以下步骤进行。

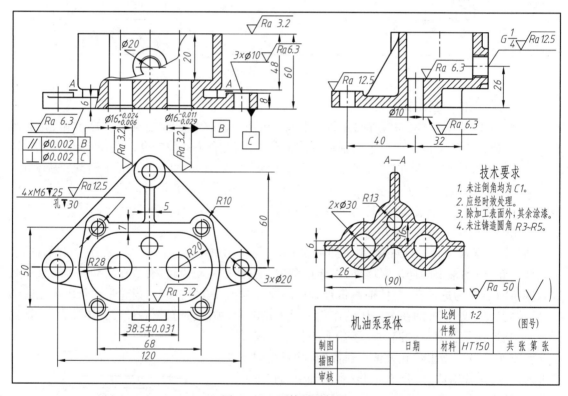

图 10-16　泵体的零件图

（1）构思零件形状

装配图主要表达零件间的装配关系,其上每个零件的某些部分的形状和详细结构并不一定都已表达清楚,这些结构可在拆画零件图时根据零件的作用要求进行设计。如机油泵泵盖顶部的外形等结构,要根据零件该部分的作用、工作情况和工艺要求进行合理的补充设计。此外在拆画零件图时还要补充装配图上可能省略的工艺结构,如铸造圆角、斜度、退刀槽、倒角等,这样才能使零件的结构形状表达得更为完整。

（2）确定视图方案

在拆画零件图时，一般不能简单地抄袭装配图中零件的表达方法，应根据零件的结构形状重新考虑最好的表达方案。

泵体主视图采用局部剖视图，以表示内腔、泵轴孔及外形。左视图采用全剖视图表达进出油孔的形状及肋板等结构。俯视图则采用视图表达肋板、内腔外形以及泵体轴孔等的相对位置。另外采用A—A剖视图表示底板与内腔连接部分的断面形状。

（3）确定并标注零件的尺寸

装配图上注出的尺寸大多是重要尺寸。有些尺寸本身就是用于画零件图的，这些尺寸可以从装配图上直接移到零件图上。凡注有配合代号的尺寸，应该根据配合类别、公差等级注出上、下极限偏差。有些标准结构如沉孔、螺栓通孔的直径、键槽宽度和深度、螺纹直径、与滚动轴承内圈相配的轴径及与外圈相配的孔径等应查阅有关标准注出。还有一些尺寸可以通过计算确定，如齿轮的分度圆直径、齿轮传动的中心距应根据模数和齿数等计算而定。在装配图上没有标注出的零件各部分尺寸，可以按装配图的比例量得。

在注写零件图上的尺寸时，对有装配关系的尺寸要注意相互协调，不要造成矛盾。

（4）注写技术要求和标题栏

画零件图时，零件的各表面都应注写表面粗糙度代号，粗糙度值应根据零件表面的作用和要求来确定。配合表面要选择恰当的公差等级和基本偏差。根据零件的作用还要加注必要的技术要求和几何公差要求。

标题栏应填写完整，零件名称、材料、图号等要与装配图中明细栏所注内容一致。

思 考 题

1. 装配图在生产中起什么作用？它应该包括哪些内容？

2. 装配图有哪些特殊的表达方法？

3. 在装配图中，一般应标注哪几类尺寸？

4. 编注装配图中的零部件序号时，应遵守哪些规定？

5. 为什么在设计和绘制装配图的过程中，要考虑装配结构的合理性？试根据书中的图例举例说明一些常见的合理的装配结构。

6. 试简述部件测绘的一般步骤。

7. 试简述由已知的零件图拼绘装配图的步骤和方法。

8. 在画部件装配图时，应怎样选定主视图？装配图视图选择的步骤和方法怎样？

9. 读装配图的目的是什么？要求读懂部件的哪些内容？

10. 试较详细地说明由装配图拆画零件图的步骤和方法。为什么从装配图拆画的零件图的视图表达方案与该零件在装配图中的视图表达方案有时相同而有时则不同？

第十一章 专业图样

在实际生产中,有很多行业如化工、仪表等涉及管道、接头、罐体、压力容器等零件或设备。这些零件或设备由于设计和用途的特殊性,其形状、结构、材料都存在很大的差别,因此在图样的表达上与机械图样有所不同。本章主要介绍了板材的钣金展开图、焊接件的焊接图、管道工程相关的管路图及化工设备图。

第一节 化工设备图

在石油化工工业的生产中,会使用如容器、反应罐、热交换器及塔器等各种设备进行如加热、冷却、吸收、蒸馏等各种化工单元操作,这些设备通常称为化工设备。化工设备的设计、制造以及安装、检修和使用,均需通过图样来进行。因此,石油化工工业的技术人员必须具有绘制及阅读化工设备图的能力。

(一)概述

完整成套的化工设备施工图样,通常包括化工设备的装配图、部件图、零件图等。本节所述的化工设备图是化工设备装配图的简称。化工设备图用来表示一台设备的结构形状、技术特性、各零部件间的装配连接关系,以及必要的尺寸等。与机械装配图一样,化工设备图包括一组视图、必要的尺寸、零部件序号、技术要求、明细栏及标题栏等内容,另外还包括两项内容:

1. 管口符号和管口表。设备上所有的管口均用英文字母顺序编号,并用管口表列出各管口的有关数据及用途等内容。

2. 设计数据表。用表格形式列出设备的设计压力、设计温度、物料名称、设备容积等设计参数,用以表达设备的主要工艺特性。

(二)化工设备的结构特点

不同种类的化工设备的构造不同,选用的零部件也不完全一致,但不同化工设备的结构却有若干共同的特点。

1. 化工设备主壳体以回转体为主,且尤以圆柱体居多。
2. 化工设备主体上有较多的开孔和接管口,以备连接管道和装配各种零部件。
3. 化工设备中的零部件大量采用焊接结构。
4. 化工设备中常采用较多的通用化、标准化零部件。
5. 化工设备的结构尺寸相差悬殊。特别是总体尺寸与设备壳体的壁厚尺寸或某些细部结构的尺寸相差悬殊。

（三）化工设备的视图

由于化工设备以上结构特点,因而相应地采用了一些习惯的表达方法,现介绍如下。

1. 多次旋转的表达方法

化工设备上开孔和接管口较多,为在主视图上清楚地表达它们的结构形状和轴向位置,常采用多次旋转的表达方法。即假想将设备上处于不同周向方位的结构,分别旋转到与投影面平行的位置,然后画出其视图或剖视图。如图 11-1 所示,人孔 b 是假想按逆时针方向旋转 $45°$ 之后在主视图上画出的;而液面计 a_1、a_2 是假想按顺时针方向旋转 $45°$ 后在主视图上画出来的。

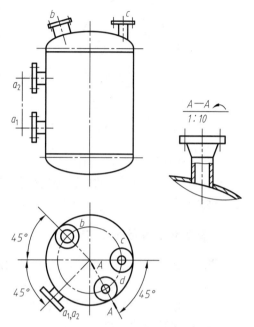

需要注意的是:选择多个接管口旋转方向作用时,应避免各零部件的投影在主视图上造成重叠现象。对于采用多次旋转后在主视图上未能表达的结构,如图 11-1 中接管 d,无论是顺时针或逆时针将其旋转到与正投影面平行,都将与人孔 b 或接管口 c 的结构相重叠,因此,只能用其他的局部剖视图来表示,如图中旋转的 $A—A$ 局部剖视图所示。

另外,在基本视图上采用多次旋转的表达方法时,表示剖切位置的剖切符号及剖视图的名称都可不予标注,如图 11-1 中的主视图所示。

图 11-1　多次旋转的表达方法

2. 管口方位的表达方法

设备管口的轴向位置可用多次旋转的表达方法在主视图上画出,而设备管口的周向方位则必须用俯视图或管口方位图予以正确表达。

如图 11-2 所示,在管口方位图中用粗实线示意画出设备管口,用细点画线画出管口中心线,并标注管口符号,注出设备中心线及管口的方位角度。

3. 细部结构的表达方法

由于化工设备各部分尺寸大小相差悬殊,故选用全图的作图比例时,很难兼顾某些局部结构的表达,为此,常采用局部放大图(也称节点图)表达。局部放大图在设备的焊接接头及法兰连接面等的表达中尤为常用。

若有必要,可采用几个视图来表达同一个放大部分的结构。如图 11-3 所示,设备底座的支承圈放大以后,用两个剖视图来表示该部分的细部结构。另外,局部放大图可按放大部分结构的表达需要,灵活采用视图、剖视图、断面图等表达方法。应注意必须对放大部位和放大图标注出名称和放大比例。

4. 断开和分段表示方法

当设备过高或者过长,而又有相同结构或重复部分时,为节省图幅,可采用断开并缩短的画法。

5. 设备整体的示意表达方法

为了表达设备的完整形状及有关结构的相对位置和尺寸,可采用设备整体的示意表达方

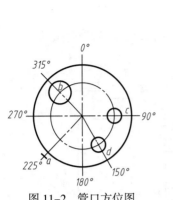

图 11-2 管口方位图

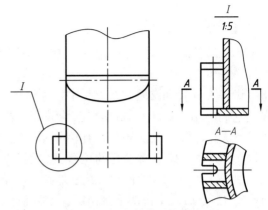

图 11-3 细部结构的表达方法

法。即按比例用单粗实线画出设备外形,必要的设备内件也可同时示意画出,如塔板等,并标出设备总高、接管口、人孔的位置等尺寸,其与图 11-1 的表达相似。这种表达方法常见于大型塔设备的装配图中。

(四)化工设备的尺寸标注

化工设备图上应标注的尺寸同机械装配图上的一样,包括外形尺寸、规格尺寸、装配尺寸、安装尺寸和其他重要尺寸等。

为了使所标注的尺寸合理,在化工设备图中标注尺寸时应注意下列几点:

1. 尺寸基准的选择

在化工设备图中常选用如下结构或元素作为尺寸基准:

(1)设备简体和封头的轴线或对称中心线。

(2)设备简体和封头焊接产生的环焊缝。

(3)化工容器中接管法兰的密封面。

(4)设备安装时所使用的支座底面。

在图 11-4 中给出了卧式容器的尺寸基准。

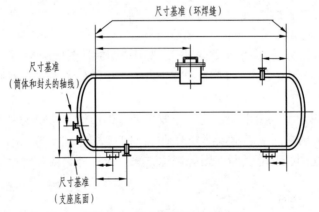

图 11-4 卧式容器的尺寸基准

2. 常见结构的尺寸注法

(1)简体

注出内径、壁厚和高度(或长度)。

282

（2）封头

如椭圆形封头应注出其内径、壁厚和高度，由于在设备中，通常封头内径与筒体内径尺寸相同，故一般可只注壁厚和高度。

（3）接管口

设备中常用的接管口有无缝钢管或卷焊钢管。无缝钢管一般标注外径 × 壁厚；若为卷焊钢管则注内径和壁厚。对接管口还须注出它的伸出长度，该长度一般是指管法兰密封面至接管轴线与相接封头或筒体外表面的交点间的距离。

当设备上所有接管口的长度都相等时，可在技术要求下方注写"所有接管口伸出长度为 ××mm"。若设备中大部分接管口的伸出长度相等，则可统一注写"除已注明者外，其余接管口的伸出长度为 ××mm"。

3. 其他

（1）为了保证重要尺寸加工与安装的精确度，一般不允许将尺寸标注成封闭的尺寸链。参考尺寸与外形尺寸例外，通常将这些尺寸数字加上括号"（ ）"以示参考。

（2）另有局部放大图表达的结构，其尺寸一般标注在相应的局部放大图上。

（五）化工设备图中的表格与技术要求

1. 标题栏与明细栏

化工设备图中的标题栏与明细栏在内容和格式上尚未统一，本书中沿用机械装配图中的格式。

（1）标题栏中图名一般分三项填写，第一项为设备名称，第二项为数量，第三项为设备主要规格。

（2）明细栏中零部件序号的编号原则和方法，除与机械装配图中已介绍过的方法相同外，另外还应注意如下几点：

① 对于直接组成设备的部件、直属零件和外购件，无论有无图样，均需独立编序号，以 *1*、*2*、*3*、…顺序表示。

② 部件图上有关零件的序号由两部分组成，例如序号"*1—4*"，其中"*1*"为部件在设备图中的序号，而"*4*"为零件在该部件中的序号。

③ 序号一般从主视图左下方开始，按顺时针整齐地编排。序号若有遗漏或需增添时，则应在外圈编排补足。

2. 设备管口表

化工设备上的管口数量较多，为了清晰地表达各管口的位置、规格、尺寸、用途等，应编写管口符号，并将有关资料列入管口表。

（1）管口符号　管口符号编写有如下原则及方法：

① 管口符号一律用英文小写字母 *a*、*b*、*c* 等或大写字母 *A*、*B*、*C* 等注写在有关视图中的管口投影旁。

② 管口符号从主视图左下方开始，顺时针依次编写。

③ 规格、用途、连接面形式完全相同的管口，应编同一个管口符号，但必须在管口符号的右下角加注阿拉伯数字的注脚以示区别。

（2）管口表　用以说明各管口规格、用途等内容的表格，常画于设计数据表下方。

3. 设计数据表

设计数据表是表明设备的重要技术特性和设计依据的一览表，常放在化工设备图中管口表的上面。

设计数据表中填写的内容,除化工设备的通用特性如设计压力(单位 MPa),设计温度(单位 ℃)外,专用设备则还需填写主要的物料名称,有时还需填写工作压力和工作温度。另外,根据设备的不同类型,还应增填有关特性,如带搅拌器的反应罐类设备要增填搅拌器的转数(单位 r/min)、电动机功率(单位 kW)等,有换热装置的还应增填换热面积(单位 m²)等内容。

4. 技术要求

技术要求主要说明设备在图样中未能表示出来的内容,包括对材料、制造、装配、验收、表面处理、涂饰、润滑、包装、保管和运输等的特殊要求,以及设备在制造检验等过程中应达到的预期的技术指标。

化工设备类型很多,一般以容器类设备的技术要求为基本内容,再按各类设备特点作适当补充。技术要求一般包括下列内容:

（1）设备的通用技术要求　按化工设备的制造、检验等方面统一的标准而规定的通用技术要求。

（2）设备加工装配的要求　设备在焊接、加工和装配时所要达到的要求与技术指标。

（3）设备检验的要求　包括焊缝质量检验和设备整体检验两类,有时还有涂漆、保温、防腐蚀、运输、包装等要求。各类设备具体要填写的条款可参阅有关资料。

（六）化工设备图的绘制

绘制化工设备图一般可通过两种途径:一是测绘化工设备,其方法与一般机械装配图的测绘步骤类同;二是设计化工设备,通常以化工工艺设计人员提出的"设备设计条件单"为依据进行设计和绘图。

绘制化工设备图的具体方法和步骤与绘制机械装配图基本相同,其步骤简述如下:

1. 核对设备设计条件单,确定结构

先经调查研究,并核对设备设计条件单中的各项设计条件后,设计和选定该设备的主要结构及有关数据,如选用筒体和封头并用法兰连接,选用回转盖人孔及支承式支脚等。

2. 确定视图表达方案

按所绘化工设备的结构特点确定表达方案。如图 11-5 所示,该设备除采用主视图和 A 向视图两个基本视图外,还采用局部放大图分别表示支脚及接管口的装配结构。主视图常采用多次旋转剖视的表达方法,以及常用的一些简化画法。

3. 确定比例,绘制视图

按设备的结构大小选取作图比例,考虑视图表达与表格位置等情况布置视图。然后按装配图的作图步骤绘制化工设备图。

4. 标注尺寸及焊缝代号

按机械装配图上标注五类尺寸的要求完成尺寸标注,并对设备焊接结构的焊缝标注焊接代号。若对设备的焊缝无特殊要求,除在剖视图中按焊缝接头型式涂黑表示外,可在技术要求中对焊接方法、焊条型号、焊接接头型式等做统一说明。

5. 编写序号及绘制表格

对零部件及管口编写序号,绘制并填写标题栏、明细栏、管口表、设计数据表等。

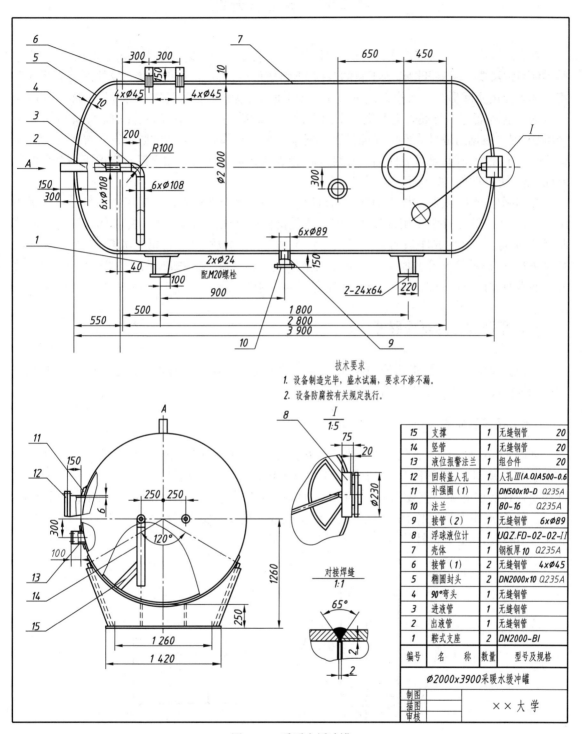

技术要求

1. 设备制造完毕, 盛水试漏, 要求不渗不漏。
2. 设备防腐按有关规定执行。

15	支撑	1	无缝钢管	20
14	竖管	1	无缝钢管	20
13	液位报警法兰	1	组合件	20
12	回转盖人孔	1	人孔Ⅲ(A.O)A500-0.6
11	补强圈(1)	1	DN500x10-D	Q235A
10	法兰	1	80-16	Q235A
9	接管(2)	1	无缝钢管	6×φ89
8	浮球液位计	1	UQZ.FD-02-02-Ⅱ
7	壳体	1	钢板厚10	Q235A
6	接管(1)	2	无缝钢管	4x∅45
5	椭圆封头	2	DN2000x10	Q235A
4	90°弯头	1	无缝钢管
3	进液管	1	无缝钢管
2	出液管	1	无缝钢管
1	鞍式支座	2	DN2000-BI
编号	名 称	数量	型号及规格

φ2000x3900采暖水缓冲罐

制图		××大学
描图		
审核		

图 11-5 采暖水缓冲罐

第二节　钣金展开图

在实际生产中,有些零件或设备如容器、分离器、管道、接头、防护罩等是由板材加工成的,这些零件通常需要采用展开图作为下料的依据,下料成形后,再进行焊接连接。立体的表面展开即将立体表面按实际形状和大小依次平摊在一个平面上,展开所得到的图形称为展开图。立体表面分为可展表面与不可展表面两类。平面立体的表面都是平面,是可展的;曲面立体的表面是否可展,则要根据组成其表面的曲面是否可展来确定。相邻两条素线彼此平行或者相交并且能构成一个平面的曲面,是可展曲面,如圆柱面;相邻两条素线交叉或相交但不能构成一个平面的曲面,是不可展曲面,如球面。

在实际生产中,绘制立体表面展开图可以采用图解法或者计算法。对于中小型零件常采用图解法,对于大型零件常采用计算法。图解法是指根据画法几何投影原理用几何作图的方法绘制展开图,称为"几何放样";计算法是根据已知立体表面的数学模型,先建立相应的展开曲面的数学表达式,再计算展开曲面上一系列点的坐标值,最后画出立体表面的展开图,称为"数字放样",通常通过计算机完成。本节介绍图解法的相关内容。

一、平面立体的表面展开

平面立体由多个平面多边形构成,作其展开图就是作出这些平面多边形的实形,并按照顺序将它们依次展开到同一个平面内。

(一)棱柱表面的展开

如图 11-6a 所示,一个直三棱柱被平面 P 斜切后,三个侧面都是梯形,只要求出各个侧面的实形就可以绘制出其展开图。由于各棱线垂直于棱柱底面,展开后仍然保持这一垂直关系,因此现将棱柱底展开成一直线 A_1A_1',在 A_1A_1' 上截取 A_1B_1、B_1C_1、C_1A_1',如图 11-6b 所示,然后过 A_1、B_1、C_1、A_1' 各点作直线 A_1A_1' 的垂线,并在垂线上截取各棱线的实长得 I、II、III、I' 各点,将它们连接起来,即得到斜切直三棱柱的展开图,如图 11-6b 所示。

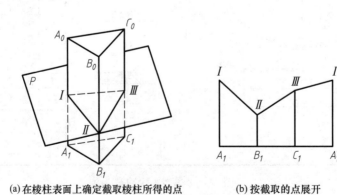

(a)在棱柱表面上确定截取棱柱所得的点　　　(b)按截取的点展开

图 11-6　作斜切直三棱柱表面的展开图

（二）棱锥表面的展开

如图11-7所示,绘制截头三棱锥表面的展开图时,先延长三棱锥的三条棱线,求出其锥顶点 S,得到一假象的完整三棱锥,三棱锥的三个棱面都是三角形,只要求出棱线的实长,即可求出其实形,如图11-7a 所示,随即可得到三棱锥表面的展开图。在三棱锥表面展开图的基础上,在各条棱线上减去延长部分的实长,就得到了截头三棱锥表面的展开图,如图11-7b 所示。

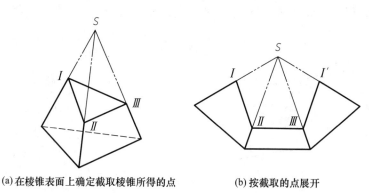

(a) 在棱锥表面上确定截取棱锥所得的点　　　　(b) 按截取的点展开

图 11-7　作截头三棱锥表面的展开图

二、可展曲面的表面展开

可将可展曲面准确地展成平面图形,作可展曲面的展开图时,可以将相邻两素线间的曲面当作平面展开,其方法与棱柱、棱锥的展开方法类似。

（一）圆柱面的展开

圆柱面可以看作是棱线无穷多的直棱柱面,其展开方法与棱柱展开方法类似。

图11-8 所示为斜切圆柱面的展开图的绘制过程,从图中可以看出,斜切圆柱面被斜切正十二棱柱面代替。当然,正棱柱棱面数越多,展开图就越精确,柱面上各条素线的正投影反映其实长。具体作图步骤为:

（1）将圆柱底圆等分为12 份,并求正十二棱柱素线的正面投影,如图11-8a 所示。

（2）将底圆展为直线,等分为12 份。

（3）过各分点引垂线,量取相应的素线的长度,得到截断点 A、B、C、…。

（4）将各截断点用曲线光滑连接,得到斜切圆柱面的展开图,如图11-8b 所示。

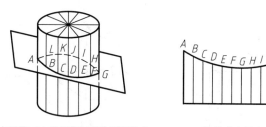

(a) 在圆柱面上确定截切棱柱所得的点　　　　(b) 按截取的点展开

图 11-8　作斜切圆柱面的展开图

（二）圆锥面的展开

可以将圆锥面看作是棱线无穷多的棱锥,其展开方法与棱锥的展开方法类似。

图 11-9 所示为斜切圆锥面展开图的绘制过程,从图中可以看出,斜切圆锥面的展开绘制过程为:先从锥顶引出若干条素线,将相邻两素线间的表面作为一个三角形平面,再画出整个圆锥面的展开图,如图 11-9a 所示;然后求出斜切后各截切点至锥顶的实长,并将它们截取到圆锥面展开图的相应素线上,图中圆锥面用正十二棱锥来代替,结果如图 11-9b 所示。

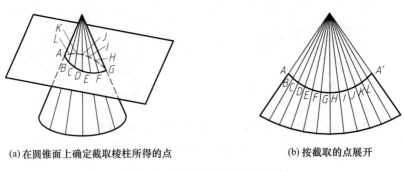

| (a) 在圆锥面上确定截取棱柱所得的点 | (b) 按截取的点展开 |

图 11-9　作斜切圆锥面的展开图

第三节　焊接结构图

通过焊接而成的零件和部件统称为焊接件,焊接就是用电弧或者火焰在金属连接处进行局部加热,并熔化金属进行填充,使两被连接件融合而连接在一起。焊接是一种不可拆卸的连接形式。

焊接的工艺简捷、连接可靠,广泛应用于机械、化工、船舶、石油、电子、建筑等工程领域,焊接结构图就是利用图形和符号表达零部件的焊接结构和工艺技术的图样,简称焊接图。

一、焊缝形式及画图

根据国家标准规定,被连接的两零件的焊接接头形式有四种:对接接头、角接接头、T形接头、搭接接头,如图 11-10 所示。

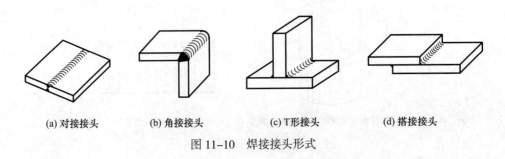

| (a) 对接接头 | (b) 角接接头 | (c) T形接头 | (d) 搭接接头 |

图 11-10　焊接接头形式

二、焊缝的符号

为了简化图样上的焊缝表达,一般采用国家标准规定的焊缝符号进行表示,焊缝符号一般由基本符号与指引线组成,必要时还可以加上补充符号、尺寸符号和数据等。

(一)基本符号

基本符号表示焊缝横截面的基本形式或特征,常用焊缝的基本符号见表11-1。

表 11-1　常用焊缝基本符号

名称	示意图	符号	名称	示意图	符号
I 形焊缝		‖	带钝边 U 形焊缝		Y
V 形焊缝		V	带钝边 J 形焊缝		Y
单边 V 形焊缝		V	角焊缝	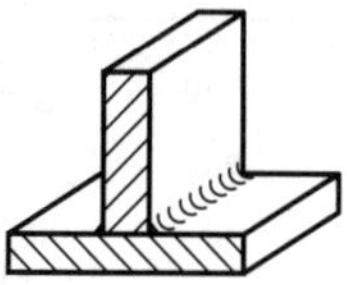	△
带钝边 V 形焊缝		Y	点焊缝	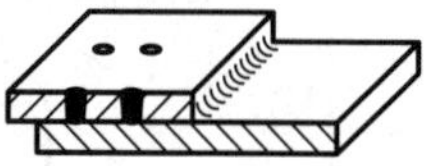	○

标注双面焊焊缝或接头时,基本符号可以组合使用,见表11-2。

表 11-2　基本符号的组合

名称	示意图	符号	名称	示意图	符号
双面 V 形焊缝 (X 焊缝)		X	带钝边的双面单 V 形焊缝		 K
双面单 V 形焊缝 (K 焊缝)		K	双面 U 形焊缝		 X
带钝边的双面 V 形焊缝		 X			

（二）补充符号

补充符号用来补充说明焊缝或接头的某些特征,如表面形状、衬垫、焊缝分布、施焊地点等,见表 11-3。

表 11-3　补　充　符　号

名称	符号	名称	符号
平面	焊缝表面通常经过加工后平整	临时衬垫	MR 衬垫在焊接完成后拆除
凹面	焊缝表面凹陷	三面焊缝	三面带有焊缝
凸面	焊缝表面凸起	周围焊缝	沿着工件周边施焊的焊缝
圆滑过渡	焊趾处过渡圆滑	现场焊缝	在现场焊接的焊缝
永久衬垫	M 衬垫永久保留	尾部	可以表示所需的信息

（三）指引线

在焊缝符号中,基本符号和指引线为基本要素,焊缝的准确位置通常由基本符号和指引线之间的相对位置确定,具体位置包括箭头线的位置、基准线的位置、基本符号的位置。

指引线由箭头线和基准线组成,如图 11-11 所示。基准线由细实线和细虚线组成,需要时可以在基准线细实线的末端加一尾部,做其他说明之用,如焊接方法、相同焊缝数量等。基准线上的细虚线可以画在基准线细实线的下侧或上侧。基准线一般应与图样的底边平行,必要时也可与底边垂直。

指引线中的箭头直接指向的接头侧为"接头的箭头侧",与之相对的则为"接头的非箭头侧",如图 11-12 所示。

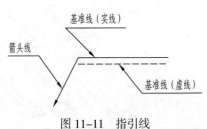

图 11-11　指引线

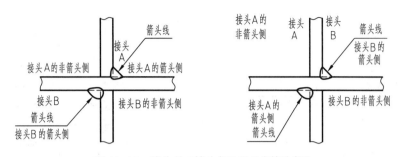

图 11-12 接头的"箭头侧"和"非箭头侧"

基本符号在基准线的细实线侧时,表示焊缝在接头的箭头侧;基本符号在基准线的虚线侧时,表示焊缝在接头的非箭头侧;对称焊缝允许省略虚线;在明确焊缝分布位置时,有些双面焊缝也可以省略虚线,如图 11-13 所示。

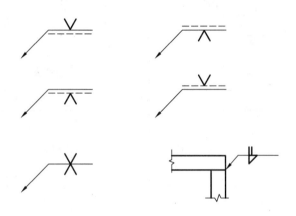

图 11-13 基本符号与基准线的相对位置

三、焊缝的标注

在对焊缝进行标注时,除了基本符号之外,还可以附带补充符号(前面已介绍)、尺寸符号及数据,常用尺寸符号见表 11-4。

焊缝尺寸符号标注位置如图 11-14 所示,具体规则为:

(1)焊缝横剖面上的尺寸 p、H、K、h、S、R、c、d 标注在基本符号的左侧。

(2)焊缝长度方向的尺寸 n、l、e 标注在基本符号的右侧。

(3)坡口角度、坡口面角度、根部间隙等尺寸 α、β、b 标注在基本符号的上侧或下侧。

(4)相同焊缝数量和焊接方法标注在尾部。

(5)当标注的数据较多时,可在尺寸数据前增加相应的尺寸符号。

基本符号的标注示例见表 11-5。补充符号的标注示例见表 11-6。

表 11-4 尺寸符号

符号	名称	示意图	符号	名称	示意图
δ	工件厚度		c	焊缝宽度	
α	坡口角度		K	焊脚尺寸	
β	坡口面角度		d	点焊:熔核直径; 塞焊:孔径	
b	根部间隙		n	焊缝段数	
p	钝边		l	焊缝长度	
R	根部半径		e	焊缝间距	
H	坡口深度		n	相同焊缝数量	
S	焊缝有效厚度		h	余高	

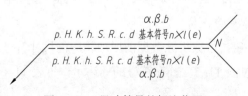

图 11-14 尺寸符号的标注位置

表 11–5 基本符号的标注示例

符号	示意图	标注示例符号
 ∨	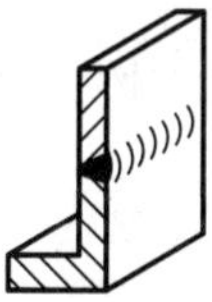	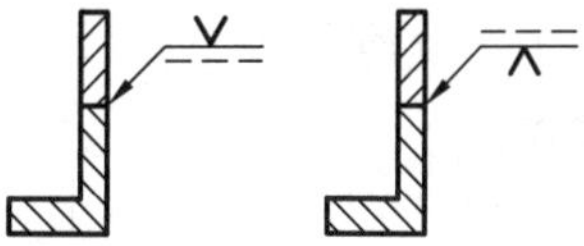
 Y	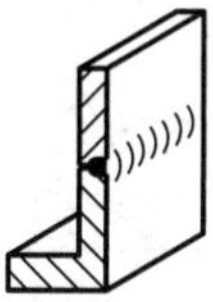	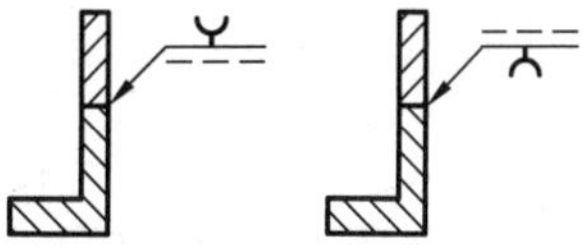
 ◿	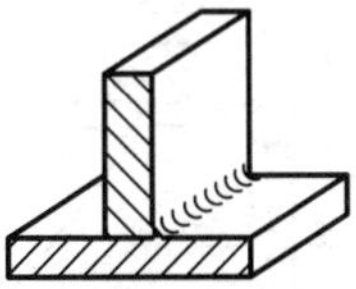	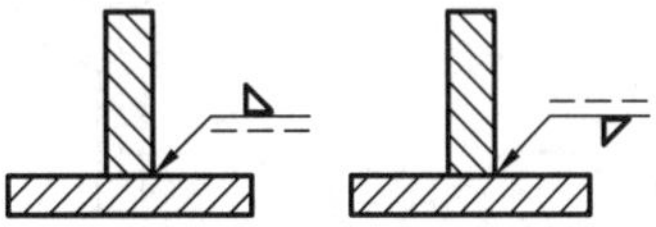
 ✕		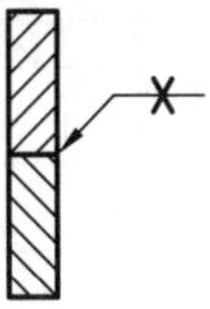
 K		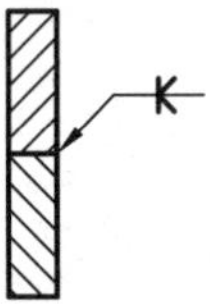

表 11–6 补充符号的标注示例

名称	示意图	符号
平齐的 V 形焊缝		
凸起的双面 V 形焊缝		
凹陷的角焊缝	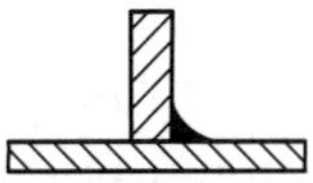	
平齐的 V 形焊缝和封底焊缝		
表面圆滑过渡的角焊缝	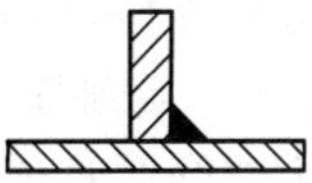	

四、焊接结构图例

图 11-15 为一支座的焊接图,图中通过焊缝标注表明了各个构件连接处的接头形式、焊缝形式及焊接尺寸。

互动模型

支座及其三视图

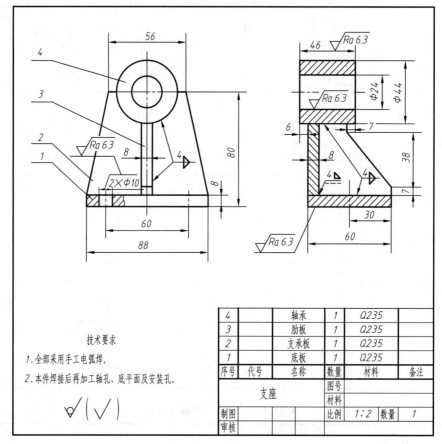

技术要求
1. 全部采用手工电弧焊。
2. 本件焊接后再加工轴孔、底平面及安装孔。

4		轴承	1	Q235	
3		肋板	1	Q235	
2		支承板	1	Q235	
1		底板	1	Q235	
序号	代号	名称	数量	材料	备注

支座		图号			
		材料			
制图		比例	1:2	数量	1
审核					

图 11-15 支座的焊接图

第四节 管 路 图

在石油、天然气、液态化工产品的生产与输送,化工产品的生产与储存,建筑工程中的给排水及供气等工程领域,都需要进行管道的设计与铺设,管道工程已成为现代生产中的重要部分。

管道通常需要用法兰、弯头、三通、四通等管件进行连接,在生产中通过管道输送的油、气、水等物料,一般要求定时、定压、定温、定向的进行,这样在管道设计和铺设中必然要将管道与塔罐、泵、阀门、控制器、容器、仪表等设备进行连接,从而组成一个整体的系统。

以管路与管件为主体,用来指导生产与施工的工程技术图样称为管路图。管路图可分为工艺流程图和管道布置图两种。本节主要介绍管道布置图的相关内容。

294

一、工艺流程图

工艺流程图主要是用来表明生产过程中的运行程序的图样,是一种示意性的工艺程序展开图,属于工程基础设计图样。

工艺流程图一般需用管线、机泵、设备、阀件等的图形符号来表示流程的顺序、方向、层次、控制接点等,可以注写必要的技术说明或者代号。工艺流程图并不用于管路的安装,所以一般不标注尺寸和比例。

二、管道布置图

管道布置图主要是以管路的工艺流程图和总平面布置图为基础设计绘制出的用来指导工程施工安装的技术图样。

管道布置图需要用标准所规定的符号表示出管道、建筑、设备、阀件、仪表、管件等的相互位置关系,要求标有准确的尺寸和比例。图样上必须要注明施工数据、技术要求、设备型号、管件规格等,如图 11-16 的局部管道布置图所示。

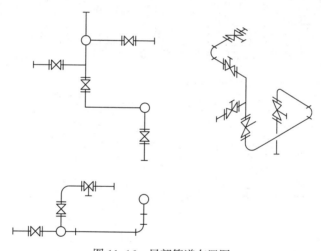

图 11-16　局部管道布置图

管道布置图是进行管路安装施工的重要依据,必须遵照有关规定和管路符号进行绘制。为了管路的设计和布置符合标准的要求,对其提出以下基本原则:

（1）首先全面地了解工程对管道布置的要求,充分了解工艺流程、建筑结构、设备及管口配置等情况,由此对工程管路作出合理的初步布置。

（2）冷热管道应分开布置,难以避免时应热管在上、冷管在下。装有腐蚀性物料的管道,应布置在平列管道的下侧或外侧。管道敷设应有坡度,坡度方向一般沿物料流动方向。

（3）管道应集中架空布置,尽量走直线少拐弯,管道应避免出现"气袋"和"盲肠"。支管多的管道应布置在并行管道的外侧,分支气体管从上方引出,而液体管在下方引出。

（4）通过道路或受负荷地区的地下管道,应加保护措施。行走过道顶部的管道至地面的高度应大于 2.2 m。有一定重量的管道和阀门一般不能支承在设备上。

（5）阀门要布置在便于操作的部位,开关频繁的阀门应按操作顺序排列。重要的阀门或易开错的阀门,相互间要拉开一定的距离,并涂刷不同的颜色。

三、管道布置图的视图表达

（一）视图的配置

管道布置图同样是采用正投影原理和规定符号绘制出来的一组视图,通常采用平面图、立面图、向视图和局部放大图等表达方法。图 11–17 中采用平面图和 *I—I* 剖视（立面图）表达了一段管道的布置情况。

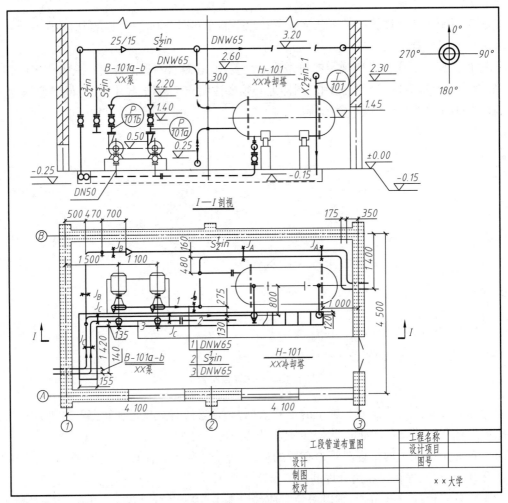

图 11-17　某工段管道布置图

平面图——相当于机械制图中的俯视图,是管道布置图中的首要图形,主要用来表达管道与建筑、设备、管件等之间的平面布置安装情况。管路平面布置图根据管道的复杂程度,可按建筑位置、楼板层次及安装标高等进行分区、分层的绘制。

立面图——相当于机械制图中的主视图或左视图,主要用来表达管道与建筑、设备、管件等之间的立面布置安装情况。立面图多采用全剖视图、局部剖视图或阶梯剖视图进行表达,但必须对剖切位置、投射方向、视图名称进行标注,以便于表示各图之间的关系。如图 11-17 所示,剖切位置采用两粗实线段表示,并在剖切符号旁注写字母 I、II、…序号;投射方向用与剖切位置线相交的两箭头表示;剖视图名称用"I—I""II—II"…表示,并注写在图形的下方且加注一粗实横线。

对在平面图和立面图中还没能表达清楚的部位,根据需要还可选择向视图或局部放大图进行表达,但必须标注出视图名称和放大比例。

(二)建筑及构件的绘制

在管道布置图中,凡是与管道布置及安装有关的建筑物、设备基础等,均应按比例遵照有关规定用细实线画出,而与管道布置及安装位置关系不大的门、窗等建筑构件可简化画出或不予表示。

(三)设备及管口的绘制

管道布置图中的设备,应大致按比例用细实线绘制出其外形特征,但设备上与配管有关的接口应全部画出。设备的安装位置及设备的中心则必须用点画线画出。必要时可另外画出管路中的设备布置图。

(四)管道及管件的绘制

在管道布置图中一般应绘制出全部工艺管道和辅助管道,当管路较复杂时也可分别画出。对不同的管道必须用国家标准规定的相应符号绘制,以表达出管道的走向和相互间的位置关系。当局部管路较密集、表达欠清楚时,可画出其局部放大图。

(五)管架及方向标的绘制

管道通常用管架安装固定,一般采用符号将管架的形式及位置在平面图上表示出来。管架有固定型、滑动型、导向型等。

管道布置图中一般需要在图纸的右上角画出方向标,以作为管道安装的定位基准。方向标应与相应的建筑图及设备布置图中的方向标相一致,箭头指向建筑北向。

四、管道布置图的尺寸标注

在工程管道布置图中,需要标注管道的平面布置尺寸和安装标高尺寸,标注设备和管件的代码、编号及尺寸等,并注写必要的文字说明。

标注尺寸时常以建筑定位轴线、设备的中心线、管道的延长线等为尺寸界线;尺寸线的起始点可采用 45° 的短细斜线来代替箭头,尺寸常标注成连续的串联形式。

通常平面图中的定位尺寸以 mm(毫米)为单位,而标高尺寸则以 m(米)为单位。

(一)建筑基础

在管道布置图中,通常需标注出建筑物或构件的定位轴线的编号,以作为管道布置的定位基准。并且标注出这些建筑定位轴线的间距尺寸和总体尺寸。

如图 11-17 所示,在各定位轴线的端部画一细实线圆并成水平或竖直排列,且在水平方向自左至右以 1、2、3、…的顺序编号,在竖直方向自下而上以 A、B、C、…的顺序编号。

(二)设备位置

设备上的定位尺寸是管道布置的主要定位基准,因此必须标注出所有设备的名称与位号,并标注出设备中心线的定位尺寸及相邻设备之间的定位安装尺寸。

从图 11-17 中可见,设备的名称和位号一般标注在相应图形的上方或下方,位号在上、名称在下,中间画一横线。设备中心的位置尺寸常以建筑定位轴线为基准来标注,邻近设备的定位安装尺寸则以所确定的设备中心为基准进行标注,如图 11-17 中两泵的定位尺寸等。

(三)管道位置

管道的平面定位尺寸常以建筑定位轴线、房屋墙面、设备中心、设备管口等为基准进行标注,并以串联的形式顺序标注出各管道间的距离尺寸。对 Y 型连接管和非直角弯管应标注出其角度。局部管道较密集时,可在其局部放大图上标注出尺寸。

(四)管路物料代号

在管道布置图中,为了区别不同用途和物料的管路,常需要标明管路用途代号。现将管道布置图中常用的物料代号列于表 11-7 中。

管路中的其他物料代号可查阅相关化工行业标准。

表 11-7　常用的管路物料代号

名称	物料代号	名称	物料代号	名称	物料代号
工艺气体	PG	氨水	AW	中压蒸汽	MS
工艺液体	PL	液氨	AL	低压蒸汽	LS
工艺固体	PS	转化气	CG	锅炉排污	BD
软水	SW	尾气	TG	锅炉给水	BW
合成气	SG	工艺水	PW	润滑油	LO
工艺空气	PA	气氨	AG	燃料油	FO
仪表空气	IA	二氧化碳	COO	密封油	SO
燃料气	FG	天然气	NG	惰性气	IG

(五)管段代号

在管道布置图中应标注出各管段的物料代号(图 11-17 中 WDN65)、管径尺寸(图 11-17 中 $S\frac{1}{2}$ in)以及管段序号 1、2、3 等。管段的有关代号一般标在管线的上方或左方,也可几条管线一起引出标注。引出时在各管线引出处画一斜线并顺序编号,指引线用细实线绘制且可以转折,管段的代号应顺序标注在水平细线的上方。

（六）管件及管架

管道布置图中的阀门、仪表等管件,一般应标注出安装尺寸或在立面图上标注出安装标高。当在管路中使用的管件类型较多时,应在图中管件的符号旁分别注明其规格、型号等。对管道布置图中的管架,应在其管架符号的旁边注上管架代号 J_1、J_2、…或 J_A、J_B、…。

五、读管道布置图的方法及步骤

阅读管道布置图,无论是审查设计、安装施工,还是参考借鉴、维修改造,主要是通过图样了解工程管路的设计意图,以及弄清管道、管件、阀门、仪表、设备等的具体布置安装情况。因此读管道布置图应按以下方法及步骤进行。

1. 概括了解

首先概括了解管道布置图中的视图配置、数量及各视图的重点表达内容,并初步了解图例、代号的含义,及非标准型管件、管架等的图样;然后浏览设备位号、管口表、施工要求以及各不同标高的平面布置图等。

2. 布置分析

根据流程次序,按照管道编号逐条弄清管道的起始点及终止点的设备位号及管口。并依照布置图的投影关系、表达方法、图示符号及有关规定,搞清每条管道的走向、分支情况、安装位置,以及阀门、管件、仪表、管架等的布置情况。

3. 尺寸分析

通过对管道布置图中的尺寸分析,可了解管道、设备、管口、管件等的定位情况,以及它们间的相互位置关系。并对其他标注进行分析,从而可搞清各管路中的工艺物料、管道直径、阀门型号、管件规格、安装要求等。

思 考 题

1. 化工设备图中的接管口用什么进行编号?
2. 化工设备的视图常用的表达方法有哪些?
3. 在作圆柱面的展开图时,一般将其底圆等分为多少份?
4. 焊接图中的焊缝符号一般由什么组成?
5. 管道布置图中除了要标注尺寸和比例外,还需要标注哪些内容?
6. 管道布置图中的立面图常用的表达方法有哪些?

第十二章　计算机绘图与实体造型

计算机辅助绘图和实体造型技术是 CAD 的两大基础技术。

用计算机技术来辅助绘图,绘图方式发生了革命性的变化,设计师不仅可以摆脱劳累、烦琐、费时、低效的手工绘图方式,而且可以大大提高绘图的速度和精度,实现手工绘图无法做到的图形复制、镜像等编辑操作;可以将图形一步到位地绘制在描图纸上,直接晒成生产中使用的蓝图;也可以通过外部参考实现异地协同设计。

实体造型技术是三维设计的基础,在当今设计领域,二维平面设计已经不能满足设计要求,三维设计所占的比例越来越大。一方面,设计思想所表达的大多是三维形体,借助二维工程图形表达三维形体本来就是在一定技术手段条件下的方法,计算机技术为三维设计技术的发展和普及提供了条件;另一方面,和传统设计方法不同,现代设计需要对设计对象进行精确地仿真和优化分析,而仿真分析必须在设计对象的三维数字模型上进行。

根据实际工程的需要,本章将简要介绍在工程界应用较为广泛的两大设计软件的相关内容,即 AutoCAD 二维绘图和 SOLIDWORKS 实体造型技术和操作技巧。

第一节　AutoCAD 二维绘图

AutoCAD 是由美国 Autodesk 公司推出的通用的二维绘图软件系统,是目前在国内市场最流行的适用于计算机的辅助绘图软件之一。AutoCAD 适用于各种类型的图样绘制,如机械图、建筑图、电路图等,它具有强大的二维绘图功能、良好的开放结构和二次开发工具。自 1982 年推出 AutoCAD 1.0 版以来,随着计算机软硬件的不断升级,AutoCAD 的版本也在不断更新,其设计和绘图功能及人性化程度日臻完善,目前的版本已发展到 AutoCAD 2022。AutoCAD 软件通用性好、实用性强、适应性广,具有以下显著特点:

(1)提供了强大而完善的功能集　凡是能用手工绘制的图样都能用 AutoCAD 来完成,而手工很难绘制的图样用 AutoCAD 也能很好地完成。AutoCAD 提供了多种绘制方式,并可独立地设定其各种特性;提供了各种编辑工具、辅助绘图工具以及图层和块操作等重要功能;AutoCAD 的剖面线绘制、尺寸标注也非常方便;AutoCAD 还提供了灵活的显示控制手段,如重新显示功能采用了“虚拟屏幕”技术,速度非常快。

(2)具有很强的灵活性　可以对系统内设置的数百个系统变量值进行检查和修改。例如通过变量设置可以得到符合我国标准的尺寸标注、公差标注模式等。

(3)开放性　用户可以自定义一些实体加入相应的库中,如各种线型、字型,各种剖面填充符号等;系统提供了 AutoLISP 语言以及与 C 语言的接口,用户可在它的基础上进行二次开发。

(4)用户友好性　AutoCAD 提供了对当前图形的在线查询功能;定义有 DXF 和 IGES 格式的数据交换文件以实现与其他图形系统的信息交换;能够支持市场上出售的大多数图形输入、输出设备。

一、AutoCAD 基本操作

以在 Windows 系统环境下安装好的 AutoCAD 2022 为例来简要介绍 AutoCAD 的操作界面、图形环境等基本概念与操作方法。

1. AutoCAD 的启动

双击屏幕桌面上的 AutoCAD 2022 的图标,即可启动 AutoCAD 软件。

预设的 AutoCAD 屏幕被分割成几个主要的区域来显示,包括标题栏、菜单栏、选项板、工具栏、绘图区、状态栏、命令行等区域。

2. 开始一张新图(New)

进入 AutoCAD 后,从"文件"菜单中选择"新建"命令或单击标题栏上"新建"图标按钮 时,将会弹出"选择样板"对话框,可以从这个对话框中选择所需样板,一般选择公制单位样板"acadiso.dwt",然后单击"确定"按钮。

3. 打开已有图形文件(Open)

可以从"文件"菜单中选择"打开"命令或单击标题栏上"打开"图标按钮 来打开一张以前已保存过的图形文件。

4. 保存图形文件(Save)

当从"文件"菜单中选择"保存"或单击标题栏上"保存"图标按钮 时,可能会有两种情况发生。如果此图形文件尚未被命名,则会显示一个对话框,要求键入文件名(可以不必键入扩展名 .dwg);否则文件将以默认名"Drawing1"存储,并且会覆盖先前的版本,同时会由以前已经存储过的图形文件来建立一个具有 .bak 扩展名的备份文件。

5. 退出 AutoCAD(Quit)

当完成了图形文件的建立与编辑之后,从"文件"菜单中选择"退出"命令即可。

6. 命令输入方式

在 AutoCAD 中有多种命令输入方式。可以通过下拉菜单、选项板及工具栏上的图标按钮选择所需要的命令,也可以在命令行直接键入命令。

例如要绘制直线,可以采用以下命令输入方式:① 在命令行(Command 状态下)直接输入绘制直线的命令"LINE"或其精简命令"L",即命令:LINE;② 从"绘图"下拉菜单中选择"直线"命令;③ 单击选项板或工具栏上的图标按钮 。

7. 绘图光标类型

在 AutoCAD 中的绘图光标,通常以三种形式显示:十字准线、点选框与十字光标靶框,如图 12-1 所示。无论是通过输入一个坐标值还是用定标设备选取一个位置,该位置处均会显示十字光标。当需要指定某一相关对象的位置时,对象捕捉光标便会显示出来。

十字准线　　　　点选框　　　　十字光标靶框

图 12-1　绘图光标类型

二、几个基本术语

1. 坐标系统与绘图单位

AutoCAD 软件中包含两个坐标系:世界坐标系 WCS(World Coordinate System)和用户坐

标系 UCS（User Coordinate System）。WCS 是一个假想的、原点固定的、轴向固定的右手坐标系；UCS 则是由用户指定原点，可以倾斜或转动的右手坐标系，在作图过程中根据需要用户可进行多次 UCS 定义。缺省的 WCS 的原点在屏幕的左下角，X、Y 轴数值分别以原点向右、向上为正。坐标输入方式有：

（1）绝对坐标方式：X, Y

例如，点 A 的坐标为（50, 100），以绝对坐标方式输入的格式为：50, 100。

（2）相对坐标方式：@dx, dy（即与当前点的坐标差）

例如，点 B 相对于点 A 的坐标为（10, 20），则以相对坐标方式输入的格式为：@10, 20。

（3）相对极坐标方式：@r<θ（即以当前点为极点，r 为极半径，θ 为极角的极坐标形式）

例如，点 C 与基准点 A 相距 r=150，点 C 和点 A 之间的连线与水平线的夹角 θ=30°，则以相对极坐标方式输入的格式为：@150<30

坐标的显示有动态、静态和极坐标 3 种方式，可以通过功能键 <F6> 来切换。

绘图单位是一个虚拟的单位，用户可以把全屏设定为 12×9，也可以设定为 420×297，但其长度量纲不确定。通常可在作图完成以后，调用绘图机输出图形时设定比例和长度量纲。

2. 实体与选择集

AutoCAD 的作图操作以实体或选择集方式进行。所谓实体（Entity），是指某一个预先定义的、由命令得到的独立要素。实体是图形操作的最小单位。点、直线、圆弧、圆、字符串等是 AutoCAD 的图形实体；尺寸是由尺寸界线、尺寸线、箭头、数字及字符组成的实体；还有剖面线、粗线（Trace）、多义线（Polyline）、块（Block）、形（Shape）、属性（Attribute）等都是 AutoCAD 的实体。生成或修改图形，就是把实体定位在坐标系统内，被操作的实体越小，操作的次数就越多。

AutoCAD 中还运用了"选择集"的概念。例如，在调用图形修改命令时，总会先要求选择对象，用户可以把许多图形对象收集在一起进行修改。构成选择集的最常用方法有以下几种：定点移动光标靶区，落入其中的实体即被选中；确定一个矩形的对角点，构建一个矩形窗，全部落入其中的实体即构成一选择集等。

3. 图层（Layer）

采用"图层"的概念画图，就是假定一张图是由若干张透明的图叠加形成的，用户可以自由地根据自己的要求把全图中的实体予以分类，让它们分属于不同的图层。每个图层有自己的名字、颜色和线型。有了图层以后，就可以按图层的规模来处理图形实体。图层是可以被开启或关闭的，如果关闭某图层，那么该图层上的图形就全部隐去，开启则显现。例如，可以使图形、尺寸、文字分别属于三个图层，若是需要重点研究图形，则可把另外两图层关闭；如果将三个图层分别设置成三种不同颜色，则全图更为明晰。

4. 对象捕捉

由于屏幕的分辨率有限，通过眼睛无法精确地选定某实体的有关点。例如很难通过眼睛确定某直线段的中点，虽然可通过编写一段程序去求直线段中点的坐标值，但该方法过于复杂。为此，AutoCAD 中带有对象捕捉功能，只要在状态栏中开启对象捕捉功能，并设置捕捉中点，当光标移动到某直线段中点附近时，该中点就会显示出来。与中点相似，用户还可以根据需要捕捉其他特殊点。

5. 显示控制

使用计算机屏幕作图有两个不便之处：一是大图纸与小屏幕的矛盾。例如通过 18 英寸的图形显示终端在 A0 图纸幅面上作图，若不进行显示控制，则很难在小屏幕上画大图。二是目前显示器分辨率一般为 1 280 × 1 024,画线的粗细约为 0.5,相邻很近的两根线在屏幕上就较难分辨。最常用的控制命令是 Zoom(原意为照相变焦)和 Pan(原意为照相摇镜头)。通过 Zoom 命令可对屏幕图形取一个小窗口予以放大,使用户有可能进行详细地作图。通过 Pan 命令可移动观察窗口,在整个绘图区域上观察特定位置的内容。

必须指出,实行显示控制功能只是改变了观察结果,实际的图形并没有改变。

三、图形的绘制与编辑

本节主要介绍如何设置合理的绘图环境,如何正确地运用绘图和编辑命令来快速、高效地完成工程图样的绘制。

1. 绘图环境的建立

AutoCAD 的工作环境可以用许多系统变量来控制,如可直接调用样板文件或根据具体情况设置符合要求的绘图环境。表 12-1 中列出了常用的绘图环境设置命令。

表 12-1 常用的绘图环境设置命令

命令	功能	说明
LIMITS	设定图形限定范围的极限尺寸。相当于选择图纸幅面,需要输入左下角点和右上角点的绝对坐标尺寸	命令行中的[开(ON)/关(OFF)]选项,用于控制绘图时是否允许绘制到图形界限以外
UNITS	设置绘图单位和精度,如数据的输入格式、尺寸精度等	通过下拉菜单调用该命令时,会出现对话框,操作更直观
SNAP	控制十字光标按固定增量在屏幕上移动,以方便精确绘图	功能键 <F9> 用于设置 SNAP 的开关状态
GRID	在屏幕上设置栅格,使绘图区如同方格纸,以便绘图时作为参考	功能键 <F7> 用于设置 GRID 的开关状态;显示栅格可看到 LIMITS 的范围
ORTHO	设定正交模式。若为开启状态,光标只能水平或竖直移动;若为关闭状态,光标可以自由移动	功能键 <F8> 用于设置 ORTHO 的开关状态
LAYER	启动【图层特性管理器】对话框,主要功能如下: ▨:列出已存在的图层信息; ▧:定义新的图层; ✔:设置为当前层; 为图层命名; 打开/关闭某一图层; 冻结/解冻图层; 锁定/解锁图层; 改变图层的颜色; 改变图层的线型; 改变图层的线宽;	图层状态比较: 关闭某图层后,该图层上的内容不可见,绘图时不输出,ZOOM(all)、REGEN 等命令对该图层起作用。 冻结某图层后,图层上的内容不可见,绘图时不输出,ZOOM(all)、REGEN 等命令对该图层不起作用,因此操作执行速度加快。 锁定某图层后,图层上的内容可见,绘图时能输出,但不能对其进行编辑修改等操作,也无法被选中
LTSCALE	改变线型比例	实线不受此参数控制;如 LTSCALE 参数设置得太大或太小,则虚线、点画线等线型看上去像实线

2. 实体绘制命令

在 AutoCAD 中需要使用直线、圆、圆弧等绘图命令来完成图形的绘制，常用的实体绘制命令见表 12-2。

表 12-2　常用的绘图命令及操作

命令	功能及操作示例	说明
直线（LINE）	画直线 命令：LINE 指定第一个点：1, 1 指定下一点或［放弃（U）］：2, 2 指定下一点或［放弃（U）］：@2, 0 指定下一点或［闭合（C）/ 放弃（U）］：C *(2,2)* *(1,1)*	1. 由两点决定一条直线，若继续输入第三点，则画出第二条直线，以此类推。 2. 输入坐标时可采用绝对坐标或相对坐标。 3. 选择［闭合（C）］项则图形封闭；选择［放弃（U）］项则取消刚绘制的直线段
圆弧（ARC）	画一段圆弧 命令：ARC 指定圆弧的起点或［圆心（C）］： 指定圆弧的第二个点或［圆心（C）/ 端点（E）］： 指定圆弧的端点： *2* *3* *1*	用光标指定三点可以画出圆弧；如果按回车键回应第一提问，则以上次所画线或圆弧的终点及切线方向作为本次所画圆弧的起点及起始方向，起始方向可通过按 <Ctrl> 键切换
圆（CIRCLE）	画整圆 命令：CIRCLE 指定圆的圆心或［三点（3P）/ 两点（2P）/ 切点、切点、半径（T）］：2, 2 指定圆的半径或［直径（D）］：4 +*(2,2)*	1. 可直接输入半径或直径值或在屏幕上取两点间的距离作为半径或直径值。 2. 该命令主要有以下选项： ［三点（3P）］：由指定的三点决定圆。 ［两点（2P）］：用直径的两端点决定圆。 ［切点、切点、半径（T）］：与两实体（圆或直线）相切，结合给定的半径决定圆
椭圆（ELLIPSE）	画椭圆 命令：ELLIPSE 指定椭圆的轴端点或［圆弧（A）/ 中心点（C）］： 指定轴的另一个端点： 指定另一条半轴长度或［旋转（R）］：	主要绘制方法如下： 1. 指定椭圆两端点，再指定一个半轴长度。 2. ［中心点（C）］：指定椭圆中心，再指定一个半轴长度。 3. ［圆弧（A）］：指定椭圆两端点，再指定一个半轴长度，指定起点角度和端点角度，画椭圆弧

命令	功能及操作示例	说明
正多边形（POLYGON）	画边数为 3 到 1 024 的正多边形 命令：POLYGON 输入侧面数 <4>：6 指定正多边形的中心点或［边（E）］： 输入选项［内接于圆（I）/外切于圆（C）］<I>： （选择画正多边形的方式） 指定圆的半径：（输入半径）	画正多边形主要有以下三种方法：设定外接圆半径（I）；设定内切圆半径（C）；设定正多边形的边长
点（POINT）	绘制单个点 命令：POINT 指定点：3，5	选择下拉菜单【格式】/【点样式】命令，出现【点样式】对话框，可对点样式进行设置，如下：
多段线（PLINE）	绘制多段线。多段线由直线和圆弧组成，它有一系列附加特性，如线的宽度可以变化（等宽度或锥度），可作曲线拟合等。 命令：PLINE 指定起点： 当前线宽为 0.0000 指定下一个点或［圆弧（A）/半宽（H）/长度（L）/放弃（U）/宽度（W）］：W 指定起点宽度 <0.0000>：4 指定端点宽度 <4.0000>： 指定下一点或［圆弧（A）/半宽（H）/长度（L）/放弃（U）/宽度（W）］： 指定下一点或［圆弧（A）/闭合（C）/半宽（H）/长度（L）/放弃（U）/宽度（W）］：A 指定圆弧的端点（按住 Ctrl 键以切换方向）或［角度（A）/圆心（CE）/闭合（CL）/方向（D）/半宽（H）/直线（L）/半径（R）/第二个点（S）/放弃（U）/宽度（W）］：	PLINE 命令中各选项的含义如下： 【宽度（W）】：指定组线的宽度。 【闭合（C）】：与起点连接画闭合线。 【半宽（H）】：输入半宽值。 【长度（L）】：按前段线的方向画一条指定长度的线。 【放弃（U）】：取消上一步操作。 【圆弧（A）】：画圆弧。 【角度（A）】：指定圆弧所对应的圆心角，AutoCAD 中是按逆时针方向画圆弧，若需画顺时针圆弧，需按住【Ctrl】键进行切换。 【圆心（CE）】：输入圆弧所在圆的圆心。 【闭合（CL）】：画封闭弧回到起点。 【方向（D）】：指定圆弧的切线方向。 【直线（L）】：恢复到画直线状态。 【半径（R）】：指定圆弧的半径。 【第二个点（S）】：指定圆弧经过的第二点

命令	功能及操作示例	说明
多行文本 （MTEXT）	单击图标 **A**，并在文字输入位置单击鼠标左键，可出现多行文字输入框，之后输入文字并确定即可。可通过选择菜单栏【格式】/【文字样式】命令，打开【文字样式】对话框，在对话框中进行设置	多行文字（MTEXT）还提供了常用特殊字符的输入方法，具体格式如下： %%d—绘制角度符号"∘"； %%p—绘制误差允许符号"±"； %%c—绘制直径符号"φ"
图案填充 （HATCH）	填充图案、绘制剖面线 单击 启动图案填充功能面板，选择图案，再单击，拾取填充区域内部一点，按回车键或空格键，即可完成图案填充 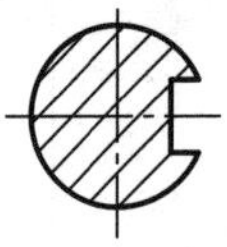	系统提供了 60 余种剖面线图案和 3 种孤岛检测方式：普通、外部、忽略 

3. 实体编辑命令

AutoCAD 的强大功能在于图形的编辑，即对已存在的图形进行复制、移动、镜像、修剪等，图形的编辑构成是：命令操作 + 目标选择。实体编辑的操作过程为先输入图形编辑命令，然后 AutoCAD 提示"选择对象"。AutoCAD 提供了多种选择对象的方法，选中的对象变成虚线或增亮，同时 AutoCAD 提示有多少对象被选中，如选中的对象与前面的选择有重复，AutoCAD 将进行提示。

下面介绍几个比较常用的实体编辑命令和对象选择方法。

（1）选择对象（Select Objects）的方法

- Pick：用光标点选实体。
- Window：根据矩形对角两点形成窗口，只有完全落在窗口内的实体才能被选中。
- Crossing：根据矩形对角两点形成窗口，对象的任意一部分在窗口内，该对象即被选中。
- Last：选中作图中的最后一个对象。
- Previous：选中前面进行修改操作时最后选中的一个选择集。
- Remove：在选择集中移去选中的对象。
- Add：使用 Remove 选项后，再进入选择对象的操作。
- Undo：取消上一次的选择对象操作。
- ALL：选中图形文件中的所有对象，包括冻结层和锁定层中的对象。

（2）常用的编辑命令及操作方法见表 12-3。

表 12-3　常用的编辑命令及操作方法

命令	功能及操作示例	图例
缩放 （SCALE）	单击图标按钮 ▢ 或在命令行中输入 SCALE，可将对象按一定比例进行放大或缩小。 命令：SCALE 选择对象：（选择缩放对象） 指定基点：（指定基准点 P） 指定比例因子或［复制（C）/参照（R）]：0.6	
复制 （COPY）	单击图标按钮 ▣ 或在命令行中输入 COPY，可复制出一个对象，原对象保持不变。 命令：COPY 选择对象：（选择对象） 指定基点或［位移（D）/模式（O）]<位移 >:(P_1) 指定第二个点或［阵列（A）]<使用第一个点作为位移 >:(P_2)	
移动 （MOVE）	单击图标按钮 ✥ 或在命令行输入 MOVE，可将对象从当前位置移动到另一位置。 命令：MOVE 选择对象：（选择对象） 指定基点或［位移（D）]<位移 >:(P_1) 指定第二个点或 <使用第一个点作为位移 >:(P_2)	
旋转 （ROTATE）	单击图标按钮 ◯ 或在命令行输入 ROTATE，可将对象绕某基准点旋转一定角度。 命令：ROTATE 命令：（选择对象） 指定基点：（指定旋转中心 P） 指定旋转角度，或［复制（C）/参照（R）]<0>: 30（指定旋转角度）	
镜像 （MIRROR）	单击图标按钮 ⚑ 或在命令行输入 MIRROR，可将对象作镜像复制，原实体可保留也可删除。 命令：MIRROR 选择对象：（选择对象） 指定镜像线的第一点:(指定镜像线第一点 P_1) 指定镜像线的第二点:(指定镜像线第二点 P_2) 要删除源对象吗?［是（Y）/否（N）]<否 >:N（不删除原实体）	

307

命令	功能及操作示例	图例
阵列 （ARRAY）	单击图标按钮 ⊞ 或在命令行输入 ARRAY,出现【阵列】对话框,可将选中的对象按矩形或环形的排列方式进行复制,产生的每个目标可单独进行处理。 1. 矩形阵列　单击图标按钮 ⊞ ,选择对象,然后按住鼠标右键,在功能面板上键入行数、列数、行间距和列间距,按回车键或空格键,可完成矩形阵列。 2. 环形阵列　单击图标按钮,选择对象,然后按住鼠标右键,用光标在绘图区指定阵列中心点,在功能面板上输入填充项目数和填充角度。按回车键或空格键,可完成环形阵列。 注:在功能面板右侧有一个"旋转项目"图标,可确定复制对象时是否进行旋转。	 矩形阵列 圆形阵列 Yes
倒角 （CHAMFER）	单击图标按钮 ◩ 或在命令行输入 CHAMFER,可对两条线或多义线倒斜角。 命令:CHAMFER 选择第一条直线或［放弃（U）/多段线（P）/距离（D）/角度（A）/修剪（T）/方式（E）/多个（M）］:D 指定第一个倒角距离 <0.0000>:20 指定第二个倒角距离 <20.0000>:回车 选择第一条直线或［放弃（U）/多段线（P）/距离（D）/角度（A）/修剪（T）/方式（E）/多个（M）］:（选择对象） 选择第二条直线,或按住Shift键选择直线以应用角点或［距离（D）/角度（A）/方法（M）］:（选择对象）	
圆角 （FILLET）	单击图标按钮 ◩ 或在命令行输入 FILLET,可对两对象或多义线进行圆弧连接。 命令:FILLET 选择第一个对象或［放弃（U）/多段线（P）/半径（R）/修剪（T）/多个（M）］:R 指定圆角半径 <0.0000>:20 选择第一个对象或［放弃（U）/多段线（P）/半径（R）/修剪（T）/多个（M）］:（选择对象） 选择第二个对象,或按住Shift键选择对象以应用角点或［半径（R）］:（选择对象）	

命令	功能及操作示例	图例
偏移 （OFFSET）	单击图标按钮 ⬚ 或在命令行输入 OFFSET，可复制一个与选定对象平行并保持一定距离的新对象。 命令：OFFSET 　指定偏移距离或［通过（T）/删除（E）/图层（L）］<通过>：20 　选择要偏移的对象，或［退出（E）/放弃（U）]<退出 >:（选择欲复制的对象） 　指定要偏移的那一侧上的点，或［退出（E）/多个（M）/放弃（U）]<退出 >:（指定向哪边复制）	
删除 （ERASE）	单击图标按钮 ⬚ 或在命令行输入 ERASE，可删除图形中部分或全部对象。 命令：ERASE 　选择对象：（选择欲删除的对象）	
打断 （BREAK）	单击图标按钮 ⬚ 或在命令行输入 BREAK，可将线、圆、弧和多义线等断开为两段。 命令：BREAK 　选择对象：（选中一点 P_1，将该点作为第一点） 　指定第二个打断点或［第一点（F）]:（输入第二个打断点 P_2） 　说明：1）如果输入"@"表示第二个打断点和第一个打断点为同一点，相当于将实体分成两段； 　2）圆或圆弧总是按逆时针方向断开。	
修剪（TRIM）	单击图标按钮 ⬚ 或在命令行输入 TRIM，可以某些对象作为边界（剪刀），将不需要的部分修剪掉。 命令：TRIM 　选择剪切边 ... 　选择对象或［模式（O）]<全部选择 >:（选择剪切边界） 　选择对象：（选择剪切边界） 　选择对象：↙ 　选择要修剪的对象，或按住 Shift 键选择要延伸的对象，或［[剪切边（T）]/栏选（F）/窗交（C）/[模式］/投影（P）/边（E）/删除（R）]:（选择修剪对象）	注意：选择要修剪的对象时，必须选择要删除的部分

命令	功能及操作示例	图例
延伸 （EXTEND）	单击图标按钮 ➖ 或在命令行输入 EXTEND,将以某些对象作为边界,将另外一些对象延伸到此边界处。 命令：EXTEND 当前设置：投影 =UCS,边 = 无 选择边界的边 … 选择对象或［模式（O）］< 全部选择 >:(选择界限边界) 选择对象:↙ 选择要延伸的对象,或按住 Shift 键选择要修剪的对象或［边界边（B）/ 栏选（F）/ 窗交（C）/ 模式（O）/ 投影（P）/ 边（E）/ 放弃（U）］:(选择要延伸的对象)	要延伸的对象1 界限边
拉伸 （STRETCH）	单击图标按钮 或在命令行输入 STRETCH,可将图形某一部分进行拉伸、移动和变形,其余部分保持不动。 命令：STRETCH 以交叉窗口或交叉多边形选择要拉伸的对象 … 选择对象:(用窗口选择目标) 指定基点或［位移（D）］< 位移 >:(选择基点 A) 指定第二个点或 < 使用第一个点作为位移 >:(指定新位置 B)	B A
分解 （EXPLODE）	单击图标按钮 或在命令行输入 EXPLODE,可将块与尺寸分解为单个对象;将多段线分解为失去宽度信息的单个直线或弧。 命令：EXPLODE 选择对象:(选择要分解的对象) 选择对象:↙ 分解此多段线时丢失宽度信息。可用 UNDO 命令恢复。	
多段线编辑 （PEDIT）	单击图标按钮 或在命令行输入 PEDIT,可对多义线进行修改 命令：PEDIT 选择多段线或［多条（M）］:(选择多段线) 输入选项［闭合（C）/ 合并（J）/ 宽度（W）/ 编辑顶点（E）/ 拟合（F）/ 样条曲线（S）/ 非曲线化（D）/ 线型生成（L）/ 反转（R）/ 放弃（U）］: 注：如果所选择的线段为非多段线,则询问是否转换为多段线: 是否将其转换为多段线？ <Y>	各主要选项的含义如下： 【闭合（C）】：首尾两点连成闭合多义线。 【合并（J）】：与其他圆弧、直线等构成新的多段线。 【宽度（W）】：对多段线定义新的宽度。 【拟合（F）】：作拟合曲线。 【样条曲线（S）】：作样条曲线。 【非曲线化（D）】：将拟合或样条曲线还原。 【编辑顶点（E）】：编辑多段线顶点

四、辅助绘图命令

本节主要介绍有关提高绘图速度与精度,改善图形显示效果等的命令及使用方法。

1. 块

块是组成复杂图形的一组实体。该实体被赋予块名,AutoCAD 把块当作单一的对象来处理。在图形的任意处均可通过块插入操作,将已被定义成块的实体插入该处。嵌入图形中的块可具有不同的比例因子和旋转角。

块可以由在多个图层上绘制的若干实体组成,并保留各图层的信息。块作为一个实体,可以用编辑和查询命令对其进行处理。块本身又可以含其他的块,嵌套使用。块一经定义,可以多次调用。通过块的相关操作可以减少很多重复性工作,便于建立用户图库,便于修改,节约存储空间和绘图时间。下面分别介绍 AutoCAD 提供的几种定义和处理块的命令及其用法。

（1）块的创建

单击【创建】图标按钮 🖳,可启动【块定义】对话框。在【名称】文本行输入块名;在【基点】区域的【X】【Y】【Z】文本行输入基点坐标,或单击【拾取点】图标按钮 🖳,在绘图区指定基点后重新启动对话框,单击【选择对象】图标按钮 🖳,在绘图区用鼠标框选图形对象,即可将该对象创建成块。

说明如下:

① 输入块名时,如输入的块名与已有的块名相同,系统会提示是否重新定义。如果回答是,则列出当前块名清单。

② 设置插入基点时,一般选取块的中心或左下角作为插入基点。

（2）块的插入

将已定义的块插入图中的步骤为:单击【插入】图标按钮 🖳,启动【插入】选项板。找到要插入的块;在【插入点】输入坐标或勾选【在屏幕上指定】复选框;在【缩放比例】输入 X、Y、Z 方向的比例或勾选【在屏幕上指定】复选框,通过鼠标指定比例;在【旋转】输入旋转角度或勾选【在屏幕上指定】复选框,通过鼠标指定旋转角度。

（3）块的存盘

对经常使用的块,不仅可以将其插入当前图中,在编辑其他图时也可以使用该块。因此,可用 WBLOCK 命令,将当前图定义为块存入计算机,也可将当前图的全部或部分定义成块,进行存储。在命令行输入"WBLOCK",启动【写块】对话框。选中【源】区域【块】单选按钮,并在下拉列表框中找到所要保存的块名;通过【目标】区域的【文件名和路径】下拉列表框设置文件名和路径,单击【确定】按钮即可。

2. 对象捕捉

对象捕捉是指将光标自动定位到与图形相关的特征点上,这一功能对提高作图精度有很大的帮助。将要捕捉的图形特征点是由捕捉模式决定的,如图 12-2 所示。

AutoCAD 提供了几种常用的对象捕捉模式及启用对象捕捉模式的方式。

（1）常用的捕捉模式

● 端点:捕捉直线、多段线、圆弧的一个端点。

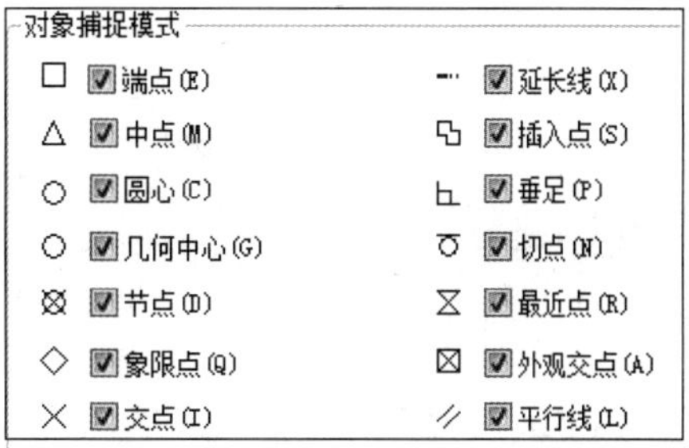

对象捕捉模式

□ ☑端点(E)	┉ ☑延长线(X)
△ ☑中点(M)	🖳 ☑插入点(S)
○ ☑圆心(C)	⊥ ☑垂足(P)
○ ☑几何中心(G)	○ ☑切点(N)
⊗ ☑节点(D)	⊠ ☑最近点(R)
◇ ☑象限点(Q)	⊠ ☑外观交点(A)
× ☑交点(I)	∥ ☑平行线(L)

图 12-2　对象捕捉模式

311

- 中点：捕捉直线、多段线、圆弧的中点。
- 圆心：捕捉圆或椭圆的圆心。
- 交点：捕捉直线、多段线、圆或圆弧交点中与目标选择框中心最近的交点。
- 垂足：捕捉目标直线、多段线、圆或圆弧上的点，该点到出发点的连线与目标垂直或与目标切线垂直。
- 插入点：捕捉文字、块的插入点。
- 切点：捕捉圆或圆弧上的切点，该点与出发点的连线与圆或圆弧相切。
- 节点：捕捉节点。

（2）启用对象捕捉功能的方式

① 运行方式下的对象捕捉功能

运行方式下的对象捕捉（可以一种或多种）功能，在作图中一直处于开启状态，直到关闭为止。

单击状态栏中的【对象捕捉】图标按钮或按快捷键 <F3>，可以启动运行方式下的对象捕捉功能。

可以对运行方式下的对象捕捉功能进行设定，右击状态栏【对象捕捉】图标按钮，出现【草图设置】对话框，可勾选所需模式的复选框。一般选择几个常用的，如端点、圆心、交点等捕捉，如图 12-3 所示。

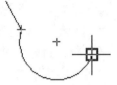

图 12-3 通过对象捕捉功能绘图

② 临时对象捕捉

临时指定对象捕捉模式，所选模式仅在该次命令中有效。为调用此方式，需启动【对象捕捉】工具栏。应用时先执行绘图或编辑命令，再选择捕捉模式。例如作两圆公切线的操作方法为：单击【绘图】工具栏中的【直线】图标按钮 ∕，再单击【对象捕捉】工具栏中的【捕捉到切点】图标按钮 ○，将鼠标移到大圆 1 处，然后第二次单击【对象捕捉】工具栏上的【捕捉到切点】图标按钮 ○，再选择小圆 1 处，即可画出两圆公切线。同理可画出另外一条公切线。

注意：圆弧上选取的点的位置不同，可能作出不同的切线，如图 12-4 所示。

3. 显示控制

通过显示控制命令可改变屏幕上图形的显示方式，以利于操作者观察图形和作图。通过显示控制命令不会改变图形本身，改变显示方式后，图形在坐标系中的位置和尺寸均未改变。

（1）缩放（ZOOM）命令

通过缩放（ZOOM）命令可在不改变绘图原始尺寸的情况下，将当前图形显示尺寸放大或缩小。通过放大操作可以观察图形的局部细节，通过缩小操作可以观察大范围内的图形。例如可将窗口范围的图形放大到整屏，如图 12-5 所示。

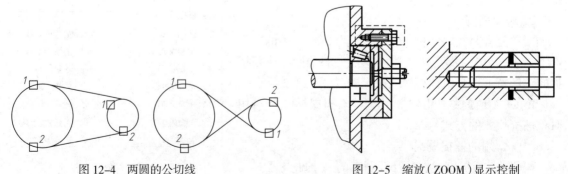

图 12-4 两圆的公切线　　　　图 12-5 缩放（ZOOM）显示控制

命令:ZOOM

指定窗口的角点,输入比例因子(nX 或 nXP),或者[全部(A)/中心(C)/动态(D)/范围(E)/上一个(P)/比例(S)/窗口(W)/对象(O)]<实时>:W

指定第一个角点:(指定窗口的第一角点)

指定对角点:(指定窗口的第二角点)

缩放(ZOOM)命令常用的选择项:

● 窗口(W):缩放窗口。最常用的选项,选择该选项后命令行提示指定窗口一对角点的位置,并将由此一对角点所决定的窗口范围显示在屏幕上。

● 全部(A):将图形界限内(LIMITS 定义范围)的所有图形完整地显示在屏幕上。如图形超限,则显示限定范围加图形中的超限部分。

● 范围(E):将图形以最大尺寸显示在屏幕上。

● 中心(C):给定显示中心,并给定高度,AutoCAD 据此显示图形。

● 动态(D):动态显示。它综合了其他显示方式的优点,使用起来较复杂。

● 上一个(P):显示上一次通过缩放(ZOOM)或平移(PAN)命令显示的图形。

(2)平移(PAN)命令

将整幅图形平移显示。

五、尺寸标注

在图样中视图只表达物体的形状,而物体各部分的真实大小及其之间的相对位置是通过尺寸来确定的。AutoCAD 提供了丰富的尺寸标注功能,只要指定要标注尺寸的对象,即可自动计算尺寸大小并标注上去。其尺寸标注形式由尺寸标注变量控制,在尺寸标注过程中可按特定要求设定尺寸标注变量。

1. 尺寸标注类型

基本尺寸标注方式有五种:长度型、角度型、直径型、半径型和坐标型,另外还有中心点标注、引线标注等。各种类型的标注都是通过【标注】菜单或【标注】工具栏上的相应命令来实现的。常用的标注命令及功能示例见表 12-4。

表 12-4 尺寸标注命令及功能示例

尺寸标注命令	功能	尺寸标注示例
线性标注 ⊟	标注水平尺寸	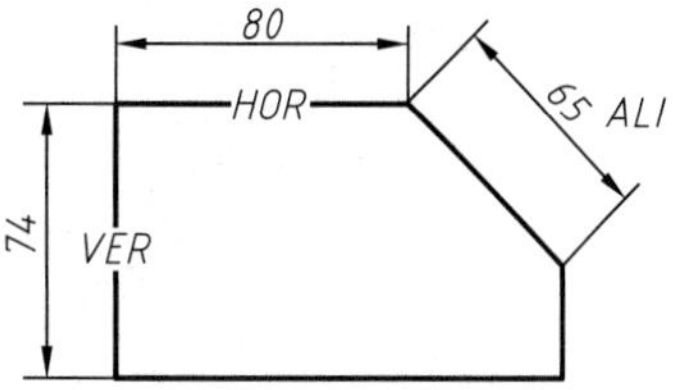
	标注竖直尺寸	
对齐标注 ⬈	与被标注的对象平行标注	

尺寸标注命令	功能	尺寸标注示例
基线标注 ⊟	以前一尺寸的第一条尺寸界线为基准连续标注直线尺寸	
连续标注 ⊞	以前一尺寸的第二条尺寸界线为基准连续标注直线尺寸	
角度标注 △	标注两直线间的夹角	
直径标注 ◎	标注圆或圆弧的直径尺寸	
半径标注 ◎	标注圆或圆弧的半径尺寸	
快速引线标注 ኞ	用指引线引出标注	

2. 尺寸标注样式

（1）设置尺寸标注样式

图形中尺寸标注的样式由一组尺寸标注变量控制。标注变量就是确定组成尺寸的尺寸线、尺寸界线、尺寸文本以及箭头式样、大小和它们之间相对位置等的变量。

AutoCAD 提供了关于尺寸标注的多种变量,可以根据需要通过【标注样式管理器】对话框进行设置。AutoCAD 提供了默认的尺寸标注样式"ISO-25",如图 12-6 所示,在【预览:ISO-25】窗口中可看到尺寸标注的样式。如果默认样式不符合行业标准,可以单击【新建】按钮建立新的样式,也可以单击【修改】按钮修改默认的样式。当单击【新建】按钮后,弹出【创建新标注样式】对话框,如图 12-7 所示,输入新的样式名"GB-35"并单击【继续】按钮,启动【新建标注样式:GB-35】对话框,如图 12-8 所示。在该对话框中有【线】【符号和箭头】【文字】【调整】【主单位】【换算单位】及【公差】选项卡。各选项卡将尺寸标注的相关参数进行了分类,用户可根据自己的需要进行相应的设置。下面按照工程制图的标准建立 GB-35 样式,步骤如下:

图 12-6 【标注样式管理器】对话框

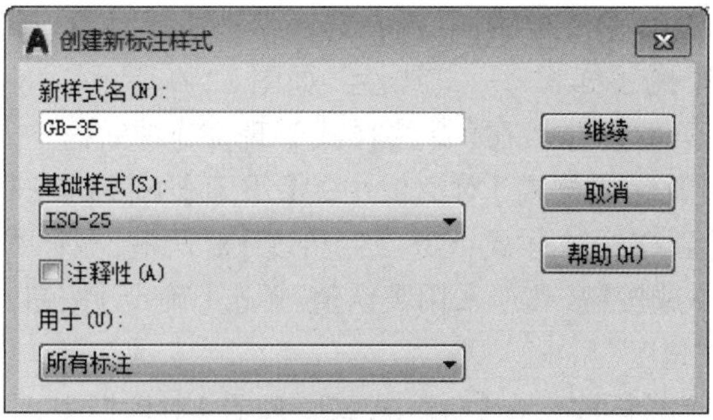

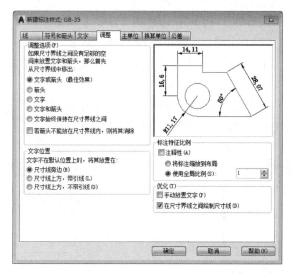

图 12-7 【创建标注样式】对话框

图 12-8 【新建标注样式：GB-35】对话框

① 单击【标注】工具栏上【标注样式】图标按钮 ，启动【标注样式管理器】对话框。单击【新建】按钮,在弹出的【创建新标注样式】对话框中的【新样式名】文本框中输入"GB-35"并单击【继续】按钮,将启动【新建标注样式：GB-35】对话框。单击【线】选项卡,在【基线间距】文本框中输入"7",在【超出尺寸线】文本框中输入"2",在"起点偏移量"文本框中输入"0"；单击【符号和箭头】选项卡,在【箭头大小】下拉文本框中输入"3.5"（根据 GB/T 4458.4—2003 中的规定,粗实线线宽 d=0.5 mm,箭头长度 ≥ 6d）；单击【文字】选项卡,在【文字样式】下拉列表框中选择"工程字"（如果下拉列表框中没有这种文字样式,需要单击下拉列表框右侧按钮 ，打开【文字样式】对话框,设置"工程字"样式,字体选择"gbenor"）,在【填充颜色】下拉列表框中选择"背景"项,在【文字高度】下拉文本框中输入"3.5",在【从尺寸线偏移】下拉文本框中输入"1",其他采用默认值；单击【主单位】选项卡,在【精度】下拉列表框中选择"0",在【小数分隔符】下拉列表框中选择【"."（句点）】项,其他采用默认值。其余选项卡中的设置项目都采用默认值。单击【确定】按钮,这时在【样式】窗口中会出现"GB-35"样式,如图 12-9 所示。

② GB-35 样式用于线性标注。在【标注样式管理器】对话框中,选中"GB-35"样式并单击【新建】按钮,在【创建新标注样式】对话框中的【用于】下拉列表框中选择"线性标注"项。单击【继续】按钮,启

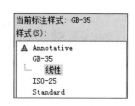

图 12-9 【样式】窗口

动【新建标注样式：GB-35：线性】对话框,所有选项卡都取默认值,单击【确定】按钮。这时在【样式】窗口出现"GB-35"的子样式——"线性",如图 12-9 所示。

③ GB-35 样式用于角度标注。在【标注样式管理器】对话框中,选中"GB-35"样式并单击【新建】按钮,在【创建新标注样式】对话框中的【用于】下拉列表框中选择"角度标注"项。单击【继续】按钮,启动【新建标注样式：GB-35：角度】对话框,在【文字】选项卡中的【文字对齐】区域中选中"水平"单选按钮,其他采用默认值,单击【确定】按钮,这时在【样式】窗口出现"GB-35"的子样式——"角度"。

④ GB-35 样式用于半径标注。在【标注样式管理器】对话框中,选中"GB-35"样式并单击【新建】按钮,在【创建新标注样式】对话框中的【用于】下拉列表框中选择"半径标注"项。单击【继续】按钮,启动【新建标注样式：GB-35：半径】对话框,在【文字】选项卡中的【文字对齐】区域中选中"ISO 标准"单选按钮；在【调整】选项卡中的【调整选项】区域中选中"文字"单选按钮。单击【确定】按钮,这时在【样式】窗口出现"GB-35"的子样式——"半径"。

⑤ GB-35 样式用于直径标注。设置方法同④,设置完成后,在【样式】窗口出现"GB-35"的子样式——"直径"。

最终建立的 GB-35 标注样式如图 12-10 所示。单击【关闭】按钮后,在【标注】工具栏上 右侧下拉列表框中出现了"GB-35"选项,如图 12-11 所示。

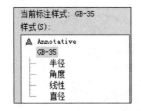

图 12-10　GB-35 标注样式

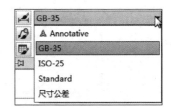

图 12-11　添加的新标注样式"GB-35"

（2）调用尺寸标注样式

当需要采用"GB-35"标注样式进行尺寸标注时,必须如图 12-11 所示,先选取"GB-35"标注样式,然后再进行尺寸标注。

3. 尺寸编辑

AutoCAD 提供了多种尺寸编辑功能,常用的尺寸编辑命令见表 12-5。

表 12-5　尺寸编辑命令及功能示例

命令	功能及操作示例	图例
标注更新	将已经注出的尺寸更换为当前样式。 选择 ISO-25 下拉列表框中的 GB-35 样式,将其设为当前样式,然后单击 ,再选择 R10.29,则尺寸变为 R10	ISO-25 ⟹ GB-35

命令	功能及操作示例	图例
编辑标注文字 🅰	编辑类型包括【默认(H)/新建(N)/旋转(R)/倾斜(O)】<默认>。 新建(N):回车后弹出多行文字编辑器,将12修改为10。 旋转(R):回车后,为文字指定旋转角度,选中尺寸16,回车即可。 倾斜(O):回车后,选中尺寸23,回车并输入倾斜角度75°,可以使尺寸界线倾斜	
更改尺寸数值 🅰	用于更改尺寸数值的大小。 单击 🅰 图标,选中需要更改的尺寸12,弹出多行文字编辑器,修改12为%%C20,单击【确定】按钮即可	
编辑标注	用于更改尺寸文字及尺寸线的位置。单击【标注】工具栏中【编辑标注】图标按钮,选中尺寸10,将其移动到右图所示位置;选中尺寸9,将其移动到右图所示位置	

4. 尺寸公差

在 AutoCAD 中标注尺寸公差有两种方法,一种是在【标注样式管理器】的【公差】选项卡中设定相关参数值的形式。一旦设定了公差,那么凡是采用该标注样式标注的尺寸,数值都带有同一公差,所以不建议采用这种方法。另一种是对所标注的尺寸数字添加公差,该方法灵活且有针对性,建议采用这种方法。

注写公差执行过程:双击标注出的尺寸数字,弹出文字编辑器,在数字或 < > 的后面输入上极限偏差^下极限偏差,用鼠标刷选上,单击【文字编辑器】选项板上的"堆叠"按钮即可,如图 12-12 所示。同样也可以用此方法注写配合代号,即将 F7/h6 → $\dfrac{F7}{h6}$。

图 12-12　利用尺寸编辑器注写尺寸偏差

5. 几何公差

在 AutoCAD 中可通过"快速引线"命令标注几何公差,在【标注】工具栏上单击"快速引线"图标按钮 ⬚ 后,在命令行选择"﹝设置(S)﹞"项,弹出图 12-13 所示【引线设置】对话框,在【注释】选项卡【注释类型】区域选中【公差】单选按钮,之后单击【确定】按钮完成几何公差标注设置。在绘图区指定快速引线的第二点后,弹出图 12-14 所示【形位公差】对话框,在【符号】列的黑框中选择"⊥",在【公差 1】列的黑框中选择"φ",在后面的文本框中输入"0.05",在【基准 1】下的文本框中输入"A",最后单击【确定】按钮即可在图上标出几何公差,如图 12-15 所示。

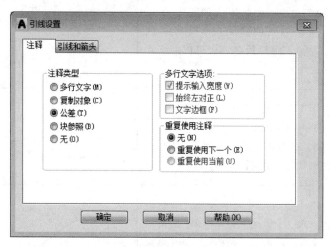

图 12-13 【引线设置】对话框

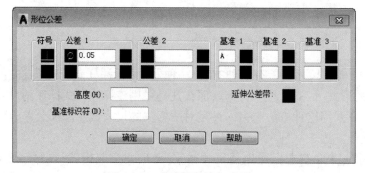

图 12-14 【形位公差】对话框

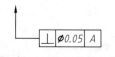

图 12-15 几何公差标注

六、综合举例

绘制如图 12-16 所示的机床摇手柄。

参考作图步骤如下:

(1)设定绘图幅面

① 设置绘图幅面的左下角点为(0,0),右上角点为(120,90)。

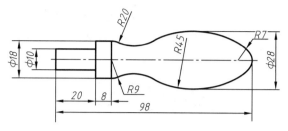

图 12-16　机床摇手柄

命令：LIMITS

重新设置模型空间界限：

指定左下角点或［开（ON）/ 关（OFF）］<0.0000, 0.0000>: 0, 0 ✓

指定右上角点 <420.0000, 297.0000>: 120, 90 ✓

② 全屏显示所限定的绘图范围

命令：ZOOM

指定窗口的角点，输入比例因子（nX 或 nXP），或者

［全部（A）/ 中心（C）/ 动态（D）/ 范围（E）/ 上一个（P）/ 比例（S）/ 窗口（W）/ 对象（O）］<实时>: A ✓

正在重生成模型。

（2）设定图层

通过图层设置对话框，完成必要的图层设置（图 12-17）。

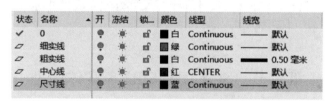

图 12-17　图层设置

细实线层：线型（Continuous），颜色（绿色），线宽（默认细线）。

粗实线层：线型（Continuous），颜色（白色），线宽（粗线，线宽 0.5）。

中心线层：线型（CENTER），颜色（红色），线宽（默认细线）。

尺寸线层：线型（Continuous），颜色（蓝色），线宽（默认细线）。

（3）画底稿

① 绘制辅助线

将细实线层设为当前层。开启正交限制功能，执行 LINE 命令绘制直线 L_0。调用 POINT 命令确定直线上六点及直线 L_1。结果如图 12-18a 所示。

② 绘制底稿草图

开启节点捕捉模式；调用 LINE、ARC 命令绘制直线与圆弧（A_1、A_2）；调用 CIRCLE 命令的"相切、相切、半径"方式（分别与 L_1、A_2 相切，$R=45$）绘制辅助圆 C，如图 12-18b 所示。

（4）绘制正式图

① 绘制连接弧：调用 FILLET 命令，设置 $R=20$，选择圆弧 A_1 及圆 C，绘制连接圆弧 A_3。

② 修剪图形：调用编辑命令 TRIM 修剪掉多余的图线。

③ 绘制中心线。

选中直线 L_0,在图层过滤器下拉列表框中选择中心线层,所绘图形如图 12-18c 所示。

④ 调用 MIRROR 命令,选择已经绘制出的图形,以 X 轴为镜像轴进行镜像操作,完成另一半对称图形的绘制。

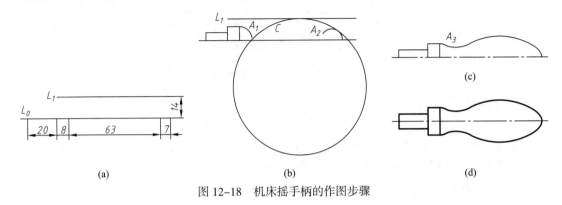

图 12-18　机床摇手柄的作图步骤

⑤ 加粗线型。选中需要加粗的线型,在图层过滤器下拉列表框中选择粗实线层,如图 12-19 所示。

再单击状态栏中的【显示 / 隐藏线宽】图标按钮,即可显示出图形中的不同线宽,结果如图 12-18d 所示。

（5）标注尺寸

① 选择尺寸线层。

② 启用【标注】工具栏,选择线性尺寸和半径尺寸方式完成尺寸标注,结果如图 12-16 所示。

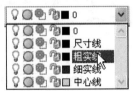

图 12-19　图层过滤器下拉列表框

第二节　SOLIDWORKS 实体造型

计算机三维建模是指利用计算机软件将人类头脑中的设计意图或思维影像可视化显示的过程,三维建模是三维设计过程中的必然环节。随着三维数字化时代的发展,先进的三维设计和数控加工技术在越来越多的企业中得到应用,三维实体建模的数字信息可直接应用于生产加工中。因此,培养三维建模能力,是现代工程图学发展的必然趋势,是数字化设计和生产对图学教育提出的要求。

关于三维建模的软件有很多,常用的有 SOLIDWORKS、Creo、CATIA、NX 等,其中 SOLID-WORKS 软件以其强大的建模功能、易用性和创新性赢得了众多的用户。本章以 SOLIDWORKS 软件的建模方法为例,介绍参数化实体造型的基本方法。

一、SOLIDWORKS 工作环境

SOLIDWORKS 工作环境属于典型的 Windows 工作环境,包括菜单栏、工具栏、状态栏和工作区等通用的 Windows 界面要素,其中工作区分为绘图区和控制区两个部分。

（一）启动 SOLIDWORKS

1. 双击桌面 SOLIDWORKS 的快捷方式图标 ，进入 SOLIDWORKS 初始界面,如图 12-20

所示。该初始界面上只有 4 个菜单项,【标准】工具栏中只有【新建】和【打开】两种可用选项。

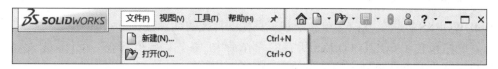

图 12–20 SOLIDWORKS 初始界面

2. 点选下拉菜单【文件】/【新建】命令,出现【新建 SOLIDWORKS 文件】对话框,SOLIDWORKS 提供了三种设计模式,分别为零件、装配体和工程图,如图 12–21 所示。

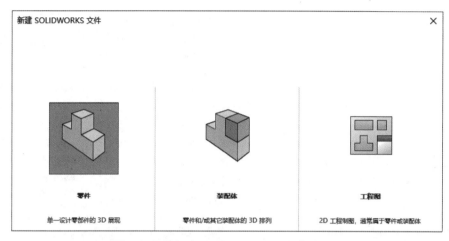

图 12–21 【新建 SOLIDWORKS 文件】对话框

3. 选择【零件】项进入零件绘制窗口,如图 12–22 所示。

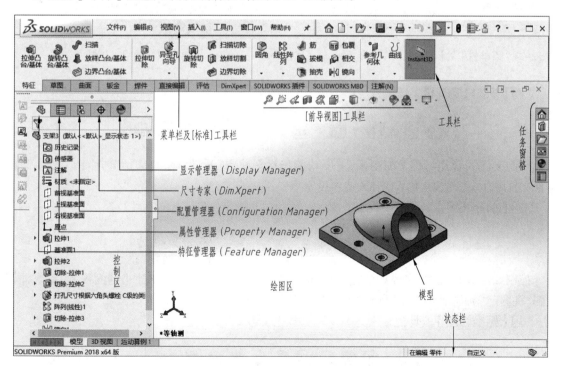

图 12–22 零件绘制窗口

（二）下拉菜单和工具栏

SOLIDWORKS提供了下拉菜单命令和工具栏图标按钮两种操作方式。

1. 菜单栏包含了SOLIDWORKS所有的操作命令,每个菜单栏都有一个【自定义菜单】命令,可以显示或隐藏该菜单栏中的命令,如图12-23所示。

2. 工具栏形象化地列出了一些常用的操作工具和命令,比下拉菜单命令更为直观。调用某工具栏可通过选择菜单栏【视图】/【工具栏】命令,然后选中该工具栏实现,如图12-24所示。

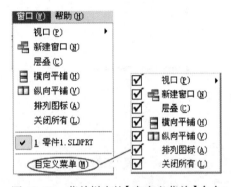

图12-23 菜单栏中的【自定义菜单】命令

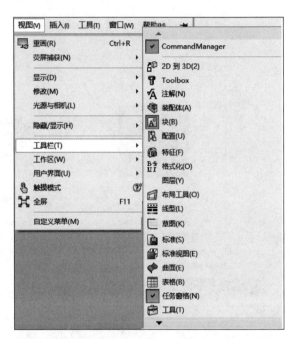

图12-24 调用工具栏

（1）【标准】工具栏

控制文件的管理与模型的更新,主要功能包括新建、打开、保存、打印预览、撤销、重建模型、设置文件属性、更改SOLIDWORKS选项设定等。

（2）【前导视图】工具栏

控制如何观看模型,主要功能包括整屏显示全图、局部放大、上一视图、剖面视图、动态注解视图、视图定向、显示样式、隐藏/显示项目、编辑外观等。

（3）【标准视图】工具栏

主要功能包括正视、后视、左右视、俯视、仰视、轴测观看模型等，或者以正视于某个平面的角度来观察几何模型。

（4）【特征】工具栏

主要功能包括拉伸凸台／基体、旋转凸台／基体、拉伸切除、旋转切除、扫描、放样、圆角、倒角、筋、拔模、抽壳、打孔、阵列等。

（5）【草图绘制、尺寸标注及几何关系】工具栏

通过该工具栏可进行草图绘制、3D 草图、草图修改、尺寸标注以及添加几何关系等。另外，可绘制直线、矩形、多边形、平行四边形、中心线、圆、椭圆、抛物线、样条曲线、字符等，还可以对几何元素进行圆角、倒角、剪裁、延伸、阵列、镜向等操作。

（6）【CommandManger】工具栏

| 特征 | 草图 | 曲面 | 钣金 | 焊件 | 评估 | DimXpert | SOLIDWORKS 插件 | SOLIDWORKS MBD | 注解(N) |

草图绘制与特征建模是两个不同的工作环境，为了便于在两个工作环境下进行切换，系统将特征建模和草图绘制工具集成为【CommandManger】工具栏加以管理。

（三）设计控制区域

1. 特征管理器（Feature Manager）

特征管理器是以设计树的形式进行记录的，可视化地显示零件或装配体中的所有特征。当一个特征创建好后，就加入特征管理器设计树中，因此特征管理器设计树代表建模操作的时间序列，通过它可以编辑零件中包含的特征。在特征管理器设计树中不同的特征项目上单击鼠标右键，可以显示针对该特征项目的快捷菜单，如图 12-25 所示。

特征管理器设计树的使用规则如下：

（1）项目图标左边的 + 符号表示该项目包含关联项，如草图，可单击 + 展开该项目并显示其内容。

（2）草图之前符号含义：（+）——过定义；（−）——欠定义；（？）——无法解出的草图；无括号——完全定义。

（3）如果所作更改要求重建模型，则特征、零件及装配体之前显示重建模型符号 。

（4）在设计树顶部显示锁形 的零件不能进行编辑。此零件通常是 Toolbox 或其他标准库零件。

（5）装配体零部件的位置由下列字符表示：（+）——过定义；（−）——欠定义；（？）——无法解出的草图；（f）——固定（锁定到位）。

（6）在装配体中，每一部件实例后有一个带尖括号的数 <n>，此数随每个实例递增。

（7）装配配合之前符号含义：（+）——装配体中零部件位置过定义；（？）——无解。

2. 属性管理器（Property Manager）

属性管理器为 SOLIDWORKS 的命令提供了可执行的选项，它位于特征管理器右侧，当用户使用建模命令时，会自动切换到相应的属性管理器，如图 12-26 所示。

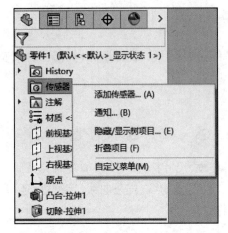

图 12-25　特征管理器设计树

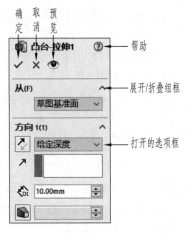

图 12-26　SOLIDWORKS 属性管理器

3. 配置管理器（Configuration Manager）

配置管理器是对零件进行系列化设计的工具，如图 12-27 所示，选择不同的配置时，将显示不同的零件。

图 12-27　不同配置下的零件

（四）反馈

SOLIDWORKS 系统能够根据鼠标指针所在的位置自动判断用户正在选择什么或希望用户选择什么。当光标通过模型时，在光标的右下角会显示反馈指针，如图 12-28 所示。

图 12-28　反馈指针

二、参数化草图绘制

所谓草图，是一个由点、线等二维图素以及尺寸、几何关系所构成的平面或空间的组合，是创建三维模型的基础。草图有二维和三维之分。二维草图是为拉伸、旋转、扫描、放样等特征造型提供轮廓定义的平面图形。三维草图可以作为扫描特征的扫描路径、放样或扫描的引导线、放样的中心线等。在一般情况下，没有特殊说明时草图均指二维草图。

（一）进入草图绘制

建立特征前必须先绘制草图,进入草图绘制有以下三种方式:

方式一:

（1）选择绘制草图的平面。

（2）单击【Command Manager】工具栏中的【草图】图标按钮 草图 ,使它处于高亮状态,再单击【草图绘制】图标按钮 ,此时在绘图区的右上角产生一进入草图的符号,此时可开始绘制一幅新草图,如图12-29所示。

方式二:

（1）单击【Command Manager】工具栏中的【草图】图标按钮 草图 ,再单击【草图绘制】图标按钮 ,系统提示选择基准面。

（2）在绘图区选择基准面,此时在绘图区的右上角产生一进入草图的符号,此时可开始绘制一幅新草图,如图12-29所示。

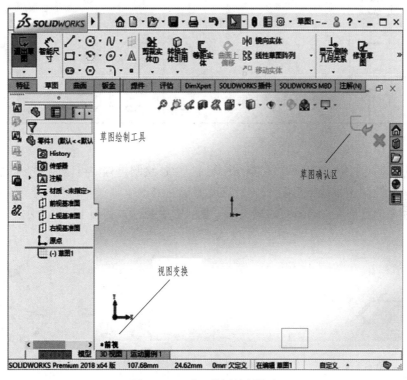

图12-29　进入草图绘制状态

方式三:

右击绘制草图的平面,弹出快捷菜单,单击【草图绘制】图标按钮 ,此时在绘图区的右上角产生一进入草图的符号,此时可开始绘制一幅新草图,如图12-29所示。

（二）退出草图绘制

可以采用以下几种方法退出草图绘制:

（1）单击【Command Manager】工具栏中的【退出草图】图标按钮 ![退出草图图标]。

（2）单击绘图区右上角的草图确认区。

（3）在绘图区右击，选择快捷菜单中的【退出草图】命令。

（4）确定建立特征后，自动退出草图绘制。

（5）单击【重建模型】图标按钮 ![重建模型图标]，可以退出草图绘制。

（三）草图实体的绘制

草图实体是构建草图的基本图素，包括直线、矩形、多边形、圆、圆弧、椭圆、样条曲线、点、中心线、文字等。这些实体通过尺寸和几何关系的约束而达到设计要求。

在绘制草图过程中，首先应选取系统提供的三个基准面之一，或选择已建立模型的某一个面作为绘图基准面，然后单击【Command Manager】工具栏中的【草图绘制】图标按钮，【草图】工具栏就会被激活，工具栏中相应图标按钮的功能见表 12-6。

表 12-6　【草图】工具栏中图标按钮功能

	直线		矩形		多边形		平行四边形		中心线		圆
	字符		圆角		倒角		样条曲线		剪裁		椭圆
	镜向		延伸		抛物线		等距实体		转换实体引用		

1. 直线

（1）利用【直线】图标按钮可以在草图中绘制直线，绘制过程中可以通过查看绘图过程中光标的不同形状来绘制水平线或竖直线。当移动鼠标左键继续画线时，将出现"推理线"，它可以推理出绘制的线和前一条直线间的约束关系。直线的绘制过程如图 12-30 所示。

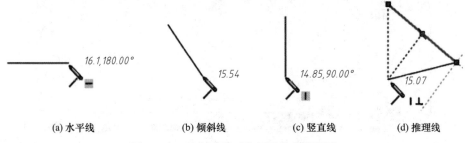

(a) 水平线　　(b) 倾斜线　　(c) 竖直线　　(d) 推理线

图 12-30　绘制直线时光标及推理线显示

（2）利用【直线】图标按钮还可以在草图中绘制切线圆弧，先绘出一条直线，再拖动鼠标可动态显示下段直线的位置和大小，这时将鼠标指针移回前段线的终点，再拖拽出来就会出现与前段直线或其法线相切的圆弧（相切状态根据鼠标拖拽的趋势决定），如图 12-31 所示。

2. 圆

SOLIDWORKS 提供了两种绘制圆的方法：中央圆和周边圆。

执行绘制圆命令，将出现绘制圆的属性对话框，其中有两种选项：

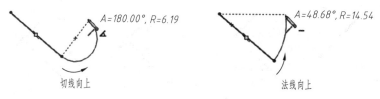

图 12-31　绘制切线圆

（1）中央圆　默认方式,此方法是通过指定圆心和半径绘制出圆,如图 12-32a 所示。

（2）周边圆　选中该项后,可实现三点画圆,如图 12-32b 所示。

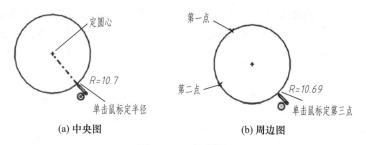

(a) 中央图　　　　　　　　　　　(b) 周边图

图 12-32　绘制圆

3. 样条曲线

样条曲线指趋近一系列给定控制点的分段多项式的光滑曲线。样条曲线用途比较广泛,特别是对于绘制不规则形状的曲线具有极大意义。另外,还可以作为扫描或放样中的路径或引导线,如图 12-33 所示。

图 12-33　绘制样条曲线

4. 剪裁

在 SOLIDWORKS 中,剪裁实体包括五种方式:强劲剪裁、边角、在内剪除、在外剪除和剪裁到最近端。下面以最后一种方式为例介绍草图的剪裁方法。

利用剪裁到最近端方式,可以将选取的几何图形被其他草图图形隔开的“选取段落”部分截除,如图 12-34 所示。在草图上移动指针,当期望剪裁(删除)的草图线段以红色高亮显示后,单击确认。线段上从端点至其与另一条草图线段(直线、圆弧、圆、椭圆、样条曲线或中心线)或模型边线的交点间的部分被剪裁。如果草图线段没有和其他草图线段相交,则整条草图线段都将被删除。通过剪裁功能也可以删除草图实体剩下的部分。

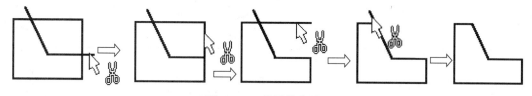

图 12-34　草图剪裁处理

5. 延伸

将指针移到要延伸的草图实体上,所选实体显示为红色,绿色的直线(或圆弧)指示实体将延伸的方向,单击后就可以将选取的几何图形由较接近单击位置的端点向外延长,直到与另一个草图图形相交,如图 12-35 所示。如果没有合适的草图图线与之相交,则系统提示:该图元不能再延伸。

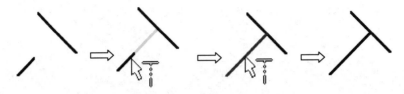

图 12-35 草图延伸操作

6. 镜像

对所选取的草图图形,在绘图窗口里产生相对于中心线对称的图形副本。在执行镜像操作之前,在当前编辑绘制的草图图形窗口中,除了要绘制草图以外,还要绘制代表对称线的中心线。在选取草图图形时,按下 <Ctrl> 键,选择中心线和要镜像的几何图形,单击【草图】工具栏上的【草图镜像】图标按钮,结果如图 12-36 所示。

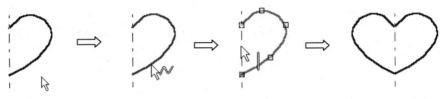

图 12-36 草图镜像操作

(四)草图的尺寸标注

单击【 Command Manager 】工具栏中【草图绘制】/【智能尺寸】图标按钮 ,鼠标指针变为 ,此时可进行尺寸标注。按 <Esc> 键或再次单击图标按钮 ,将退出尺寸标注。

各种类型的尺寸标注见表 12-7 所示。

表 12-7 草图的尺寸标注

尺寸标注类型	标注示例
1. 线性尺寸 包含水平尺寸、竖直尺寸和平行尺寸。 命令执行:单击图标按钮 ,选中直线,输入尺寸数值,单击图标按钮 ✔	
2. 角度尺寸 可以标注两相交直线及其延长线间的夹角。 命令执行:单击图标按钮 ,选中两直线,移动鼠标指定角度方向,输入尺寸数值,单击图标按钮 ✔	

尺寸标注类型	标注示例
3. 圆弧尺寸 圆弧的尺寸标注分为圆弧半径标注、弧长和弦长的线性尺寸标注。 命令执行:单击图标按钮 ✎,选中圆弧标注半径;单击两个端点,再选中圆弧则标注弧长;只单击两端点则标注弦长	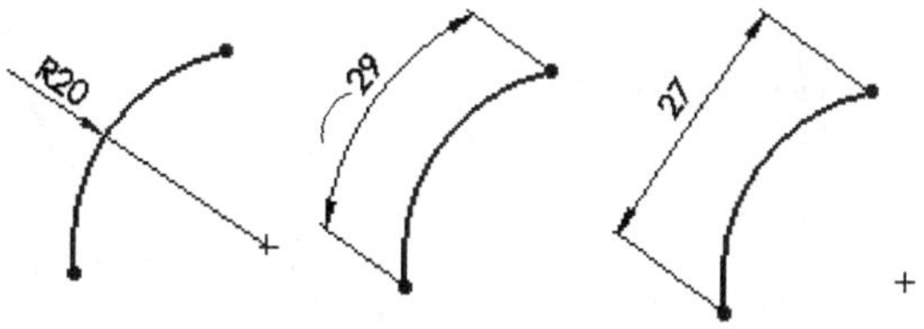
4. 圆的尺寸 命令执行:单击图标按钮 ✎,选取圆后将显示出直径尺寸,将鼠标放置在不同位置,将得到不同的尺寸标注形式	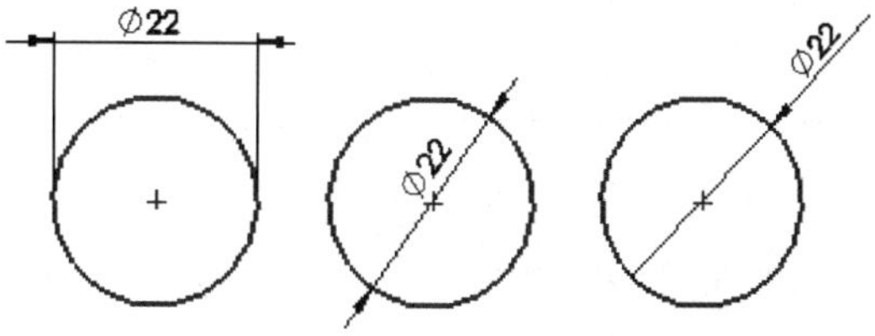
5. 圆的中心距尺寸 命令执行:单击图标按钮 ✎,分别选取需要标注中心距的两个圆后显示中心距的尺寸,用鼠标确定尺寸放置位置	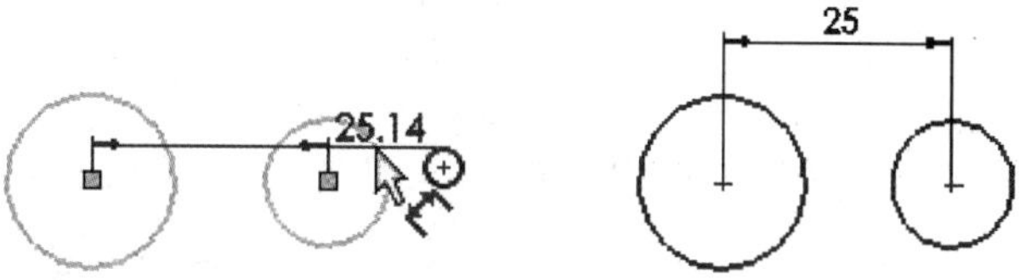

(五)草图的几何关系

对于草图实体之间未能自动添加的几何关系,可以通过【添加几何关系】命令来添加。单击【草图】工具栏上的【添加几何关系】图标按钮 ⊥,出现属性管理器,可从中进行几何关系设定。表 12-8 中列举了常用的几何关系。

表 12-8 常用的几何关系

几何关系	约束示例
端点重合在线上	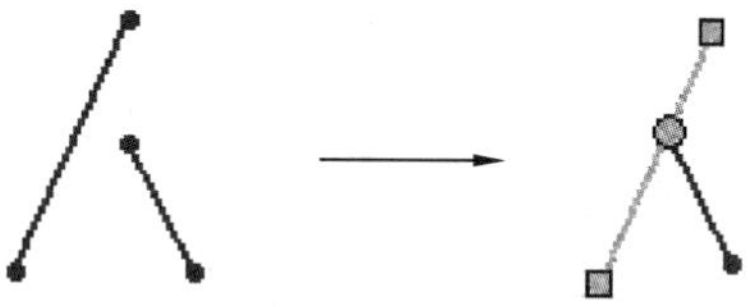
合并两端点	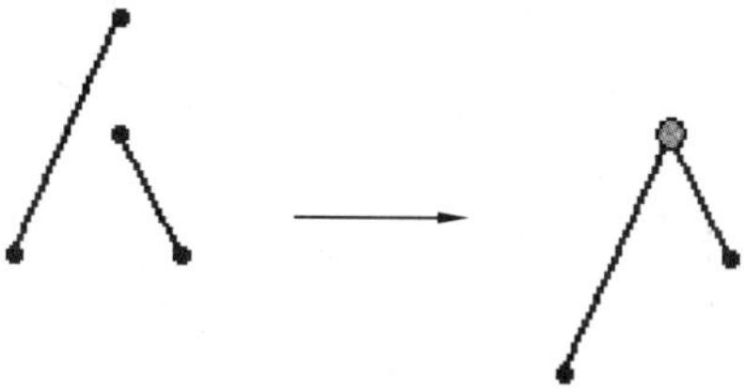

329

几何关系	约束示例
两条线平行	
两条线垂直	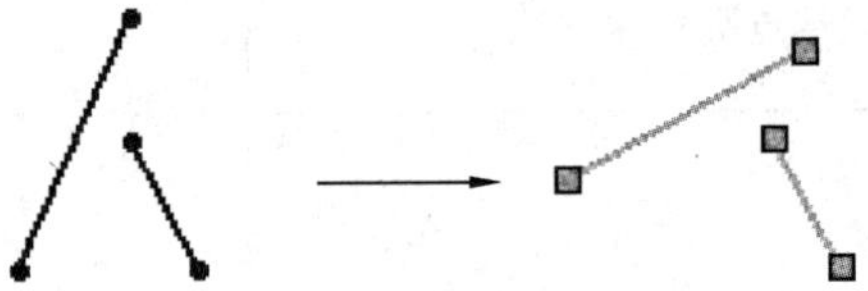
两条线共线	
一条或多条直线变为水平线	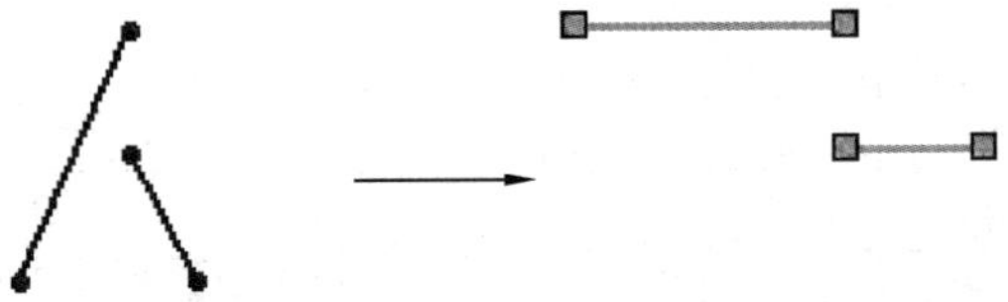
两端点水平对齐	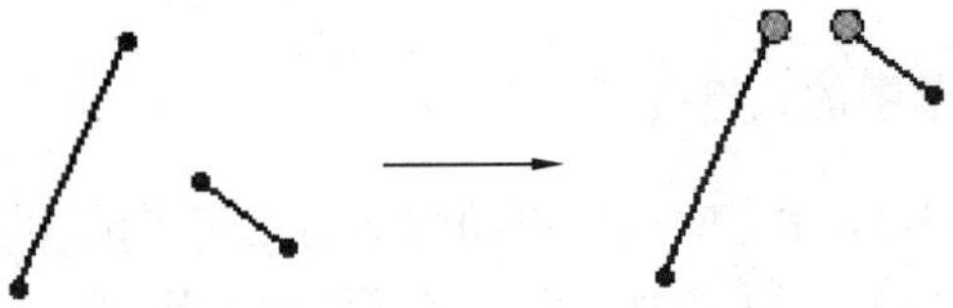
一条或多条直线变为竖直线	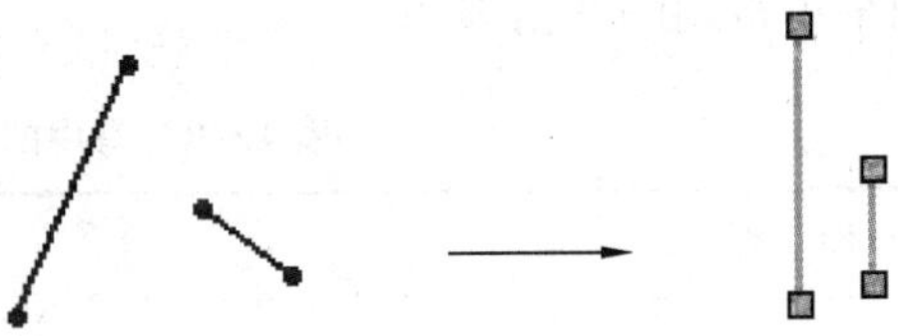
两端点竖直对齐	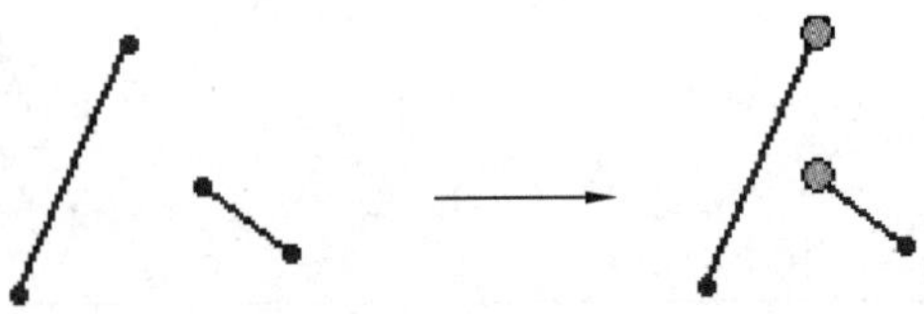
两条线等长	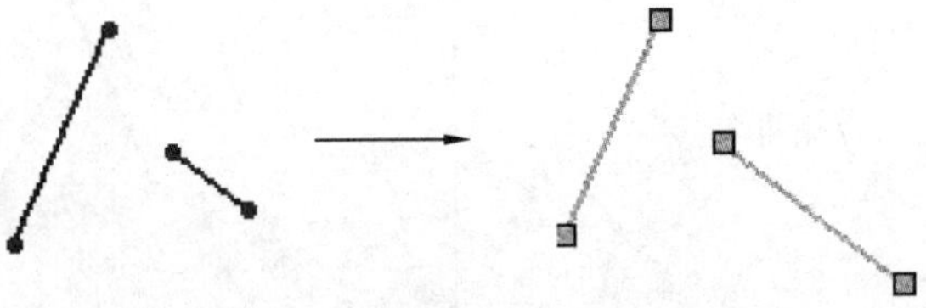

几何关系	约束示例
置于线段中点	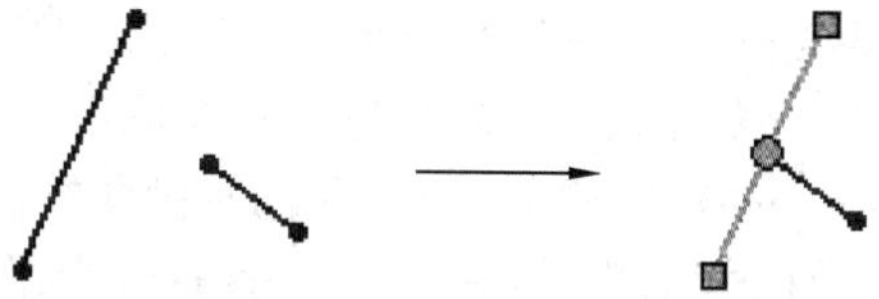
两圆等径	
直线或圆与圆相切	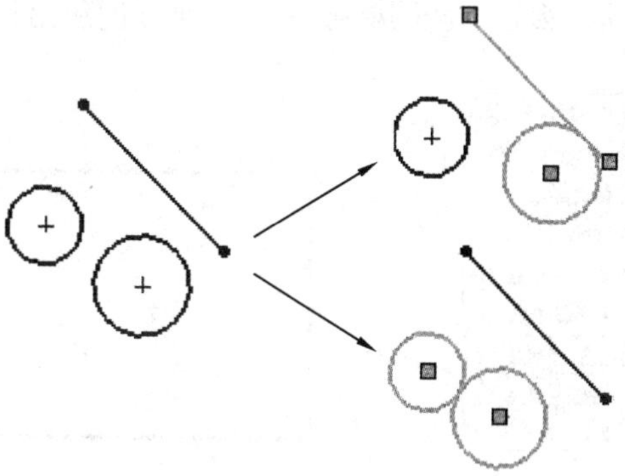
两圆同心	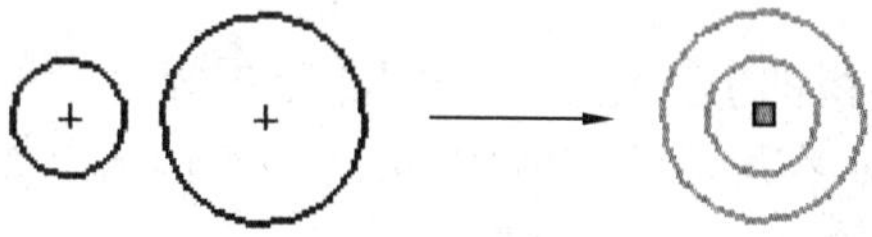
交叉	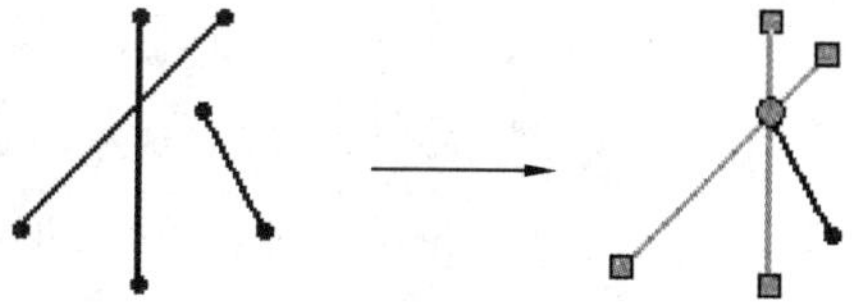
穿透	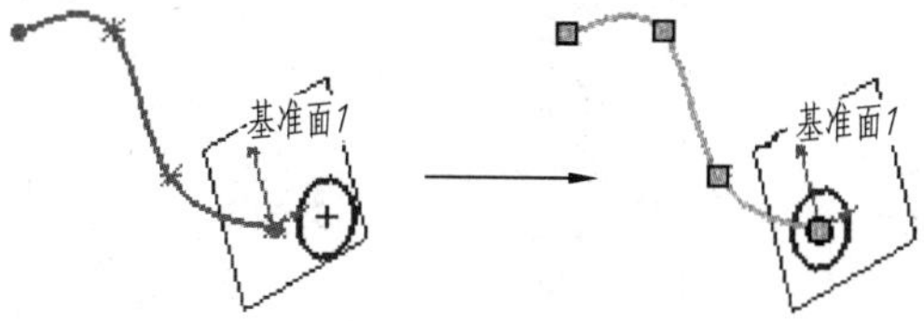

（六）草图的绘制及建模

在软件的使用过程中,建模流程可分为:绘制草图、标注尺寸、建立特征要素以及生成三维模型。

下面以一个长方体模型的生成实例来说明这个流程,长方体的长 × 宽 × 高尺寸为:100 ×

70×20。

新建一个文件,在模板框中选取"零件"模板,然后在特征管理器中选取上视基准面,如图 12-37 所示。

用鼠标单击【Command Manager】工具栏中的【草图绘制】图标按钮;在【草图】工具栏中,单击【矩形】图标按钮 ⬚,绘制矩形。在绘图区单击坐标原点,然后拖拽鼠标直到鼠标右边的提示变为"x=100,y=70"字样后,松开鼠标左键便绘制出矩形草图。

单击【尺寸标注】图标按钮 ⬩,绘图区中的光标变为 ⬩ 形状,单击已绘制的矩形短边,然后拖拽鼠标到合适位置,再次单击,便完成了对矩形短边线段的尺寸标注,结果如图 12-38 所示。用同样的方法完成矩形长边线段的尺寸标注。

将此草图拉伸为三维模型。单击【特征】工具栏中的【拉伸基体/凸台】图标按钮 ⬚,在【基体拉伸】对话框中,选定终止条件为"给定深度",在【深度】文本框中输入"20.00 mm",如图 12-39 所示,然后单击图标按钮 ✔,即可创建出长方体的模型。

图 12-37　选择基准面

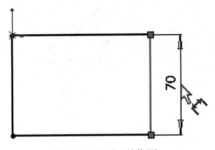
图 12-38　矩形草图

图 12-39　设置拉伸参数

在【标准视图】工具栏中,单击【整屏显示全图】图标按钮 ⬩,使几何图形以最大的显示比例,完整地显示在屏幕绘图区中,最终的操作结果如图 12-40 所示。

单击【保存】图标按钮 ⬚,存储结果。

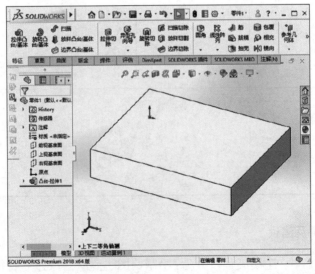
图 12-40　长方体模型

三、创建特征

在 SOLIDWORKS 中,特征是指各种独立的加工形状,或者说是一种机械加工工序,将它们组合起来就构成各种零件。一般来说,以下在进行机械加工操作时会遇到的现象,在建立特征时也会出现:对已经挖除的材料再进行一次切除(拉伸切除),不会对结果造成任何影响;调换加工工序后会产生不同的工件;不同的圆角半径相交时,先加工大圆角;先进行平面加工,然后进行孔加工。

软件提供的特征构建命令包括拉伸凸台/基体、拉伸切除、旋转凸台/基体、扫描、放样、圆角、倒角、拔模、钻孔、比例缩放、抽壳、筋、圆顶、特型、阵列和镜向。有些特征是由草图生成的,有些特征(如抽壳或圆角)是通过修改现有实体产生的。

(一)拉伸凸台/基体

选取前视基准面作为绘图平面,按照图 12-41a 所示的尺寸绘制草图;单击【拉伸凸台/基体】图标按钮 ,弹出如图 12-41c 所示对话框。

在【方向 1】下拉列表框中,有"给定深度""成型到一顶点""成型到一面""到离指定面指定距离"和"两侧对称"五种终止条件供选择。选择"给定深度"项,在【深度】文本框中设定拉深深度为 20 mm。选中【方向 2】前面的复选框,激活该复选框,同样设定终止条件为"给定深度",拉深深度设为 20 mm。拉伸生成如图 12-41b 所示的几何模型。

在拉伸生成模型的过程中可以单击【反向】图标按钮 ,向图形预览区域中所显示方向的相反方向拉伸特征。

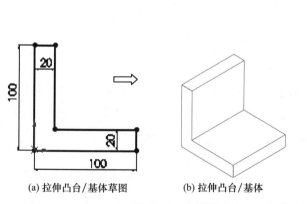
(a) 拉伸凸台/基体草图   (b) 拉伸凸台/基体

(c) 拉伸参数设置

图 12-41　创建拉伸凸台/基体特征

(二)拉伸切除

在绘图区中生成基体特征以后,在适当的草图平面上绘制出要切除部分的草图轮廓线,可以进行拉伸切除特征的生成。保持草图处于激活状态,单击【特征】工具栏上的【拉伸切除】图标按钮 。在激活的对话框中,设置拉伸切除的终止条件和深度(图 12-42a),单击 ,结果如图 12-42b 所示。如有必要,可选择【反侧切除】复选框,则切除以后的特征如图 12-42c 所示。

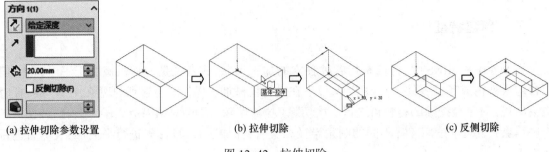

(a) 拉伸切除参数设置　　　　　　(b) 拉伸切除　　　　　　(c) 反侧切除

图 12-42　拉伸切除

（三）旋转凸台 / 基体

通过绕中心线旋转草图来生成凸台 / 基体特征时，系统默认的旋转角度为 360°。选择前视基准面作为绘图平面，绘制出草图图形和中心线，如图 12-43a 所示。然后单击【特征】工具栏中的【旋转凸台 / 基体】图标按钮 ，在弹出的对话框中设置旋转方向以及角度值，如图 12-43b 所示，单击 即可完成旋转凸台 / 基体的建立。

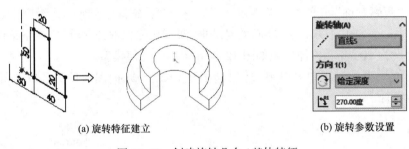

(a) 旋转特征建立　　　　　　　　(b) 旋转参数设置

图 12-43　创建旋转凸台 / 基体特征

（四）旋转切除

在图 12-44a 所示的立体上单击面 A 作为绘制草图的平面，绘制矩形草图和旋转中心线，旋转中心线要求和立体的中心轴线重合；单击【旋转切除】图标按钮 ，在对话框中设置好旋转方向，角度值设为 90°，单击 后的结果如图 12-44b 所示。

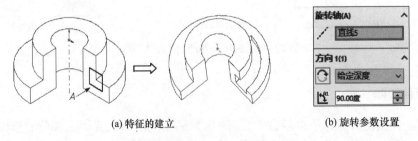

(a) 特征的建立　　　　　　　　(b) 旋转参数设置

图 12-44　创建旋转切除特征

（五）抽壳

若要在长方体基础上生成抽壳特征,单击【抽壳】图标按钮 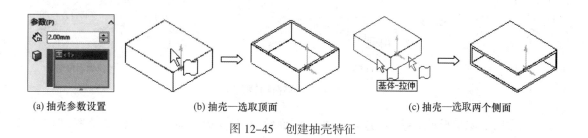,在弹出的对话框中设置抽壳后保留的厚度值,以及要去除的面,只单击选取顶面的结果和单击选取两个侧面进行抽壳的结果明显不同,如图 12-45b、c 所示。

(a) 抽壳参数设置　　　　　(b) 抽壳—选取顶面　　　　　(c) 抽壳—选取两个侧面

图 12-45　创建抽壳特征

（六）圆角

单击【特征】工具栏中的【圆角】图标按钮 ,在【圆角特征】对话框中(图 12-46c)设置合适的圆角半径数值,单击边线框,然后单击选择图 12-46a 中的两条边线,单击 ✓ 后的结果如图 12-46b 的结果。

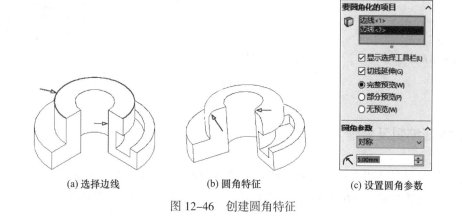

(a) 选择边线　　　　　(b) 圆角特征　　　　　(c) 设置圆角参数

图 12-46　创建圆角特征

（七）倒角

倒角特征的创建过程与圆角创建过程相似,单击【特征】工具栏中的【倒角】图标按钮 ,在【倒角特征】对话框中,单击【边线 1】,然后单击选择图 12-47a 中的一条圆弧边和一条直线边,对此两条棱边进行倒角,设定倒角的距离为 6.00 mm,倒角角度为 45°,如图 12-47b 所示。单击 ✓ 后的结果如图 12-47a 所示。

（八）肋筋（板）

肋筋是使用一个或多个封闭或不封闭的草图轮廓生成的特殊类型的拉伸特征,草图轮廓与现有零件之间会被添加指定方向和厚度的材料。

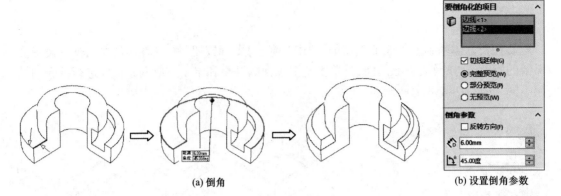

(a) 倒角   (b) 设置倒角参数

图 12-47　创建倒角特征

打开图 12-41b 所示的模型,选取前视基准面绘制如图 12-48a 所示的轮廓草图,单击【特征】工具栏上的【肋筋】图标按钮 ，在图 12-48c 所示的对话框中进行参数设置,可添加如图 12-48b 所示的三种模式的肋筋。

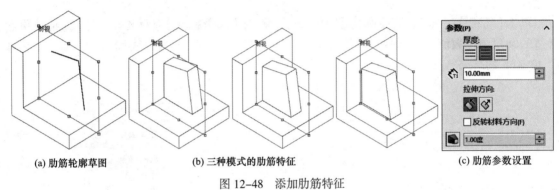

(a) 肋筋轮廓草图   (b) 三种模式的肋筋特征   (c) 肋筋参数设置

图 12-48　添加肋筋特征

四、特征编辑及管理

在零件的设计过程中有时需要对某些特征进行修改,以及查看某个特征的状态,或者在特征状态之间插入新的特征。SOLIDWORKS 软件提供了类似的编辑、回退等功能。

(一) 特征编辑

对于已经建立好的模型,SOLIDWORKS 软件提供特征编辑功能,可以对特征进行修改。将鼠标指针移动到特征管理器设计树上的任意一个特征要素上,单击右键,系统弹出右键菜单,如图 12-49 所示。

单击【编辑草图】图标按钮 ，可以对生成该特征的草图进行修改;如果需对尺寸进行修改,如图 12-50 所示,在尺寸数字上双击,系统弹出对话框,从中输入新的尺寸数值,单击 ✔ 确定后即可更改尺寸。由于草图的几何图形是由尺寸数值驱动的,因此几何图形的尺寸或形状会随之更改。

单击"编辑特征"图标按钮 ，系统会弹出相应的特征定义对话框,从中可对生成特征的方向、深度等相关属性进行编辑修改。

选择"删除"命令可以删除不需要的特征要素,系统会弹出对话框,对话框中列出了将要被删除的特征要素的名称以及所有相关的特征要素的名称,供用户确认删除对象,如图12-51所示。确认无误后,该特征以及相关特征将被删除。

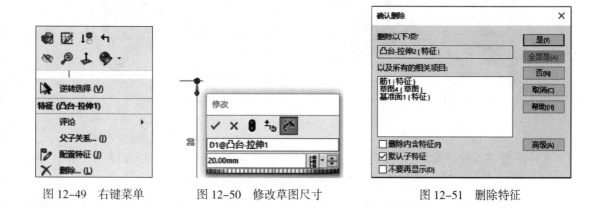

图12-49　右键菜单　　　　图12-50　修改草图尺寸　　　　图12-51　删除特征

（二）改变特征顺序

更改特征的先后顺序可以得到不同的造型结果。单击某一个特征,并将其拖拽到其他特征之前或之后,如图12-52a所示,可以改变特征的先后顺序。改变特征顺序后,模型的变化如图12-52a、b所示。但是要注意,不能将子特征调换到父特征之前;若后一特征的创建与前一特征相关,两者之间的顺序也不能调换。

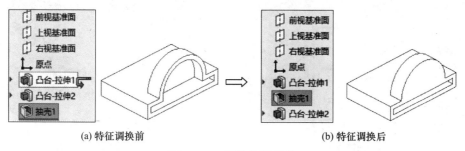

(a) 特征调换前　　　　　　　　　　　　(b) 特征调换后

图12-52　调换特征顺序

（三）回退

在草图或零件的生成过程中,可以在某个特征之前加入新的特征。SOLIDWORKS特征管理器设计树提供了回退功能,可以用鼠标拾取特征管理器设计树下的回退状态条,如图12-53a所示,沿着特征管理器设计树上下拖动回退状态条,并将其停留在某个特征之前或之后,回退状态条后面的特征都会被隐藏起来,如图12-53b所示。

（四）压缩

为了提高系统的运行效率,SOLIDWORKS提供了特征压缩功能。通过特征压缩功能不仅可以使特征不显示在图形区域,同时可避免所有可能参与的计算。在模型重建过程中,可以将对下一步建模无影响的特征进行压缩,从而加快复杂模型的重建速度。

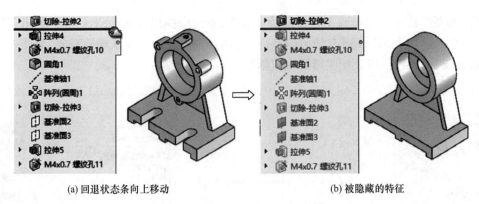

(a) 回退状态条向上移动   (b) 被隐藏的特征

图 12-53　回退

在特征管理器设计树中,右键单击某个特征,将出现快捷菜单,如图 12-54a 所示,从中选择"压缩"命令后。该特征在模型视图上消失并在特征管理器设计树中显示为灰色,如图 12-54b 所示。被压缩的特征还可以被解除,解除压缩是压缩的逆过程。右击已压缩的特征,在快捷菜单中选择"解压缩"命令,该特征将在模型视图上出现并在特征管理器设计树中亮显。注意压缩父特征后,子特征也同时被压缩。如果需要在解除父特征压缩状态的同时解除所有子特征的压缩,应采用【带从属关系解除压缩】命令,选中被压缩的父特征,再选择菜单栏【编辑】/【带从属关系解除压缩】命令。

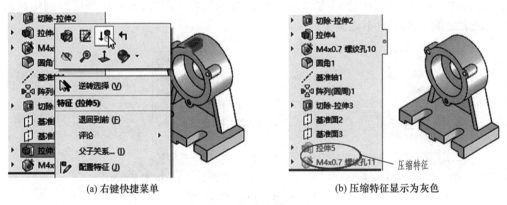

(a) 右键快捷菜单   (b) 压缩特征显示为灰色

图 12-54　压缩

五、零件装配

应用 SOLIDWORKS 软件可以生成由许多零部件构成的复杂装配体。装配体的零部件可以包括独立的零件和其他装配体(称为子装配体)。对于大多数的操作方法和步骤,不同零部件的行为方式是相同的。零部件被链接到装配体文件,装配体文件的扩展名为 .sldasm。

(一)设计方法

在 SOLIDWORKS 软件中,可以自下而上或自上而下设计装配体,或两种方法结合使用。本节介绍自下而上的设计方法。

（二）添加装配体零部件

当将一个零部件（单个零件或子装配体）放入装配体中时,这个零部件文件会与装配体文件链接。零部件出现在装配体中,但零部件的数据还保留在源零部件文件中。对源零部件文件所进行的任何改变都会实时更新到装配体中。将零部件添加到一个新的或现有的装配体中的方法见表 12-9。

表 12-9　在装配体中添加零件的方法

从菜单插入零部件	从资源管理器中拖动	从 Feature Palette 窗口中拖动
从一个打开的文件窗口中拖动	从 IE 中拖动超文本链接	在装配体中拖动以增加现有零部件的实例
使用插入、智能扣件来添加螺栓、螺钉、螺母、销钉以及垫圈		

首先按照前面所述建立特征的方法建立如图 12-55 所示的两个零件。然后新建一个文件,在模板框中选取【装配】模板,确定后即可建立一个空白 Assem1.sldasm 文件。在下拉菜单选择【插入】/【零部件】/【现有零部件】命令,在打开的对话框中选择已经建立好的轴类零件 1,鼠标形状变为 ,在图形窗口合适位置单击确定零件 1 的放置位置;重复执行一次,将轮零件 2 的模型放置到装配体文件中;使用【旋转视图】图标按钮 调整观察位置,从不同位置观察两个模型,可以看到它们之间的相互位置并不合适,如图 12-56 所示。此时,系统认为第二次插入的零件 2 尚处于"未定位"状态,必须进一步指定两个零件之间的配合关系从而精确地定位零部件。

（三）设置配合关系

单击【装配体】工具栏中的【配合】图标按钮 后,弹出如图 12-57 所示对话框,可以从中设置配合类型以及对齐条件,零件配合类型及相应图标按钮见表 12-10。配合关系中的对齐条件为:同向对齐、反向对齐、最近处。

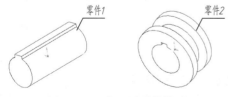

图 12-55　装配用零件模型

图 12-56　未定位的零件模型

图 12-57　配合设置

表 12–10　零件配合类型及相应图标按钮

重合	平行	垂直	相切	同轴心	距离	角度	对称	凸轮	齿轮

　　激活【配合选择】列表框后,依次单击图 12-58 所示的轴类零件圆柱表面和轮零件的圆柱孔内表面,如图 12-58 所示,系统自动选择【同轴心】配合类型,确定以后的结果如图 12-59 所示。此时轴类零件与轮零件只能沿轴向产生相对移动或绕轴作相对转动。再次单击【配合】图标按钮,分别选择轴类零件凸台上表面以及轮中键槽的顶面,选择【平行】配合类型,对齐条件设为 "反向对齐",确定后结果如图 12-60 所示。重复执行上述操作,分别选择轴类零件与轮零件的端面,配合类型选择【距离】,对齐条件设为 "最近处",并输入相应的数值 "5",单击 ✓ 确定,结果如图 12-61 所示。

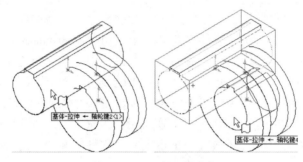

图 12-58　配合面的选取

  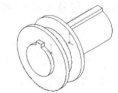

图 12-59　同向对齐 / 同轴心配合　　　　图 12-60　反向对齐 / 重合配合　　　　图 12-61　最近处 / 距离配合

　　表 12-11 中的图例显示了改变 A 与 B 两个平面的配合类型和对齐条件后的不同结果。常见的配合关系见表 12-12。

表 12–11　不同配合类型及对齐条件图例

	重合	距离	距离（尺寸反向到另一边）	
同向对齐				
反向对齐				A B

表 12-12　常见的配合关系

凸轮	凸轮/圆柱——相切 凸轮/基准面——相切 凸轮/点——相切	圆柱	圆柱/拉伸——角度、平行、垂直、相切 圆柱/直线——角度、重合、同轴心、距离、平行、垂直、相切 圆柱/基准面——距离、相切 圆柱/点——重合、同轴心、距离 圆柱/球面——同轴心、相切 圆柱/圆形边线——同轴心、重合 圆柱/曲面——相切
圆锥	圆锥/圆锥——重合、同轴心、距离 圆锥/圆柱——同轴心 圆锥/直线——同轴心 圆锥/点——同轴心 圆锥/球面——相切		
圆柱	圆柱/凸轮——相切 圆柱/圆锥——同轴心 圆柱/圆柱——角度、同轴心、距离、平行、垂直、相切	曲面	曲面/圆柱——相切 曲面/基准面——相切 曲面/点——重合

（四）装配体爆炸视图

出于制造目的,经常需要分离装配体中的零部件以形象地分析它们之间的相互关系。通过爆炸装配体的视图可分离其中的零部件以便查看此装配体。装配体爆炸后,不能给装配体添加配合。

一个爆炸视图包括一个或多个爆炸步骤。每一个爆炸视图保存在所生成的装配体配置中。每一个配置都可以有一个爆炸视图。

在一个装配图中,单击【爆炸视图】图标按钮 ,系统将弹出如图 12-62a 所示对话框,在绘图区单击零件模型,模型上会出现 X、Y、Z 三个方向箭头,将光标移到某个箭头上,箭头会改变颜色,此时按住鼠标左键拖动就可以生成爆炸步骤,系统会将各个零件组分解炸开,产生一个爆炸视图,如图 12-62b 所示。

(a) 操作方法及步骤　　　　　　(b) 爆炸视图

图 12-62　爆炸视图的产生

六、建模实例——斜面支架

1. 生成基体特征

新建一个零件类型的新文件,在上视基准面上绘制一个 200×200 的正方形,单击【拉伸基体】图标按钮 ,拉伸出一个高度为 36 的基体特征,如图 12-63 所示。

2. 创建基准面

单击【基准面】图标按钮 🔳，选择模型右上边线，再选择模型上表面，单击【两面夹角】图标按钮 📐，输入夹角60°，生成"基准面1"，如图12-64所示。

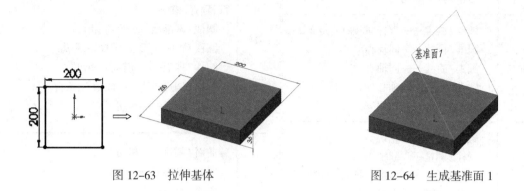

图12-63 拉伸基体   图12-64 生成基准面1

3. 生成斜向凸台

选择刚才生成的"基准面1"，绘制如图12-65a所示的草图轮廓，应用拉伸命令，终止条件设为"成形到一面"。选择基体特征的上表面，生成如图12-65b所示的斜向凸台。

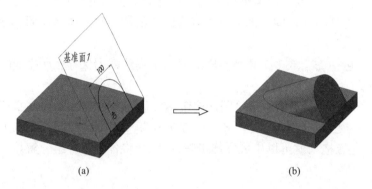

(a)   (b)

图12-65 生成斜向凸台

4. 拉伸切除生成孔

单击【圆】图标按钮 ⊙，移动鼠标到斜向凸台圆柱边线处，捕捉圆柱圆心，绘制一个直径为 $\phi60$ 的圆，如图12-66a所示。单击【拉伸切除】图标按钮 🔳，终止条件设为"完全贯穿"，生成孔特征，如图12-66b所示。

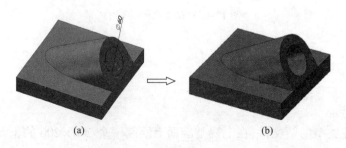

(a)   (b)

图12-66 生成孔特征

5. 切除基体特征

（1）选择基体特征的上表面,绘制草图。具体步骤为:选择基体特征上表面的一条边线,单击鼠标右键,在快捷菜单中选择【选择环】命令,确保箭头指向基体特征的上表面,基体特征上表面的所有边线(包含与斜向凸台的交线)被选中。单击【转换实体引用】图标按钮 ,生成草图轮廓,如图 12-67a 所示。

（2）应用【拉伸切除】命令,切除深度设定为 12,方向指向基体特征内部,结果如图 12-67b 所示。

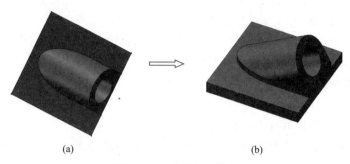

(a)　　　　　　　　　　　(b)

图 12-67　切除基体特征

6. 生成螺栓孔阵列

（1）选择基体特征上表面,单击【异形孔】图标按钮 ,选择 M12 六角头螺孔,并设定为完全贯穿方式,完成后生成螺孔,但孔的位置需要做进一步精确设定。

（2）在特征管理器设计树中展开 M12 六角头螺孔的柱形沉头孔 1 节点,编辑其中的定位草图,设定其与基体特征边线的距离分别为 30 和 24,如图 12-68a 所示。

（3）单击【线性阵列】图标按钮 ,选择螺孔特征,向右阵列距离设为 152,向后阵列距离设为 140,阵列实例数均为 2,结果如图 12-68b 所示。

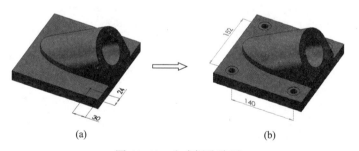

(a)　　　　　　　　　　　(b)

图 12-68　生成螺孔阵列

7. 生成销孔

首先选择基体特征上表面,绘制草图。步骤为:单击【中心线】图标按钮 ,捕捉螺孔的中心,绘制一条中心线,在中心线中点处绘制一个直径为 $\phi20$ 的圆。然后采用完全贯穿方式拉伸切除生成孔。最后在特征管理器设计树中选择孔特征,单击【镜像特征】图标按钮 ,并选择支架的对称面——前视基准面为镜像面,产生一对称孔,结果如图 12-69 所示。

图 12-69　生成销孔

思 考 题

1. AutoCAD 软件有哪些显著特点?

2. AutoCAD 命令输入的方式有哪几种? 各自的使用场合如何?

3. 有几种点坐标输入方式? 如何输入位移量? 如何输入角度?

4. AutoCAD 中常用的视图操作有哪几种?

5. 图层有哪些状态特性? 各起什么作用?

6. 在对象选择方式上,窗口选择方式与交叉窗口选择方式有什么区别?

7. 比例命令和视口缩放命令有什么区别?

8. 移动命令和平移命令有什么区别?

9. 有哪些选择对象的方式?

10. 如何设置手动捕捉与自动捕捉?

11. SOLIDWORKS 软件界面由哪几部分组成? 各组成部分都有什么作用?

12. 拉伸特征的终止条件有哪些? 简述其建模过程。

13. 当使用【筋】特征时,有多少可能的拉伸方向?

14. 简述【旋转】特征的建模过程。

15. 当使用【异形孔向导】命令创建特征后,创建了几个草图,它们的作用各是什么?

附　录

附录1　螺　纹

附表1-1　普通螺纹基本尺寸（GB/T 193—2003、GB/T 196—2003）

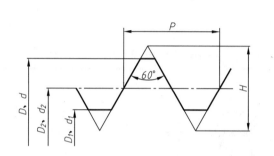

$$d_2=d-2\times\frac{3}{8}H$$

$$D_2=D-2\times\frac{3}{8}H$$

$$d_1=d-2\times\frac{5}{8}H$$

$$D_1=D-2\times\frac{5}{8}H$$

$$H=\frac{\sqrt{3}}{8}P$$

其中：d—外螺纹大径（公称直径）；D—内螺纹大径（公称直称）；d_2—外螺纹中径；D_2—内螺纹中径；d_1—外螺纹小径；D_1—内螺纹小径；P—螺距；H—原始三角形高度。

标　记　示　例

粗牙普通外螺纹，公称直径 10 mm，右旋，中径公差带代号 5g，顶径公差带代号 6g，短旋合长度，其标记为：M10-5g6g-S。

细牙普通内螺纹，公称直径 10 mm，螺距 1 mm，左旋，中径和顶径公差带代号都是 6H，中等旋合长度，其标记为：M10×1-6H-LH。

mm

公称直径 D、d		螺距 P		粗牙小径 D_1、d_1	公称直径 D、d		螺距 P		粗牙小径 D_1、d_1
第一系列	第二系列	粗牙	细牙		第一系列	第二系列	粗牙	细牙	
3		0.5	0.35	2.459	12		1.75	1.25, 1	10.106
	3.5	0.6		2.850		14	2	1.5, 1.25, 1	11.835
4		0.7		3.242	16		2	1.5, 1	13.835
	4.5	0.75	0.5	3.688		18	2.5	2, 1.5, 1	15.294
5		0.8		4.134	20		2.5		17.294
6		1	0.75	4.917		22	2.5		19.294
8		1.25	1, 0.75	6.647	24		3	2, 1.5, 1	20.752
10		1.5	1.25, 1, 0.75	8.376		27	3		23.752

公称直径 D、d		螺距 P		粗牙小径	公称直径 D、d		螺距 P		粗牙小径
第一系列	第二系列	粗牙	细牙	D_1、d_1	第一系列	第二系列	粗牙	细牙	D_1、d_1
30		3.5	（3），2, 1.5, 1	26.211	42		4.5	4, 3, 2, 1.5	37.129
	33	3.5	（3），2, 1.5	29.211		45	4.5		40.129
36		4	3, 2, 1.5	31.670	48		5		42.587
	39	4		34.670		52	5		46.587
					56		5.5	4, 3, 2, 1.5	50.046

注：1. 优先选用第一系列。括号内的螺距尽可能不用，第三系列未列入。

2. 中径 D_2、d_2 未列入。

附表 1–2　梯形螺纹基本尺寸（GB/T 5796.3—2022）

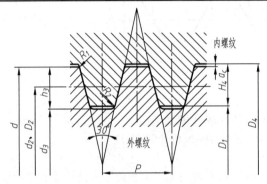

其中：d—外螺纹大径（公称直径）；D_4—内螺纹大径；d_2—外螺纹中径；D_2—内螺纹中径；d_3—外螺纹小径；D_1—内螺纹小径；P—螺距；H_4—内螺纹牙高；h_3—外螺纹牙高；a_c—牙顶间隙。

标 记 示 例

单线梯形螺纹，公称直径 40 mm，螺距 7 mm，右旋，其标记为：Tr40×7。

多线梯形螺纹，公称直径 40 mm，导程 14 mm，螺距 7 mm，左旋，其标记为：Tr40×14P7–LH。

mm

公称直径 d	螺距 P	中径 $d_2=D_2$	大径 D_4	小径 d_3	小径 D_1	公称直径 d	螺距 P	中径 $d_2=D_2$	大径 D_4	小径 d_3	小径 D_3
8	1.5	7.25	8.30	6.20	6.50	12	2	11.00	12.50	9.50	10.00
							3	10.50	12.50	8.50	9.00
（9）	1.5	8.25	9.30	7.20	7.50	（14）	2	13.00	14.50	11.50	12.00
	2	8.00	9.50	6.50	7.00		3	12.50	14.50	10.50	11.00
10	1.5	9.25	10.30	8.20	8.50	16	2	15.00	16.50	13.50	14.00
	2	9.00	10.50	7.50	8.00		4	14.00	16.50	11.50	12.00
（11）	2	10.00	11.50	8.50	9.00	（18）	2	17.00	18.50	15.50	16.00
	3	9.50	11.50	7.50	8.00		4	16.00	18.50	13.50	14.00

公称直径 d	螺距 P	中径 $d_2=D_2$	大径 D_4	小径		公称直径 d	螺距 P	中径 $d_2=D_2$	大径 D_4	小径	
				d_3	D_1					d_3	D_3
20	2	19.00	20.50	17.50	18.00	（26）	3	24.50	26.50	22.50	23.00
	4	18.00	20.50	15.50	16.00		5	23.50	26.50	20.50	21.00
							8	22.00	27.00	17.00	18.00
（22）	3	20.50	22.50	18.50	19.00	28	3	26.50	28.50	24.50	25.00
	5	19.50	22.50	16.50	17.00		5	25.50	28.50	22.50	23.00
	8	18.00	23.00	13.00	14.00		8	24.00	29.00	19.00	20.00
24	3	22.50	24.50	20.50	21.00	（30）	3	28.50	30.50	26.50	27.00
	5	21.50	24.50	18.50	19.00		6	27.00	31.00	23.00	24.00
	8	20.00	25.00	15.00	16.00		10	25.00	31.00	19.00	20.00

注：公称直径栏中不带括号的为第一系列，圆括号内的为第二系列，优先选用第一系列。

附表 1–3　55°管螺纹基本尺寸（GB/T 7306.1—2000、GB/T 7306.2—2000、GB/T 7307—2001）

圆柱内螺纹设计牙型　　　　　　　　圆锥内（外）螺纹设计牙型

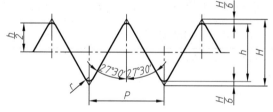 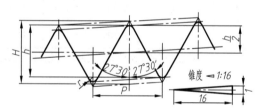

标 记 示 例

GB/T 7306.1

　　尺寸代号 3/4，右旋，圆柱内螺纹，其标记为：Rp3/4。

　　尺寸代号 3，右旋，圆锥外螺纹，其标记为：$R_1 3$。

　　尺寸代号 3/4，左旋，圆柱内螺纹，其标记为：Rp3/4LH。

GB/T 7306.2

　　尺寸代号 3/4，右旋，圆锥内螺纹，其标记为：Rc3/4。

　　尺寸代号 3，右旋，圆锥外螺纹，其标记为：$R_2 3$。

　　尺寸代号 3/4，左旋，圆锥内螺纹，其标记为：Rc3/4 LH。

GB/T 7307

　　尺寸代号 2，右旋，圆柱内螺纹：G2

　　尺寸代号 3，右旋，A 级圆柱外螺纹：G3A

　　尺寸代号 2，左旋，圆柱内螺纹：G2-LH

　　尺寸代号 4，左旋，B 级圆柱外螺纹：G4B-LH

55°密封管螺纹 { 第 1 部分　圆柱内螺纹与圆锥外螺纹（GB/T 7306.1—2000）
第 2 部分　圆锥内螺纹与圆锥外螺纹（GB/T 7306.2—2000）

55°非密封管螺纹（GB/T 7307—2001）

尺寸代号	每 25.4 mm 内所含的牙数 n	螺距 P/mm	牙高 h/mm	基本直径或基准平面内的基本直径 /mm			基准距离（基本）/mm	外螺纹的有效螺纹不小于 /mm
				大径 $d=D$	中径 $d_2=D_2$	小径 $d_1=D_1$		
1/16	28	0.907	0.581	7.723	7.142	6.561	4.0	6.5
1/8	28	0.907	0.581	9.728	9.147	8.566	4.0	6.5
1/4	19	1.337	0.856	13.157	12.301	11.445	6.0	9.7
3/8	19	1.337	0.856	16.662	15.806	14.950	6.4	10.1
1/2	14	1.814	1.162	20.955	19.793	18.631	8.2	13.2
3/4	14	1.814	1.162	26.441	25.279	24.117	9.5	14.5
1	11	2.309	1.479	33.249	31.770	30.291	10.4	16.8
1¼	11	2.309	1.479	41.910	40.431	38.952	12.7	19.1
1½	11	2.309	1.479	47.803	46.324	44.845	12.7	19.1
2	11	2.309	1.479	59.614	58.135	56.656	15.9	23.4
2½	11	2.309	1.479	75.184	73.705	72.226	17.5	26.7
3	11	2.309	1.479	87.884	86.405	84.926	20.6	29.8
4	11	2.309	1.479	113.030	111.551	110.072	25.4	35.8
5	11	2.309	1.479	138.430	136.951	135.472	28.6	40.1
6	11	2.309	1.479	163.830	162.351	160.872	28.6	40.1

注：第五列中所列的是圆柱螺纹的基本直径和圆锥螺纹在基本平面内的基本直径。

附录 2　常用标准件

附表 2-1　六角头螺栓—C 级（ GB/T 5780—2016 ）、六角头螺栓—A 级和 B 级（ GB/T 5782—2016 ）

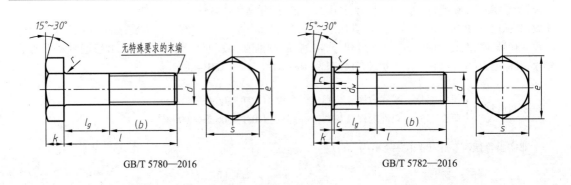

GB/T 5780—2016　　　　　　　　GB/T 5782—2016

标 记 示 例

螺纹规格 d=M12、公称长度 l=80、性能等级为 8.8 级、表面氧化、A 级的六角头螺栓,其标记为:螺栓 GB/T 5782　M12×80。

mm

螺纹规格 d			M3	M4	M5	M6	M8	M10	M12	M16	M20	M24	M30	M36	M42
b 参 考	$l\leqslant 125$		12	14	16	18	22	26	30	38	46	54	66	—	—
	$125<l\leqslant 200$		18	20	22	24	28	32	36	44	52	60	72	84	96
	$l>200$		31	33	35	37	41	45	49	57	65	73	85	97	109
c_{max}			0.4	0.4	0.5	0.5	0.6	0.6	0.6	0.8	0.8	0.8	0.8	0.8	1
d_w	产品 等级	A	4.57	5.88	6.88	8.88	11.63	14.63	16.63	22.49	28.19	33.61	—	—	—
		B、C	4.45	5.74	6.74	8.74	11.47	14.47	16.47	22	27.7	33.25	42.75	51.11	59.95
e	产品 等级	A	6.01	7.66	8.79	11.05	14.38	17.77	20.03	26.75	33.53	39.98	—	—	—
		B、C	5.88	7.50	8.63	10.89	14.20	17.59	19.85	26.17	32.95	39.55	50.85	60.79	71.30
k 公称			2	2.8	3.5	4	5.3	6.4	7.5	10	12.5	15	18.7	22.5	26
r			0.1	0.2	0.2	0.25	0.4	0.4	0.6	0.6	0.8	0.8	1	1	1.2
s 公称			5.5	7	8	10	13	16	18	24	30	36	46	55	65
l(商品 规格 范围)	A、B		20~ 30	25~ 40	25~ 50	30~ 60	40~ 80	45~ 100	50~ 120	65~ 160	80~ 200	90~ 240	110~ 300	140~ 360	160~ 440
	C								55~ 120			100~ 240	120~ 300		
l 系列			12, 16, 20, 25, 30, 35, 40, 45, 50, 55, 60, 65, 70, 80, 90, 100, 110, 120, 130, 140, 150, 160, 180, 200, 220, 240, 260, 280, 300, 320, 340, 360, 380, 400, 420, 440, 460, 480, 500												

注:1. A 级用于 $d\leqslant 24$ 和 $l\leqslant 10d$ 或 $l\leqslant 150$ 的螺栓;B 级用于 $d>24$ 和 $l>10d$ 或 $l>150$ 的螺栓。

　　2. 螺纹规格 d 范围:GB/T 5780 为 M5 ~ M64;GB/T 5782 为 M1.6 ~ M64。

　　3. 公称长度范围:GB/T 5780 为 25 ~ 500;GB/T 5782 为 12 ~ 500。

附表 2-2　双头螺柱 b_m=d (GB/T 897—1988), b_m=1.25d (GB/T 898—1988)

b_m=1.5d (GB/T 899—1988), b_m=2d (GB/T 900—1988)

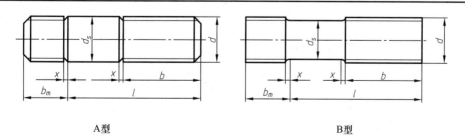

A 型　　　　　　　　　　　　　　　　B 型

两端均为粗牙普通螺纹,d=M10,l=50 mm,性能等级为 4.8 级,不经表面处理,B 型,b_m=d 的双头螺柱,其标记为:螺柱 GB/T 897 M10×50。

旋入机体一端为粗牙普通螺纹,旋入螺母一端为螺距 P=1 mm 的细牙普通螺纹,d=M10,l=50 mm,性能等级为 4.8 级,不经表面处理,A 型,b_m=d 的双头螺柱,其标记为:螺柱 GB/T 897 AM10–M10×1×50。

mm

螺纹规格 d	b_m				l/b
	GB/T 897—1988	GB/T 898—1988	GB/T 899—1988	GB/T 900—1988	
M2			3	4	(12~16)/6,(18~25)/10
M2.5			3.5	5	(14~18)/8,(20~30)/11
M3			4.5	6	(16~20)/6,(22~40)/12
M4			6	8	(16~22)/8,(25~40)/14
M5	5	6	8	10	(16~22)/10,(25~50)/16
M6	6	8	10	12	(20~22)/10,(25~30)/14,(32~75)/18
M8	8	10	12	16	(20~22)/12,(25~30)/16,(32~90)/22
M10	10	12	15	20	(25~28)/14,(30~38)/16,(40~120)/26,130/32
M12	12	15	18	24	(25~30)/16,(32~40)/20,(45~120)/30,(130~180)/36
(M14)	14	18	21	28	(30~35)/18,(38~45)/25,(50~120)/34,(130~180)/40
M16	16	20	24	32	(30~38)/20,(40~50)/30,(60~120)/38,(130~200)/44
(M18)	18	22	27	36	(35~40)/22,(45~60)/35,(65~120)/42,(130~200)/48
M20	20	25	30	40	(35~40)/25,(45~60)/35,(70~120)/46,(130~200)/52
(M22)	22	28	33	44	(40~45)/30,(50~70)/40,(75~120)/50,(130~200)/56

螺纹规格 d	b_m				l/b
	GB/T 897—1988	GB/T 898—1988	GB/T 899—1988	GB/T 900—1988	
M24	24	30	36	48	（45～50）/30，（55～75）/45，（80～120）/54，（130～200）/60
（M27）	27	35	40	54	（50～60）/35，（65～85）/50，（90～120）/60，（130～200）/66
M30	30	38	45	60	（60～65）/40，（70～90）/50，（95～120）/66，（130～200）/72，（210～250）/85
M36	36	45	54	72	（65～75）/45，（80～110）/60，120/78，（130～200）/84，（210～300）/97
M42	42	52	63	84	（70～80）/50，（85～110）/70，120/90，（130～200）/96，（210～300）/109
M48	48	60	72	96	（80～90）/60，（95～110）/80，120/102，（130～200）/108，（210～300）/121
l 系列	12,（14）,16,（18）,20,（22）,25,（28）,30,（32）,35,（38）,40,45,50,55,60,65,70,75,80,85,90,95,100,110,120,130,140,150,160,170,180,190,200,210,220,230,240,250,260,280,300				

注：$d_s \approx$ 螺纹中径；x_{max}=1.5P（螺距）。

附表 2-3　开槽圆柱头螺钉（GB/T 65—2016），开槽盘头螺钉（GB/T 67—2016），开槽沉头螺钉（GB/T 68—2016）

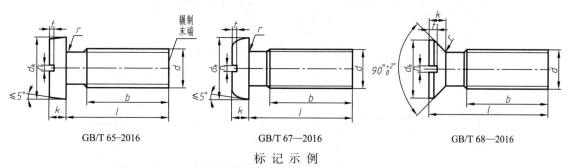

标 记 示 例

螺纹规格 d=M5，公称长度 l=20 mm，性能等级为 4.8 级，不经表面处理的开槽圆柱头螺钉，其标记为：螺钉 GB/T 65　M5×20。

mm

螺纹规格 d		M1.6	M2	M2.5	M3	M4	M5	M6	M8	M10
GB/T 65	$d_{k\ max}$	3.0	3.8	4.5	5.5	7	8.5	10	13	16
	k_{max}	1.1	1.4	1.8	2.0	2.6	3.3	3.9	5	6
	t_{min}	0.45	0.6	0.7	0.85	1.1	1.3	1.6	2	2.4
	r_{min}	0.1	0.1	0.1	0.1	0.2	0.2	0.25	0.4	0.4
	l	2 ~ 16	3 ~ 20	3 ~ 25	4 ~ 30	5 ~ 40	6 ~ 50	8 ~ 60	10 ~ 80	12 ~ 80
GB/T 67	$d_{k\ max}$	3.2	4	5	5.6	8	9.5	12	16	20
	k_{max}	1	1.3	1.5	1.8	2.4	3	3.6	4.8	6
	t_{min}	0.35	0.5	0.6	0.7	1	1.2	1.4	1.9	2.4
	r_{min}	0.1	0.1	0.1	0.1	0.2	0.2	0.25	0.4	0.4
	l	2 ~ 16	2.5 ~ 20	3 ~ 25	4 ~ 30	5 ~ 40	6 ~ 50	8 ~ 60	10 ~ 80	12 ~ 80
GB/T 68	$d_{k\ max}$	3	3.8	4.7	5.5	8.4	9.3	11.3	15.8	18.3
	$k_{\ max}$	1	1.2	1.5	1.65	2.7	2.7	3.3	4.65	5
	t_{min}	0.32	0.4	0.5	0.6	1	1.1	1.2	1.8	2
	r_{max}	0.4	0.5	0.6	0.8	1	1.3	1.5	2	2.5
	l	2.5 ~ 16	3 ~ 20	4 ~ 25	5 ~ 30	6 ~ 40	8 ~ 50	8 ~ 60	10 ~ 80	12 ~ 80
n 公称		0.4	0.5	0.6	0.8	1.2	1.2	1.6	2	2.5
b_{min}		25				38				
l（公称系列值）		2.5, 3, 4, 5, 6, 8, 10, 12,（14）, 16, 20, 25, 30, 35, 40, 45, 50,（55）, 60,（65）, 70,（75）, 80								

注：l 公称值尽可能不采用括号内的规格。

附表 2–4　开槽锥端紧定螺钉（GB/T 71—2018），开槽平端紧定螺钉（GB/T 73—2017）
开槽凹端紧定螺钉（GB/T 74—2018），开槽长圆柱端紧定螺钉（GB/T 75—2018）

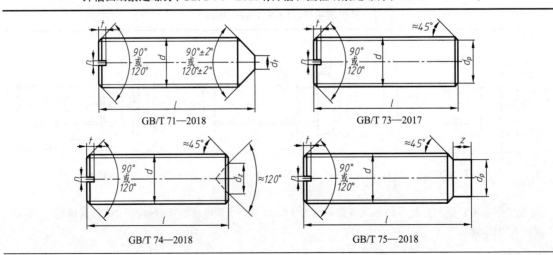

GB/T 71—2018　　　　　GB/T 73—2017
GB/T 74—2018　　　　　GB/T 75—2018

标 记 示 例

螺纹规格 d=M5，公称长度 l=12 mm，性能等级为 14H 级，表面氧化的开槽锥端紧定螺钉，其标记为：螺钉 GB/T 71 M5 × 12。

mm

螺纹规格 d		M1.2	M1.6	M2	M2.5	M3	M4	M5	M6	M8	M10	M12
n		0.2	0.25	0.25	0.4	0.4	0.6	0.8	1	1.2	1.6	2
t_{max}		0.52	0.74	0.84	0.95	1.05	1.42	1.63	2	2.5	3	3.6
$d_{z\ max}$		—	0.8	1	1.2	1.4	2	2.5	3	5	6	8
$d_{t\ max}$		0.12	0.16	0.2	0.25	0.3	0.4	0.5	1.5	2	2.5	3
$d_{p\ max}$		0.6	0.8	1	1.5	2	2.5	3.5	4	5.5	7	8.5
z_{max}		—	1.05	1.25	1.5	1.75	2.25	2.75	3.25	4.3	5.3	6.3
公称长度 l	GB/T 71	2 ~ 6	2 ~ 8	3 ~ 10	3 ~ 12	4 ~ 16	6 ~ 20	8 ~ 25	8 ~ 30	10 ~ 40	12 ~ 50	14 ~ 60
	GB/T 73	2 ~ 6	2 ~ 8	2 ~ 10	2.5 ~ 12	3 ~ 16	4 ~ 20	5 ~ 25	6 ~ 30	8 ~ 40	10 ~ 50	12 ~ 60
	GB/T 74	—	2 ~ 8	2.5 ~ 10	3 ~ 12	3 ~ 16	4 ~ 20	5 ~ 25	6 ~ 30	8 ~ 40	10 ~ 50	12 ~ 60
	GB/T 75	—	2.5 ~ 8	3 ~ 10	4 ~ 12	5 ~ 16	6 ~ 20	8 ~ 25	8 ~ 30	10 ~ 40	12 ~ 50	14 ~ 60
公称长度 l≤右表内值时，GB/T 71 两端制成 120°，其他为开槽端制成 120°。公称长度 l>右表内值时，GB/T 71 两端制成 90°，其他为开槽端制成 90°	GB/T 71	2	2.5	2.5	3	3	4	5	6	8	10	12
	GB/T 73	—	2	2.5	3	3	4	5	6	6	8	10
	GB/T 74	—	2	2.5	3	4	5	5	6	8	10	12
	GB/T 75	—	2.5	3	4	5	6	8	10	14	16	20
l 系列	2，2.5，3，4，5，8，10，12，(14)，16，20，25，30，35，40，45，50，55，60											

注：尽可能不用括号内的规格。

附表 2–5　1 型六角螺母　C 级（GB/T 41—2016），1 型六角螺母 A 级和 B 级（GB/T 6170—2015），六角薄螺母（GB/T 6172.1—2016）

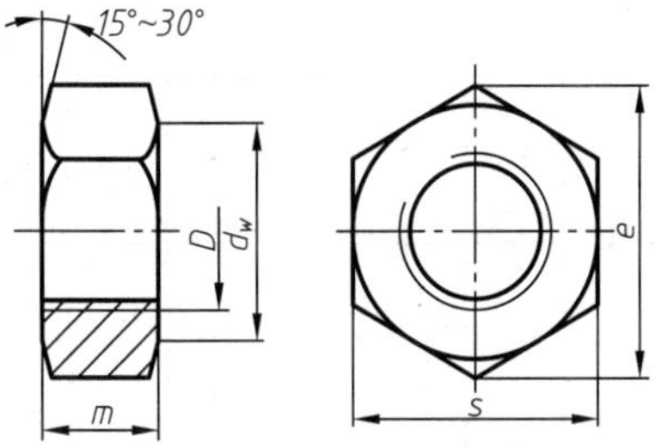

GB/T 41—2016

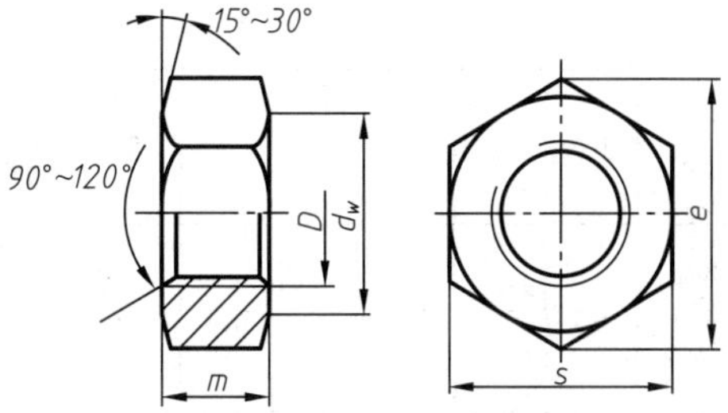

GB/T 6170—2015、GB/T 6172.1—2016

螺纹规格 *D*=M12,性能等级为 5 级,不经表面处理,C 级的 1 型六角螺母,其标记为:螺母 GB/T 41 M12。

螺纹规格 *D*=M12,性能等级为 10 级,不经表面处理,A 级的 1 型六角螺母,其标记为:螺母 GB/T 6170 M12。

螺纹规格 *D*=M12,性能等级为 04 级,不经表面处理,A 级的六角薄螺母,其标记为:螺母 GB/T 6172.1 M12。

mm

螺纹规格 *D*		M3	M4	M5	M6	M8	M10	M12	M16	M20	M24	M30	M36	M42
e_{min}	GB/T 41	—	—	8.63	10.89	14.20	17.59	19.85	26.17	32.95	39.55	50.85	60.79	71.30
	GB/T 6170	6.01	7.66	8.79	11.05	14.38	17.77	20.03	26.75	32.95	39.55	50.85	60.79	71.30
s_{max}	GB/T 41	—	—	8	10	13	16	18	24	30	36	46	55	65
	GB/T 6170	5.5	7	8	10	13	16	18	24	30	36	46	55	65
m_{max}	GB/T 41	—	—	5.6	6.4	7.9	9.5	12.2	15.9	19.0	22.3	26.4	31.9	34.9
	GB/T 6170	2.4	3.2	4.7	5.2	6.8	8.4	10.8	14.8	18	21.5	25.6	31	34

附表 2-6 垫 圈

(1)平垫圈

小垫圈 A 级　　　　　　平垫圈 A 级　　　　　　平垫圈 倒角型 A 级
(GB/T 848—2002)　　　(GB/T 97.1—2002)　　　(GB/T 97.2—2002)

GB/T 848—2002　　GB/T 97.1—2002　　　　　　GB/T 97.2—2002

标准系列,公称规格为 8,性能等级为 200HV 级,不经表面处理,产品等级为 A 级的平垫圈,其标记为:垫圈 GB/T 97.1 8。

mm

公称规格 (螺纹大径 *d*)		1.6	2	2.5	3	4	5	6	8	10	12	14	16	20	24	30	36
d_1	GB/T 848	1.7	2.2	2.7	3.2	4.3	5.3	6.4	8.4	10.5	13	15	17	21	25	31	37
	GB/T 97.1																
	GB/T 97.2	—	—	—	—	—	5.3	6.4	8.4	10.5	13	15	17	21	25	31	37

公称规格 （螺纹大径 d）		1.6	2	2.5	3	4	5	6	8	10	12	14	16	20	24	30	36
d_2	GB/T 848	3.5	4.5	5	6	8	9	11	15	18	20	24	28	34	39	50	60
	GB/T 97.1	4	5	6	7	9	10	12	16	20	24	28	30	37	44	56	66
	GB/T 97.2	—	—	—	—	—	10	12	16	20	24	28	30	37	44	56	66
h	GB/T 848	0.3	0.3	0.5	0.5	0.5	1	1.6	1.6	1.6	2	2.5	2.5	3	4	4	5
	GB/T 97.1					0.8				2	2.5		3				
	GB/T 97.2	—	—	—	—	—	1	1.6	1.6	2	2.5	2.5	3	3	4	4	5

（2）弹簧垫圈

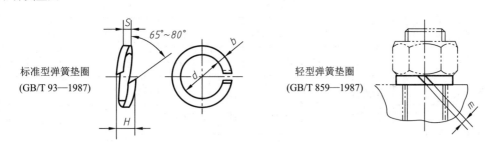

标准型弹簧垫圈
(GB/T 93—1987)　　　　　　轻型弹簧垫圈
(GB/T 859—1987)

标 记 示 例

规格 16,材料为 65Mn,表面氧化的标准型弹簧垫圈,其标记为: 垫圈　GB/T 93　16。

mm

规格（螺纹大径）		3	4	5	6	8	10	12	（14）	16	（18）	20	（22）	24	（27）	30
d_{min}		3.1	4.1	5.1	6.1	8.1	10.2	12.2	14.2	16.2	18.2	20.2	22.5	24.5	27.5	30.5
H_{min}	GB/T 93	1.6	2.2	2.6	3.2	4.2	5.2	6.2	7.2	8.2	9	10	11	12	13.6	15
	GB/T 859	1.2	1.6	2.2	2.6	3.2	4	5	6	6.4	7.2	8	9	10	11	12
$S(b)$公称	GB/T 93	0.8	1.1	1.3	1.6	2.1	2.6	3.1	3.6	4.1	4.5	5	5.5	6	6.8	7.5
S	GB/T 859	0.6	0.8	1.1	1.3	1.6	2	2.5	3	3.2	3.6	4	4.5	5	5.5	6
$0<m\leqslant$	GB/T 93	0.4	0.55	0.65	0.8	1.05	1.3	1.55	1.8	2.05	2.25	2.5	2.75	3	3.4	3.75
	GB/T 859	0.3	0.4	0.55	0.65	0.8	1	1.25	1.5	1.6	1.8	2	2.25	2.5	2.75	3
b 公称	GB/T 859	1	1.2	1.5	2	2.5	3	3.5	4	4.5	5	5.5	6	7	8	9

注:括号内的规格尽可能不采用。

附表 2-7　平键键槽的剖面尺寸(GB/T 1095—2003)

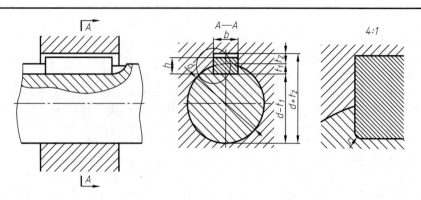

mm

轴	键	键槽											
			宽度 b					深度				半径 r	
公称直径 d	键尺寸 b×h	公称尺寸	极限偏差					轴 t_1		毂 t_2			
			正常连接		紧密连接	松连接		公称尺寸	极限偏差	公称尺寸	极限偏差		
			轴 N9	毂 JS9	轴和毂 P9	轴 H9	毂 D10					min	max
自 6~8	2×2	2	−0.004 −0.029	± 0.012 5	−0.006 −0.031	+0.025 0	+0.060 +0.020	1.2		1.0		0.08	0.16
>8~10	3×3	3						1.8		1.4			
>10~12	4×4	4	0 −0.030	± 0.015	−0.012 −0.042	+0.030 0	+0.078 +0.030	2.5	+0.1 0	1.8	+0.1 0	0.16	0.25
>12~17	5×5	5						3.0		2.3			
>17~22	6×6	6						3.5		2.8		0.16	0.25
>22~30	8×7	8	0 −0.036	± 0.018	−0.015 −0.051	+0.036 0	+0.098 +0.040	4.0		3.3			
>30~38	10×8	10						5.0		3.3			
>38~44	12×8	12						5.0		3.3		0.25	0.40
>44~50	14×9	14	0 −0.043	± 0.021 5	−0.018 −0.061	+0.043 0	+0.012 +0.050	5.5	+0.2 0	3.8	+0.2 0		
>50~58	16×10	16						6.0		4.3			
>58~65	18×11	18						7.0		4.4			
>65~75	20×12	20						7.5		4.9			
>75~85	22×14	22	0 −0.052	± 0.026	−0.022 −0.074	+0.052 0	+0.149 +0.065	9.0		5.4		0.40	0.60
>85~95	25×14	25						9.0		5.4			
>95~110	28×16	28						10.0		6.4			

注:GB/T 1095—2003 中没有第一列"公称直径 d"这项内容,加上这一列是帮助初学者根据轴径 d 来确定键尺寸 b×h。

附表 2-8　普通型　平键（GB/T 1096—2003）

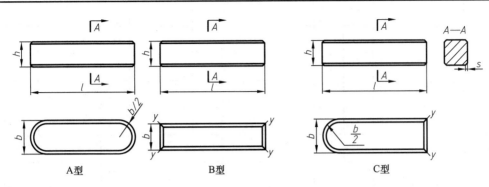

注：$y \leqslant s_{max}$。

标 记 示 例

普通 A 型平键，b=18 mm，h=11 mm，l=100 mm，标记为：GB/T 1096 键 18 × 11 × 100

普通 B 型平键，b=18 mm，h=11 mm，l=100 mm，标记为：GB/T 1096 键 B 18 × 11 × 100

普通 C 型平键，b=18 mm，h=11 mm，l=100 mm，标记为：GB/T 1096 键 C 18 × 11 × 100

mm

宽度 b	公称尺寸		2	3	4	5	6	8	10	12	14	16	18	20	22
	极限偏差（h8）		0 −0.014		0 −0.018			0 −0.022		0 −0.027				0 −0.033	
高度 h	公称尺寸		2	3	4	5	6	7	8	8	9	10	11	12	14
	极限 偏差	矩形 （h11）	—		—				0 −0.090			0 −0.110			
		方形 （h8）	0 −0.014		0 −0.018			—				—			
倒角或倒圆 s			0.16 ~ 0.25			0.25 ~ 0.40			0.40 ~ 0.60				0.60 ~ 0.80		

长度 L															
公称尺寸	极限偏差（h14）														
6	0 −0.36			—	—	—	—	—	—	—	—	—	—	—	—
8					—	—	—	—	—	—	—	—	—	—	—
10					—	—	—	—	—	—	—	—	—	—	—
12	0 −0.43					—	—	—	—	—	—	—	—	—	—
14						—	—	—	—	—	—	—	—	—	—
16						—	—	—	—	—	—	—	—	—	—
18							—	—	—	—	—	—	—	—	—

357

l	公差												
20	0 −0.52					—	—	—	—	—	—	—	
22		—		标准			—	—	—	—	—	—	—
25								—	—	—	—	—	—
28									—	—	—	—	—
32	0 −0.62									—	—	—	—
36											—	—	—
40		—	—									—	—
45		—			长度							—	—
50		—	—	—								—	—
56		—	—	—									—
63	0 −0.74	—	—	—	—								
70		—	—	—	—								
80		—	—	—	—								
90		—	—	—	—		范围						
100	0 −0.87	—	—	—	—	—							
110		—	—	—	—	—	—						

附表 2-9 圆柱销（GB/T 119.1—2000）

直径公差为 m6、h8

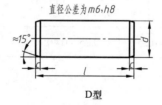

≈15°

d

l

D 型

标 记 示 例

公称直径 d=8 mm、公差为 m6、长度 l=30 mm、材料为钢、热处理硬度为 28 ~ 38HRC、表面氧化的圆柱销标记为：销 GB/T 119.1　8m6×30。

mm

d	2	2.5	3	4	5	6	8	10	12
$c \approx$	0.35	0.40	0.50	0.63	0.80	1.2	1.6	2.0	2.5
l	6 ~ 20	6 ~ 24	8 ~ 30	8 ~ 40	10 ~ 50	12 ~ 60	14 ~ 80	18 ~ 95	22 ~ 140
l 系列	6, 8, 10, 12, 14, 16, 18, 20, 22, 24, 26, 28, 30, 32, 35, 40, 45, 50, 55, 60, 65, 70, 75, 80, 85, 90, 95, 100, 120, 140, 160, 180, 200								

注：公称长度大于 200 mm 时，按 20 mm 递增。

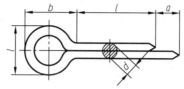

标 记 示 例

公称规格 d=5 mm，公称长度 l=50 mm，材料为低碳钢，不经表面氧化处理的开口销标记为：销 GB/T 91 5×50。

mm

d（公称）	0.6	0.8	1	1.2	1.6	2	2.5	3.2	4	5	6.3	8	10	13
c_{max}	1	1.4	1.8	2	2.8	3.6	4.6	5.8	7.4	9.2	11.8	15	19	24.8
$b \approx$	2	2.4	3	3	3.2	4	5	6.4	8	10	12.6	16	20	26
a_{max}	1.6	1.6	1.6	2.5	2.5	2.5	2.5	3.2	4	4	4	4	6.3	6.3
l	4 ~ 12	5 ~ 16	6 ~ 20	8 ~ 26	8 ~ 32	10 ~ 40	12 ~ 50	14 ~ 65	18 ~ 80	22 ~ 100	30 ~ 120	40 ~ 160	45 ~ 200	71 ~ 250
l 系列	4、5、6、8、10、12、14、16、18、20、22、25、28、30、32、36、40、45、50、56、63、71、80、90、100、112、125、140、160、180、200、224、250、280													

注：销孔的公称直径等于 d（公称）。

附录 3　极限与配合

附表 3-1　公称尺寸至 500 mm 基孔制优先、常用配合（GB/T 1800.1—2020）

基准孔	轴公差带代号																	
	间隙配合							过渡配合				过盈配合						
H6					g5	h5	js5	k5	m5		n5	p5						
H7				f6	g6	h6	js6	k6	m6	n6	p6	r6	s6	t6	u6	x6		
H8			e7	f7		h7	js7	k7	m7				s7		u7			
		d8	e8	f8		h8												
H9		d8	e8	f8		h8												
H10	b9	c9	d9	e9		h9												
H11	b11	c11	d10			h10												

注：表中的配合可满足普通工程需要。基于经济因素，如有可能，配合应优先选择框中所示的公差带代号。

附表 3-2　公称尺寸至 **500 mm** 基轴制优先、常用配合（GB/T 1800.1—2020）

基准轴	孔公差带代号													
	间隙配合						过渡配合				过盈配合			
h5				G6	H6		JS6	K6	M6		N6	P6		
h6			F7	G7	H7		JS7	K7	M7	N7	P7	R7	S7	T7　U7　X7
h7			E8	F8	H8									
h8		D9	E9	F9	H9									
h9			E8	F8	H8									
		D9	E9	F9	H9									
	B11　C10	D10			H10									

注：表中的配合可满足普通工程需要。基于经济因素，如有可能，配合应优先选择框中所示的公差带代号。

附表 3-3　优选配合中轴的极限偏差（GB/T 1800.2—2020）　　　　μm

公称尺寸 / mm		公差带												
		c	d	f	g	h				k	n	p	s	u
大于	至	11	9	7	6	6	7	9	11	6	6	6	6	6
—	3	−60 −120	−20 −45	−6 −16	−2 −8	0 −6	0 −10	0 −25	0 −60	+6 0	+10 +4	+12 +6	+20 +14	+24 +18
3	6	−70 −145	−30 −60	−10 −22	−4 −12	0 −8	0 −12	0 −30	0 −75	+9 +1	+16 +8	+20 +12	+27 +19	+31 +23
6	10	−80 −170	−40 −76	−13 −28	−5 −14	0 −9	0 −15	0 −36	0 −90	+10 +1	+19 +10	+24 +15	+32 +23	+37 +28
10	14	−95 −205	−50 −93	−16 −34	−6 −17	0 −11	0 −18	0 −43	0 −110	+12 +1	+23 +12	+29 +18	+39 +28	+44 +33
14	18													
18	24	−110 −240	−65 −117	−20 −41	−7 −20	0 −13	0 −21	0 −52	0 −130	+15 +2	+28 +15	+35 +22	+48 +35	+54 +41
24	30													+61 +48
30	40	−120 −280	−80 −142	−25 −50	−9 −25	0 −16	0 −25	0 −62	0 −160	+18 +2	+33 +17	+42 +26	+59 +43	+76 +60
40	50	−130 −290												+86 +70

公称尺寸 / mm		公差带												
		c	d	f	g	h				k	n	p	s	u
大于	至	11	9	7	6	6	7	9	11	6	6	6	6	6
50	65	−140 −330	−100 −174	−30 −60	−10 −29	0 −19	0 −30	0 −74	0 −190	+21 +2	+39 +20	+51 +32	+72 +53	+106 +87
65	80	−150 −340											+78 +59	+121 +102
80	100	−170 −390	−120 −207	−36 −71	−12 −34	0 −22	0 −35	0 −87	0 −220	+25 +3	+45 +23	+59 +37	+93 +71	+146 +124
100	120	−180 −400											+101 +79	+166 +144
120	140	−200 −450	−145 −245	−43 −83	−14 −39	0 −25	0 −40	0 −100	0 −250	+28 +3	+52 +27	+68 +43	+117 +92	+195 +170
140	160	−210 −460											+125 +100	+215 +190
160	180	−230 −480											+133 +108	+235 +210
180	200	−240 −530	−170 −285	−50 −96	−15 −44	0 −29	0 −46	0 −115	0 −290	+33 +4	+60 +31	+79 +50	+151 +122	+265 +236
200	225	−260 −550											+159 +130	+287 +258
225	250	−280 −570											+169 +140	+313 +284
250	280	−300 −620	−190 −320	−56 −108	−17 −49	0 −32	0 −52	0 −130	0 −320	+36 +4	+66 +34	+88 +56	+190 +158	+347 +315
280	315	−330 −650											+202 +170	+382 +350
315	355	−360 −720	−210 −350	−62 −119	−18 −54	0 −36	0 −57	0 −140	0 −360	+40 +4	+73 +37	+98 +62	+226 +190	+426 +390
355	400	−400 −760											+244 +208	+471 +435
400	450	−440 −840	−230 −385	−68 −131	−20 −60	0 −40	0 −63	0 −155	0 −400	+45 +5	+80 +40	+108 +68	+272 +232	+530 +490
450	500	−480 −880											+292 +252	+580 +540

附表 3-4　优先配合中孔的极限偏差（GB/T 1800.2—2020） μm

公称尺寸/mm		公差带												
		C	D	F	G	H				K	N	P	S	U
大于	至	11	9	8	7	7	8	9	11	7	7	7	7	7
—	3	+120 +60	+45 +20	+20 +6	+12 +2	+10 0	+14 0	+25 0	+60 0	0 −10	−4 −14	−6 −16	−14 −24	−18 −28
3	6	+145 +70	+60 +30	+28 +10	+16 +4	+12 0	+18 0	+30 0	+75 0	+3 −9	−4 −16	−8 −20	−15 −27	−19 −31
6	10	+170 +80	+76 +40	+35 +13	+20 +5	+15 0	+22 0	+36 0	+90 0	+5 −10	−4 −19	−9 −24	−17 −32	−22 −37
10	14	+205 +95	+93 +50	+43 +16	+24 +6	+18 0	+27 0	+43 0	+110 0	+6 −12	−5 −23	−11 −29	−21 −39	−26 −44
14	18	+205 +95	+93 +50	+43 +16	+24 +6	+18 0	+27 0	+43 0	+110 0	+6 −12	−5 −23	−11 −29	−21 −39	−26 −44
18	24	+240 +110	+117 +65	+53 +20	+28 +7	+21 0	+33 0	+52 0	+130 0	+6 −15	−7 −28	−14 −35	−27 −48	−33 −54
24	30	+240 +110	+117 +65	+53 +20	+28 +7	+21 0	+33 0	+52 0	+130 0	+6 −15	−7 −28	−14 −35	−27 −48	−40 −61
30	40	+280 +120	+142 +80	+64 +25	+34 +9	+25 0	+39 0	+62 0	+160 0	+7 −18	−8 −33	−17 −42	−34 −59	−51 −76
40	50	+290 +130	+142 +80	+64 +25	+34 +9	+25 0	+39 0	+62 0	+160 0	+7 −18	−8 −33	−17 −42	−34 −59	−61 −86
50	65	+330 +140	+174 +100	+76 +30	+40 +10	+30 0	+46 0	+74 0	+190 0	+9 −21	−9 −39	−21 −51	−42 −72	−76 −106
65	80	+340 +150	+174 +100	+76 +30	+40 +10	+30 0	+46 0	+74 0	+190 0	+9 −21	−9 −39	−21 −51	−48 −78	−91 −121
80	100	+390 +170	+207 +120	+90 +36	+47 +12	+35 0	+54 0	+87 0	+220 0	+10 −25	−10 −45	−24 −59	−58 −93	−111 −146
100	120	+400 +180	+207 +120	+90 +36	+47 +12	+35 0	+54 0	+87 0	+220 0	+10 −25	−10 −45	−24 −59	−66 −101	−131 −166
120	140	+450 +200	+245 +145	+106 +43	+54 +14	+40 0	+63 0	+100 0	+250 0	+12 −28	−12 −52	−28 −68	−77 −117	−155 −195
140	160	+460 +210	+245 +145	+106 +43	+54 +14	+40 0	+63 0	+100 0	+250 0	+12 −28	−12 −52	−28 −68	−85 −125	−175 −215
160	180	+480 +230	+245 +145	+106 +43	+54 +14	+40 0	+63 0	+100 0	+250 0	+12 −28	−12 −52	−28 −68	−93 −133	−195 −235
180	200	+530 +240	+285 +170	+122 +50	+61 +15	+46 0	+72 0	+115 0	+290 0	+13 −33	−14 −60	−33 −79	−105 −151	−219 −265
200	225	+550 +260	+285 +170	+122 +50	+61 +15	+46 0	+72 0	+115 0	+290 0	+13 −33	−14 −60	−33 −79	−113 −159	−241 −287
225	250	+570 +280	+285 +170	+122 +50	+61 +15	+46 0	+72 0	+115 0	+290 0	+13 −33	−14 −60	−33 −79	−123 −169	−267 −313

续表

公称尺寸/mm		公差带												
		C	D	F	G	H				K	N	P	S	U
大于	至	11	9	8	7	7	8	9	11	7	7	7	7	7
250	280	+620 +300	+320 +190	+137 +56	+69 +17	+52 0	+81 0	+130 0	+320 0	+16 −36	−14 −66	−36 −88	−138 −190	−295 −347
280	315	+650 +330											−150 −202	−330 −382
315	355	+720 +360	+350 +210	+151 +62	+75 +18	+57 0	+89 0	+140 0	+360 0	+17 −40	−16 −73	−41 −98	−169 −226	−369 −426
355	400	+760 +400											−187 −244	−414 −471
400	450	+840 +440	+385 +230	+165 +68	+83 +20	+63 0	+97 0	+155 0	+400 0	+18 −45	−17 −80	−45 −108	−209 −272	−467 −530
450	500	+880 +480											−229 −292	−517 −580

附录4　金属材料与热处理

附表4-1　金　属　材　料

标准	名称	牌号	应用举例		说明
GB/T 700—2006	碳素结构钢	Q215	A级	金属结构件,如拉杆、套圈、铆钉、螺栓、短轴、心轴、凸轮(载荷不大的)、垫圈以及渗碳零件及焊接件	"Q"为碳素结构钢屈服强度"屈"字的汉语拼音首位字母,后面数字表示屈服强度数值,如 Q235 表示碳素结构钢的屈服强度为 235 N/mm² 新旧牌号对照: Q215——A2; Q235——A3; Q275——A5
			B级		
		Q235	A级	金属结构件,心部强度要求不高的渗碳或氰化零件,如吊钩、拉杆、套圈、气缸、齿轮、螺栓、螺母、连杆、轮轴、楔、盖及焊接件	
			B级		
			C级		
			D级		
		Q275		轴、轴销、刹车杆、螺母、螺栓、垫圈、连杆、齿轮以及其他强度较高的零件	

363

标准	名称	牌号	应用举例	说明
GB/T 699—2015	优质碳素结构钢	10	用作拉杆、卡头、垫圈、铆钉及焊接零件	牌号的两位数字表示平均碳的质量分数,45钢即表示碳的质量分数约为0.45%; 碳的质量分数小于0.25%的碳钢属于低碳钢(渗碳钢); 碳的质量分数为0.25%~0.6%的碳钢属于中碳钢(调质钢); 碳的质量分数大于0.6%的碳钢属于高碳钢; 沸腾钢在牌号后加符号"F"; 锰的质量分数较高的钢,须加注化学元素符号"Mn"
		15	用于受力不大和韧性较高的零件、渗碳零件及紧固件(如螺栓、螺钉)、法兰盘和化工储器	
		35	用于制造曲轴、转轴、轴销、杠杆、连杆、螺栓、螺母、垫圈、飞轮(多在正火、调质下使用)	
		45	用于要求综合力学性能高的各种零件,通常经正火或调质处理后使用。用于制造轴、齿轮、齿条、链轮、螺栓、螺母、销钉、键、拉杆等	
		65	用于制造弹簧、弹簧垫圈、凸轮、辊轮等	
		15Mn	用于心部力学性能要求较高且须渗碳的零件	
		65Mn	用于要求耐磨性高的圆盘、衬板、齿轮、花键轴、弹簧等	
GB/T 3077—2015	合金结构钢	30Mn2	用于起重机行车轴、变速箱齿轮、冷镦螺栓及较大截面的调质零件	钢中加入一定量的合金元素,提高了钢的力学性能和耐磨性,也提高了钢的淬透性,保证金属在较大截面上获得高的力学性能
		20Cr	用于要求心部强度较高、承受磨损、尺寸较大的渗碳零件,如齿轮、齿轮轴、蜗杆、凸轮、活塞销等,也用于速度较大、受中等冲击的调质零件	
		40Cr	用于受变载、中速、中载、强烈磨损而无很大冲击的重要零件,如重要的齿轮、轴、曲轴、连杆、螺栓、螺母	
		35SiMn	可代替40Cr用于中小型轴类、齿轮等零件及工作温度在430 ℃以下的重要紧固件等	
		20CrMnTi	强度、韧性均高,可代替镍铬钢用于承受高速、中等或重负荷以及受冲击、磨损等的重要零件,如渗碳齿轮、凸轮等	

标准	名称	牌号	应用举例	说明
GB/T 11352—2009	一般工程用铸造碳钢件	ZG230-450	轧机机架、铁道车辆摇枕、侧梁、铁枕台、机座、箱体、锤轮、工作温度在 450 ℃ 以下的管路附件等	"ZG"为"铸钢"二字汉语拼音的首位字母,后面的数字表示屈服强度和抗拉强度。如 ZG230-450 表示屈服强度为 230 N/mm² ,抗拉强度为 450 N/mm²
		ZG310-570	联轴器、齿轮、气缸、轴、机架、齿圈等	
GB/T 9439—2010	灰铸铁件	HT150	用于小负荷和对耐磨性无特殊要求的零件,如端盖、外罩、手轮、一般机床底座、床身及其复杂零件,滑台、工作台和低压管件等	"HT"为"灰铁"二字汉语拼音的首位字母,后面的数字表示抗拉强度。如 HT200 表示抗拉强度为 200 N/mm² 的灰铸铁
		HT200	用于中等负荷和对耐磨性有一定要求的零件,如机床床身、立柱、飞轮、汽缸、泵体、轴承座、活塞、齿轮箱、阀体等	
		HT250	用于中等负荷和对耐磨性有一定要求的零件,如阀壳、液压缸、汽缸、联轴器、机体、齿轮、齿轮箱外壳、飞轮、衬套、凸轮、轴承座、活塞等	
		HT300	用于受力大的齿轮、床身导轨、车床卡盘、剪床床身、压力机的床身、凸轮、高压液压缸、液压泵和滑阀壳体、冲模模体等	
GB/T 1176—2013	铸造锡青铜	ZCuSn5Pb5Zn5	耐磨性和耐蚀性均好,易加工,铸造性和气密性较好,用于在较高负荷、中等滑动速度下工作的耐磨、耐蚀零件,如轴瓦、衬套、缸套、油塞、离合器、蜗轮等	"Z"为"铸"字汉语拼音的首位字母,各化学元素后面的数字表示该元素质量分数的百分数,如 ZCuAl10Fe3 表示 Al 的质量分数为 8.5% ~ 11%,Fe 的质量分数为 2% ~ 4%,其余为 Cu 的铸造铝青铜
	铸造铝青铜	ZCuAl10Fe3	力学性能高,耐磨性、耐蚀性、抗氧化性好,可焊接性好,不易钎焊,大型铸件自 700 ℃ 空冷可防止变脆。可用于制造强度高、耐磨、耐蚀的零件,如蜗轮、轴承、衬套、管嘴、耐热管配件等	

标准	名称	牌号	应用举例	说明
GB/T 1176—2013	铸造铝黄铜	ZCuZn25Al6Fe3Mn3	有很高的力学性能,铸造性良好、耐蚀性较好、有应力腐蚀开裂倾向,可以焊接。适用于高强耐磨零件,如桥梁支承板、螺母、螺杆、耐磨板、滑块和蜗轮等	"Z"为"铸"字汉语拼音的首位字母,各化学元素后面的数字表示该元素质量分数的百分数,如ZCuAl10Fe3表示Al的质量分数为8.5%~11%,Fe的质量分数为2%~4%,其余为Cu的铸造铝青铜
	铸造锰黄铜	ZCuZn38Mn2Pb2	有较高的力学性能和耐蚀性,耐磨性较好,切削性能良好。可用于制造构件、船舶仪表等外形简单的铸件,如套筒、衬套、轴瓦、滑块等	
GB/T 1173—2013	铸造铝合金	ZL102	耐磨性中等偏上,用于制造负荷不大的薄壁零件	ZL102表示硅的质量分数为10%~13%,余量为铝的铝硅合金;ZL202表示铜的质量分数为9%~11%,余量为铝的铝铜合金
		ZL202		
GB/T 3190—2008	硬铝	2024(LY12)	焊接性好,适用于制造中等强度的零件	LY12表示铜的质量分数为3.8%~4.9%,镁的质量分数为1.2%~1.8%,锰的质量分数为0.3%~0.9%,其余为铝的硬铝
	工业纯铝	1060(L2)	适用于制造储槽、塔、热交换器、防止污染及深冷设备等	L2表示杂质的质量分数≤0.4%的工业纯铝

附表 4-2　非金属材料

标准	名称	牌号	应用举例	说明
GB/T 539—2008	耐油石棉橡胶板	NY250		有厚度为0.4~3.0 mm的十种规格
		HNY300	供航空发动机用的煤油、润滑油及冷气系统接合处的密封垫材料	
GB/T 5574—2008	耐酸碱橡胶板	2707 2807 2709	具有耐酸碱性能,在-30~+60℃的20%浓度的酸碱液体中工作,用于冲制密封性能较好的垫圈	较高硬度 中等硬度
	耐油橡胶板	3707 3807 3709 3809	可在一定温度的机油、变压器油、汽油等介质中工作,适用于冲制各种形状的垫圈	较高硬度
	耐热橡胶板	4708 4808 4710	可在-30~+100℃且压力不大的条件下,于热空气、蒸汽介质中工作,用于冲制各种垫圈和隔热垫板	较高硬度 中等硬度

附表 4-3　常用的热处理名词解释

名词	代号及标注示例	说明	应用
退火	511	将钢件加热到临界温度以上,保温一段时间,然后缓慢冷却(一般在炉中冷却)	用来消除铸、锻、焊零件的内应力,降低硬度,便于切削加工,细化金属晶粒,改善组织,增加韧性
正火	512	将钢件加热到临界温度以上30～50℃,保温一段时间,然后在空气中冷却,冷却速度比退火快	用来处理低碳和中碳结构钢及渗碳零件,使其组织细化,增加强度与韧性,减少内应力,改善切削性能
淬火	513	将钢件加热到临界温度以上某一温度,保温一段时间,然后在水、盐水或油中(个别材料在空气中)急速冷却,使其获得高硬度	用来提高钢的硬度和强度极限。但淬火会引起内应力而使钢变脆,所以淬火后必须回火
淬火和回火	514	回火是将淬硬的钢件加热到临界温度以下的某一温度,保温一段时间,然后冷却到室温	用来消除淬火后的脆性和内应力,提高钢的塑性和冲击韧性
调质	515	淬火后在450～650℃进行高温回火,称为调质	用来使钢获得高的韧性和足够的强度。重要的齿轮、轴及丝杠等零件必须经调质处理
表面淬火	521-05(火焰淬火后回火)　　521-04(高频淬火后回火)	用火焰或高频电流将零件表面迅速加热至临界温度以上,然后急速冷却	用来使零件表面获得高硬度而心部保持一定的韧性,使零件既耐磨又能承受冲击。表面淬火常用来处理齿轮等
渗碳淬火	531	在渗碳剂中将钢件加热到900～950℃,保温一定时间,将碳渗入钢件表面,深度约为0.5～2 mm,再淬火后回火	用来增加钢件的耐磨性能、表面强度、抗拉强度及疲劳极限。适用于低碳、中碳结构钢的中小型零件
渗氮	533	渗氮是将零件放入通入氮的500～600℃的炉子内加热,向钢的表面渗入氮原子。渗氮层深度为0.025～0.8 mm,渗氮时间需要40～50 h	用来增加零件的耐磨性、表面硬度、疲劳极限和耐蚀性。适用于合金钢、碳钢、铸铁件,如机床主轴、丝杠以及在潮湿碱水和燃烧气体介质的环境下工作的零件
时效	时效	低温回火后、精加工之前,将零件加热到100～160℃,保持10～40 h。对铸件也可采用自然时效(放在露天一年以上)	用来消除零件的内应力并稳定其形状,适用于量具、精密丝杠、床身导轨、床身等

名词	代号及标注示例	说明	应用
发蓝发黑	发蓝或发黑	将金属零件放在很浓的碱和氧化剂溶液中加热氧化,使金属表面形成一层氧化铁所组成的保护性薄膜	防腐蚀、美观,用于一般连接的标准件和其他电子类零件
硬度	HBW(布氏硬度)	材料抵抗硬的物体压入其表面的能力称"硬度",根据测定的方法不同,硬度可分为布氏硬度、洛氏硬度、维氏硬度	用于退火、正火、调质的零件及铸件的硬度检验
	HRC(洛氏硬度)		用于经淬火、回火及表面渗碳、渗氮等处理的零件的硬度检验
	HV(维氏硬度)		用于薄层硬化零件的硬度检验

附录5 零件结构要素与加工规范

附表 5-1 标准尺寸(GB/T 2822—2005)　　　　　　　　　　mm

R10	1.00, 1.25, 1.60, 2.00, 2.50, 3.15, 4.00, 5.00, 6.30, 8.00, 10.0, 12.5, 16.0, 20.0, 25.0, 31.5, 40.0, 50.0, 63.0, 80.0, 100, 125, 160, 200, 250, 315, 400, 500, 630, 800, 1 000
R20	1.12, 1.40, 1.80, 2.24, 2.80, 3.55, 4.50, 5.60, 7.10, 9.00, 11.2, 14.0, 18.0, 22.4, 28.0, 35.5, 45.0, 56.0, 71.0, 90.0, 112, 140, 180, 224, 280, 355, 450, 560, 710, 900
R40	13.2, 15.0, 17.0, 19.0, 21.2, 23.6, 26.5, 30.0, 33.5, 37.5, 42.5, 47.5, 53.0, 60.0, 67.0, 75.0, 85.0, 95.0, 106, 118, 132, 150, 170, 190, 212, 236, 265, 300, 335, 375, 425, 475, 530, 600, 670, 750, 850, 950

注:1. 本表仅摘录 1~1 000 mm 范围内优先数系 R 系列中的标准尺寸。

2. 使用时按优先顺序(R10、R20、R40)选取标准尺寸。

附表 5-2 砂轮越程槽(GB/T 6403.5—2008)　　　　　　　　　mm

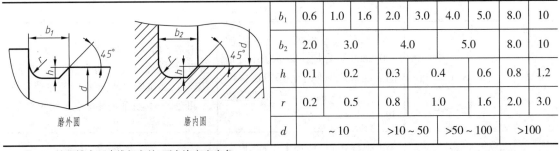

b_1	0.6	1.0	1.6	2.0	3.0	4.0	5.0	8.0	10
b_2	2.0	3.0			4.0		5.0	8.0	10
h	0.1	0.2		0.3		0.4		0.6	0.8	1.2
r	0.2	0.5		0.8		1.0		1.6	2.0	3.0
d	~10			>10~50		>50~100		>100	

注:1. 越程槽内两直线相交处,不允许产生尖角。

2. 越程槽深度 h 与圆弧半径 r 要满足 $r \leqslant 3h$。

3. 磨削具有数个直径的工件时,可使用同一规格的越程槽。

4. 直径 d 值大的零件,允许选择小规格的砂轮越程槽。

5. 砂轮越程槽的尺寸公差和表面粗糙度根据该零件的结构、性能确定。

附表 5-3　零件倒圆与倒角（GB/T 6403.4—2008）

mm

形式	 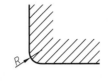 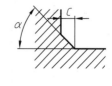

α 一般用 45°，也可用 30° 或 60°。

R、C 尺寸系列如下（单位 mm）：

0.1，0.2，0.3，0.4，0.5，0.6，0.8，1.0，1.2，1.6，2.0，2.5，3.0，4.0，5.0，6.0，8.0，10，12，16，20，25，32，40，50

 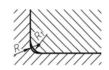 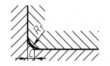

装配形式

尺 寸 规 定

1. R_1、C_1 的偏差为正；R、C 的偏差为负。
2. 左起第三种装配方式，C 的最大值 C_{max} 与 R_1 关系如下：

R_1	0.1	0.2	0.3	0.4	0.5	0.6	0.8	1.0	1.2	1.6	2.0	2.5	3.0	4.0	5.0	6.0	8.0	10	12	16	20	25
C_{max}	—	0.1	0.1	0.2	0.2	0.3	0.4	0.5	0.6	0.8	1.0	1.2	1.6	2.0	2.5	3.0	4.0	5.0	6.0	8.0	10	12

附表 5-4　普通螺纹退刀槽和倒角（GB/T 3—1997），螺纹紧固件的螺纹倒角（GB/T 2—2016）

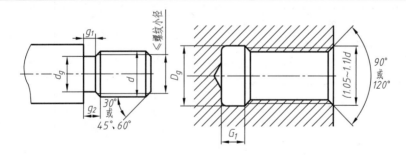

mm

螺距	外螺纹			内螺纹		螺距	外螺纹			内螺纹	
	g_{2max}	g_{1max}	d_g	G_1	D_g		g_{2max}	g_{1max}	d_g	G_1	D_g
0.5	1.5	0.8	$d-0.8$	2.0		1.75	5.25	3.0	$d-2.6$	7.0	
0.7	2.1	1.1	$d-1.1$	2.8	$D+0.3$	2.0	6.0	3.4	$d-3.0$	8.0	
0.8	2.4	1.3	$d-1.3$	3.2		2.5	7.5	4.4	$d-3.6$	10.0	$D+0.5$
1.0	3.0	1.6	$d-1.6$	4.0		3.0	9	5.2	$d-4.4$	12.0	
1.25	3.75	2.0	$d-2.0$	5.0	$D+0.5$	3.5	10.5	6.2	$d-5.0$	14.0	
1.5	4.50	2.5	$d-2.3$	6.0		4.0	12	7.0	$d-5.7$	16.0	

附表 5-5　紧固件通孔及沉孔尺寸（GB/T 5277—1985，GB/T 152.2—2014，GB/T 152.3～152.4—1988）

mm

螺栓或螺钉直径 d		3	3.5	4	5	6	8	10	12	14	16	20	24	30	36	42	48
通孔直径 d_h（GB/T 5277—1985）	精装配	3.2	3.7	4.3	5.3	6.4	8.4	10.5	13	15	17	21	25	31	37	43	50
	中等装配	3.4	3.9	4.5	5.5	6.6	9	11	13.5	15.5	17.5	22	26	33	39	45	52
	粗装配	3.6	4.2	4.8	5.8	7	10	12	14.5	16.5	18.5	24	28	35	42	48	56
六角头螺栓和六角螺母用沉孔（GB/T 152.4—1988）	d_2	9	—	10	11	13	18	22	26	30	33	40	48	61	71	82	98
	t	只要能制出与通孔轴线垂直的圆平面即可															
沉头螺钉用沉孔（GB/T 152.2—2014）	d_2 (max)	6.5	8.4	9.6	10.65	12.85	17.55	20.3	—	—	—	—	—	—	—	—	—

螺栓或螺钉直径 d		3	3.5	4	5	6	8	10	12	14	16	20	24	30	36	42	48
开槽圆柱头螺钉用沉孔（GB/T 152.3—1988）	d_2	—	—	8	10	11	15	18	20	24	26	33	—	—	—	—	—
	t	—	—	3.2	4	4.7	6	7	8	9	10.5	12.5	—	—	—	—	—
内六角圆柱头螺钉用沉孔（GB/T 152.3—1988）	d_2	6	—	8	10	11	15	18	20	24	26	33	40	48	57	—	—
	t	3.4	—	4.6	5.7	6.8	9	11	13	15	17.5	21.5	25.5	32	38	—	—

参 考 文 献

［1］刘衍聪,牛文杰、关丽杰,等．工程图学教程［M］.北京:高等教育出版社,2011.
［2］孙培先,刘衍聪．工程制图.4 版.北京:机械工业出版社,2017.
［3］孙培先．画法几何与工程制图［M］.北京:机械工业出版社,2004.
［4］王兰美,刘衍聪．现代工程设计制图［M］.北京:高等教育出版社,1999.
［5］唐克中,郑镁.画法几何及工程制图［M］.5 版.北京:高等教育出版社,2016.